食品・バイオにおける最新の酵素応用

The Status quo in Enzyme Application to Food Science and Biotechnology

監修：井上國世
Supervisor：Kuniyo Inouye

シーエムシー出版

はじめに

　本書は，食品とバイオ分野における酵素の応用に関する最新の情報を集約したものである。酵素は応用分野に基づいて2つに大別される。食品工業や製紙，皮革，洗剤，バイオマスエネルギーなどのバイオ産業への応用に供される酵素を「産業酵素」と呼ぶ。一方，酵素自体が医薬品原体として用いられる場合や医薬品製造や臨床検査などの医療に応用される場合，さらに研究目的で利用される場合，これらの酵素を「医薬・研究酵素」と呼ぶ。本書では，概ね産業酵素について最新の話題を取り上げた。

　酵素の産業応用は，対象となる産業の多様さからも分かる通り，酵素の種類も応用のされ方も多種多様である。たとえば食品への酵素の関与ひとつを取り上げても，作物育種，畜産にはじまり，食品の生産，製造，加工，保蔵，包装，輸送，調理，検査，分析，安全性，機能，代謝，廃棄物，遺伝子組換え作物，食品添加物，農薬，肥料，植物工場，ゲノム編集，バイオテクノロジー技術，味・におい，サプリメント，健康食品，アレルギー，介護食，病院食などなど多岐にわたり，関連する専門領域や学協会も広範に亘る。たとえば，現在問題になっている海洋プラスチックについても，かなりの部分が食品や飲料の容器や包装に由来することを考えると，食品が地球規模の様々な問題と複雑に関わっていることが分かる。このような状況下，酵素の産業応用の現状，問題点，今後の課題などを総合的・俯瞰的に見渡すことが困難になっている。本書では，現時点で話題性の高いトピックスを紙幅の許す限り盛り込んだ。オムニバスとして有意義な内容になったと考えている。これらのトピックスを通して未解決の問題や今後解決されるべき課題が見えてくるはずである。

　本書の内容からもご理解いただける通り，酵素応用の前線は日々拡大している。生体物質は酵素の触媒作用により合成され代謝され分解される。したがって，生体物質を取り扱う限り，酵素と無縁でいられない。近年，酵素が生体内で合目的的かつ生得的に有している機能を超越した新規な機能が見出されたり，予想外の条件での応用が報告されたりしている。加えて，そのような新規機能を創造し付与するための技術開発も盛んである。誤解を恐れずに言うと，酵素の科学・技術の本質は「各論」にある。しかもその各論は，酵素応用の前線が拡大し前進することにより益々増大している。酵素化学のセントラルドグマと言えばミカエリス・メンテン式と言っても過言でないが，これは理想化され単純化された反応系を前提にしており，実際の酵素応用の場での適用が困難な場合も多い。国際生化学分子生物学連合により勧告された酵素命名法と分類法は，酵素化学を総合的に統べるためのルールであるが，昨年，数十年ぶりに改変されるという画期的出来事が報じられた（「総論」の項を参照）。各論が肥大して，従来の原理原則では対応できなくなったということだろう。

　食品・バイオを取り巻く環境は過去1世紀の間に激変した。食品は人類にとり最も密接で不可

欠な生活素材である。食品が摂取され人の体を構成し，エネルギーを生み出すことを考えると，食品の物質変換の中に生命が宿るとも言える。20世紀は戦争に明け暮れた時代であったが，人類に多くの福音を与えた時代でもあった。「緑の革命」と称される農業近代化の実現，工業化社会の成熟，保健医療の発展による平均寿命の増加などを挙げることができ，その結果，地球人口の爆発的増大，エネルギー消費の急増，さらには環境破壊と汚染がもたらされた。

　1900年代初頭に数億人であった地球人口は今や77億人を超え，今世紀末には110億人に達すると予想されている。食料や資源の枯渇が深刻な問題として顕在化する可能性がある。食料の南北問題は，先進国での飽食とそれに伴う生活習慣病を，発展途上国での貧困と飢餓それに伴う種々の疾病をもたらしている。飽食の国と思われているわが国の食料自給率（カロリー基準）は低く，2017年度は38%（因みに1965年度は73%）であった。世界規模での食料不足が予想される今世紀中ごろには食料調達が困難になるかも知れない。わが国を含め先進国では食品がかなりの割合で食べられないまま廃棄されている（わが国の食品由来の廃棄物は2,800万トン，うち食品ロスは643万トン；因みにコメの年間収量は821万トン）。食料とともにエネルギーの不足も深刻な問題である。バイオマスに依存するエネルギー調達が考慮されている。このことは，農産物のエネルギー資源としての立場をクローズアップするが，食料資源としての立場を圧迫する可能性がある。農業は環境にやさしいと信じられている面もあるが，現実には，肥料や農薬の大量投入による土地の疲弊，残留した肥料や農薬による地下水の汚染も深刻な問題となっている。

　「医食同源」を持ち出すまでもなく，食品には体を健康に維持する機能があり，その効果は穏和で持続的である。一方，食生活や生活習慣に基づく疾病が問題になっている。健康と不健康（病気），あるいは食品と医薬品の明確な対立点はどこにあるのだろうか。わが国において治療を受けている人が1000万から3000万人といわれる糖尿病や高脂血症，痛風などを，また食生活や生活習慣，生活環境と密接に関連すると言われる種々の疾患（種々のガン，高血圧，心臓病など）を考えるとき，今後の医と食は双方向に理解しあわなければならないだろう。

　2013年に国連食糧農業機関（FAO）は世界的なタンパク質食料の欠乏を想定し，昆虫食の普及を推奨している。世界的には広く昆虫が食されてきたし，わが国でも山間部を中心に昆虫（イナゴ，蜂の子，カイコなど）が食されてきた。藻類の食資源化も進んでいる。これらは家畜や養殖魚の飼料としても重要である。目を転じると，高度に機能化したペットフードが開発されている。介護食も充実ぶりを見せている。一方では，宇宙食が現実のものとなり，ひいては宇宙ビジネスを後押ししている。これらの新規分野において，さらに広くバイオ分野においても酵素応用が展開されている。今後，ますますの発展が期待される。

　最後に，ご多用のところ，こころよく執筆の労を執っていただいた先生方には深く感謝申し上げる。本書が，酵素の基礎と応用および科学と技術を勉強し研究する研究者，技術者，学生諸氏に受け入れられ，いささかなりとも資するところがあるとすれば，執筆者一同にとり望外の幸いである。

2019年7月

執筆者を代表して

井上國世

執筆者一覧（執筆順）

井 上 國 世　京都大学名誉教授

伊 藤 圭 祐　静岡県立大学　食品栄養科学部　食品生命科学科　食品化学研究室
准教授

寺 田 祐 子　静岡県立大学　食品栄養科学部　食品生命科学科　食品化学研究室
助教

河原崎 泰 昌　静岡県立大学　食品栄養科学部　食品生命科学科
生物分子工学研究室　准教授

伊 福 伸 介　鳥取大学　大学院工学研究科　教授

村 上　　洋　大阪産業技術研究所　森之宮センター　生物・生活材料研究部
糖質工学研究室　研究主幹／糖質工学研究室長

桐 生 高 明　大阪産業技術研究所　森之宮センター　生物・生活材料研究部
糖質工学研究室　研究主任

木 曽 太 郎　大阪産業技術研究所　森之宮センター　生物・生活材料研究部
糖質工学研究室　研究主任

中 野 博 文　園田学園女子大学　人間健康学部　食物栄養学科　人間健康学部長

野 村 幸 弘　野村食品技術士事務所　所長

大日向 耕 作　京都大学　大学院農学研究科　食品生物科学専攻
食品生理機能学分野　准教授

寺 田 喜 信　江崎グリコ㈱　健康科学研究所　マネージャー

森 本 康 一　近畿大学　生物理工学部　遺伝子工学科　教授

國 井 沙 織　近畿大学　生物理工学部　博士研究員

星　　由紀子　天野エンザイム㈱　産業用酵素開発部　用途開発チーム

成 田 優 作　UCC上島珈琲㈱　イノベーションセンター　係長

岩 井 和 也　UCC上島珈琲㈱　イノベーションセンター　担当課長

福 永 泰 司　UCC上島珈琲㈱　イノベーションセンター　センター長

清 水 英 寿　島根大学　学術研究院　農生命科学系　准教授

古 林 万木夫　ヒガシマル醤油㈱　研究所　取締役研究所長

野 口 智 弘　東京農業大学　応用生物科学部　食品加工技術センター　教授

桝 田 哲 哉　京都大学　大学院農学研究科　食品生物科学専攻　食品化学分野
助教

松 井 健 二　山口大学　大学院創成科学研究科　教授

望　月　智　史　山口大学　大学院創成科学研究科

田　尾　龍太郎　京都大学　農学研究科　農学専攻　果樹園芸学研究室　教授

飛　松　裕　基　京都大学　生存圏研究所　大学院農学研究科　応用生命科学専攻
　　　　　　　　准教授

根　来　誠　司　兵庫県立大学　大学院工学研究科　応用化学専攻
　　　　　　　　名誉教授・特任教授

武　尾　正　弘　兵庫県立大学　大学院工学研究科　応用化学専攻　教授

柴　田　直　樹　兵庫県立大学　大学院生命理学研究科　准教授

樋　口　芳　樹　兵庫県立大学　大学院生命理学研究科　教授

加　藤　太一郎　鹿児島大学　大学院理工学研究科（理学系）　生命化学専攻　助教

重　田　育　照　筑波大学　計算科学研究センター　教授

手　島　裕　文　名古屋大学　大学院創薬科学研究科　博士前期課程 2 年

加　藤　まなみ　名古屋大学　大学院創薬科学研究科　博士前期課程 2 年

辰　川　英　樹　名古屋大学　大学院創薬科学研究科　助教

人　見　清　隆　名古屋大学　大学院創薬科学研究科　教授

三　間　穣　治　大阪大学　蛋白質研究所　膜蛋白質化学研究室　准教授

赤　松　美　紀　京都大学　大学院農学研究科　比較農業論講座　准教授

神　戸　大　朋　京都大学　大学院生命科学研究科　生体情報応答学分野　准教授

高　橋　典　子　星薬科大学　病態機能制御学研究室　教授

河　田　悦　和　(国研)産業技術総合研究所
　　　　　　　　生命工学領域バイオメディカル研究部門
　　　　　　　　先端ゲノムデザイン研究グループ　主任研究員

盤　若　明日香　大阪ガス㈱　エネルギー技術研究所　バイオ・ケミカルチーム

西　村　　拓　大阪ガス㈱　エネルギー技術研究所　バイオ・ケミカルチーム

松　下　　功　大阪ガス㈱　エネルギー技術研究所　バイオ・ケミカルチーム

坪　田　　潤　大阪ガス㈱　エネルギー技術研究所　バイオ・ケミカルチーム

杉　森　大　助　福島大学　理工学群　共生システム理工学類　教授

五　味　恵　子　キッコーマン㈱　研究開発本部　研究開発推進部　部長

倉　田　淳　志　近畿大学　農学部　応用生命化学科　応用微生物学研究室　准教授

岸　本　憲　明　近畿大学　大学院農学研究科　前教授

目　　次

【Ⅰ　総論編】

第1章　総論：酵素の産業応用に関する最近の話題　　井上國世

1　酵素応用の現状と課題 ······················ 3
　1.1　酵素応用の動向 ······················ 3
　1.2　世界の産業酵素市場 ·················· 4
　1.3　日本の産業酵素市場 ·················· 5
2　注目すべきトピックス ···················· 6
　2.1　新規な酵素分類 EC7（トランスロカーゼ）が新設された ·············· 6
　2.2　地盤改良技術およびバイオミネラリゼーション ························· 9
　2.3　プラスチックごみとマイクロプラスチックの問題 ·····················11
　2.4　プラスチックを分解する酵素 ········14
　2.5　食品添加物と腸内細菌 ···············15

【Ⅱ　食品産業への酵素応用編】

第1章　合成ペプチドライブラリーと組み換え酵素を用いた機能性ペプチドの探索　　伊藤圭祐，寺田祐子，河原崎泰昌

1　はじめに ·······························23
　1.1　機能性食品ペプチド ·················23
　1.2　機能性ペプチドの探索 ···············24
2　ジペプチジルペプチダーゼⅣ（DPP-Ⅳ） ·······························25
　2.1　DPP-Ⅳの阻害 ·····················25
　2.2　DPP-Ⅳの種差 ·····················25
　2.3　阻害剤探索への組み換え hDPP-Ⅳの利用 ····························26
　2.4　食品由来の hDPP-Ⅳ阻害ペプチド探索の問題点 ·····················26
3　hDPP-Ⅳ阻害ペプチドの探索 ···········27
　3.1　ジペプチドの hDPP-Ⅳ阻害効果······27
　3.2　hDPP-Ⅳ阻害ジペプチドの網羅的解析 ································27
　3.3　コンベンショナルアプローチにより見いだされてきた hDPP-Ⅳ阻害ペプチドとの比較 ·····················29
　3.4　合成ペプチドライブラリーの網羅的解析データを用いた茶殻由来 hDPP-Ⅳ阻害ペプチドの探索 ···············30
4　まとめ ································31

I

第2章　カニ殻由来キチンナノファイバーの製造と食品分野への応用

伊福伸介

1　はじめに …………………………34

2　カニ殻由来の新素材「キチンナノファイバー」…………………………34

3　部分脱アセチル化キチンナノファイバー …………………………37

4　キチンナノファイバーの服用に伴う効果 …………………………38

　4.1　服用に伴う腸管の炎症抑制 ………38

4.2　服用に伴う抗肥満効果 ……………38

4.3　服用に伴う血中コレステロール値の軽減効果 …………………………39

4.4　服用に伴う血中代謝産物に及ぼす影響 …………………………39

4.5　服用に伴う腸内環境に及ぼす影響 …………………………40

5　おわりに …………………………40

第3章　*Paraconiothyrium* sp. KD-3 株由来乳糖酸化酵素を用いたラクトビオン酸カルシウムの生産

村上　洋，桐生高明，木曽太郎，中野博文

1　はじめに …………………………42

2　乳糖酸化活性を有する酵素 …………43

3　*Paraconiothyrium* sp. KD-3 株由来乳糖酸化酵素の性質 …………………44

4　*Paraconiothyrium* sp. KD-3 株由来酵素および市販ヘキソースオキシダーゼ酵素剤の比較 …………………………46

5　*Paraconiothyrium* sp. KD-3 株由来酵素

による乳糖からラクトビオン酸への変換 …………………………47

6　固定化酵素を用いたラクトビオン酸の生産 …………………………48

7　その他のアルドースのアルドン酸への酵素的変換 …………………………49

8　おわりに …………………………49

第4章　食品製造時における酵素による品質劣化への対応

野村幸弘

1　はじめに …………………………52

2　食品の品質に関与する酵素群 …………53

　2.1　物性の変化に関与する酵素 ………53

2.2　呈味性の消失や不快臭の発生に関与する酵素 …………………………58

3　おわりに …………………………64

第5章　超高齢社会に挑む食の先端科学〜新しい認知機能改善および血管拡張ペプチドの発見〜

大日向耕作

1　はじめに …………………………66

2　末梢環境に注目した認知機能低下の予防

II

戦略 ………………………………67

2.1 脳も臓器のひとつである－多臓器円
環－ ……………………………67

2.2 糖尿病は認知症の危険因子である
………………………………67

2.3 短期間の高脂肪食摂取により認知機
能が低下する …………………67

2.4 新しい認知機能改善ペプチドの発見
………………………………68

3 老化の実体解明 ……………………69

3.1 生体の外部環境のシグナル受容，伝
達および情報統合 ……………69

3.2 ジペプチドライブラリーを用いた血
管老化の実体解明 ……………70

3.3 老齢ラットにおいて血圧降下作用を
示すペプチドの解明 …………70

3.4 CCK を標的とした降圧ペプチドの探
索と酵素利用によるペプチド生産
………………………………72

4 今後の展望 …………………………72

第6章 酵素合成多糖（酵素合成グリコーゲン，酵素合成アミロース）の機能性と応用
寺田喜信

1 はじめに ……………………………74

2 糖転移酵素による多糖類の合成 ………75

2.1 酵素合成アミロース …………75

2.2 酵素合成グリコーゲン …………76

3 酵素合成グリコーゲンの機能 …………78

3.1 免疫賦活機能 …………………78

3.2 その他の機能 …………………79

4 酵素合成アミロースの機能 …………80

4.1 包接機能 ………………………80

4.2 酵素合成アミロース含有繊維（アミ
セル®）………………………81

5 おわりに ……………………………82

第7章 コラーゲン酵素分解物の再生医療および食品科学への応用
森本康一，國井沙織

1 はじめに ……………………………83

2 コラーゲンの安全性 …………………84

3 動物由来コラーゲンの抗原性 …………85

4 生体に埋植されるコラーゲン …………86

5 LASCol を用いた接着型3次元スフェロ

イドの形成と応用 ……………………87

6 LASCol 線維の観察 …………………87

7 LASCol の粘度と細胞培養条件での
LASCol ゲルの硬さ …………………87

8 まとめ ………………………………90

第8章 マルトトリオシル転移酵素の開発，反応機構，および澱粉加工への応用
星 由紀子

1 糖転移酵素とは ……………………91

2 グライコトランスフェラーゼ「アマノ」

とは …………………………………91

3 酵素化学的性質と構造 ………………93

4 グライコトランスフェラーゼ「アマノ」の用途 ……………………95	5 おわりに ………………………98

第9章　コーヒーにおけるアクリルアミド低減への取り組み

成田優作，岩井和也，福永泰司，井上國世

1 はじめに ………………………99	の低減 …………………… 103
2 アスパラギナーゼを用いた AA の低減 …………………… 102	4 セルフクローニング麹菌を用いた缶コーヒー中の AA の低減 …………… 106
3 システインを用いた缶コーヒー中の AA	5 おわりに ………………………… 107

第10章　食品タンパク質由来代謝産物インドール系化合物の産生機構および病態発症・進展への関与〜慢性腎不全の発症・進展メカニズムを中心に〜

清水英寿

1 はじめに ………………… 110	2.3 腎臓に対するインドキシル硫酸の作用メカニズム ………… 113
1.1 慢性腎不全と透析治療 ………… 110	
1.2 慢性腎不全の発症・進展要因とその対処療法 ………… 110	3 インドキシル硫酸に着目した腎機能改善に対する機能性食品成分の可能性 …… 115
2 腎機能とトリプトファン由来代謝産物インドール系化合物 ………… 111	4 健常者の腎機能に対する高タンパク質摂取の影響 ………… 117
2.1 インドール ………… 111	5 おわりに ………………… 118
2.2 インドキシル硫酸 ………… 111	

第11章　醤油醸造における原料分解と健康機能性の発現

古林万木夫

1 はじめに ………………… 121	………………………… 123
2 醤油の醸造工程 ………… 121	4 醤油醸造における原料糖質の分解 …… 123
3 醤油醸造における原料たんぱく質の分解 ………………… 122	4.1 SPS の抗アレルギー作用 ………… 124
	4.2 SPS の鉄分吸収促進作用 ………… 124
3.1 小麦アレルゲンの分解機構 ……… 123	4.3 SPS の中性脂肪低下作用 ………… 125
3.2 大豆アレルゲンの分解・除去機構	5 おわりに ………………… 125

第12章 タンパク質架橋酵素（プロテインジスルフィドイソメラーゼ）の機能解析および小麦粉生地，製パン性に対する応用

野口智弘

1 はじめに …………………………… 127
2 小麦生地形成とジスルフィド結合 …… 127
3 小麦粉生地と酸化 ………………… 129
4 小麦粉生地中の SS 結合形成と酵素 … 129
5 製パン性と PDI ………………… 130
6 製パンにおけるアスコルビン酸の関与
　………………………………… 132
7 おわりに ………………………… 132

第13章 甘味発現の分子機構と甘味タンパク質への応用

桝田哲哉

1 はじめに …………………………… 134
2 味の分類と基本味 ………………… 134
　2.1 味の分類と表現 ………………… 134
　2.2 味の正四面体理論と基本 5 味 …… 135
3 甘味物質の特徴 …………………… 136
　3.1 糖類 …………………………… 136
　3.2 アミノ酸 ……………………… 138
　3.3 高甘味度甘味料 ……………… 139
　3.4 甘味タンパク質 ……………… 140
4 甘味物質の共通構造 ……………… 146
　4.1 甘味物質の AH-B，AH-B-X モデル
　………………………………… 146
　4.2 甘味タンパク質に Sweet finger は存
　　在するか ……………………… 146
5 甘味受容体と甘味物質との応答特性 … 147
　5.1 甘味受容体 …………………… 147
　5.2 低分子甘味物質の甘味受容体応答部
　　位の探索 ……………………… 147
　5.3 甘味タンパク質の甘味受容体応答部
　　位の探索 ……………………… 148
　5.4 受容体ドッキングモデルを用いた甘
　　味タンパク質の高甘味度化 ……… 150
6 おわりに ………………………… 151

【Ⅲ　バイオ産業への酵素応用編】

第1章 植物の脂質／脂肪酸から酸素添加反応を経て生成される代謝物群（オキシリピン）とその生合成酵素

松井健二，望月智史

1 はじめに …………………………… 157
2 みどりの香りの生理生態学的役割 …… 157
3 食品フレーバーとしてのみどりの香り
　………………………………… 159
4 みどりの香り生合成経路 …………… 160
5 リポキシゲナーゼ ………………… 161
6 ヒドロペルオキシドリアーゼとその関連
　酵素 …………………………… 166
7 結語 ……………………………… 167

第2章　バラ科サクラ属果樹類における S-RNase 依存性配偶体型自家不和合性

田尾龍太郎

1　はじめに …………………………… 170
2　自家不和合性の分類と遺伝制御 ……… 171
3　S-RNase 依存性配偶体型自家不和合性における認識反応特異性の決定因子 …… 173
4　ナス科，オオバコ科，バラ科リンゴ亜連における協調的非自己認識モデル …… 174
5　バラ科サクラ属にみられる花粉側自家和合性変異型 S ハプロタイプ …………… 176

6　バラ科サクラ属における競合的相互作用の欠如 …………………………… 176
7　バラ科サクラ属におけるジェネラルインヒビターモデル ………………… 177
8　バラ科サクラ属に特異な自家不和合性認識機構に基づいた効果的な自家和合性育種法 …………………………… 178
9　おわりに …………………………… 179

第3章　リグニンの構造多様性とバイオマス利用に向けた代謝工学

飛松裕基

1　はじめに …………………………… 183
2　リグニンの生合成と構造 …………… 184
　2.1　ケイ皮酸モノリグノール経路を介したリグニンモノマーの合成 ……… 184
　2.2　脱水素重合による高分子リグニンの生成 ………………………… 185
　2.3　リグニンの構造多様性 …………… 187

3　代謝工学によるリグニンの構造改変 … 188
　3.1　天然リグニンモノマー組成の制御 ………………………………… 189
　3.2　非天然型リグニンモノマーの導入 ………………………………… 190
4　おわりに …………………………… 192

第4章　ナイロン分解酵素 NylB の構造進化，触媒機構とアミド合成への応用

根来誠司，武尾正弘，柴田直樹，樋口芳樹，加藤太一郎，重田育照

1　はじめに …………………………… 195
2　ナイロン分解酵素遺伝子群のゲノム構造 …………………………………… 196
3　NylB の立体構造と触媒機構 ………… 198

4　ナイロン分解酵素の進化 …………… 201
5　加水分解の逆反応によるアミド合成：酵素の内部平衡に影響を与える変異 …… 202
6　終わりに …………………………… 206

第5章 皮膚表皮形成を司るタンパク質架橋化酵素・トランスグルタミナーゼ

手島裕文, 加藤まなみ, 辰川英樹, 人見清隆

1 トランスグルタミナーゼとは ………… 208
2 表皮形成のしくみ ………………………… 210
　2.1 表皮の構造と形成機構 ……………… 210
　2.2 分化を再現する表皮培養系 ……… 211
3 TGase による表皮の架橋化 …………… 211
3.1 表皮分化における TGase の役割… 211
3.2 高反応性基質ペプチドによる TGase
　　酵素活性の可視化 ………………… 212
4 モデル生物としてのメダカの表皮における TGase ………………………………… 213

第6章 ヒト Rab ファミリー低分子量 G タンパク質に内在する細胞内膜テザリング活性の試験管内再構成

三間穣治

1 真核細胞の物質輸送を担う仕組み：細胞内膜交通・小胞輸送（メンブレントラフィック）………………………………… 215
2 どのように Rab ファミリー低分子量 G タンパク質は膜テザリング反応に関与し，
選択的な細胞内膜交通・小胞輸送に貢献しているのか？ ……………………… 217
3 ヒト Rab ファミリー低分子量 G タンパク質が駆動する膜テザリング反応の試験管内再構成 ………………………………… 217

第7章 薬物排出に関わるヒト P 糖タンパク質の輸送基質認識機構 —輸送基質の構造と ATPase 活性および構造活性相関

赤松美紀

1 はじめに ………………………………… 222
2 さまざまな農薬の P-gp-ATPase 活性 ………………………………………… 223
3 テブフェノジド類縁体の構造とキニジン輸送阻害活性との相関関係 …………… 223
4 テブフェノジド類縁体と P-gp とのドッキングシミュレーション ……………… 225
5 P-gp による輸送基質の認識機構 …… 226
6 おわりに ………………………………… 229

第8章 亜鉛トランスポーターを介したエクト型亜鉛要求性酵素の活性化

神戸大朋

1 はじめに ………………………………… 231
2 早期分泌経路に局在する ZNT ファミリー亜鉛トランスポーター ……………… 232
3 エクト型亜鉛要求性酵素 ……………… 233
4 エクト型亜鉛要求性酵素の活性化 …… 234
5 エクト型亜鉛要求性酵素の活性化におけ

る ZNT5-ZNT6 ヘテロ二量体と ZNT7 ホ
モ二量体の役割の普遍性 ……………… 235

6 ZNT5-ZNT6 ヘテロ二量体と ZNT7 ホモ

二量体への細胞質亜鉛の受け渡し …… 236

7 おわりに ……………………………… 237

第9章　ビタミン A の抗癌作用メカニズムと翻訳後修飾反応 レチノイル化
高橋典子

1 ビタミン A ……………………………… 239

2 ビタミン A の抗癌作用 ……………… 239

　2.1 RA ………………………………… 239

　2.2 ROH ……………………………… 240

3 ビタミン A によるタンパク質修飾反応

……………………………………… 240

　3.1 レチナール ……………………… 240

　3.2 RA ………………………………… 241

4 RA により誘導される HL60 細胞分化と
レチノイル化タンパク質 …………… 243

5 おわりに ……………………………… 246

第10章　3-ヒドロキシ酪酸の発酵生産法の開発，生理的機能および 応用
河田悦和，盤若明日香，西村　拓，松下　功，坪田　潤

1 はじめに ……………………………… 249

2 3-ヒドロキシ酪酸の発酵生産 ………… 250

3 3HB をエネルギー源として利用する利点，
ヒトでの応用について ……………… 252

4 3HB の機能に注目した将来の可能性につ
いて …………………………………… 252

5 将来 …………………………………… 255

第11章　ホスホリパーゼの構造，作用および応用
杉森大助

1 はじめに ……………………………… 257

2 ホスホリパーゼの構造と触媒機能 …… 258

　2.1 ホスホリパーゼ A_1 ……………… 258

　2.2 ホスホリパーゼ A_2 ……………… 264

　2.3 ホスホリパーゼ C ……………… 267

　2.4 ホスホリパーゼ D ……………… 272

第12章　フルクトシルペプチドオキシダーゼを用いた糖尿病診断法の 進展
五味恵子

1 HbA1c 測定法 ………………………… 281

2 FPOX の探索 …………………………… 282

3 FPOX のクローニング ………………… 282

4 FPOX を用いた HbA1c 測定法の確立

……………………………………… 284

5 FPOX の安定性向上 …………………… 284

6 FPOX のデヒドロゲナーゼ化 ………… 285

第13章　イオン液体と微生物・酵素の利用技術の開発

倉田淳志，岸本憲明

1　はじめに ………………………… 288

2　IL 耐性菌の探索 ………………… 289

3　IL 耐性プロテアーゼの特徴 …………… 289

4　細菌の IL 耐性 …………………… 290

5　IL の分解性 ……………………… 291

6　IL を溶媒に用いた酵素合成 …………… 292

　6.1　はじめに ……………………… 292

6.2　5-CQA-Me からカフェ酸エステル類の酵素合成 ……………… 292

6.3　リパーゼを用いた 4-および 5-CQA-Me とカフェ酸ビニルエステル（VC）から 3,4-および 4,5-DCQA-Me への変換 ……………… 295

7　おわりに …………………………… 295

【Ⅰ　総論編】

第1章　総論：酵素の産業応用に関する最近の話題
General Remarks: Current Topics of Industrial Application of Enzyme

井上國世*

1　酵素応用の現状と課題

1.1　酵素応用の動向

　酵素の応用分野は大きく2分野すなわち「産業への応用」と「医薬製造および研究への応用」に大別される。前者で応用される酵素を産業酵素（industrial enzymes），後者で応用される酵素を医薬・研究酵素（medicinal-and-research enzymes）と呼んでいる。両者の区分が明確でない部分もあるが，おおむね後者は前者に比べて，使用される量が少なく，また単価が高い。

　産業酵素の応用分野は，食品工業および種々の製造工業や化学工業が含まれる。食品工業への応用分野には，糖化工業やデンプン加工，食肉工業やタンパク質加工，製パン工業，乳製品工業などがある。食品工業以外の応用分野としては，洗剤，飼料，繊維工業，皮革工業，製紙工業，燃料エタノール製造，汚水処理，化学工業触媒などを挙げることができる。近年，ヒトの長寿高齢化や健康志向により各種サプリメントの製造への酵素応用がある。また，ヒトに対する食品や家畜に対する飼料とは別に分類すべきペットフードの製造への応用も無視できない。

　一方，医薬・研究酵素は，酵素そのものが医薬品原体として利用される場合があるし，診断薬や診断キットの機能性素子として利用される場合がある。また，研究試薬や化学合成触媒として利用される場合もある[1~4]。具体的な応用例については，参考文献1~3）を参考にしてほしい。参考文献5，6）は出版されてかなり時間が経っているが，今日なお有用な酵素利用の例が多数取り上げられている。確認していただけると有難い。

　酵素の基礎研究は，「酵素自体の構造と機能の解明」に加えて，「酵素を試薬あるいはプローブとして応用した生命現象の解析や分析装置の開発」に分極してきた。後者の例としては，抗生物質や糖鎖抗原，脂質など低分子生理活性物質や医薬原体の酵素を用いる改変，抗体やタンパク質の加工や修飾，PCRや酵素免疫測定法，遺伝子診断装置などへの酵素利用を挙げることができる。酵素が本来の生理的条件下で発揮していた機能から逸脱している反応への応用も見られる。

　今後の課題として，難分解性天然物質ばかりでなく人工的産物（プラスチック，PCBなど）の分解，加工，合成への酵素利用が挙げられるだろう。従来の高圧，高温，極限条件下などの酵素利用に加えて，有機溶媒，イオン液体，超臨界溶液，亜臨界溶液における酵素反応が広く研究されるようになった[7~9]。今後，酵素が有機触媒や無機触媒に代わり工業触媒として応用されることがますます期待される。一方，反応解析では従来の迅速平衡法や定常状態法を用いる手法に

　＊　Kuniyo Inouye　京都大学名誉教授

加えて，クライオ電顕，フェムト秒時間分割を用いる反応解析や構造解析などの新しい技術や手法が活躍している。細胞内部での酵素反応や1分子計測などが可能になってきた。酵素や反応生成物の分離・精製にも多くの進展を挙げることができる。酵素応用に大きな地平が開けてきていることが実感できる。

　本書でも議論されるが，最近，固相の基質（セルロース，キシラン，クチクラ，プラスチックなど）に対する酵素反応が多数報告されている。これまでも，デンプン粒やデンプン鎖に対するアミラーゼ反応などの詳しい解析がなされていたが，電顕などの可視化技術を用いて，酵素がセルロースやキシランの鎖を手繰るように移動しながら酵素反応を行うことが報告されている[10]。旧来の酵素反応速度論との整合性が取れない部分も出てくるし，当然のことながら修正や拡張も求められる。試験管内や工場現場で起こっている酵素反応を理解し予測するには，酵素反応速度論が簡便で実際的である。

　従来の酵素反応速度論は，試験管の中に1種類の酵素と1種類の基質を入れて起こる反応を，迅速平衡や定常状態の仮説のもとに解析しようとするものである[4]。酵素の性質を解明するには優れた方法であり，膨大な成果が蓄積されてきたが，あまりにも簡略化された反応系を用いる明快な解析法であり，複雑な組成を持つ反応系の酵素反応への適用に，無理を感じることも研究者にはあったはずである。固相化された酵素，コンパートメントに閉じ込められた酵素，生体膜に埋もれた酵素，基質に吸着した酵素などが従来の明快な解析法で理解できるだろうか。そういう意味では，酵素反応速度論のリニューアルが求められるだろう。

1.2　世界の産業酵素市場

　BCC リサーチの報告 "Global Markets for Enzymes in Industrial Applications" 世界の産業用酵素市場（2012年3月）によると，2011年の世界の産業酵素市場は39億ドルであったが，年平均成長率（CAGR）9.1％であることから，2016年には61億ドルに達すると予想されている[11]。一方，同レポート（2018年8月）は，2018年の市場規模は55億ドル（6,200億円）であるが，4.9％のCAGRで成長し，2023年には70億ドル（7,900億円）に達すると予想している（2018年の米ドル為替レートはほぼ113円）[12]。また，2018年の55億ドルのうち食品・飲料用および飼料用の酵素市場がそれぞれ20億ドル（36％）および6.3億ドル（11％）と予想している。

　『食品添加物総覧 2011-2014』（食品化学新聞社）は，2013年の世界の酵素市場は7,420億円，うち産業酵素4,950億円（67％），医薬・研究酵素2,470億円（33％）としている[13]。一方，『日経バイオ年鑑2018』（日経バイオテク）によると，世界の産業酵素市場は近年急拡大しており，1997年に1,500億円，2004年に4,200億円，2011年には5,000億円超である[14]。また，「ファインケミカル年鑑2019」（シーエムシー出版）では，世界の産業酵素市場（2017年）を約5,000億円と見積もっており，用途別内訳は食品工業用1,350億円（27％），洗剤1,250億円（25％），繊維工業用300億円（6％），その他2,100億円（42％）としている[15]。統計により多少ばらつきがあるが，最近の世界の酵素市場は7,000〜7,400億円，うち産業酵素は5,000〜6,000億円と推定さ

第 1 章　総論：酵素の産業応用に関する最近の話題

れる。

　一方，酵素メーカーによる世界市場の占有率（2017 年）は，ノボザイムズ 47％，デュポン 20％，DSM6％であり，この欧米の 3 社で世界の 70％強を占有している。ノボザイムズの地域別売り上げは，欧州 37％，北米 33％，アジア太平洋 19％，南米 11％とされており[15]，これは概ね世界市場での地域別市場規模を反映しているものと考えられる。

1.3　日本の産業酵素市場

　2017 年の日本の酵素市場は，全体で 455 億円であり，世界市場 7,420 億円の 6％強である[15]。その内訳は産業酵素 265 億円（世界の 5％強），医薬・研究酵素 190 億円。産業酵素（265 億円）の用途別内訳は，食品工業用 155 億円（58％），洗剤用 80 億円（30％），繊維工業用 10 億円（4％），その他 20 億円（8％）である。

　2013 年の産業酵素の日本市場（260 億円）の内訳は食品工業用 59％，洗剤用 29％，繊維工業用 4％，その他 8％[16, 17]であった。2013 年から 2017 年にかけて日本の市場規模は，ほぼ横ばいである。

　用途別の市場について概観する。洗剤への酵素利用は，1963 年にオランダでプロテアーゼが配合された洗剤が発売されたのが最初であり，日本国内でも 1968 年頃から製造されているが，本格化したのは 1970 年代以降。それ以前は，産業酵素のほとんどは食品工業向けであった（40〜50％）が，その後，洗剤用の市場が食品工業用のそれを上回り，2000 年頃，洗剤用酵素市場は世界全体で 38％，日本では 32％であった[18]。2013 年の統計[17]でも，洗剤用 25％，食品工業用 20％であるが，上記の通り，2017 年の統計[15]では，洗剤用 25％，食品工業用 27％で，相対的に食品工業用の酵素が増加している。

　わが国の用途別の酵素利用の動向は，世界のそれに比較すると，食品工業への比重が大きい。これに伴い，相対的に「その他」（飼料，汚水処理，工業触媒，製紙工業，皮革工業など）分野における比重が小さくなっている。また，2000 年代に入り，酵素の工業触媒としての利用とくにバイオエタノール製造への利用が活発になり，産業酵素市場が増大したが，その分，食品や洗剤へ応用は相対的に減少しているように見える。

　わが国では，2001 年より安全性審査手続きを経た遺伝子組換え酵素が，主に食品工業分野において承認されている[16]。2018 年 11 月現在，食品 319 品目，添加物 40 品目，合計 359 品目の遺伝子組換え製品が承認され官報に収載されている[19]。うち，すべての遺伝子組換え酵素（38 品目）は添加物として収載されている。添加物（40 品目）には，さらにリボフラビン 2 品目が収載されている。収載済の遺伝子組換え酵素内訳は，α-アミラーゼ（10 品目），キモシン（3 品目），プルラナーゼ（3 品目），リパーゼ（3 品目），グルコアミラーゼ（3 品目），α-グルコシルトランスフェラーゼ（3 品目），シクロデキストリングルカノトランスフェラーゼ，アスパラギナーゼ，ホスホリパーゼ（3 品目），β-アミラーゼ，エキソマルトテトラヒドロラーゼ，酸性ホスファターゼ，グルコースオキシダーゼ，プロテアーゼ（2 品目），ヘミセルラーゼ，キシラナー

5

ゼ（合計38品目）である。

2014年4月10日の同遺伝子組換え食品及び添加物一覧によると，16品目の遺伝子組換え酵素が収載されていたので，わが国での遺伝子組換え酵素の承認が急速に進んでいることが分かる。2018年には，α-アミラーゼ，キモシン，グルコアミラーゼ，グルコースオキシダーゼ，ヘミセルラーゼ，キシラナーゼがそれぞれ1品目ずつ，プロテアーゼ2品目，合計8品目が新規に承認された。承認されている遺伝子組換え酵素のほぼすべては，宿主微生物を改変して酵素生産性の向上を達成させたものであり，一部には，酵素の耐熱性を向上させたもの（α-アミラーゼ，エキソマルトテトラヒドロラーゼ）や酵素活性や酵素機能の向上を図ったもの（プルラナーゼ，シクロデキストラングルカノトランスフェラーゼ，キモシン）がある。

現時点での遺伝子組換え酵素（38品目）を開発者別に見ると，ノボザイムズ24品目，DSM4品目，ジェネンコア2品目，ダニスコ2品目，クリスチャン・ハンセン1品目で，合計33品目に上り，実に87％が海外企業によって開発されている。ジェネンコアはダニスコの一部門であるが，デュポンは2011年にこれを買収している。わが国の食品工業用の遺伝子組換え酵素市場は，海外の巨大酵素メーカーの存在感が大きく，寡占状態になっていることがうかがえる。このような状況ではあるが，わが国の食品企業での遺伝子組換え酵素の利用は，欧米や中国に比べて抑制的であるため，たとえ海外の遺伝子組換え酵素が多数承認されていても，実際に使用される酵素は多くないので，酵素市場の面からは実質的な問題にはならないという意見も聞く。国内市場のみに拘泥した近視眼的思考に偏る必要はないのではないかと思えるが…。

2 注目すべきトピックス

酵素のバイオや食品への応用に関して注目すべきトピックスについて紹介したい。酵素利用，酵素の科学・技術における最近の重要な課題に関しては，本書で各先生から話題を提供していただいている。本項ではそれらと重複しない範囲で，かつ取り上げるべき緊急性やニーズがありそうなトピックスを紹介する。実際，取り上げるべきトピックスは枚挙にいとまないが，筆者がとくに興味深いと考えた話題に絞って紹介したい。

2.1 新規な酵素分類EC 7（トランスロカーゼ）が新設された

トランスロカーゼ（translocase）は別名パーミアーゼ（透過酵素，permease）とも呼ばれ，特定の物質を細胞膜の他方へ移動させるタンパク質の総称として用いられてきた。特異性など酵素と似た性質もあるが，化学反応（共有結合の組換えを伴う物質変換）を触媒するわけではない。酵素命名に関する国際的な認証機関である国際生化学分子生物学連合（International Union of Biochemistry and Molecular Biology, IUBMB）酵素命名委員会では，本タンパク質を酵素として分類していない[20]。酵素と認められないタンパク質に対して，酵素様の名前（-ase, -アーゼ）は適当でないとされてきたし，実際IUBMBは，このような酵素様の名前を推奨していない。こ

第1章　総論：酵素の産業応用に関する最近の話題

のような事情から，これらのタンパク質に対する命名には恣意性と混乱がみられる。例えば，エネルギーを使って物質移動を推進するタンパク質複合体は，輸送体（キャリアー）あるいはトランスポーターと呼ばれているが，この中のよく知られた例として大腸菌ガラクトシドパーミアーゼ（M タンパク質，ラクトース輸送体ともよばれる）がある[21]。

　ポリペプチド鎖伸長因子（elongation factor, EF）はタンパク質生合成において，ポリペプチド鎖の伸長に作用する可溶性タンパク質因子である。機能の面から，「アミノアシル tRNA をリボソームのアミノアシル部位（A 部位）へ結合させるもの」および「ペプチド結合が形成されたあとでペプチジル tRNA をペプチジル部位（P 部位）に転位（トランスロケーション）させるもの」の2種類に大別される。原核細胞では，前者は EF-Tu および EF-Ts，後者は EF-G とよばれる。真核細胞では，前者は EF-1，後者は EF-2 とよばれる。これらは機能を発揮するために GTP 加水分解を伴っている。一方，細胞質にあるリボソームで生合成された初期のペプチド鎖が，小胞体（ER）膜を通過して ER 内腔へ輸送されるときにも，ペプチド鎖のトランスロケーションが行われる。生合成されたシグナルペプチド（SP）が細胞質内のシグナル認識粒子（SRP）により認識され，リボソームは小胞体膜（ER）に貫通しているチャンネルであるトランスロコン（translocon）に導かれ，ER 膜結合型リボソームになる。このとき，SRP はトランスロコン近傍で ER 膜に結合して存在する SRP 受容体（SRPR）に結合する。ここで，SRP に捕捉されていた SP は糸を針孔に通されるようにトランスロコンを貫通して，ER 内腔側に現れる。このあと SP は ER 内腔側でシグナルペプチダーゼにより除去される。つづいて細胞質側にある ER 膜結合型リボソームで生合成されたポリペプチド鎖は順々に ER 内腔へ移行し，フォールディングして立体構造を持つタンパク質となる。SRP と SRPR は GTP アーゼ活性を持っており，この酵素活性により，通常はクローズド型のトランスロコンはオープン型に構造変化される。これにより SP はオープン型トランスロコンに引き込まれ，続けて生合成中のポリペプチド鎖が ER 内腔側に引き込まれると考えられる[22]。

　2018 年 8 月，国際生化学分子生物学連合（IUBMB）から大きいニュースが届けられた。すなわち，転位反応（トランスロケーション）に関する酵素分類と命名法に関する新しい見解が発表された。最新刊の IUBMB のニュースレターによると，従来の酵素分類に加えて，新規な分類として EC7（translocases）の新設と導入に関し背景と詳細が報告されている[23]。また，最新の酵素命名法が，2018 年 12 月 20 日に IUBMB 酵素命名委員会（Nomenclature Committee of IUBMB, NC-IUBMB）の勧告（Recommendations of the Nomenclature NC-IUBMB on the Nomenclature and Classification of Enzymes by the Reactions they Catalyse）として公開されている[24]。今回の改定は，数十年ぶりのことであり，教科書や参考書の修正が求められる。また，過去に旧分類に基づき公表された関連する酵素や機能性タンパク質については，新分類との照合や命名の修正が求められる事態やそれに付随する混乱が起こる可能性もあるだろう。酵素に関わる研究者，学生諸氏には，ご確認をお願いしたい。

　酵素の分類は，1961 年に国際生化学連合（International Union of Biochemistry, IUB）により

7

提案された命名法に基づいて行われている[4, 20]。それぞれの酵素には酵素反応と系統名に従って酵素番号が振られる。酵素番号はEC番号（Enzyme Commission Number）とも呼ばれ，ECで始まる4組の数字からなる（例えば，EC 1.2.3.4のようになる）。すべての酵素は反応形式に基づいて6個の大分類に分けられており，EC番号の1番目の数字（上の例では，1）は，大分類を指定している。大分類番号1は酸化還元酵素（oxidoreductase），2は転移酵素（transferase），3は加水分解酵素（hydrolase），4はリアーゼ（lyase），5は異性化酵素（isomerase），6はリガーゼ（ligase）である[4]。酵素分類および命名法の原則と歴史については，生化学教科書や参考書（例えば文献4, 20など）を参考にしてほしい。

　この分類法では，「生体膜を越えて行われるイオンや分子の移動や生体膜内でのイオンや分子の分離を触媒するタンパク質」を酵素として認めておらず，酵素としては分類できないという問題があった。酵素様の命名をしたものもあるが，一方，これらのタンパク質のあるものはATP加水分解活性を示すことから，本活性がこれらの第一義的な機能ではないにもかかわらず，ATPアーゼ（EC3.6.3.-）に分類されているものもある。

　今回のIUBMBからの提案は，トランスロケーションに関連するタンパク質の機能を整理し，酵素機能として分類するものである。これらのタンパク質は，酵素として7番目の大分類トランスロカラーゼ（translocalase；EC7）のもとに分類される。本酵素は，「物質やイオンの『サイド1（side 1）』から『サイド2（side 2）』への転移（transfer）を触媒する」と明示されている。転移の方向について，以前は，「in」や「out」（あるいは「cis」や「trans」）が使われたが，これらは不明瞭であり，今回上記の通り改められた。

　今回の改革の最も基本的な部分は，酵素によって行われる触媒反応の拡大にある。これまで酵素は「生体内化学反応を触媒するタンパク質」と定義され，基質と生成物の間には，共有結合の組換えを伴った構造上の変化があることが前提である。今回，生体膜を越えておこなわれるトランスロケーション（物質やイオンの移動や分離）が酵素の触媒反応のひとつに認められたことになる。トランスロケーションを酵素が触媒する化学反応に含めたということか，あるいは，トランスロケーションは厳密な意味では化学反応ではないが，従来の6分類（すべて化学反応）に加えてトランスロケーションも酵素の機能に含めることにしたということなのかは判然としない。

　第7分類は，酵素に転位（translocate）されるイオンや分子のタイプに応じて，以下のようにサブクラス分類（EC番号の2番目の数字で表す）がなされる。

　EC7.1　ヒドロン（hydron，天然に存在するH^+の一般名）の転位を触媒する酵素。〔ちなみに，ヒドロンは天然に存在するH^+の一般名として使われている。プロトンは質量数1の水素原子核を指す用語であるため，天然存在比で存在するプロトン（陽子）とジュウテロン（重陽子）の混合物を指す用語としてヒドロンが用いられる。〕

　EC7.2　無機カチオンおよびそのキレート物質の転位を触媒する酵素。

　EC7.3　無機アニオンの転位を触媒する酵素。

　EC7.4　アミノ酸およびペプチドの転位を触媒する酵素。

第1章　総論：酵素の産業応用に関する最近の話題

EC7.5　炭化水素（糖質）およびその誘導体の転位を触媒する酵素。
EC7.6　それ以外の化合物の転位を触媒する酵素。

サブ-サブクラス分類（EC 番号の 3 番目の数字で表す）は，転位のための駆動力をもたらす反応に関係している。
EC 7.x.1　酸化還元反応にリンクした転位。
EC 7.x.2　ヌクレオシド三リン酸の加水分解にリンクした転位。
EC 7.x.3　二リン酸（ピロリン酸）加水分解にリンクした転位。
EC 7.x.4　脱炭酸反応（decarboxylation）にリンクした転位。

酵素触媒反応に依存しないエクスチェンジ・トランスポーター（exchange transporter, 輸送体）（例えば生体膜を通過しておこるイオンの交換）は含まれない。リン酸化やそれ以外の反応に応答してコンホメーションがオープン型とクローズド型の間で変化するポア（細孔）は，EC 5.6（molecular conformation isomerase 分子コンホメーション異性化酵素）に分類される。
　従来，化学反応ではなく物理的な変化と思える反応（例えば，タンパク質のフォールディング，膜脂質のフリップフロップ，膜のインテグレーションなど）を制御するタンパク質や場合によっては糖質までをも酵素と呼んでいる例がある[4]。従来の定義からは到底受容できない酵素様の名前もかなり使用されている。一方，リボザイムなどタンパク質ではない物質にも酵素様の触媒機能が認められる。今回の IUBMB の提案は，酵素命名や分類における混乱を一部ではあるが解決するものと歓迎できる。

2.2　地盤改良技術およびバイオミネラリゼーション
　酵素機能を微生物機能あるいは生物機能の形で利用することが広く行われてきた。酵素反応を含めて生物機能に基づく触媒反応を広く生物触媒反応（biocatalysis）とよび，これに関わる触媒を生物触媒（biocatalyst）と呼んでいる。ここには微生物や動物細胞および植物細胞を用いる物質生産を含めることが多い。醗酵によるアルコールや有機酸，ビタミン，酵素などの有用生理活性物質の生産はその典型である。動物細胞培養による抗体やサイトカインなどの有用タンパク質の生産や植物細胞培養による有用なアルカロイドやテルペンの生産なども含められる。
　さらに，活性汚泥を用いる汚水処理や微生物を用いる環境保全も酵素機能の産業応用に含めてよい。特記すべき分野として，微生物（の酵素機能）の地盤改良技術や石油やレアメタルの回収技術などへ応用がある。具体的には，バイオレメディエーション（bio-remediation；地盤の汚染を修復），バイオセメンテーション（bio-cementation；地盤の強度を強化），バイオクロッギング（bio-clogging；地盤の透水性を低減），バイオサチュレーション（bio-saturation；地盤の飽和度を低減し，液状化に対する抵抗性を向上），バイオリーチング（bio-leaching；鉱石や固体廃棄物から金属を液相に浸出）などを挙げることができる[25, 26]。バイオセメンテーションを例

9

にとると，この技術の主要な方法として，微生物による尿素の加水分解を利用する方法がある。これは，ウレアーゼによって尿素を二酸化炭素，アンモニアおよび OH^- イオンに変換し，水溶液中のカルシウムイオンを弱アルカリ性環境で炭酸カルシウムとして析出させる方法である[25]。これは石灰岩の形成をウレアーゼ反応の支援を得て加速したものであり，微生物を介して行う高度な酵素利用と言える。ここで見られる炭酸カルシウム形成は一種の炭酸固定（炭酸同化）と考えてよく，大気中の二酸化炭素の処理および地球温暖化の点で興味深い意義がある。

　ミネラルすなわち鉱物（バイオミネラルと呼ぶ）を作る現象（バイオミネラリゼーション，Bio-mineralization）が多くの生物において知られている[27]。脊椎動物の骨，歯や耳石，魚の鱗，貝殻，アコヤ貝の真珠，サンゴの骨格，甲殻類の外骨格，磁性細菌の微小磁石など，高等動植物から微生物まで広範な生物種で観察される。これらの鉱物種は，リン酸カルシウム（例：ヒドロキシアパタイト），炭酸カルシウム，シュウ酸カルシウム，酸化鉄（例：マグネタイト），シリカなどであるが，通常これら無機鉱物に微量の有機物（これは有機基質と呼ばれる）を含んでいる。

　バイオミネラルには複数の形状（結晶形）を取るものが多い。炭酸カルシウムを例にとると，3種類の異なる結晶形と非結晶形（アモルファス）をとる。どの形状を取るかは，それぞれの生物（多くは動物）の部位や組織あるいは成長時期（脱皮の段階）などによって厳密に決められている。このことから，バイオミネラリゼーションは遺伝的に制御された現象であることがわかる。有機基質には，哺乳動物の骨におけるコラーゲンやオステオカルシンなどのタンパク質，甲殻類の外骨格におけるクチクラ（多糖類キチンを主成分とする）などがある。アメリカザリガニでは，脱皮直後の外骨格は軟らかいが，炭酸カルシウムが沈着し石灰化して，数日のうちに硬化する。他方，次の脱皮の前になると，この炭酸カルシウムは溶解され，外骨格は軟らかくなる。溶けた炭酸カルシウムは胃石の形で胃の中に保管され，脱皮が完了した後で外骨格に運ばれ，再びクチクラの硬化に利用される[27]。キチン合成酵素が作動して新しい外骨格が準備されると，これに呼応して炭酸カルシウムの輸送や合成および沈着が行われ，硬化したクチクラを持つ新しい外骨格が形成される。

　バイオミネラリゼーションは，人工的に制御された環境において，再生医療における骨や歯の生産，真珠や有用鉱物の生産，バイオミメティック素材としてのクチクラやナノサイズのシリカの生産などに重要であると考えられる[28, 29]。上述の昆虫や甲殻類の外骨格形成で見た通り，バイオミネラルの形成はその時期，部位（組織），大きさ，形状などが厳密に制御されており，そこには緊密な酵素反応の連鎖があることが示唆される。

　バイオミネラリゼーションにおける炭酸カルシウム形成について，炭酸固定の観点から考察する。生物界で広く理解されている炭酸固定は光合成を介するものである。すなわち，二酸化炭素と水と光エネルギーを原料として有機化合物である糖を合成する過程であり，ここで合成された糖は様々な生命活動に利用され，最終的には二酸化炭素と水に還元されて，環境へ戻っていく。ここには，生物体と環境の間で生命活動に同期した，二酸化炭素の循環がある。一方，バイオミネラリゼーションで生産された炭酸カルシウムは，石灰岩の形で海底に沈着している［隆起して

第1章　総論：酵素の産業応用に関する最近の話題

山（例：伊吹山）や高原（例：秋吉台）となっているものもある]。ここでは，二酸化炭素は固定されたままであり，容易に放出されることはない。

　現在地球上では，石灰岩が溶かされて大気中に放出される二酸化炭素量と石灰岩として石灰化される二酸化炭素量は平衡状態にあると考えられている。炭酸カルシウムとして固定される二酸化炭素量は光合成によるそれの1％に満たないとされるが，石灰岩から二酸化炭素をすべて放出すると，大気中の二酸化炭素濃度は約97％に達するとされる[27]。大気中の二酸化炭素上昇とそれに伴う地球温暖化の問題を考えるとき，バイオミネラリゼーションによる二酸化炭素の固定化は木質や藻類などの再生利用エネルギー利用と並んで考慮されてもよいだろう。

　バイオミネラリゼーションに関連して，最近興味深い論文が報告された[29,30]。ある種のヘムタンパク質（*R. marinus cytochrome* c）は，ヘム-カルベノイド中間体を経て，カルベノイドをSi-H 結合に挿入し，立体選択的に Si-C 結合を形成する酵素活性を持つことが示された。本研究はヘムタンパク質が酸素運搬のみならず有機シリコンの形成にも関与することを示したものとして注目される。

2.3　プラスチックごみとマイクロプラスチックの問題

　石油化学の産物として PET や塩化ビニル樹脂などのプラスチックが大量に消費されている。過去数十年間において，世界のプラスチック製造量は年間2億数千万トンと見積もられている。その多くは回収され，再利用されている。それでも一部は回収の網を逃れて自然界に漏れ出てくるものがあり，加えて，不法投棄されるものもある。海洋ごみの70％をプラスチックごみが占める。これらは自然界とくに海洋で徐々に分解され，微細破片や超微細なマイクロプラスチック・ビーズあるいはマイクロプラスチック・ファイバー（一般には5 mm 以下と定義。例外的に1 mm 以下としているものもある）になる。海洋動物が比較的大きな破片を食べて，生命の危機に瀕する例はしばしば話題になるところであるが，むしろ問題は，マイクロプラスチックにまであるいは大気汚染における PM2.5 のような超微細なレベルまで分解された破片が動物の組織や細胞に侵入することが想定される場合である。動物や植物に取り込まれた食物連鎖に乗ってヒトの体内に入り込んでくる可能性が無いわけではない。2015 年の G7 サミット（ドイツ）では海洋プラスチックごみ問題が取り上げられ，海洋生物に対する物理的な障害のほか化学物質としての毒性についても議論された[31]。

　国連加盟国が2030 年までに達成を目指す17 の目標（SDGs）には海洋汚染の防止やプラスチックをはじめとする工業製品について作る責任や使う責任を課すことが謳われている。これまでもプラスチック製品の製造や使用について 3R 運動（Reduce, Reuse, Recycle）や生分解性プラスチックへの転換などが進められてきたが，より一層実効性が求められるようになってきた。従来，この問題は，地球温暖化に関連して化石燃料由来の二酸化炭素の排出抑制を主たる目標としてきたが，これに加えて自然界（とくに海洋）への（マイクロ）プラスチック汚染の抑制が加えられた。

11

食品・バイオにおける最新の酵素応用

　マイクロプラスチックは２種類に分類される。一次マイクロプラスチックは製造され使用される段階でマイクロプラスチックであるもので，化粧品，歯磨き，シャンプーなどにスクラブ剤として添加されたプラスチックビーズ，工業用研磨剤用のビーズやプラスチック製品の原料としてのプラスチックペレット（レジンペレット）がある。二次マイクロプラスチックは，製造され使用される段階ではマイクロレベルではないが，海洋などの環境に投棄されて，徐々に崩壊してマイクロプラスチックになったものである。

　世界的には，毎年約800万トン（480万トン〜1,270万トン）のプラスチック廃棄物が海洋に流出していると考えられている。これは2010年の世界のプラスチック製造量2.65億トン（2015年の国連環境計画報告書では4億トン）の3％にあたる。有効な対策を講じないと，2025年には海洋へのプラスチック流出量は1,750万トンと予想され，海洋に蓄積されるプラスチック総量は1億5,500万トンになると推定されている。国・地域別でみると，中国および東南アジアの5か国からの流出が大半を占めるとされている[32]。最近の報告によると，海洋のマイクロプラスチックの重量は2030年までに現在の2倍，2060年までに4倍になるとの予測が報告されている[33]。

　プラスチックごみ問題でのプラスチックは多くの場合ポリエチレン，ポリプロピレン，ポリ塩化ビニル，ポリウレタンなどであるが，ナイロンなどの衣料用合成繊維も考慮されるべきである。PETボトルや飲料のストロー，買い物用のレジ袋，たばこのフィルターなどは，本来適正に処理され廃棄されれば，環境汚染の原因にはならないはずのものである。一方，化粧品やシャンプーなどにも超微細に加工されたマイクロプラスチックが利用されている。これらの場合，使用後の回収は困難であり，排水と共に下水へ廃棄されることになる。最近の報告では，米国では使用済みソフトコンタクトレンズのほとんどが下水に廃棄されているという。問題は，下水に混入したこれらのマイクロプラスチックが完全に除去され，清澄な水として海洋に還元できるのかであろう。現実に化粧品や歯磨きに含まれるマイクロプラスチックのスクラブ剤がヒトの眼球や歯茎に障害を与える例が報告されているし，魚や鳥の体内からマイクロプラスチックプラスチックが見つけられたという報告がある。

　一方，マイクロプラスチックによる環境汚染の主役は家庭における洗濯であると考えられている。アクリル製衣類の場合，一度洗濯するごとに73万個の微細な破片が生じ，フリースの上着の場合，一度の洗濯で1.7グラムのマイクロプラスチックが生じる[34]。一般家庭での1回の洗濯（ポリエステル製衣類5 kgくらい）の場合，600万個のマイクロプラスチックが生じるとされている[35]。

　地表や海水中に拡散してしまったマイクロプラスチックの除去には，結局は微生物や植物，藻類を用いるバイオレメディエーション（環境汚染修復）に頼らざるを得ないのかもしれない。1980年代にはダイオキシンで汚染された土壌の浄化がクローズアップされた。問題の本質を十分吟味したうえで正しい科学的アプローチで臨む必要があるだろう。

　環境にフレンドリーとされている生分解性プラスチックも，水中における分解性は石油化学によるプラスチックとあまり変わらないという報告がある。そもそも生分解性プラスチックとは，

第 1 章　総論：酵素の産業応用に関する最近の話題

微生物により完全に消費され，自然的産物（二酸化炭素，メタン，それ以外のバイオマスなど）を生じるものと定義されている（アナポリスサミット，1993 年）。製造原料から分類すると，生物資源由来のものと石油由来のものがある。環境下における生分解性プラスチックの分解性が多数報告されている。例として以下の論文を紹介する。生分解性ポリエステル 5 種類［poly (lactic-co-glycolic acid)，PLGA；polycaprolactone, PCL；polylactic acid, PLA；poly (3-hydroxybutyrate)，PHB；Ecolex］および非分解性の poly (ethylene terephthalate) すなわち PET を 25℃で海水中と淡水中で 1 年間置いたところ，非結晶性 PLGA では 100％分解されたが，それ以外のものは分解されなかった[36]。同様に，PCL は海水中において 10 週間で 25％分解するが，PHB は 9％しか分解しないという報告もある[37]。

　これらの論文には，生分解の担い手である微生物に関する記載がほとんど見られない。一方，生分解性プラスチックの業界団体では ISO（国際標準化機構）や JIS に準拠した認定基準を定めており，「生分解性」という性格に明確な根拠を付与している[38, 39]。ちなみに，世界（2015 年）の生分解性プラスチックの生産量は，全プラスチック製品 4 億トンのうち 91.2 万トンである。我が国では約 3 万トン（全プラスチック製品の 0.2％）と見積もられる。代表的な生分解性プラスチックであるポリ［(R)-3-ヒドロキシブタン酸］(PHB) に対する PHB 加水分解酵素 (PHBase) の作用機構について報告されている[40]。*Ralstonia pickettii* T1 由来の PHBase は触媒ドメイン（CD）と基質吸着ドメイン（SBD）からなり，両ドメインはリンカー領域でつながれた構造をしている。本酵素は SBD で基質に吸着し CD で触媒活性を発揮するものと考えられる。このような酵素の構造と反応機構はアミラーゼ，セルラーゼ，キチナーゼなどでも観測されるものである。糖質加水分解酵素が基質鎖に結合した後，加水分解ごとに酵素分子全体が一歩一歩あゆみを進めるように同じ鎖のうえを，ずり進んでいくことが顕微鏡観察から明らかにされている[41]。このような反応機構が生分解性プラスチックの分解にも作動している可能性がある。

　そうは言っても，外に目を転じると，農業用資材として使用されたブルーシートやプランターがいつまでも廃棄されたままで残されているのを目にすることが多い。バイオ原料を用いて製造された生分解性プラスチックは，二酸化炭素排出の面で一定の合理性を持つように見えるが，すべての生分解性プラスチックが生物材料由来というわけでもないし，廃棄後可及的速やかに消失するわけでもない。

　カネカが微生物機能を利用して製造法を開発した生分解性プラスチック PHBH（3-ヒドロキシブチレート-CO-3-ヒドロキシヘキサノエート重合体）は，ポリ乳酸に比べて，熱に強く，柔軟性にも優れているため，広い応用範囲への適用が期待されている。同社は 2011 年に年産 1,000 トンの製造工場を稼働させ，2019 年には年産 5,000 トン製造能力にまで増産するとしている。PHBH は国際的認証機関 Vinçotte（ベルギー）が認定する海水中での生分解性（微生物の作用により分子レベルまで分解し，最終的に二酸化炭素と水にまで変換されること）の認証 "OK Biodegradable Marine"（海水中，30℃で，生分解度が 6 か月以内に 90％以上になること）を取得しており[42]，同じく土壌中での生分解性の認証 "OK Biodegradable Soil" も取得している。

13

食品・バイオにおける最新の酵素応用

　同社の資料によると，海水中，27℃で冷凍粉砕パウダーの PHBH の生分解性を酸素消費量 BOD から検討した例や23℃で 20 μm のフィルム状 PHBH の海水浸漬試験を検討した例が示されている。BOD から見た生分解は，22日で50％が分解し，40日で75％が分解した。海水浸漬試験によると，18日で全重量の50％が分解し，40日で完全に分解した。PHBH の分解性は，対象として用いられたセルロースなどに比べて速いことが示されている。また，生分解速度は分解条件により異なることが示されている[43]。生分解性プラスチックといえども，適切な廃棄処理を伴わない場合には，第二のマイクロプラスチックとしてかなり長期間にわたり環境に残存し続けるかもしれない。石油化学由来のプラスチックと同根の問題が残されている。

2.4　プラスチックを分解する酵素

　PET やポリウレタン，ナイロンなどを分解する微生物や昆虫や酵素について興味深い報告がされている。本書でも，ナイロンを分解する酵素に関して執筆をお願いしている。ここでは，それ以外の特筆すべき報告について概観する。

　ハチミツガ（wax moth, *Galleria mellonella*）の幼虫がプラスチック（ポリエチレン）を分解するという論文が報告された[44]。本論文に対しては疑問を呈する論文も現れている。一方，ハチミツガの腸管からポリエチレンを分解する微生物を見出したという報告がなされている[45]。微生物によるポリエチレンの分解については多くの報告がなされている[46]。

　発泡スチロール（ポリスチレン）がゴミムシダマシ（meal worm）の幼虫により分解されるという報告もあり，これにも腸内細菌の関与が示唆される。また，ポリウレタンの微生物分解および酵素分解に関しても多数報告がある[47]。これまでも高分子エステル加水分解活性を持つ酵素の報告がある。最近，PET（ポリエチレンテレフタレート）を分解する微生物 *Ideonella sakaiensis* 201-F6 株が発見され，PET を加水分解する酵素として PET ヒドロラーゼ（PETase）とモノヒドロキシエチルテレフタレートヒドロラーゼ（MHEase）が同定された。さらに，本微生物は PET を資化し栄養源として利用することが示された[48]。加水分解機構が検討されたところ，PETase は PET のエステル結合を加水分解し，モノヒドロキシエチルテレフタレート（MHE）を生成し，これは MHEase によりエチレングリコールとテレフタル酸に加水分解され，それぞれ以降の代謝経路に乗ることが示された。

　従来のプラスチックや生分解性プラスチックの生物による分解や酵素分解は多数報告されているが，その分解効率や分解速度，分解される環境条件などを考慮すると，いったん環境に排出されたプラスチックが二酸化炭素と水にまで分解されるのは容易ではないと考えられるし，環境（とくに海洋）への蓄積やヒトを含む生物への蓄積も軽減するとは思えない。要するにすべてのプラスチック製品に対して，3R（Reduce, Reuse, Recycle）に Refuse を加えた 4R の推進が求められている（宮崎県環境森林部循環社会推進課の取り組みなど）。他方，洗濯や入浴などの排水中の一次マイクロプラスチックの抑制に関しては，社会インフラストラクチャの整備や洗濯機など家電製品の改良，生活習慣に取り組む必要があろう[32]。

14

第1章　総論：酵素の産業応用に関する最近の話題

　なお，最近の生分解性プラスチックに関する話題は，近着の文献 39 に詳しい。

2.5　食品添加物と腸内細菌

　ヒトの消化管，皮膚，口腔，呼吸器など体のあらゆる部分に細菌（常在性細菌）が住み着いており，その数は数百兆とも一千兆個（10^{14}〜10^{15}）とも言われる。これらの細菌の大半 90％はとくに消化管に生着しており，細菌の種類が豊富で数も量も多い（1〜2 kg）ことから，腸内細菌叢とも呼ばれる。ヒトの体を形成する細胞数は一般に 60 兆個と考えられている。ただし，最近 37 兆個とする説[49]や 400 兆個とする記述[50]もあるが，いずれにしても，ヒトはヒトの体を形成する細胞数を大幅に上回る数の細菌と共生していることになる。ヒトの DNA 解析から明らかになったヒトが持っている遺伝子は 20,000 ないし 25,000 個であるが，腸内細菌がもつ遺伝子は全部で 1,000 万個以上とされる。これらの腸内細菌が，腸内環境に関わる現象のみならず，糖尿病，肥満，ストレス，老化，アレルギー，精神活動など多様な生命活動にも関係している可能性が示唆されている[51,52]。

　食事内容が腸内細菌に与える影響が知られているし[53]，有用な腸内細菌の増殖を促進すること，あるいは有害な腸内細菌を抑制することにより，宿主であるヒトの健康に有利に作用する非消化性成分はプレバイオティクスとして広く利用されてもいる。一方，ヒトの健康や病態に対する腸内細菌の関与に大きな関心が集まるなか，食品添加物が腸内細菌に与える影響に関して興味深い報告がされている。加えて，食品の包装材料，着色料，製造助剤などに金属ナノ粒子（酸化第二鉄，二酸化チタン，二酸化ケイ素など）が用いられており，これらが臓器や消化管，腸内細菌に及ぼす影響が検討されている[54]。食品保存料である ε-ポリリシンや人工甘味料であるサッカリンやスクラロースなどの効果を検討した例がある。サッカリン投与したマウスでは，糖負荷試験で耐糖能異常を認めており，習慣的な人工甘味料の常用は，味覚や腸内細菌叢の変化を介し，糖代謝に悪影響を及ぼす可能性があるとしている[55,56]。また，腸内細菌から 6000 種以上の抗生物質耐性遺伝子が見つかったという報告がされた。これらの遺伝子は，病原性細菌で同定されている遺伝子とは異なっている。健康状態では腸内細菌はヒトと良好な関係にあったとしても，抗生物質耐性遺伝子が病原菌に移行する可能性もあることに注意が必要である[57]。

　腸内細菌（とくにクロストリジウム属）による胆汁酸の代謝物によりケモカイン CXCL16 が産生され，これがナチュラルキラーT（NKT）セルを増強して，原発性および転移性の肝臓ガンの増殖を抑制することが報告されている[58]。

　プロバイオティクスは「腸内細菌叢を改善し，宿主動物であるヒトに有益に作用するような生菌添加物」と定義され，ヨーグルトや各種乳酸菌飲料などの形で乳酸菌やビフィズス菌が利用されている[51,52]。最近の報告では，日常的にプロバイオティクスを利用しており，かつ認知症や胃の膨満感がある患者 30 人を調べたところ，22 人では小腸に微生物のコロニー（SIBO, small intestine bacterial overgrowth）が観察され高濃度の D-乳酸が検出された。これら患者の血液中の D-乳酸濃度は正常値の 2-3 倍を示していた[59]。本論文では，プロバイオティクスの摂取によ

り血液中の乳酸濃度が増加することにより，血液中の pH が正常の pH 域より酸性に偏ったアシドーシスが起こり，その結果，脳の機能低下（認知症）をもたらすとしている。ただし，本論文に対しては，国際プロバイオティクス学会（International Probiotics Association, IPA）をはじめとする当該分野の専門家から，疑問を呈する意見が公表されていることを付記する。

ヒトの腸内共生細菌叢はエンテロタイプとよばれる 3 つの型に分類される。これらのエンテロタイプには，バクテロイデス（*Bacteroides*）属が多いエンテロタイプ I，プレボテラ（*Prevotella*）属が多いエンテロタイプ II，ルミノコッカス（*Luminococcus*）属が多いエンテロタイプ III がある。これらのタイプは，性別や人種には関係なく，食事内容により形成されると考えられており，エンテロタイプ I は肉食中心の欧米型食事，タイプ II は炭水化物中心の農業国型の食事，タイプ III は食習慣との関係は明白ではない。肥満の人の腸内細菌叢にはルミノコッカスが増加し，肥満を抑制するバクテロイデスが減少しているという報告がある[53, 60]。

ごく最近，国立長寿医療研究センターもの忘れセンターの佐治らは，認知症が見られる患者と診られない患者 128 人について，腸内細菌叢と認知症との関連を調査し，興味深い結果を報告している。それによると，認知症の患者では，認知症が認められない患者に比べて，バクテロイデスが優勢なエンテロタイプ I の患者の比率が少なく，エンテロタイプ III の患者の比率が高かった。認知症患者においてエンテロタイプ I，II，III の比率は 15%，0%，85% であったのに対し，認知症でない患者では，それぞれ 45%，5%，50% であった。このことからエンテロタイプ I と III の腸内細菌叢が認知症に強く関わっている可能性が示唆された[61, 62]。これらの結果は，腸内細菌叢の存在や生理状態，生産物の違いがヒトの脳機能に影響を与えることを強く示している。

人工甘味料の常用により，腸内細菌叢が変化する結果，ヒトの糖不耐性が引き起こされ，糖尿病になる可能性が増加するという報告[56]とは別に，トレハロースの摂取が引き起こす問題について報告された[63]。

トレハロースは 2 個の α-グルコースが 1, 1-グリコシド結合で結合した二糖であり，還元性を有しない。また，溶解度や保湿性に優れており，爽快な甘味をもつことから，化粧品のみならず広く食品に利用されている。生物組織や臓器，細胞の保護効果にも優れ，臓器移植や再生医療への応用も期待されている。

近年，クロストリジウム・デフィシル（*Clostridium difficile*，以下 CD 菌）による感染症が増加している。米国における CD 関連疾患による死亡率は，1999 年に人口百万人当たり 5.7 人であったのが，2004 年には 23.7 人に急増した。Collins らは，その原因を探索する中で，CD 菌のうち 2 種類の流行性リボタイプ（RT027 株と RT078 株）が低濃度のトレハロースを代謝する機構を獲得していることを見出したと報告している。RT027 株では，トレハロースリプレッサーに一箇所の点変異が起こっており，これにより，トレハロースに対する感受性が 500 倍以上も増大していた。一方，RT078 株では，トレハロース代謝に関与する 4 個の遺伝子よりなるクラスターを獲得していた。これらには，RT078 株が低濃度のトレハロースで増殖するのに必要な酵素の遺伝子も含まれている。著者は，トレハロースが食品添加物として使用されたことが，CD

第1章　総論：酵素の産業応用に関する最近の話題

菌の流行性系統の出現を助け，強毒性化すること加担したのではないかと述べている。

　CD が産生する毒素には A 毒素（以前はエンテロトキシンと呼ばれた」）と B 毒素（以前はサイトトキシン）があり，CD は［A 陽性・B 陰性］，［A 陰性・B 陽性］，［A 陰性・B 陰性］のタイプに分類されてきたが，近年，第三の毒素である二元毒素（バイナリトキシン）を産生する株が分離され，［二元毒素陽性］と［A 陰性・B 陰性・二元毒素陰性」のタイプも考慮されている。二元毒素は 2 個の部分から構成されており，ADP-リボシルトランスフェラーゼ活性をもつ。上記論文の RT027 株は［二元毒素陽性］タイプに分類される。RT027 は 1988 年に米国で報告されたものが最初と考えられるが，我が国では 2005 年に報告がある[64]。

　トレハロースの使用が，流行性で強毒性の CD 変異株を誘発したかどうかは判然としないが，食品として摂取された比較的低濃度のトレハロースを資化することができる CD 菌株が存在し，トレハロースの摂取により顕在化しうるとする実験結果は看過できないだろう。上記 Collins らの論文に対して，トレハロース製造元の（株）林原はトレハロースと CD 強毒菌の流行には関連性が無いとの発表をしているし[65]，NPO 法人「食の安全と安心を科学する会（SFSS）」は Collins らの報告は科学的根拠を欠き，事実に反するものと判定している[66]。食事内容が腸内細菌叢に変化をもたらすことは広く知られている。食品添加物がその例外であるとは言えないかもしれない。慎重な確認と吟味が求められる。今後の展開に注視したい。

文　　献

1)　井上國世監修，産業酵素の応用技術と最新動向，シーエムシー出版（2009）
2)　井上國世監修，食品酵素化学の最新技術と応用Ⅱ，シーエムシー出版（2011）
3)　井上國世監修，酵素応用の技術と応用 2015，シーエムシー出版（2015）
4)　井上國世編集，初めての酵素化学，シーエムシー出版（2016）
5)　相澤益男監修，最新酵素利用技術と応用展開，シーエムシー出版（2001）
6)　A. J. J. Staathof, P. Adlercreutz (eds.), Applied Biocatalysis, 2nd Ed., Harwood Academic, Amsterdam, the Netherlands (2000)
7)　松田知子，生物工学，**88**, 518-519 (2010)
8)　宮脇長人，バイオサイエンスとバイオインダストリー，**63**, 158-162 (2005)
9)　T. Itoh, *Chem. Rev.*, **117**, 10567-10607 (2017)
10)　K. Igarashi *et al., Nat Comm.*, **5**, 3975. doi：10.1038/ncomms4975 (2014)
11)　BCC リサーチ，Global Markets for Enzymes in Industrial Applications 世界の産業用酵素市場，グローバルインフォメーション社（2012）
12)　BCC リサーチ，Global Markets for Enzymes in Industrial Applications 世界の産業用酵素市場，グローバルインフォメーション社（2018）
13)　食品添加物総覧 2011-2014，pp. 122-151, 食品化学新聞（2014）

食品・バイオにおける最新の酵素応用

14) 日経バイオ年鑑 2018, pp. 906-907, 日経バイオテク（2017）

15) ファインケミカル年鑑 2019, pp. 262-263, シーエムシー出版（2018）

16) 酵素応用の技術と市場 2015, pp. 17-24, シーエムシー出版（2015）

17) ファインケミカル年鑑 2015, pp. 238-244, シーエムシー出版（2014）

18) 酵素応用の技術と市場 2009, pp. 172-177, シーエムシー出版（2008）

19) 厚生労働省医薬・生活衛生局食品基準審査課, 平成 30 年 11 月 26 日現在, 安全性審査の手続きを経た旨の公表がなされた遺伝子組換え食品及び添加物一覧（2018）

20) Nomenclature Committee of the International Union of Biochemistry and Molecular Biology, Enzyme Nomenclature, Academic Press, New York（1992）

21) 石川統ほか編, 生物学辞典, p. 1042, 東京化学同人（2010）

22) J. M. Berg, J. L. Tymoczko, L. Stryer, ストライヤー生化学, 第 6 版（入村達郎ほか監訳）, pp. 861-869, 東京化学同人（2008）

23) K. Tipton, Translocases（EC7）：A new EC class. *IUBMB* News, Issue 6（Aug. 2018）

24) G. P. Moss, Enzyme Nomenclature. Recommendations of the Nomenclature Committee of IUBMB on the Nomenclature and Classification of Enzymes by the Reactions they Catalyse. https://www.qmul.ac.uk/iubmb/enzyme/（Dec. 2018）

25) 川崎了, バイオインダストリー, **35**（9）, 47-59（2018）

26) 小西康裕, 科学と工業, **84**（8）, 319-324（2010）

27) 長澤寛道, 化学と生物, **42**（5）, 340-345（2004）

28) 下村正嗣監修, 次世代バイオミメティックス研究の最前線, シーエムシー出版,（2011）

29) 萩原義道監修, 生物の優れた機能から着想を得た新しいものづくり, シーエムシー出版（2018）

30) S. B. J. Kan *et al., Science,* **354**, 1048-1051（2016）

31) 兼廣春之, 2016 新春海ごみシンポジウム資料, 東京海洋大学（2016 年 1 月）

32) A. H. Tullo, *C&E News,* **96**（16）（April 16, 2018）

33) A. Isobe *et al., Nat. Comm.,* **10**：417. doi：org/10.1038/s41467-019-08316-9（2019）

34) L. Paddison, *the Guardian*（Sept. 27, 2016）

35) F. De Falco *et al., Environ. Pollut.* **236**, 916-925（2018）

36) A. R. Bagheri *et al., Global Challenges,* **2017**（1）, 1700048（2017）

37) H. Tsuji *et al., Polym. Degrad. Stab.* **75**, 347-355（2002）

38) 日本バイオプラスチック協会（JBPA）のホームページ

39) バイオインダストリー, バイオプラスチックの最新動向, シーエムシー出版（2019 年 1 月）

40) 平石知裕, 藤田雅弘, バイオインダストリー, **24**（5）, 71-78（2007）

41) A. Nakamura *et al., Nat Comm.,* **9**, 3814（2018）

42) カネカ, ニュースリリース（2017 年 11 月 15 日）

43) 環境省中央環境審議会循環型社会部会プラスチック資源循環戦略小委員会（第 2 回）資料 6, 2018 年 9 月 19 日開催

44) P. Bombelli *et al., Cur. Biol.,* **27**, R283-R293（2017）

45) Y. Yang *et al., J. Bacteriol.* **200**, 77-78（2015）

46) J.-M. Restrepo-Florez *et al., Int. Biodeterior. Biodegrad.,* **88**, 83-90（2014）

第 1 章　総論：酵素の産業応用に関する最近の話題

47）　茂野（圷）ゆき枝，中原忠篤，中島（神戸）敏明，バイオサイエンスとバイオインダストリー，**60**，17-22（2002）

48）　S. Yoshida *et al., Science*, **351**, 1196-1199（2016）

49）　E. Bianconi *et al., Ann. Hum. Biol.*, **40**（6），463-471（2016）

50）　F. S. Collins, The Language of Life, Harper Perennial, New York（2011）

51）　落合邦康監修，腸内細菌・口腔細菌と全身疾患，シーエムシー出版（2015）

52）　腸内細菌の応用と市場，シーエムシー出版（2018）

53）　宮本潤基，木村郁夫，バイオインダストリー，**34**（11），9-18（2017）

54）　徳本勇人ほか，粉体工学会誌，**54**，172-177（2017）

55）　櫻井勝，砂糖類・でん粉情報 2017.6，48-51（2017）

56）　J. Suez, *et al., Nature*, **514**, 181-186（2014）

57）　E. Ruppe *et al., Nat Microbiol.* doi：**10**. 1038/s41564-018-0292-6（2018）

58）　C. Ma *et al., Science*, **360**, eaan5931.doi：10.1126/science.aan5931（2018）

59）　S. S. C.Rao *et al., Clin. Transl. Gastroenterol.* **9**, 162. doi：10.1038/s41424-018-0030-7（2018）

60）　安藤朗，日本消化器病学会雑誌，**112**，1939-1946（2015）

61）　N. Saji *et al., Sci. Rep.*, **9**, 1008. doi/10.1038/s41598-018-38218-7（2019）

62）　N. Saji *et al., Hypertension Res.* doi：**10**. 1038/s41440-019-0218-6（2019）

63）　J. Collins *et al., Nature*, **553**, 291-294. doi：10.1038/nature25178（2018）

64）　横浜市衛生研究所，クロストリジウム・ディフィシル感染症について，検査情報月報（2013 年 4 月 15 日）

65）　林原・広報企画室，雑誌 Nature に掲載されたトレハロースに関する論文について，同社プレスリリース（2018 年 1 月 24 日）

66）　山崎毅，食品添加物トレハロースは本当に危険か，食・健康・医療のファクトチェック（2018 年 2 月 7 日）

【Ⅱ　食品産業への酵素応用編】

第1章　合成ペプチドライブラリーと組み換え酵素を用いた機能性ペプチドの探索

Functional Screening of Food Peptides Using Synthetic Peptides
Library and Recombinant Enzyme

伊藤圭祐[*1]，寺田祐子[*2]，河原崎泰昌[*3]

　健康志向の高まりとともに機能性食品の需要が高まっており，混合物である食品中から有効成分を効率的に探索する方法論の開発は重要な課題となっている。本稿では筆者らが取り組んできたジペプチジルペプチダーゼⅣ阻害ペプチドの研究を例に，合成ペプチドと安価な組み換え酵素を用いた機能性ペプチド探索法を紹介する。

1　はじめに

1.1　機能性食品ペプチド

　2019年現在，特定保健用食品（トクホ）制度は発足からおよそ30年が経過し，栄養機能食品，機能性表示食品と合わせた市場規模は7,000億円を超えて伸び続けている。トクホの登録商品数は1,200程度であり，その中で200以上の商品の有効成分がペプチドである。健康志向の高まりとともに機能性食品・成分の需要は益々高まっており，科学的根拠に基づく機能成分の探索が進められている。

　多くの食品成分の中でもペプチドは特に構造的・機能的多様性に富む分子群である。これまで最もよく研究されてきた機能性ペプチドは，アンジオテンシン変換酵素（ACE）阻害ペプチドである[1]。現在ではカプトプリルのようなACE阻害薬も臨床応用されており，またトクホの機能性関与成分としても応用されている。ACE阻害以外にも，ミネラル結合作用，免疫調節作用，抗微生物作用，抗酸化作用，抗血栓作用，低コレステロール血作用，降圧作用など，多様な活性を示す機能性ペプチドが見出されている。一方，そのようなペプチドの機能は大多数が生体内に吸収されてから発揮されるものの，ペプチドの生体吸収性や体内動態に関しては不明な点が多

＊1　Keisuke Ito　静岡県立大学　食品栄養科学部　食品生命科学科　食品化学研究室
　　　准教授

＊2　Yuko Terada　静岡県立大学　食品栄養科学部　食品生命科学科　食品化学研究室
　　　助教

＊3　Yasuaki Kawarasaki　静岡県立大学　食品栄養科学部　食品生命科学科
　　　生物分子工学研究室　准教授

い。最近，我々の研究グループは小腸でのペプチド吸収に関わるプロトン共役型オリゴペプチド輸送体の基質多選択性を解明し，8,400種類のジ・トリペプチドの中でもヒト必須アミノ酸含有ペプチドの吸収性（輸送体親和性）が顕著に高いことを報告した[2]。このようなペプチドの吸収および体内動態，安定性に関する実態解明もまた，機能性解析とともに重要な課題である。

1.2 機能性ペプチドの探索

食品タンパク質にプロテアーゼを作用させた場合に生成するペプチドの種類は膨大であるため，従来の機能性ペプチド探索アプローチでは，混合物であるペプチド素材から *in vitro* での活性を指標として個別ペプチドを単離精製し，得られたペプチドの機能性を検証する試みがなされてきた[1]。これは多くの機能性ペプチドの同定を可能とした有効性の高いアプローチであるが，食品素材中で含有量の高いペプチドが取得されやすい，"量"を重視した方法論とも言える。これに対し本稿では，コンベンショナルな方法論を補完する"質"を重視した新しいアプローチとして，ジペプチジルペプチダーゼⅣ（DPP-Ⅳ）阻害ペプチドを例に，合成ペプチドを用いた機能性ペプチド探索法"リバース型フードペプチドミクス"を紹介したい（図1）。

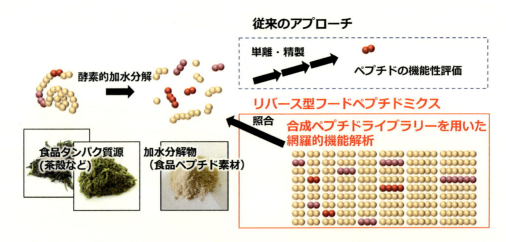

図1 "リバース型フードペプチドミクス"の概要
食品タンパク質のアミノ酸配列を元に合成ペプチドライブラリーを構築し，安価な組み換え酵素などを用いて網羅的に機能解析を実施する。結果をメタボロミクス分析から得られる成分組成データと照合することで，食品素材中の機能性成分を特定する。

第 1 章　合成ペプチドライブラリーと組み換え酵素を用いた機能性ペプチドの探索

2　ジペプチジルペプチダーゼⅣ（DPP-Ⅳ）

2.1　DPP-Ⅳの阻害

現在，世界人口のうち 4 億 2,500 万人が糖尿病患者となっており，その対策は急務である。食事とライフスタイルの変更，および定期的な運動が推奨されているものの，糖代謝の分子メカニズムに基づく機能性食品の利用もまた重要な検討課題である。

DPP-Ⅳは肺，脳，膵臓，および腎臓を含む多くの組織において発現しているセリンプロテアーゼである[3]。生体における DPP-Ⅳの最も重要な基質は GLP-1 に代表されるインクレチンである（図 2）。GLP-1 はグルコース依存的に膵島 β 細胞からのインスリン分泌を引き起こす。消化管への食餌刺激によって分泌された GLP-1 は数分間で速やかに血中 DPP-Ⅳによって分解されるため，DPP-Ⅳ活性の阻害による GLP-1 の安定化はインスリン分泌を助けることとなる。結果として血糖値の低下がもたらされ，血糖コントロールの改善効果が期待できる。実際にグリプチン系 DPP-Ⅳ阻害薬が 2 型糖尿病治療薬として臨床的に使用されている[4]。

医薬品と同様に，DPP-Ⅳ活性を調節することができる食品成分も抗 2 型糖尿病の観点から注目を集めている。ポリフェノールなどの食品成分の DPP-Ⅳ阻害効果も数多く報告されており，化合物群の構造情報を元にしたファーマコフォアモデルの構築も試みられている[5,6]。一方，食品タンパク質由来のオリゴペプチド，特にジ・トリペプチドは経口摂取後にヒトの血中に移行しやすいことから，機能性食品成分として有力な候補である[7]。そのため今日まで，多くの研究によって食品タンパク質由来のペプチドについて，DPP-Ⅳ阻害効果が検証されてきた[8~13]。

2.2　DPP-Ⅳの種差

食品由来の機能性成分を探索する際，様々な生物種に由来する酵素が利用されてきた。例えば ACE 阻害成分の探索にはウサギ由来の酵素が利用された例がある[1]。このような異種由来の酵素を用いた活性評価にも一定の価値があることは確かである。しかしより確実性の高い酵素阻害成

図 2　生体における hDPP-Ⅳの働き
hDPP-Ⅳはインスリン分泌を促すインクレチンを速やかに加水分解する。そのため hDPP-Ⅳ阻害剤には抗 2 型糖尿病効果が期待できる。

分の探索には，やはり対象とする生物種に由来する酵素を用いたほうが良いことは言うまでもない。DPP-Ⅳに関しては，これまで実施されてきた多くの阻害成分探索にブタ由来のDPP-Ⅳが用いられている。DPP-Ⅳは種を超えて保存性が高い酵素であり，ブタDPP-Ⅳのアミノ酸配列はヒトDPP-Ⅳ（hDPP-Ⅳ）と80%以上の相同性がある。しかしこれら2つのDPP-Ⅳは天然基質であるGLP-1に対する親和性が若干異なり，また様々なペプチドが同様の阻害パターンを示すかどうかは不明であった。最近，Lacroixらにより，ヒトおよびブタ由来のDPP-Ⅳ活性とそれに対するペプチドの阻害効果の比較に関するデータが報告された[14]。それによると，ブタDPP-ⅣはhDPP-Ⅳよりも全体的にジペプチドに対する感受性が高く，阻害効果が高く見積もられやすい。また特に鎖長の長いペプチドではブタDPP-ⅣとhDPP-Ⅳは異なる阻害パターンを示すことが明らかとなった。

2.3　阻害剤探索への組み換えhDPP-Ⅳの利用

　阻害成分の探索にはhDPP-Ⅳを用いることが望ましい。その様な背景から，hDPP-Ⅳの組み換え生産系の構築が試みられた。代表的な研究はHuらによって報告された *Pichia pastoris* 発現系と[15]，我々が報告した *Saccharomyces cerevisiae* 発現系である[16]。いずれも真核微生物を用いた組み換え生産系であるが，*P. pastoris* は強力なAOXプロモーターと培養後の菌体量の多さから大量生産に適しており，*S. cerevisiae* は培養と組み換え酵素の調製の容易さ，また変異体解析の迅速・簡便さに優れている。組み換えhDPP-Ⅳを用いることで，hDPP-Ⅳそのものを阻害するペプチドの探索が可能となったことに加え，探索コストが大幅に減少したことは特筆すべき点である（例えば我々の系では，市販のブタDPP-Ⅳ活性測定キットを用いた場合と比較して1/300程度のコストで阻害剤探索が可能である）。

2.4　食品由来のhDPP-Ⅳ阻害ペプチド探索の問題点

　今日まで，組み換えhDPP-ⅣあるいはブタDPP-Ⅳを用いて牛乳，大豆，米，鮭など様々な食品タンパク質の加水分解物から阻害ペプチドが探索されてきた[8~13,16]。特に牛乳タンパク質由来のDPP-Ⅳ阻害ペプチドの報告例が多いが，そのことは牛乳タンパク質が阻害ペプチドの産生に適した最良の供給源タンパク質であるということを示すわけではなく，牛乳タンパク質由来のペプチドに関する阻害効果の検討が多数報告されている以上の意味はない。実際に我々は，大豆由来のペプチドが牛乳カゼイン由来のペプチドよりも強いhDPP-Ⅳ阻害効果を示すことを報告した[16]。そのように，各素材のhDPP-Ⅳ阻害効果やその活性本体であるペプチドの阻害効果を単純に比較することはできず，より強い阻害成分の探索や機能性食品としての素材の利用を検討する場合には，ペプチドの阻害効果に関する，より本質的なデータに基づいた議論が不可欠である。

第1章　合成ペプチドライブラリーと組み換え酵素を用いた機能性ペプチドの探索

3　hDPP-IV阻害ペプチドの探索

3.1　ジペプチドの hDPP-IV 阻害効果

これまで報告されている DPP-IV 阻害ペプチドの鎖長は2～10アミノ酸以上まで多岐に渡るが，多くの報告はジ・トリペプチドである[8~13,16,17]。DPP-IV は N 末端から2番目のアミノ酸が Pro または Ala であるペプチドを基質とする。我々は hDPP-IV を用いて Xaa-Ala，Xaa-Pro ジペプチドの系統的解析を実施し，既存の報告よりも強い阻害効果を示す Trp-Pro を含め，いくつかの hDPP-IV 阻害ジペプチドを発見した[16]。また，Trp-Arg と Trp-Arg-Xaa の阻害効果の比較により，ジペプチドの阻害効果がトリペプチドよりも強いことを明らかとした[18]。一方，Nongonierma らはいくつかのトリペプチドが DPP-IV に対して中程度の阻害効果を示す一方で，アミノ酸には阻害効果が見られないことを報告している[19,20]。これらの知見から，ジペプチドの阻害効果はアミノ酸やトリペプチドよりも高いことが示唆される。同じ食品タンパク質を加水分解する場合，ジペプチドはトリペプチドあるいはそれ以上の鎖長のオリゴペプチドよりも大量に生成される可能性が高いことからも，食品ペプチド素材において，ジペプチドは hDPP-IV 阻害効果への寄与が特に大きいと考えられる。

3.2　hDPP-IV 阻害ジペプチドの網羅的解析

ジペプチドの阻害効果を網羅的に解析することは，食品素材の hDPP-IV 阻害の実態を知る上で重要な手がかりを与えると確信し，我々は338種類の合成ジペプチドによって構成されるライブラリーを用いて hDPP-IV 阻害効果を網羅的に解析した（図3A）[17]。まず初めに337個のジペプチドのうち237個について阻害効果（IC_{50} 値）を決定し，効果の強い順にランキングした（図3B）。最も阻害効果の強いジペプチドは Trp-Arg であり，IC_{50} 値は 0.040 mM と算出された。次にランキング50位までの阻害ジペプチドと，阻害効果を持たないジペプチドの配列をグループ分けし，個々のペプチドに含まれるアミノ酸残基の出現頻度を解析した結果，阻害効果の特に強いジペプチドの N 末端には Trp，Thr，Asn，Val が高頻度に出現していた（図3C）。hDPP-IV は基質ペプチドの N 末端アミノ酸残基を S2 サブサイトによって，N 末端から2番目のアミノ酸残基を S1 サブサイトによって認識する（図4）。競合型阻害剤の場合は S2，S1 に加えて周辺の S2 extensive，S1'，S2' サブサイトが関与し，その認識パターンによって阻害剤のクラスが分けられている。Nabeno らは hDPP-IV の S2 extensive サブサイトに存在する Phe357 と阻害剤の間の疎水性相互作用を強化することで，阻害効果を 1,000 倍高められる（IC_{50} が 1/1000 になる）ことを報告している[21]。我々が別途実施した Trp-Arg-Xaa を用いた解析の結果も，N 末端 Trp の側鎖が Phe357 と相互作用することで，強い阻害効果に寄与することを示唆した[18]。阻害効果の強いジペプチドの N 末端に Trp が多く出現した理由は，同様に Phe357 および S2 extensive サブサイトとの相互作用によって説明できるかもしれない。一方で C 末端のアミノ酸残基には顕著な傾向は見られなかったことから（図3C），N 末端アミノ酸残基が hDPP-IV 阻害において

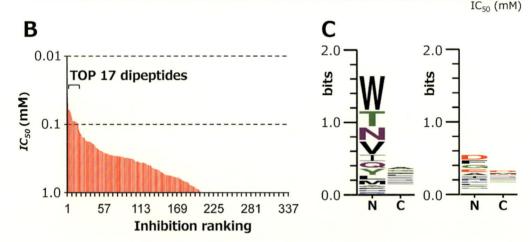

図3 hDPP-IV阻害ジペプチドの網羅的解析結果
(A) 合成ジペプチドライブラリーを用いた網羅的解析結果。セル中の数字は IC_{50} 値（mM）であり，色が濃いほど阻害効果が強いことを意味する。(B) hDPP-IV阻害効果によるジペプチドのランキング。特に阻害効果の強い17個のジペプチドが見出された。(C) ランキング50位までの阻害効果の強いジペプチド（左）と阻害効果を持たないジペプチド（右）を抽出し，WebLogo (http://weblogo.berkeley.edu) により各位置におけるアミノ酸残基の出現頻度を解析した。

第 1 章　合成ペプチドライブラリーと組み換え酵素を用いた機能性ペプチドの探索

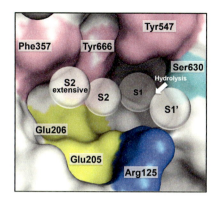

図 4　hDPP-Ⅳのサブサイト
基質ペプチドの N 末端から二番目に位置するアミノ酸残基
（多くの場合，Ala または Pro）は S1 サブサイトで認識され，
その C 末端側で基質が加水分解される。

特に重要であることが示唆された。ただし，ジペプチドの阻害効果は N 末端だけでなく C 末端残基にも依存して大きく変動する。例えば N 末端が Asn の時，C 末端が His の場合には強い阻害を示すが，Ile では阻害効果は見られない。しかし N 末端が Trp の時は逆の傾向を示す。hDPP-Ⅳ阻害ジペプチドは全てが同一の阻害様式（結合様式）ではなく，一括りにして阻害ルールを導き出すことは困難である。そのため本研究で明らかとした網羅的な阻害データは，ジペプチド全体の阻害効果を理解する上で本質的かつ不可欠な情報である。

3.3　コンベンショナルアプローチにより見いだされてきた hDPP-Ⅳ阻害ペプチドとの比較

　現在までに同定された hDPP-Ⅳ阻害ジペプチドを我々の行った網羅的解析の結果と照らし合わせることで，それらのデータの相違点が浮き彫りになった（図 5）[17]。例えば強い阻害効果を有するランキング 3 位の Trp-Pro については，これまでに 7 報の文献で hDPP-Ⅳ阻害ペプチドとして報告されており，いずれの知見からも高い阻害効果が期待できる。その一方，6 報の論文で阻害ペプチドとして報告されている Gly-Pro はランキング 286 位であり，ジペプチド内での相対的な阻害効果は非常に弱い（ほとんど阻害効果を示さない）。そのように，hDPP-Ⅳ阻害ジペプチドとしての報告と実際の阻害効果との相関性はほとんどなかった。この様な現象が起きる最大の理由は，食品素材からの単離精製を基本とするコンベンショナルアプローチの場合，タンパク質加水分解物における各ペプチドの含有量が精製効率へのバイアスとなるためと考えられる。また，これまでに検討されてきた食品自体にも偏りがあり，大部分が牛乳など特定の食品に含まれるタンパク質に由来するペプチドであることも，大きな理由であろう。そのように，コンベンショナルな方法では強い阻害効果を有するジペプチドが見落とされる可能性がある。実際に，網羅的解析結果のランキング 17 位までのジペプチドに限っても Thr-His，Asn-His，Val-Leu，Met-Leu，Met-Met が新規 hDPP-Ⅳ阻害ジペプチドとして見出された。

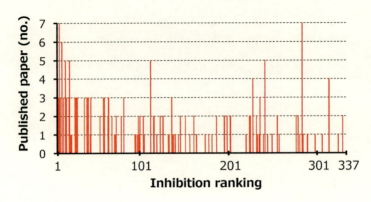

図5 hDPP-Ⅳ阻害ジペプチドのランキングと過去の報告数の比較
hDPP-Ⅳ阻害効果によるジペプチドのランキングを，これまでに報告された論文の数と比較した。必ずしも阻害効果の強いジペプチドが論文報告されているわけではない。

3.4 合成ペプチドライブラリーの網羅的解析データを用いた茶殻由来 hDPP-Ⅳ阻害ペプチドの探索

ジペプチドの網羅的阻害解析データは，多様なペプチドが混在する食品素材からの機能性成分の探索に活用できる可能性がある。そこで，ジペプチドの網羅的解析データを利用して，茶殻のプロテアーゼ加水分解物に含まれる hDPP-Ⅳ阻害ペプチドの探索を検討した。

日本国内ではペットボトル用緑茶飲料の製造工程で年間200万トン（湿重量）もの茶殻が生じているが，大部分は多大なコストをかけて廃棄処分されている。茶殻中の約30重量％は残存している不溶性タンパク質であることから，茶殻は未利用食品タンパク質資源と捉えることができる。茶殻に様々な食品加工用プロテアーゼを作用させた結果，強い hDPP-Ⅳ阻害効果を示す茶殻ペプチド素材を調整することに成功した。前述したように，食品ペプチド素材の hDPP-Ⅳ阻害にはジペプチドの寄与が大きいものと推測される。そこでランキング17位までのジペプチドを標的として，茶殻ペプチド素材中の含有量を調べた。LC/MS/MS分析の結果，17個中12個のジペプチド (Val-Leu, Phe-Ala, Ile-Ala, Leu-Ala, Leu-Trp, Trp-Ile, Asn-His, Thr-His, Thr-Trp, Trp-Ala, Ile-Pro, Trp-Val) が検出され，特にランキング7位の Val-Leu は17ペプチド中で最も高い含有量 (558 μg/g) を示した（図6）。プロテアーゼ処理により茶殻から生成されたこれらのジペプチドは茶殻ペプチド素材の hDPP-Ⅳ阻害効果に寄与する主要候補であり，また我々の知る限りでは，Val-Leu, Leu-Trp, Trp-Ile, Asn-His, Thr-His, Thr-Trp, Trp-Ala, Trp-Val は食品タンパク質加水分解物からは hDPP-Ⅳ阻害ペプチドとして報告されていないことから，現時点では茶殻ペプチド素材に特有の新規 hDPP-Ⅳ阻害ジペプチドである。

第 1 章　合成ペプチドライブラリーと組み換え酵素を用いた機能性ペプチドの探索

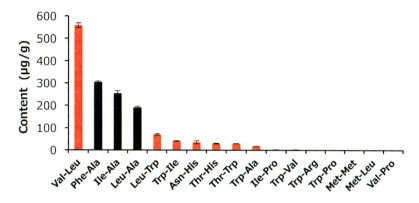

図 6　茶殻ペプチド素材中の hDPP-Ⅳ 阻害ジペプチド

ランキング 17 位までのジペプチドについて，茶殻ペプチド中の含量を LC/MS＜MS により調べた。本解析から，赤色で示した Val-Leu, Leu-Trp, Trp-Ile, Asn-His, Thr-His, Thr-Trp, Trp-Ala, Trp-Val が茶殻ペプチド素材に特有の新規 hDPP-Ⅳ 阻害ジペプチドとして特定された。

4　まとめ

本稿では hDPP-Ⅳ 阻害ペプチドを例に，組み換え酵素と合成ペプチドライブラリーを用いた機能性食品成分探索法を紹介した[17]。食品中の機能性成分探索の需要は益々高まっており，新たな機能性成分探索法の開発が望まれている。食品素材中に含まれる機能性ペプチドの特定は，コンベンショナルなアプローチでは活性を指標とした単離精製後の機能性評価によってなされてきた。これは"量"を重視したアプローチと言い換えることもできる。一方で茶殻由来ペプチドの探索を例に紹介したような，合成ペプチドライブラリーの解析によって網羅的に取得した機能性データを用いて，どのペプチドがどの程度の機能性を有するのか？　をあらかじめ明らかとしてから，食品素材中に含まれる機能性ペプチドを探索する方法論は"質"を重視しているとも言える。この"リバース型フードペプチドミクス"とも呼ぶべきアプローチにより，食品タンパク質から生成しうる潜在的な機能性ペプチドを大規模に探索でき，また単離精製のバイアスを受けずに食品素材そのものに存在する複数の機能成分を特定できる。当然，"質"だけでなく"量"も伴わなければ本質的に機能性食品素材の開発に資するとは言えない。しかし近年ではメタボロミクス技術の発展によって容易に成分組成データが取得可能となってきたことを踏まえ，新規機能性成分の探索，あるいは食品素材全体の機能性評価における"リバース型フードペプチドミクス"の意義は今後益々向上すると期待できる。ペプチド合成や組み換え酵素の生産に関する技術は，近年ではルーチン化されている部分も多く，比較的容易となってきている[15, 16]。今までそれらの分野に縁のなかった食品研究者の方々も，是非このようなアプローチを検討してみてはどうだろうか。

文　　　献

1) Saadi S, Saari N, Anwar F, Abdul Hamid A, Ghazali HM., Recent advances in food biopeptides : production, biological functionalities and therapeutic applications., *Biotechnol. Adv.*, **33**, 80-116 (2015)

2) Ito K, Hikida A, Kawai S, Lan VT, Motoyama T, Kitagawa S, Yoshikawa Y, Kato R, Kawarasaki Y., Analysing the substrate multispecificity of a proton-coupled oligopeptide transporter using a dipeptide library., *Nat. Commun.*, **4**, 2502 (2013)

3) Mentlein R., Dipeptidyl-peptidase Ⅳ (CD26) -role in the inactivation of regulatory peptides., *Regul. Pept.*, **85**, 9-24 (1999)

4) Russell-Jones D, Gough S., Recent advances in incretin-based therapies., *Clin. Endocrinol.* (*Oxf*)., **77** 489-899 (2012)

5) Guasch L, Ojeda MJ, González-Abuín N, Sala E, Cereto-Massagué A, Mulero M, Valls C, Pinent M, Ardévol A, Garcia-Vallvé S, Pujadas G., Identification of novel human dipeptidyl peptidase-Ⅳ inhibitors of natural origin (part Ⅰ) : virtual screening and activity assays., *PLoS One*, **7**, e44971 (2012)

6) Guasch L1, Sala E, Ojeda MJ, Valls C, Bladé C, Mulero M, Blay M, Ardévol A, Garcia-Vallvé S, Pujadas G., Identification of novel human dipeptidyl peptidase-Ⅳ inhibitors of natural origin (Part Ⅱ) : in silico prediction in antidiabetic extracts., *PLoS One*, **7**, e44972 (2012)

7) Miner-Williams WM, Stevens BR, Moughan PJ., Are intact peptides absorbed from the healthy gut in the adult human?, *Nutr. Res. Rev.*, **27**, 308-329 (2014)

8) Hatanaka T, Inoue Y, Arima J, Kumagai Y, Usuki H, Kawakami K, Kimura M, Mukaihara T., Production of dipeptidyl peptidase Ⅳ inhibitory peptides from defatted rice bran., *Food Chem.*, **134**, 797-802 (2012)

9) Huang SL, Jao CL, Ho KP, Hsu KC., Dipeptidyl-peptidase Ⅳ inhibitory activity of peptides derived from tuna cooking juice hydrolysates., *Peptides*, **35**, 114-121 (2012)

10) Lacroix IM, Li-Chan EC., Inhibition of dipeptidyl peptidase (DPP) -Ⅳ and α -glucosidase activities by pepsin-treated whey proteins., *J. Agric. Food Chem.*, **61**, 7500-7506 (2013)

11) Li-Chan EC, Hunag SL, Jao CL, Ho KP, Hsu KC., Peptides derived from atlantic salmon skin gelatin as dipeptidyl-peptidase Ⅳ inhibitors., *J. Agric. Food Chem.*, **60** 973-978 (2012)

12) Nongonierma AB, FitzGerald RJ., Dipeptidyl peptidase　Ⅳ inhibitory and antioxidative properties of milk protein-derived dipeptides and hydrolysates., *Peptides*, **39**, 157-163. (2013)

13) Nongonierma AB, Fitzgerald RJ., Inhibition of dipeptidyl peptidase Ⅳ (DPP-Ⅳ)by tryptophan containing dipeptides., *Food Funct.*, **4**, 1843-1849 (2013)

14) Lacroix IM, Li-Chan EC., Comparison of the susceptibility of porcine and human dipeptidyl-peptidase Ⅳ to inhibition by protein-derived peptides., *Peptides*, **69**, 19-25 (2015)

第1章　合成ペプチドライブラリーと組み換え酵素を用いた機能性ペプチドの探索

15) Hu CX, Huang H, Zhang L, Huang Y, Shen ZF, Cheng KD, Du GH, Zhu P., A new screening method based on yeast-expressed human dipeptidyl peptidase IV and discovery of novel inhibitors., *Biotechnol. Lett.*, **31**, 979-984 (2009)

16) Hikida A, Ito K, Motoyama T, Kato R, Kawarasaki Y., Systematic analysis of a dipeptide library for inhibitor development using human dipeptidyl peptidase IV produced by a Saccharomyces cerevisiae expression system., *Biochem. Biophys. Res. Commun.*, **430**, 1217-1222 (2013)

17) Lan VT, Ito K, Ohno M, Motoyama T, Ito S, Kawarasaki Y., Analyzing a dipeptide library to identify human dipeptidyl peptidase IV inhibitor., *Food Chem.*, **175**, 66-73 (2015)

18) Lan VT, Ito K, Ito S, Kawarasaki Y., Trp-Arg-Xaa tripeptides act as uncompetitive-type inhibitors of human dipeptidyl peptidase IV., *Peptides*, **54**, 166-170. (2014)

19) Nongonierma AB, Mooney C, Shields DC, Fitzgerald RJ., Inhibition of dipeptidyl peptidase IV and xanthine oxidase by amino acids and dipeptides., *Food Chem.*, **141**, 644-653 (2013)

20) Nongonierma AB, FitzGerald RJ., Susceptibility of milk protein-derived peptides to dipeptidyl peptidase IV (DPP-IV) hydrolysis., *Food Chem.*, **145**, 845-852 (2014)

21) Nabeno M, Akahoshi F, Kishida H, Miyaguchi I, Tanaka Y, Ishii S, Kadowaki T., A comparative study of the binding modes of recently launched dipeptidyl peptidase IV inhibitors in the active site., *Biochem. Biophys. Res. Commun.*, **434**, 191-196 (2013)

第2章 カニ殻由来キチンナノファイバーの製造と
食品分野への応用
Preparation and Food Application of Chitin Nanofibers from Crab Shell

伊福伸介*

1 はじめに

ナノファイバーに明確な定義は無いが，一般には幅が100ナノメートル以下で長さが幅の100倍以上の繊維状の物質とされる。生物の生産するいわゆる生体高分子は分子間相互作用に伴うナノサイズの繊維状のものが多いが，ナノファイバーが更に自己集合してよりマクロな組織体を形成することがある。したがって，その様な組織体を物理的に粉砕することによって，本来のナノファイバーに解体できる。これまでに，木材の細胞壁の主成分であるセルロースを粉砕してナノファイバーに変換する製造法が考案されている[1]。セルロースは木材の細胞壁の主成分であり，全体のおよそ半分を占めるが，天然にはナノファイバーとして存在し，リグニンと呼ばれるポリフェノールやヘミセルロースと呼ばれる非晶性の多糖類と複合体を形成している。リグニンとヘミセルロースを除去した後，粉砕すると上述の理由からセルロースのナノファイバーが得られる。

鳥取県はズワイガニとベニズワイガニが特産品として知られ，全国のおよそ半分が県内で水揚げされる。とりわけ県西部に位置する境港（さかいこう）は国内有数のカニの水揚げ基地として知られる。ベニズワイガニの脚は比較的柔らかいため，ローラーで剥いた身が棒肉と呼ばれる冷凍食品として出荷される。境港周辺ではその様な水産加工場が密集している。また，ベニズワイガニの漁期は10ヵ月とズワイガニと比較して長い。それゆえ，現場では大量のカニ殻が食品残渣として発生する。筆者はカニ殻を地域資源として有効活用することを目的に，その主成分であるキチンをナノファイバーとして製造し，その利用開発に取り組んでいる。カニ殻からのキチンナノファイバーの製造および，その食品分野における利用について紹介する。

2 カニ殻由来の新素材「キチンナノファイバー」[2]

キチンは N-アセチルグルコサミンが 1-4β 結合で繰り返し直鎖状に繋がった，半屈曲性の規則性の高い分子構造を持つ多糖類である（図1）。セルロースはグルコースが繰り返し単位であるから，化学構造は互いに良く似ているが，キチンの持つ極性基であるアセトアミド基の有無は化学的，物性的，生理学的に大きな違いをもたらす。キチンはカニやエビなどの甲殻類や昆虫な

---

* Shinsuke Ifuku 鳥取大学 大学院工学研究科 教授

第2章 カニ殻由来キチンナノファイバーの製造と食品分野への応用

ど節足動物の外骨格に含まれ，骨格を作る構造材料としてキチンを生産し，利用している。また，キノコやカビ，酵母などの真菌類にも含まれるため食経験のある物質である。イカの中骨や貝殻にも含まれる。この様に自然界では多くの生物がキチンを生産しているが，産業的に利用されるキチン原料のほとんどは水産加工から食品残渣として発生するカニやエビの殻である。カニ殻に含まれるキチンの含有量は部位により多少の変動はあるがおよそ30%である。それ以外の成分として主に炭酸カルシウムとタンパク質が挙げられる。殻に含まれる炭酸カルシウムとタンパク質はそれぞれ，酸およびアルカリ処理により溶解して除去できる。これらの化学処理を繰り返し行えば，検出限界以下まで除去できる。なお，カニやエビ由来のトロポミオシンと呼ばれるタンパク質は甲殻アレルギーの原因物質であるが，これはカニの筋繊維由来のタンパク質であり，カニ殻由来のタンパク質はアレルゲンでは無いことに注意して頂きたい。またカニを茹でると赤くなるのはカロテノイドの一種であるアスタキサンチンと呼ばれる色素成分がタンパク質から遊離することにより伴う現象であるが，例えばアルコールなどの溶剤中で還流して除去できる。これらの一連の操作によってカニ殻の形状を残したまま，白色の高純度キチンが得られる（図2）。精製したキチンを水と共に粉砕機に通すことにより微細化できる。その粉砕物は幅がわずか10 nmと極めて細く，均一なナノファイバーである（図3）。キチンナノファイバーの製造は粉砕時に大量の水を添加する湿式粉砕が必須であるため低濃度の水分散液として得られる。乾式で粉砕を行った場合は微細化と並行して再凝集が起こるため，繰り返し粉砕を行っても一定以上は細かくならず，一方で物理的に結晶の破壊を招く。粉砕によりキチンナノファイバーが得られるのは，天然のキチンはセルロースと同様にいずれもナノファイバーとして存在するためである（図4）。カニ殻は合成酵素より生産された無数のキチン分子が水素結合とファンデルワールス力を伴って集合して結晶性の高いキチンナノファイバーとなる。キチンナノファイバーの周囲をタンパク質層が覆い，複合体を形成する。キチン/タンパク複合繊維は自発的に螺旋状に組織化される。その間隙を炭酸カルシウムが石灰化してカニ殻に弾性を付与する。すなわち，カニ殻の炭酸カルシウムはキチンナノファイバーを支持し，固さを付与する充填剤，タンパク質はカルシウム微結晶の生成を促す核剤の役割を果たしているとされる。それゆえ，炭酸カルシウムとタンパク質を除去すると支持体を失った組織体は，粉砕により容易に解体されキチンナノファイバーとして得られる。なお，以上の理由から微細化には市販される様々な粉砕装置を使用出来る。石臼

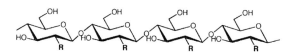

セルロース：**R** = OH
キチン：**R** = NHAc
キトサン：**R** = NH$_2$

図1　多糖類，セルロース，キチン，キトサンの化学構造

食品・バイオにおける最新の酵素応用

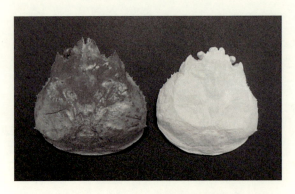

図2　カニ殻（左）とカニ殻から精製して得たキチン（右）

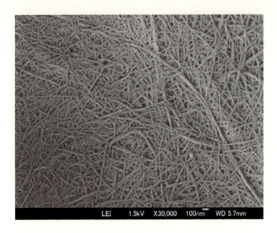

図3　幅が10 nmの極細繊維「キチンナノファイバー」

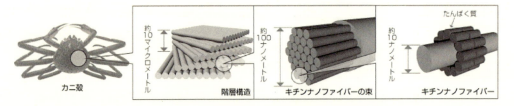

図4　キチンナノファイバーから発展するカニ殻の構造

式摩砕機や湿式高圧粉砕機，高速回転の可能なブレンダーなどを用いてナノファイバーが得られる。それぞれ粉砕機構が異なるため，得られるナノファイバーの形状や物性に多少の違いが生じる。用途に応じて粉砕装置を適切に選択する必要があるだろう。キチンナノファイバーの特徴として水に対する高い分散性が挙げられる。粘稠で乳白色～半透明な外観は可視光線よりも微細な長繊維が水中で均一に系内に拡散していることを示唆している。よって，機能性原料として既存の製品に配合したり，用途に応じてゲルやシート，スポンジなどに加工することができる。また，

第2章　カニ殻由来キチンナノファイバーの製造と食品分野への応用

植物への散布や，動物への塗布・服用などにより，生理機能を探索できる。キチンはセルロースに次ぐ豊富な資源量を誇るバイオマスでありながら，直接に利用された実績が一部の医療分野に限定され，キチンの脱アセチル誘導体であるキトサンや加水分解物であるグルコサミンの中間体としての利用が大半を占めている要因は特殊な溶媒のみにしか溶解せず，加工が困難であり，製品化が難しいためである。ナノファイバー化によってキチンが水中で良く分散して加工性や操作性が格段に向上したことは，キチンの実用化を進める上で大きな進歩と言える。

　キチンナノファイバーの製造技術は，他の生物由来の原料についても応用可能である。例えば，エビの殻やキノコからも同様の形状のナノファイバーが得られる[3,4]。エビはバングラデシュやベトナムなど東南アジア一帯で大規模に養殖されているため，その廃殻はキチンナノファイバーの原料になり得る。また，キノコも菌床栽培で大量に生産されている。キノコ由来のキチンナノファイバーはその表面でグルカンと複合体を形成しているが特徴である。キノコは食経験もあることから，食品への機能性原料に向いているかも知れない。昆虫の外皮からも，同様の処理によってキチンナノファイバーが得られる。例えば養蚕業で発生する蚕の蛹の外皮やセミの抜け殻からキチンナノファイバーを製造している。家畜由来の動物性タンパク質と比較して効率的で環境に優しいタンパク源として昆虫食が注目されている。アジアの一部地域では昆虫食が食文化として伝統的に根付いているが，今後，人口の増加や気候の変動に伴い昆虫食が世界的に広まっていく可能性がある。固い外皮は食用に適さないため，食品加工の過程で大量の外皮が確保できるかも知れない。その外皮は近い将来，ナノファイバーの原料として使われるかも知れない。

3　部分脱アセチル化キチンナノファイバー

　キチンを脱アセチル化した誘導体はキトサンとして知られる。キトサンはアミノ基を有し，希薄な有機酸の水溶液中でアンモニウム塩を形成して溶解する。また，キトサンは抗菌性を備える。それはカチオン性の高分子であるため，表面がアニオン性に帯電した菌類を静電的に吸着するためと言われている。一般に，体内に入ると化膿や食中毒を引き起こす黄色ブドウ球菌や大腸菌，肺炎桿菌や院内感染の原因菌といわれるメチシリン耐性黄色ブドウ球菌などの細菌類に対して抗菌性を示す。また，植物病害菌としては軟腐病菌，潰瘍病菌，黒腐病菌，根頭癌腫病菌などの細菌類や，灰色カビ病菌，つる割れ病菌，斑点病菌，雪腐病菌などのカビ類に対して抗菌性を示すことが報告されている。キトサンの一般的な製造において，キチンを脱アセチル化度がおよそ80％のキトサンに変換する場合，約50％の高濃度の水酸化ナトリウム中で固形キチンを還流する必要がある。なぜならば，キチンは結晶性が高いため，高濃度のアルカリでキチンの水酸基をナトリウムアルコキシドに変換し，キチンの結晶を膨潤しなければ，脱アセチル化が結晶内部まで進行しにくいためである。一方，例えば20％程度の比較的中程度の濃度の水酸化ナトリウムで反応を行うと，キチンの結晶領域は膨潤しないため表面や非晶部において限定的に脱アセチル化が起こる。その様なキチンを粉砕機で処理すると部分的に脱アセチル化されたキチンナノファ

37

イバーが得られる[5,6]。このナノファイバーの脱アセチル化は主に表面に限定され，内部の結晶構造は維持されている。このナノファイバーは従来のキチンナノファイバーと比較して，表層にアミノ基が存在するため，酸性溶液中ではアンモニウム塩として正の荷電を帯びており，静電的な反発あるは塩濃度を希釈するため浸透圧が発生する。また，水に対して溶媒和を受けやすくなる。そのためより効率的に粉砕できる。

4 キチンナノファイバーの服用に伴う効果

4.1 服用に伴う腸管の炎症抑制[7,8]

　炎症性腸疾患は潰瘍性大腸炎やクローン病に代表される慢性炎症疾患である。治療は投薬による対症療法が中心であり，副作用の課題がある。キチンナノファイバーの炎症性腸疾患に対する効果を検証した。動物実験にはマウスにデキストラン硫酸ナトリウムを投与した潰瘍性大腸炎のモデルを用いた。6週齢の雌のモデルマウスに対して0.1％に希釈したキチンナノファイバー水分散液を自由に飲水させた。評価は大腸炎の臨床症状（体重の減少，下痢，血便）よりスコア化した。飲水3日目において大腸炎の症状はコントロールあるいはキチン粉末の水懸濁液と比較して優位に抑制された。また，飲水6日目の大腸の腸管上皮における組織学的所見によれば，コントロールおよびキチン粉末の水懸濁液群においては，腸管の粘膜上皮における炎症細胞の浸潤が確認された。また，上皮組織の崩壊や潰瘍，粘膜下組織の繊維化と水腫が観察された。一方，キチンナノファイバー投与群においては，これら一連の症状は軽度であった。大腸上皮の損傷をスコア化した結果については，飲水6日目においてキチンナノファイバー投与群のスコアは，それ以外の群と比較して優位に低値であった。また，酸化ストレスの指標となるミエロペルオキシダーゼ陽性細胞数を計測したところ，キチンナノファイバー投与群の細胞数はそれ以外の群と比較して優位に減少していた。また，炎症反応において重要な役割を果たす核因子κB（NF-κB）の免疫組織化学染色の結果によれば，キチンナノファイバー投与群の細胞数はそれ以外の群と比較して陽性箇所が減少していた。また，炎症性サイトカインである単球走化性タンパク質-1（MCP-1）の血清中の濃度はキチンナノファイバー投与群において，他の群と比較して優位に減少した。NF-κBは炎症反応に関わるタンパク質であり，活性化されるとリンパ球と好中球，単球などの炎症性細胞にシグナルを伝達して活性化させる。活性化された炎症性細胞は大腸粘膜上皮に浸潤して組織を破壊する。浸潤した炎症性細胞はIL-6をはじめとするサイトカインやMCP-1などのケモカインを産生して，それらが炎症性細胞をさらに大腸上皮に遊走させて悪循環を引き起こす。今回の一連の結果はすなわち，キチンナノファイバーが大腸炎の引き金となるNF-κBの産生を抑制することにより炎症を緩和したことを示唆している。

4.2 服用に伴う抗肥満効果[9]

　キチンナノファイバーの肥満に対する効果を検証した。6週齢の雄のマウスに脂質の割合の多

第2章　カニ殻由来キチンナノファイバーの製造と食品分野への応用

い高脂肪食を与えた肥満モデルに対して 0.1％に希釈した部分脱アセチル化キチンナノファイ
バー水分散液を自由飲水させた。投与開始後 46 日目に採血し血中総コレステロール，中性脂肪，
グルコース濃度を測定した。また，肝臓ならびに腹腔内の脂肪重量を測定した。また，血中レプ
チン濃度を ELISA 法にて，肝臓は組織学的検査に供した。キチンナノファイバー経口摂取群は
コントロール群と差異は見られなかった。一方，部分脱アセチル化キチンナノファイバーはコン
トロール群と比較して 6～45 日目における体重の増加が有意に抑制された。また，肝臓および腹
腔内脂肪重量も有意に低値を示した。また，血液中の総コレステロールおよびグルコース濃度は
減少した。血中レプチン濃度も有意に低値を示した。コントロール群およびキチンナノファイ
バー経口摂取群においては，肝臓への脂肪の沈着が多くみられた。一方，部分脱アセチル化キ
チンナノファイバー群においては，脂肪の沈着は顕著に抑制される傾向にあった。以上の結果より
表面をキトサンに変性した部分脱アセチル化キチンナノファイバーはキトサンと同等あるいはそ
れ以上に抗肥満効果を発揮することが明らかとなった。キトサンは溶解すると正の荷電を生じ，
味蕾を刺激して収れん味を与えることが知られており，食品原料として課題であった。一方で，
部分脱アセチル化キチンナノファイバーは水中で均一に分散するものの，溶解していないため，
収れん味はキトサンと比較して軽度である。今後の機能性食品としての利用が期待される。

4.3　服用に伴う血中コレステロール値の軽減効果[10]

　6 週齢の雄のラットを用い，通常試料にコレステロールとコール酸を添加した，いわゆるコレ
ステロール負荷食を 28 日間摂取させた。上述の部分脱アセチル化キチンナノファイバーを 0.1％
になるよう水道水で希釈して調整し，ラットに自由飲水させた。サンプル投与開始後 14 および
29 日目に採血した。14 日目，29 日目において血中の総コレステロール濃度が低値を示した。こ
の値は不溶性の食物繊維であるセルロース由来のナノファイバーと比較してより低値であった。
また，血中コレステロールおよび中性脂肪の分画であるカイロミクロン濃度が有意に低値を示し
た。以上の結果から，部分脱アセチル化キチンナノファイバーは血中コレステロールを低下させ
る可能性が示唆された。キトサンも服用によって同様に血中コレステロールを低下させることが
知られている。そのメカニズムはキトサンが静電的に胆汁酸を吸着して対外に排泄するためと言
われている。減少した胆汁酸を補充するために，血中のコレステロールを消費する。よって，表
面がキトサンに変性された部分脱アセチル化キチンナノファイバーもキトサンと同様の効果を有
していると推測される。

4.4　服用に伴う血中代謝産物に及ぼす影響[11]

　6 週齢の雌のマウスに 0.1％に希釈したナノファイバー水分散液を自由飲水させ，29 日目に採
血し，血漿中の代謝物を網羅的解析に供した。部分脱アセチル化キチンナノファイバー摂取群
において脂肪酸およびアシルカルニチンが有意に減少した。一方，キチンナノファイバー経口投
与群においては，アデノシン三リン酸，アデノシン二リン酸，5-ヒドロキシトリプトファン，セ

39

ロトニンが上昇した。腸内細菌が5-ヒドロキシトリプトファンをセロトニンに変換し，全身に循環することが報告されている。また，アデノシン三リン酸，アデノシン二リン酸はエネルギー代謝に関わっている。一連の結果は，キチンナノファイバーが腸内細菌を介して全身の代謝に影響を及ぼしている可能性が示唆された。また，部分脱アセチル化キチンナノファイバーが積極的に体内の脂質代謝を調製している可能性が示唆された。

4.5 服用に伴う腸内環境に及ぼす影響[11]

　6週齢の雌のマウスに0.1％に希釈したナノファイバーを自由飲水させた。28日目に便を採取して糞便中の細菌群ならびに短鎖脂肪酸濃度を測定した。腸内細菌叢について，部分脱アセチル化キチンナノファイバーを服用した群において，*Bacteroides*がコントロール群と比較して優位に増加していた。また，プロピオン酸の濃度が有意に上昇していた。*Bacteroides*は腸管免疫系および疾患との関連が示唆されている。腸内細菌により産生される短鎖脂肪酸は生理機能との関連が明らかになりつつある。部分脱アセチル化キチンナノファイバーは腸内細菌叢に影響を与えて腸内環境を調製している可能性が示唆される。

5　おわりに[12]

　鳥取県の特産品であるカニの廃殻の有効利用を目的に本研究を開始した。キチンナノファイバーを活用した新産業を創出して鳥取県の活性化を願う。カニ殻はキチンナノファイバーから成る組織体であるから，粉砕によって容易にキチンをナノファイバーに変換することが可能であり，量産化は比較的容易である。一方で，社会的なニーズを踏まえて，キチンナノファイバーの機能を探索し，有効な用途を見極めていくことははるかに難しい。キチンナノファイバーの実用化においては先行するセルロースナノファイバーとの差別化は重要な課題である。これまでに筆者らはキチンナノファイバーに特徴的な多様な機能を共同研究により明らかにしている[9]。例えば，肌に対しては，創傷治癒の促進，皮膚炎の緩和，育毛効果，保湿効果が挙げられる。服用に対しては，ダイエット効果，血中コレステロールと脂質の低下，腸管の炎症の緩和，腸内細菌叢の改善が挙げられる。植物への塗布に対しては，病害抵抗性の誘導，成長の促進が挙げられる。そのような新しい機能が明らかになったのは，キチンナノファイバーが均一に分散するため，機能性の評価がし易くなったためである。今後も異分野融合研究によりキチンナノファイバーの潜在的な機能が明らかになると期待している。機能を踏まえた用途開発が進み，キチンナノファイバーの普及を期待している。服用に伴うキチンナノファイバーの一連の機能は健康食品や医薬品として利用するために重要な知見となるだろう。

第 2 章　カニ殻由来キチンナノファイバーの製造と食品分野への応用

文　　献

1) K. Abe, S. Iwamoto, and H. Yano, *Biomacromol.*, **8**, 3276 (2007)
2) S. Ifuku *et al.*, *Biomacromol.*, **10**, 1584 (2009)
3) S. Ifuku *et al.*, *Carbohydr. Polym.*, **84**, 762 (2011)
4) S Ifuku, *et al.*, 繊維学会誌, **67**, 86 (2011)
5) S. Ifuku *et al.*, *Carbohydr. Polym.*, **98**, 1198 (2013)
6) Y. Fan *et al.*, *Carbohydr. Polym.*, **79**, 1046 (2010)
7) K. Azuma, S. Ifuku *et al.*, *Carbohydr. Polym.*, **87**, 1399 (2012)
8) K. Azuma, S. Ifuku *et al.*, *Carbohydr. Polym.*, **90**, 197 (2012)
9) K. Azuma, S. Ifuku *et al.*, *J. Biomed. Nanotechnol.*, **10**, 2891 (2014)
10) K. Azuma, S. Ifuku *et al.*, *Int. J. Mol. Sci.*, **16**, 17445 (2015)
11) K. Azuma, S. Ifuku *et al.*, *Int. J. Mol. Sci.*, **16**, 21931 (2015)
12) Ifuku *et al.*, *Nanoscale*, **4**, 3308 (2012)

第3章　*Paraconiothyrium* sp. KD-3 株由来乳糖酸化酵素を用いたラクトビオン酸カルシウムの生産

Enzymatic Conversion of Lactose to Calcium Lactobionate by an
Intercellular Oxidase from *Paraconiothyrium* sp. KD-3

村上　洋[*1]，桐生高明[*2]，木曽太郎[*3]，中野博文[*4]

子嚢菌 *Paraconiothyrium* sp. KD-3 の培養上清より，乳糖酸化活性を有する FAD 酵素を得た。本酵素は酸素を電子受容体に用いて乳糖の還元末端に存在するアルデヒド基を酸化し，ラクトビオン酸塩を生成した。ラクトビオン酸生産において，本酵素は市販のヘキソースオキシダーゼ剤に比べ安定性の点で有利であった。

1　はじめに

ラクトビオン酸（*β-O-*D-galactosyl D-gluconic acid, LacA）は，乳糖の還元末端が，カルボン酸に酸化されたアルドン酸である。原料である乳糖は乳製品生産時に排出される乳清（ホエー）から安定供給が可能である。ラクトビオン酸には，ミネラル吸収促進作用[1,2]やビフィズス菌選択増殖活性[3]などの機能が報告されているが，これまでは効率的な生産方法がなく，抗生物質の可溶化や移植用臓器の保存液[4]など医薬用途でわずかに利用されているに過ぎなかった。医薬原料として供給されているラクトビオン酸は，臭化水素酸を用いた比較的温和な条件下で化学的酸化法により生産されているが，酸化過程でグリコシド結合の加水分解や副分解により複数の副生成物を生じ収率は 15% 程度にとどまっている[5]。中温・中性条件下で選択的に反応が進行する発酵・微生物変換・酵素反応は，含ハロゲン廃液を排出しない点でも優れている。私たちはラクトビオン酸の有用性とバイオ技術による効率的生産の可能性から，乳糖酸化活性を有する酵素に注目した。

---

*1　Hiromi Murakami　大阪産業技術研究所　森之宮センター　生物・生活材料研究部
　　　　　　　　　　糖質工学研究室　研究主幹／糖質工学研究室長

*2　Takaaki Kiryu　大阪産業技術研究所　森之宮センター　生物・生活材料研究部
　　　　　　　　　糖質工学研究室　研究主任

*3　Tarou Kiso　大阪産業技術研究所　森之宮センター　生物・生活材料研究部
　　　　　　　糖質工学研究室　研究主任

*4　Hirofumi Nakano　園田学園女子大学　人間健康学部　食物栄養学科　人間健康学部長

第3章 *Paraconiothyrium* sp. KD-3株由来乳糖酸化酵素を用いたラクトビオン酸カルシウムの生産

2 乳糖酸化活性を有する酵素

乳糖を酸化する活性を有する酵素としては，*Pseudomonas graveolens* ATCC4693由来の乳糖酸化酵素[6]，セロビオースデヒドロゲナーゼ，cellobiose dehydrogenases（EC 1. 1. 99. 18, CDH）[7,8]，セロビオース：キノンオキシドレダクターゼ，cellobiose：quinone oxidoreductases（EC 1. 1. 5. 1, CBQ）[9,10]，グルコオリゴサッカライドオキシダーゼ，glucooligosaccharides oxidases（GOOX）[11,12]，カーボハイドレイト：アクセプターオキシドレダクターゼ（COX）[13]，グルコース＝フラクトースオキシドレダクターゼ（GFOR）[14]が報告されている。これらのうち，酵素の所在・電子受容体の要求性・基質特異性は，酵素により様々であるが，物質生産への活用を考える上では，安定性および反応効率が高く，酸素を電子受容体に用いた場合も効率的に反応し，高濃度の生成物を反応液中に蓄積できるものが望ましい。

微生物を用いた乳糖の酸化については，発酵法によるラクトビオン酸生産[15]，微生物変換法によるラクトビオン酸生産[16]について既に報告している。発酵や微生物変換に用いた微生物由来の酵素は膜タンパク質であるため，酵素単独での利用は困難であった。そこで，子嚢菌 *Paraconiothyrium* sp. KD-3株由来の分泌性乳糖質酸化酵素を取り上げ，酵素の性質と共に同酵素を用いた乳糖酸化反応について検討した。

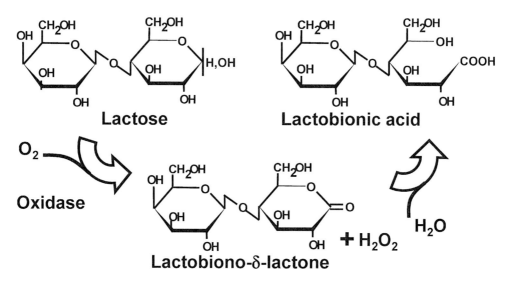

図1 乳糖からラクトビオン酸への酵素的変換
乳糖は酸化還元酵素によりラクトビオノ-δ-ラクトンに酸化される。生成したラクトンは加水分解によりラクトビオン酸となる。

3 *Paraconiothyrium* sp. KD-3 株由来乳糖酸化酵素の性質

Paraconiothrium sp. KD-3 株を，乳糖を炭素源として含む液体培地で好気的に培養すると，培養上清中にアルドースの還元末端を酸化する活性を有する酵素タンパク質が分泌される[14, 19]。乳糖酸化酵素は，この培養上清から硫安塩析，イオン交換クロマトグラフィーにより精製した。本酵素は，分子量 54 kDa（ゲルろ過），52.4 kDa（SDS-PAGE）の単量体タンパク質で，385 nm および 400 nm に吸収極大を有することから分子内に FAD を持ち，420, 500, 600 nm に吸収が認められないところから，ヘムは有していないと推定された。本酵素の至適 pH は 5.5，作用最適温度は 50℃で，pH2.0 から 7.0 の範囲，50℃以下で安定であった。DCIP，酸素を電子受容体として乳糖の酸化反応を触媒するが，チトクロム C，メチレンブルー，Fe（III）を電子受容体に用いることはできなかった。乳糖の酸化反応では，通気により溶存酸素を供給することで反応が進行することを確認した。

乳糖の還元末端のアノマー型が異なる α-乳糖，β-乳糖に対して本酵素を作用させ，溶存酸素濃度を酸素電極により測定し，酸素濃度の減少速度から反応速度を推定した。本酵素は β-型乳糖のみに作用し，α-型乳糖には作用しなかった。これはグルコースオキシダーゼ（β-D-glucose：oxygen oxidoreductase, EC 1. 1. 3. 4）と同様のアノマー特異性であった。

様々な糖質に対する本酵素の基質特異性について表 1 に記載した。還元末端アルドースの C4位に対する制限は緩く，D-グルコースの 4-エピマーである D-ガラクトース，C4 位にグルコシル基が β-1,4 したセロビオースおよびセロオリゴ糖，C4 位にグルコシル基が α-1,4 結合したマルトースおよびマルトオリゴ糖はよい基質となった。これに対し，D-グルコースの 2-エピマーである D-マンノース，C2 位水酸基がアミノ基に置換した D-グルコサミン，C2 位がデオキシ化された 2-デオキシ-D-グルコース，C2 位にグルコシル基が β-1,2 結合したソホロース，α-1,2結合したコージビオースには作用しなかった。また，D-グルコースの 3-エピマーである D-アロース，C3 位がデオキシ化された 3-デオキシ-D-グルコース，C3 位にグルコシル基が β-1,3 結合したラミナリビオース，α-1,3 結合したニゲロースにも作用しなかった。これに対し，D-グルコースの C6 位ヒドロキシメチル基が水素に置換した D-キシロースや C6 位がデオキシ化した 6-デオキシ-D-グルコース，D-ガラクトースの C6 位ヒドロキシメチル基が水素に置換した L-アラビノースには作用した。一方，C6 位に荷電を有する D-グルクロン酸，C6 位に D-グルコースが α-1,6 結合したイソマルトース，β-1,6 結合したゲンチオビオース，D-ガラクトースが α-1,6 結合したメリビオースには作用しなかった。すなわち，アルドースの C2 位，C3 位の認識は厳密で，C6 位ヒドロキシメチル基の欠失・水素原子への置換は許容されるが，荷電やグリコシル基の導入は許容されないことが分かる。これらの結果から，本酵素は β-1,4 結合を有するオリゴ糖に対してよく作用すること，乳糖に対する Km が 0.11 mM と低い故に乳糖濃度が低値となった後も反応速度が低下しにくいことが示唆された。

糖質の酸化反応を触媒する類似の酵素について，その性質を比較した（表 2）。表 2 に示す糖

第3章　*Paraconiothyrium* sp. KD-3 株由来乳糖酸化酵素を用いたラクトビオン酸カルシウムの生産

表1　*Paraconiothyrium* sp. KD-3 株由来乳糖酸化酵素の基質特異性

	K_m(mM)	k_{cat}(S^{-1})	k_{cat}/K_m(mM^{-1} S^{-1})
Oligosaccharide			
Lactose	0.11	6.3	57
Cellobiose	0.13	9	69
Xylobiose	0.096	3.3	33
Maltose	11	2	0.18
Cellotriose	0.11	7.5	68
Cellotetraose	0.26	11	42
Cellopentaose	0.15	9	60
Cellohexaose	0.16	10	63
Maltotriose	30	2.3	0.076
Maltotetraose	30	2.3	0.076
Maltopentaose	32	1.8	0.056
Maltohexaose	13	0.57	0.044
Monosaccharides			
D-Glucose	25	2.1	0.084
D-Galactose	91	1.5	0.016
6-Deoxy-D-glucose	52	0.45	0.0087
D-Xylose	23	1.7	0.073
L-Arabinose	47	0.73	0.016

測定には電子受容体として溶存酸素を用いた。

表2　*Paraconiothyrium* sp. KD-3 株由来乳糖酸化酵素および類似の糖質酸化酵素の性質

	Paraconiothyrium sp.		*Microdochium nivale*	*Spotoyrichum pulverolentum*	*Acremonium strictum*	*Phanerochaete chrysosporium*
	this enzyme		COX	CBQ	GOOX	CDH
Optimum pH	5.5(O$_2$), 4.5(DCIP)		5.5(O$_2$)	6.0(DCIP)	10.0(O$_2$)	5.0(DCIP)
Anomeric specificity	β-form		N.D.	N.D.	β-form	β-form
Absorption drived from						
FAD	+		+	+	+	+
heme	−		−	−	−	+
Molecular mass(kDa)	54(SDS-PAGE)		55	60	61	90
Substrate specificity (k_{cat}/K_m)						
Lactose (mM^{-1} S^{-1})	57 (O$_2$), 23 (DCIP)		N.D.	17-15 (DCIP)	210 (O$_2$)	12 (DCIP)
Cellobiose (mM^{-1} S^{-1})	69 (O$_2$), 86 (DCIP)		0.21, 0.20* (O$_2$)	350-330 (DCIP)	110 (O$_2$)	140 (DCIP)
Maltose (mM^{-1} S^{-1})	0.18 (O$_2$), 0.16 (DCIP)		0.55* (O$_2$)	0.26-0.27 (DCIP)	3.6(O$_2$)	0.0048(DCIP)
D-Glucose (mM^{-1} S^{-1})	0.084(O$_2$), 0.0023(DCIP)		0.095* (O$_2$)	0.0030-0.0032(DCIP)	1.1(O$_2$)	0.0016(DCIP)
Reference	19		13	9, 10	11, 12	7, 8

N.D., 測定結果なし：−，検出されず：*，組み替え酵素を用いて得られた値

質酸化還元酵素は，いずれも補欠分子族としてFADを有し，CDH[7,8]以外の酵素は本酵素も含め（CBQ,[9,10] GOOX,[11,12] COX,[13]）分子内にヘムを有していない。これらの酵素は比較的広い電子供与体特異性（基質特異性）を持ち，セロビオース，乳糖，マルトースに作用する。一方，CDHとCBQが類似のアミノ酸配列を有すると報告されており[8~10]，COXとGOOX間のアミノ

45

酸配列についても相同性 (40.8%)[9,19] が指摘されている。アミノ酸配列上は，「CDH および CBQ」と「COX および GOOX」は別のグループに属すると示唆される。また本酵素の N 末端アミノ酸配列は COX[19] と相同性があり，*Paraconiothyrium* の分泌する乳糖酸化酵素は，「COX および GOOX」のグループにより近いと示唆された。

4 *Paraconiothyrium* sp. KD-3 株由来酵素および市販ヘキソースオキシダーゼ酵素剤の比較

紅藻由来のヘキソースオキシダーゼ剤 (D-hexose：oxygen oxidoreductase, EC 1. 1. 3. 5)[20] は "SUREBake 800" (Danisco) としてダニスコ＝デュポン社より供給されており，製パンの際の生地改良等に利用可能と報告されている[21]。発酵時の生地中に生成するマルトオリゴ糖や D-グルコースを酸化し，その際発生する過酸化水素により小麦グルテンの架橋を促進するためと推察される[22]。酵素は本来紅藻由来のものであるが，遺伝子組み換えにより食品製造用として供給されている。この酵素は，*Aspergillus niger* 由来グルコースオキシダーゼと異なり，D-グルコース以外の糖質にも作用することから，乳糖の酸化反応への適用性を検討するため，本酵素と比較した[23]。*Paraconiothyrium* sp. KD-3 株の培養上清を限外ろ過により濃縮し，粗精製酵素標品を得て以下の検討に用いた。酵素反応液は L-型試験管に 3.0 mL/tube になるよう加え，40℃に加温しながら往復振とうし，酸素を供給した。図 2 には 100 g/L 乳糖の酸化変換反応の経時変化を示した。反応時の pH 調節は炭酸カルシウムの添加により行った。市販の酵素製剤（ヘキソースオキシダーゼ）の場合，pH 調整剤である炭酸カルシウムを添加しない反応系では，pH が 3.0

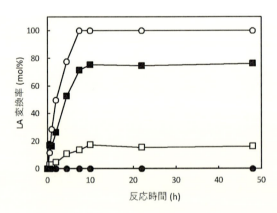

図2 紅藻類由来ヘキソースオキシダーゼおよび *Paraconiothyrium* sp. KD-3 株由来乳糖酸化酵素による乳糖酸化反応の経時変化
ヘキソースオキシダーゼ酵素剤及び *Paraconiothyrium* sp. KD-3 由来乳糖酸化酵素を 40℃で振盪しながら乳糖 (100 g/L) に作用させた。●，ヘキソースオキシダーゼ (1.4% $CaCO_3$ 添加)；□，ヘキソースオキシダーゼ ($CaCO_3$ 無添加)；○，*Paraconiothyrium* sp. KD-3 株由来乳糖酸化酵素 (1.4% $CaCO_3$ 添加)；■，*Paraconiothyrium* sp. KD-3 株由来乳糖酸化酵素 ($CaCO_3$ 無添加)

第 3 章 *Paraconiothyrium* sp. KD-3 株由来乳糖酸化酵素を用いたラクトビオン酸カルシウムの生産

まで下降し乳糖のラクトビオン酸への変換効率は最大で 25 モル％であった。炭酸カルシウムを添加した系では，反応開始後の pH が 7 から 8 となって安定 pH 域を外れるため反応開始直後から酵素の失活が起こり，ラクトビオン酸への変換効率はさらに低値となった。同酵素の安定域が比較的狭いことは，パン生地中で酵母が生成する糖類に作用して過酸化水素を発生しグルテン架橋を促進した後，焼成時には失活してパンの品質に影響しないという点で役立っている。一方で，物質生産への適用は難しいと推察される。

これに対し，*Paraconiothyrium* sp. KD-3 株由来の糖質酸化酵素は，200 g/L の乳糖に作用させた場合，炭酸カルシウムを添加しない場合でもラクトビオン酸のモル収率は 75％と高値で，炭酸カルシウムを添加した反応系ではモル収率はほぼ 100％となり，200 g/L の乳糖が反応 10 h で等モルのラクトビオン酸カルシウムに変換された。このとき，乳糖およびラクトビオン酸の加水分解物や副生成物の生成は認められなかった。

5 *Paraconiothyrium* sp. KD-3 株由来酵素による乳糖からラクトビオン酸への変換

酵素反応系のスケールアップと実生産への適用を目的に，小型ジャーファーメンターを用いた反応系における乳糖の酸化について検討した。小型ジャーファーメンターを用いることで，温度調節や通気の条件を一定に保ち，電極により反応液の水素イオン濃度（pH），溶存酸素濃度（DO）をモニターすることができる。生成物が酸であるため，pH 変化に応じた量のアルカリを連続的に添加し pH 制御することで，反応効率を下げずに変換すること，反応速度の変化をリアルタイムで知ることができる。ここで用いた初発の反応系には 100〜200 g/L の乳糖水溶液 500 mL に，部分精製した本酸化酵素（0.1〜1.0 U/mL），50 mM 酢酸緩衝液（pH 5.5），消泡剤を加え 40℃で加温撹拌し，スラリー状炭酸カルシウムを連続的に添加しながら反応させた。炭酸カルシウムの流入量を計測することで，単位時間当たりに生成する酸の濃度（生成物濃度）を計測可能で，反応速度を把握することができた。撹拌速度と通気量は反応速度が最大となるよう調節した。この結果，反応時の溶存酸素濃度は反応が終結するまで 3.5 ppm 程度に保たれ，反応の終了（乳糖の消失）に伴って速やかに上昇する（6〜7 ppm）ことが確認された。溶存酸素を電子受容体に用いた酸化反応では，反応中に過酸化水素が生成するため，反応系に市販カタラーゼ剤（*Aspergillus niger* 由来，50〜100 U/mL）を添加した。この結果，過酸化水素の分解を促進し溶存酸素濃度の改善に役立つことを確認した。酵素反応速度は，酸素の供給量により影響を受けるため，カタラーゼ剤の併用は酸化反応の効率化に有効であった。図 3 には，150 g/L の乳糖に対し 25％（w/w）水酸化ナトリウム溶液，あるいは 10％（w/w）炭酸カルシウムスラリーを用いて pH を 5.5 に維持しながら行った反応の経時変化を示した。水酸化ナトリウムを中和剤に用いた系では，変換効率は 70 モル％程度に止まったが，炭酸カルシウムスラリーを用いた系では 40℃で 13h 反応後には乳糖が消失しほぼ等モルのラクトビオン酸カルシウムが生成した。水酸

47

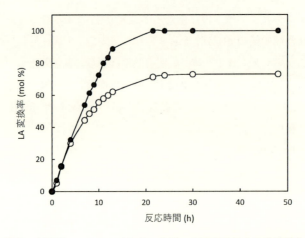

図3 小型ジャーファーメンターを用いた反応系による乳糖酸化
Paraconiothyrium sp. KD-3 株由来乳糖酸化酵素（0.5 Units/mL）を 150 g/L 乳糖，50 mM 酢酸緩衝液（pH 5.5），カタラーゼ剤（100 Units/mL），消泡剤（2.0 g/L）と共に通気（0.5 L/min），撹拌（450 rpm）しながら 40℃で反応させた。反応液の pH は 25%（w/w）水酸化ナトリウム（○）および 10%（w/w）炭酸カルシウムスラリー（●）の添加により 5.5 に調整した。

化ナトリウム溶液が滴下された近傍では pH 変化による酵素の失活が生じその累積により速度低下が引き起こされると推察された。すなわち，炭酸カルシウムはラクトビオン酸カルシウム生産の際のカルシウム供給成分として，また酵素を失活させにくい中和剤（アルカリ）として使用可能である。pH 維持とカルシウム塩への変換が 1 つの反応系内で完結することで，変換反応が効率的に進行した。30 L 容量のジャーファーメンターを反応装置に用い，10 L の反応液を用いて，同じ条件で酵素反応を行った結果，乳糖からラクトビオン酸カルシウムへの変換は反応モル収率 100％で完了した（反応液の HPLC 分析結果による）。反応終了後，酵素を熱失活させ，反応液の噴霧乾燥を行ったところ，乳糖一水和物 1.5 Kg からラクトビオン酸カルシウム 1.626 Kg を得た。生成物を一水和物，1/2 カルシウム塩として計算したモル収率は 98.8％であった。

6 固定化酵素を用いたラクトビオン酸の生産

酵素の繰り返し使用と酵素反応の効率化を目的に，酵素の固定化について検討した[18]。酵素の溶出を避けるためカルボジイミドを用いて本酵素を陽イオン交換樹脂（CM-Sepharose）上に固着させることで，固定化酵素を得た。酵素の活性と安定性に対する pH および温度の影響について，固定化酵素を遊離酵素と比較したところ，ほぼ同様の結果が得られた。固定化酵素は，遊離酵素と同様に 0.5 M の乳糖を 100％のモル収率でラクトビオン酸カルシウムに変換した。しかし乳糖の初濃度を 1.0 M に上げると，反応は停止し変換効率は 51％に止まった。この後，固定化酵素を取り出して新しい基質溶液に移すと反応が再び進行することから，生成物阻害の可能性

第3章　*Paraconiothyrium* sp. KD-3 株由来乳糖酸化酵素を用いたラクトビオン酸カルシウムの生産

が示唆された。固定化酵素を繰り返し反応に用いると，活性は低下した。これは酵素タンパク質の遊離によるよりも，酵素の失活によるものではないかと推察された。

7　その他のアルドースのアルドン酸への酵素的変換

これまでに筆者らは，*Burkholderia cepacia* の菌体を用いた微生物変換反応により，様々なアルドン酸を調製し，得られたアルドン酸のカルシウム封鎖能について検討した[17]。微生物変換同様，本酵素を用いた酵素反応によっても，D-ガラクトース，D-キシロース，L-アラビノースをそれぞれのアルドン酸に変換することが可能であった。これらのアルドン酸カルシウムは，すべて高い水溶性を有していた。遊離の酸型のアルドン酸のカルシウム封鎖能は EDTA やクエン酸に比べて低く[17,24]，カルシウムイオンに対する結合力は比較的低いと推定された。水溶性が高く，カルシウム封鎖能が低いことから，これらのアルドン酸は腸内でのカルシウム吸収を促進する可能性が示唆された。

8　おわりに

ラクトビオン酸カルシウムは乳糖の還元末端のアルデヒド基の酸化により生成するラクトビオノ-1,5-ラクトンが，水溶液中で加水分解されてカルボン酸となるのに伴い，酸を炭酸カルシウムで中和することで生成する。ラクトビオン酸及びラクトビオン酸カルシウムは，高い水溶性と良好な味質を有し，ミネラル吸収促進活性やビフィズス菌選択増殖活性などの生理学的特性も報告されているアルドン酸（塩）である。高齢化社会が本格化し，健康の維持増進に関心が集まる中，腸内環境を改善しエクオール産生を促進する効果が期待されるなど，ラクトビオン酸の機能面についての検証が進むことを期待したい。

本稿では，酵素反応を用いて 100〜200 g/L の乳糖が等モルのアルドン酸に変換されることを紹介した。酸化反応における電子受容体に溶存酸素のみを利用し，効率的にセミプラントスケールでの酵素的変換反応が可能であった。酵素の基質特異性を参照すると，乳糖以外の糖質への適用の可能性も存在する。自然界における本酵素の役割や，微生物による酵素生産性の向上など不明な点，解決すべき課題は多いが，本酵素が，分泌性の安定な酵素であることを生かし，物質生産や酵素の作用の利用面での活用が進むことも期待したい。

本研究は，平成 17-18 年度地域新生コンソーシアム研究開発事業の補助を受けて遂行されたものである。研究の実施に当たり，酵素生産菌の培養についてご指導ご協力いただいた，天野エンザイム㈱（清水保広様，箕田正史様，伊藤浩司様，大宮綾子様），炭酸カルシウムスラリーの提供及びカルシウム塩の物性評価をいただいた竹原化学工業㈱（高木浩二様，瀬古亜紀子様），糖質試料の調製や噴霧乾燥についてご協力いただいた塩水港精糖㈱（藤田孝輝様，伊藤哲也様，中西勝義様，岸野恵理子様），酵素反応の解析についてご指導いただいた大阪府立大学（笠井尚哉

食品・バイオにおける最新の酵素応用

先生）に深謝します。

文　　　献

1) 雪印乳業㈱, 須栗俊朗, 柳平修一, 青江誠一郎, 出家栄記：ミネラル吸収促進剤, 特許第 3501237 号, 登録 2003 年 12 月 12 日

2) D. Pans, C. Duflos, C. Bellaton and F. Bronner：Solubility and intestinal transit time limit calcium absorption in rats. *J. Nutr.*, **123**, 1396-1404 (1993)

3) 雪印乳業㈱, 須栗俊朗, 柳平修一, 小林智子, 出家栄記：ビフィズス菌増殖促進剤, 特許第 3559063 号, 登録 2004 年 5 月 28 日

4) R. Sumimoto, K. Dohi, T. Urushihara, N. V. Jamieson, H. Ito, K. Sumitomo and Y. Fukuda：An examination of the effects of solutions containing histidine and lactobionate for heart, pancreas, and liver preservation in the rat. *Transplantation*, **53**, 1206-1210 (1992)

5) B. Y. Yang and R. Montgomery, Oxidation of lactose with bromine：*Carbohydr. Res.*, **340**, 2698-2705 (2005)

6) Y. Nishizuka and O. Hayashi：Enzymatic formation of lactobionic acid from lactose, *J. Biol. Chem.*, **237**, 2721-2728 (1962)

7) G. Henriksson, V. Sild, I. J. Szabo, G. Pettersson and G. Johansson：Substrate specificity of cellobiose dehydrogenase from *Phanerochaete chrysosporium*. *Biochim. Biophys. Acta,* **1383**, 48-54 (1998)

8) G. Henriksson, G. Johansson and G. Pettersson：A critical review of cellobiose dehydrogenases, *J. Biotechnol.*, **78**, 93-113 (2000)

9) F. F. Morpeth and G. D. Jones：Resolution, purification and some properties of the multiple forms of cellobiose quinine dehydrogenases from the white-rot fungus *Sporotrichum pulverulentum*. *Biochem. J.*, **236**, 221-226 (1986)

10) M. Raices, R. Montesino, J. Cremata, B. Garcia, W. Perdomo, I. Szabo, L, G. Henriksson, B. M. Hallberg, G. Pettersson and G. Johansson：Cellobiose quinine oxidoreductase from the white rot fungus *Phanerochaete chrysosporium* is produced by intracellular proteolysis of cellobiose dehydrogenase. *Biochim Biophys Acta.*, **1576**, 15-22 (2002)

11) S. F. Lin, T. Y. Yang, T. Inukai, M. Yamasaki and Y. C. Tsai：Purification and characterization of a novel glucooligosaccharides oxidase from *Acremonium strictum* T1. *Biochim. Biophys. Acta*, **118**, 41-47 (1991)

12) M.-H. Lee, W. L. Lai, S. F. Lin, C. S. Hsu, S. H. Liaw and Y. C. Tsai：Structural characterization of glucooligosaccharide oxidase from *Acremonium stricum*. *Appl. Environ. Microbiol.*, **71**, 8881-8887 (2005)

13) F. Xu, E.J. Golightly, C. C. Fuglsang, P. Schneider, K. R. Duke, L. Lam, S. Christensen, K. M.

第3章 *Paraconiothyrium* sp. KD-3株由来乳糖酸化酵素を用いたラクトビオン酸カルシウムの生産

Brown, C. T. Jorgensen and S. H. Brown：A novel carbohydrate：acceptore oxidoreductase from *Microdochium nivale. Eur. J. Biochem.*, **268**, 1136-1142 (2001)

14) H. Murakami, J. Kawano, H. Yoshizumi, H. Nakano and S. Kitahata：Screening of lactobionic acid producing microorganism. *J. Appl. Glycosci.*, **49**, 469-477 (2002)

15) H. Murakami, A. Seko, M. Azumi, N. Ueshima, H.Yoshizumi, H. Nakano and S. Kitahata：Fermentative production of lactobionic acid by *Burkholderia cepacia. J. Appl. Glycosci.*, **50**, 117-120 (2003)

16) H. Murakami, A. Seko, M. Azumi, T. Kiso, T. Kiryu, S. Kitahata, Y. Shimada and H. Nakano：Microbial conversion of lactose to lactobionic acid by resting cells of *Burkholderia cepacia* No.24. *J. Appl. Glycosci.*, **53**, 7-11 (2006)

17) H. Murakami, T. Kiryu, T. Kiso and H. Nakano：Production of aldonic acid from monosaccharides by washed cells of *Burkholderia cepacia* and their calcium binding capacity. *J.Appl.Glycosci.*, **53**, 277-279 (2006)

18) 桐生高明，中野博文，木曽太郎，村上洋：*Paraconiothyrium* sp. 由来乳糖酸化酵素の固定化とそれを利用したラクトビオン酸の生産，科学と工業，**81** (9), 446-452 (2007)

19) T. Kiryu, H. Nakano, T. Kiso and H. Murakami：Purification and characterization of a carbohydrate：acceptor oxidoreductase from *Paraconiothyrium* sp. that produces lactobionic acid efficiently. *Biosci. Biotech. Biochem.*, **72** (3), 833-841 (2008)

20) J. D. Sullivan and M. Ikawa：Purification and characterization of hexose oxidase from the red alga *Chondrus crispus. Biochim. Biophys. Acta*, **309**, 11-22 (1973)

21) C. Poulsen and P. B. Høstrup：Purification and characterization of a hexose oxidase with excellent strengthening effect in bread. *Cereal Chem.*, **75** (1), 51-57 (1998)

22) K. Decamps, I. J. Joye, L. Rakotozafy, J. Nicolas, C. M. Courtin and J. A. Delcour：The bread dough stability improving effect of pyranose oxidase from *Trametes multicolor* and glucose oxidase from *Aspergillus niger*：unraveling the molecular mechanism., *J. Agric. Food Chem.*, **61** (32), 7848-7854 (2013)

23) 村上洋，佐藤聖幸，寺井忠正，桐生高明，木曽太郎，中野博文：*Paraconiothyrium* 属 KD-3株由来酵素を用いた乳糖酸化反応条件の検討，第8回関西グライコサイエンスフォーラム要旨集，P.3, 2007年5月12日，大阪市立大学学術交流センター (2007)

24) B. G.Wilkes and J. N.Wickert：Synthetic aliphatic penetrants. *Ind. Eng. Chem.*, **29**, 1234-1239 (1937)

51

第4章　食品製造時における酵素による
品質劣化への対応
Measures Against Food-Quality Degradation by
Enzymes During Food Processing

野村幸弘*

　食品の製造，加工，保存，流通中に起こる品質劣化の主な原因には，油脂の酸化や酵素の関与などがある。今回は，酵素が関与する品質劣化に焦点をあて，食品の製造加工の過程において，原料に含まれる酵素が働いて食品の品質劣化が起こった事例およびその対応について紹介する。

1　はじめに

　食品の製造加工の過程や流通過程において起こる品質劣化の主な原因として，油脂の酸化や酵素が関与する劣化が知られている。油脂の酸化に関しては，食品開発の時点で細心の注意を払って防止対策が講じられている。一方，酵素が関与する品質劣化（例えば，粘性の低下，うま味の消失，あるいは不快臭の発生など）に関しては，酵素が主体的に関与しているといったことがあまり認識されずに対応されている場面が見受けられる。

　一般に，食品を製造加工する際に酵素が関与する場面として，原料に含まれる酵素によって食品の品質が損なわれる場合や原料のもつ特性や機能性を向上させたり，食品の品質を向上させたりするために酵素を積極的に利用していく場合の2つが考えられる。前者の場合では，実際に食品の品質に影響を与える大部分の酵素は加水分解酵素と酸化酵素である。その主な酵素として表1のものが知られている[1]。

　ところで，食品の製造加工に用いられる穀類，香辛料，野菜や果物などの食品原料は，収穫後も組織のなかに種々の酵素の活性を保持している。また，そのような食品原料は種々の酵素を含み，かつ，微生物に汚染されているために衛生面も考慮して加熱処理を施されて食品の製造加工に利用される場合が多い。しかし，時として食品原料中の酵素が関与して食品の品質が損なわれる現象に遭遇することがある。その主たる原因は，食品原料に対して加熱処理が不十分なために起こっていると考えられるが，別の原因として，加熱程度が低い，または，未加熱の食品原料を用いても使用量が少量であるために品質への影響がないと理解して使用している可能性が考えられる。

　著者はかってハウス食品㈱で油脂の酸化劣化に関する研究や食品の製造加工中における酵素の

　＊　Yukihiro Nomura　野村食品技術士事務所　所長

第 4 章　食品製造時における酵素による品質劣化への対応

表 1　食品の品質にかかわる主要な酵素[1]

炭水化物の変化	アミラーゼ
	ホスホリラーゼ
	解糖系酵素群
	ペクチン分解酵素
タンパク質の変化	プロテアーゼ
脂質の変化	リパーゼ
	リポキシゲナーゼ
核酸の変化	ヌクレオチダーゼ
	デアミナーゼ
	キサンチンオキシダーゼ
フレーバーの変化	ポリフェノールオキシダーゼ
	カタラーゼ
	ペルオキシダーゼ
	クロロフィラーゼ
	フレーバー酵素類
栄養素の変化	チアミナーゼ（ビタミン B_1 の分解）
	アスコルビン酸オキシダーゼ（ビタミン C の酸化）

挙動に関する研究などに従事した。そこで今回，酵素による食品の品質劣化が起きないようにするために，食品の製造加工の過程において，原料に含まれる酵素が働いて品質劣化が発生した事例，また，原料中の酵素の働きをコントロールして食品の品質の向上につなげた事例について著者らの研究や他の研究者らの研究をもとに紹介する。

2　食品の品質に関与する酵素群

2.1　物性の変化に関与する酵素

2.1.1　アミラーゼ

（1）　酵素の概要

　食品中のデンプンに作用して問題になる酵素は，主に α-アミラーゼと β-アミラーゼである。α-アミラーゼはデンプン中の α-1, 4 結合をランダムに水解して α 型生成物を与えるが，α-1, 6 結合には作用しない。一方，β-アミラーゼはデンプンの非還元性末端より α-1, 4 結合をマルトース単位で水解して β-マルトースを生成するが，α-1, 6 結合の手前で作用は停止して限界デキストリンを与える[1]。

　両酵素の食品の品質に及ぼす影響として，α-アミラーゼの場合は，デンプン分子のアミロースやアミロペクチンに作用して，それらが分解されて低分子になり粘性の低下となって現れる。一方，β-アミラーゼの場合は，それらに作用してマルトースを生成するために甘味が増してくる。

　α-アミラーゼの酵素化学的性質として，至適温度は 50〜70℃ にあり熱安定性が高く，至適

食品・バイオにおける最新の酵素応用

表2　香辛料のアミラーゼの分布[2]

香辛料名	アミラーゼ活性*	香辛料名	アミラーゼ活性*
サボリ	1.25	スターアニス	0.26
バジル	0.78	イエローマスタード	0.98
マジョラム	0.73	ホースラディッシュ	0.54
オレガノ	0.35	山椒	0.29
セージ	0.54	陳皮	0.84
タイム	0.35	花椒	1.63
ペパーミント	0.37	クローブ	0.21
スペアミント	0.43	オールスパイス	0.18
唐辛子	1.96	ディルシード	0.29
パプリカ	1.49	セロリシード	0.78
白ゴマ	0.29	キャラウエーシード	0.95
黒ゴマ	0.37	コリアンダーシード	0.56
タラゴン	0.37	クミンシード	1.72
黒コショウ	0.29	フェンネルシード	1.50
白コショウ	0.87	パセリ	0.35
ヒハツ	0.18	アニスシード	1.47
ナツメグ	0.24	アジョワンシード	1.30
メース	0.24	カルダモン	0.26
ローレル	0.21	ジンジャー	0.24
シナモン	0.10	ターメリック	0.29
桂皮	0.35		

*units／スパイス g

pH は5～8 にある。

　α-アミラーゼとβ-アミラーゼは動物，植物，微生物に広く存在している。特にβ-アミラーゼは高等植物中でも穀類，豆類，サツマイモなどに多く含まれる。今回は，41種類の香辛料のアミラーゼの分布について測定した結果を表2に示した[2]。

(2)　レトルト殺菌したレトルトカレーで起こった粘性低下について

　レトルトカレーの製造工程の概略は以下の通りである。まず，小麦粉を食用油脂で炒め小麦粉焙煎ルーを作り，これに核酸系調味料，肉エキス，粉乳などの調味原料と香辛料パウダーを加え，さらにカットしたタマネギを炒めた焙煎野菜を添加し，よく煮込んでカレーソースを作る。次に，レトルトパウチにカレーソースおよび細かくカットしたジャガイモ，ニンジン，ボイルした牛肉などの具材を計量しながら充填し密封した後，加圧加熱殺菌装置で121℃，20～40分間加熱殺菌する。

　レトルトカレーの開発において，研究所での試作段階で製品設計をクリアーした製品に仕上がったので，次のステージである量産化段階の工場テストが実施された。ところが，予想に反して粘性が低下するという問題に遭遇した。そこで，粘性が低下した現象について，発生の原因の究明および解決策について相談を受けた。

第4章 食品製造時における酵素による品質劣化への対応

　粘性が低下した原因として2つの可能性が考えられた。一つは非酵素的な原因，もう一つは酵素的な原因である。前者に関しては，レトルト加圧加熱殺菌処理によりデンプン分子の低分子化による可能性が推測された。しかし，これまでに蓄積されている知見から，今回のレトルト加圧加熱殺菌の条件ではデンプンの低分子化が起こらないことがわかった。そこで後者の原因について検討した。配合されている全ての原料に関して，未加熱や加熱程度が低い原料に的を絞りアミラーゼ活性を測定したところ，唐辛子に高い酵素活性があることがわかった。

　次に，粘性低下が生じた原因を特定するために，モデル実験として小麦デンプンと唐辛子を用いて確認実験をおこなった。小麦デンプン溶液を95℃まで加熱して糊化させた後60℃まで冷却し，それに唐辛子の水抽出液（一つは未加熱のもの，もう一つは100℃で10分加熱処理したもの）を添加してアミログラブを用いて粘性低下の有無について検討した。その結果，図1（未発表 野村）に示したように，唐辛子に含まれるアミラーゼにより粘性の低下が起ることがわかった。

　その成果を生産ラインに反映させるため，香辛料のもつ風味を最大限に生かしながら，かつ，アミラーゼ活性を加熱失活させた唐辛子を用いて製造したところ，製品の粘性低下は起こらず，

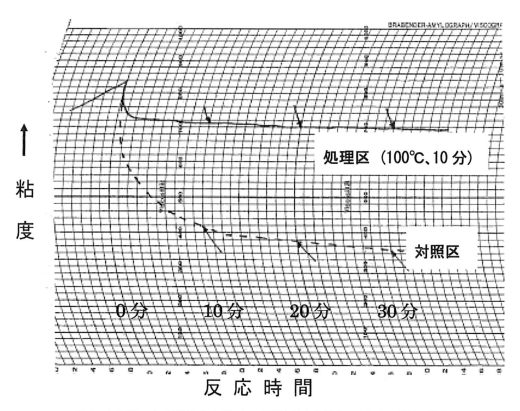

図1　小麦デンプン溶液にトウガラシの粗酵素液を作用させたときの粘性の挙動
　　　糊化デンプンの調製；35℃→95℃（1.5℃／分）→60℃（1.5℃／分）
　　アミログラフの条件；ヘッド1000 cmg　回転数75 rpm／分　撹拌羽 プレート

食品・バイオにおける最新の酵素応用

製品設計を満たした製品が生産されることが確認できた。

2.1.2 ペクチン分解酵素

(1) 酵素の概要

ペクチン質は，主として D-ガラクツロン酸の α-1, 4 結合からなる多糖類である。ガラクツロン酸のカルボキシル基がメチルエステル化されている場合をペクチンと称し，エステル化されていない場合をペクチン酸と称している[3]。ペクチン質とはプロトペクチン，ペクチン，ペクチン酸などの総称であり，未熟果のペクチン質はプロトペクチンが多く，成熟するに従いペクチン酸になり，さらにポリガラクツロン酸に分解される[4]。

ペクチンの分解に関与する酵素として，ペクチン中の α-D-ガラクツロン酸メチルエステル残基のエステル結合を加水分解してメタノールとペクチン酸にする酵素であるペクチンエステラーゼと主鎖の α-1, 4 結合を分解するポリガラクツロナーゼが知られている[5]（図2）。

ペクチンエステラーゼは高等植物，多くの細菌，カビに分布し，その至適温度は 60〜65℃ にある。

(2) 加熱処理して軟化したニンジンの食感の改良について

野菜や果物の細胞壁は多量のペクチン質を含んでいる。ペクチン質は，細胞壁の最外層の中層の主成分として存在し，細胞壁を接着する役割をもっており，接着によって柔組織が組み立てられ，野菜や果物に適当な硬さ，弾力性，可塑性を与えている[4]。

調理の際，野菜類は沸騰水中で加熱すると組織が軟化する。高瀬ら[6]はニンジンを常圧及び高圧で蒸し加熱したときの破断力の変化及びペクチンの挙動について検討している。結果を表3に

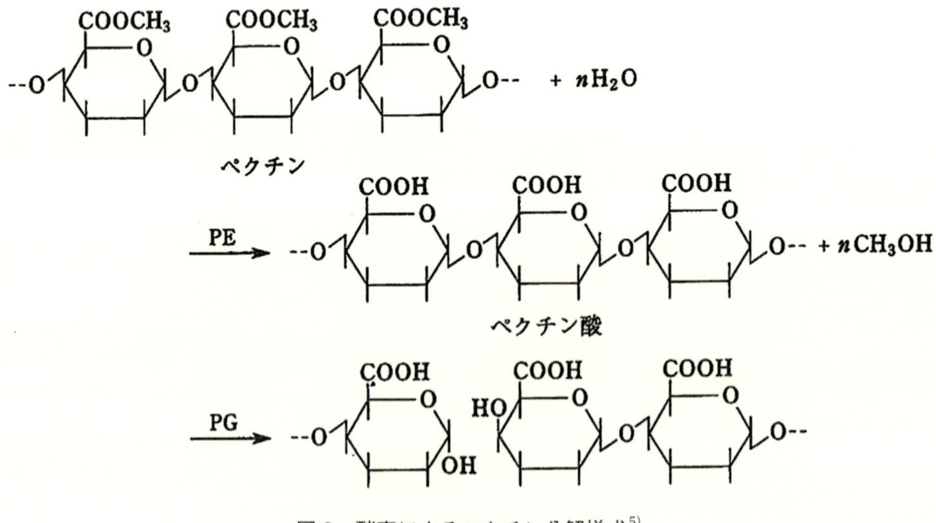

図2　酵素によるペクチン分解様式[5]
PE；ペクチンエステラーゼ，
PG；ポリガラクツロナーゼ

56

第4章　食品製造時における酵素による品質劣化への対応

表3　加熱したニンジンの破断力と水溶性および不溶性ペクチン量の変化[6]

加熱方法	時間 (分)	破断力 ×10^5(dyne/cm^2)	ペクチン (%)		
			水溶性	不溶性	溶解度 (%)
対照	0	314 ± 26.0	0.036	0.978	3.5
蒸し器 (常圧)	20	62.8 ± 6.0	0.237	0.723	24.7
	40	28.4 ± 1.2	0.463	0.465	49.9
	60	15.5 ± 4.8	0.508	0.418	54.8
	80	10.1 ± 6.0	0.560	0.356	61.1
圧力鍋 (高圧)	15	21.5 ± 3.7	0.537	0.387	58.1
	30	6.5 ± 0.7	0.726	0.218	76.8
	45	5.4 ± 0.4	0.736	0.192	79.3
	60	4.1 ± 0.4	0.719	0.182	79.8

示したように，加熱時間が長くなるにつれて破断力が低下し，高圧加熱の方が常圧加熱よりも軟化しやすいこと，また，軟化とともに水可溶性のペクチンが増加し，低分子化が進んでいることを明らかにしている。この低分子化は80℃以上で顕著に起きるペクチンの非酵素的なβ-脱離（トランスエリミネーション）で，軟化の主な原因であるといわれている[4]。

　野菜類をレトルト殺菌のような高圧加熱殺菌処理や凍結解凍処理した場合，組織が過度に軟化したり，形が崩れたりして商品価値を著しく低下させる。これまでに，野菜類の軟化を防止する方法が種々開示されており，例えば，レトルト加熱処理するに際し，予め0.1〜0.7重量％のカルシウム塩水溶液に浸漬する方法[7]，加熱に当たり野菜類をカルシウム塩，マグネシウム塩の水溶液あるいは糖アルコール水溶液に浸漬する方法[8]などがある。しかし，カルシウム塩やマグネシウム塩を使用する方法は，加熱処理後の野菜類の軟化を防止することができるものの，野菜類の表面部分のみが硬くなり不均一な食感となる。そのために，野菜類のもつ食感とは異質なものとなり，野菜類の自然な食感を十分に感じることができない。また，カルシウム塩やマグネシウム塩には独特の苦味が感じられ，野菜類の味覚になじみ難いものがある。

　そこで次に，森ら[9]がニンジンの軟化防止方法について野菜類に含まれるペクチンエステラーゼを利用して検討された事例を紹介する。

　剥皮したニンジンをダイサーで9.5mm角に切断し，乳酸カルシウムを用いて各種濃度に調製したカルシウム水溶液につけ，ペクチンエステラーゼの至適温度である65℃で30分間予備加熱した後，直ちに100℃で5分間ブランチング処理した。対照区は予備加熱せずに100℃で5分間ブランチング処理した。その後121℃，11分（Fo 8.8）殺菌した後，今田製作所製プッシュプルスケール PSS-1K 型を使用し，直径2mm の針状プランジャーを用いて硬度を測定された。

　結果を図3に示したように，65℃で予備加熱処理したものは，対照区の予備加熱処理の無のものに比べて硬度が約2倍に高くなった。これは組織中のペクチンエステラーゼが活性化され，メチル基を放し，フリーになったカルボキシル基が組織中に存在しているカルシウムイオンやマグネシウムイオンなどと架橋して巨大分子化になったことによるものと考えられる。また，予備加

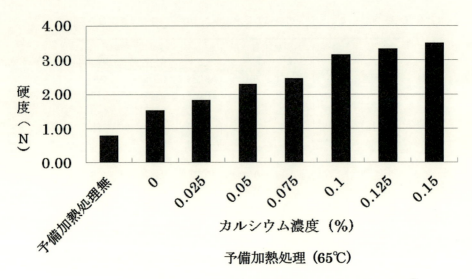

図3 ニンジンの軟化防止に及ぼす予備加熱処理液のカルシウム濃度の影響[9]
（文献9より，折れ線グラフを棒グラフに改変）

熱処理するときにカルシウムを添加させた場合，カルシウム濃度が高くなるにつれてカルシウムイオンとカルボキシル基がさらに架橋するために，ニンジンの硬度はさらに高くなったが添加濃度が0.1～0.15%であまり差がなくなった。尚，いずれのカルシウム濃度でもニンジンの味には影響がなかったと報告している。

2.2 呈味性の消失や不快臭の発生に関与する酵素
2.2.1 ホスファターゼ
（1）酵素の概要

ホスファターゼはリン酸エステルおよびポリリン酸を加水分解する反応を触媒する酵素の総称である。酸性に至適 pH をもつものとアルカリ性にもつものに区別される場合が多い。本酵素は多くの食品原料に含まれ，特に豆類や穀類に酵素活性が高いことが知られている。今回，表4に粉末スープに使用された原料中のホスファターゼの分布を示した[10]。

基質の一種である 5'-リボヌクレオチド類のイノシン酸（IMP）やグアニル酸（GMP）は，普通の食品の pH では相当長時間加熱されても分解することがほとんどない。しかし，原料に含まれるホスファターゼに対して不安定で，分解されてうま味が消失する。

従って，その酵素活性が高い原料を用いて加工食品を製造する場合には，原料の添加時期に注意を払う必要がある。

（2）粉末スープにおける核酸系調味料の分解について

Ishii ら[10]は，粉末スープ中に含まれる 5'-リボヌクレオチドが，配合されている原料中のホスファターゼによって分解されるときの水分の違いによってどのように影響を受けるのかを検討し

第4章　食品製造時における酵素による品質劣化への対応

表4　粉末スープ中の粘稠剤・増量剤・香辛料の
ホスファターゼの分布[10]

原材料	ホスファターゼ活性*
全大豆粉	34.3
小麦粉（薄力粉）	9.5
イエローコーンフラワー	0.2
ポテトスターチ	0
コーンスターチ	0
スキムミルク	0
唐辛子	26.6
タイム	23.6
セージ	10.3
セロリシード	6.4
クミンシード	4.4
オニオンフレーク	4.4
ガーリック	4.0
マスタード	3.8
ジンジャー	2.5
黒コショウ	0.6
白コショウ	0.6
ナツメグ	0.2
メース	0
クローブ	0
オールスパイス	0
ターメリック	0
ローレル	0

* μmmles/g・hr

ている。

　まず，粉末スープに配合されている原料の組成は表5に示した通りである。5'-リボヌクレオチドを含んでいる粉末スープを40℃で相対湿度が40％〜75％の条件に4週間保存し，その間の5'-リボヌクレオチドの安定性について調べている。その結果を表6に示したように，相対湿度が53％以下で保管したとき，5'-リボヌクレオチドは分解を全く受けなかった。一方，相対湿度が63％あるいはそれ以上に保管した場合は，5'-リボヌクレオチドは顕著に分解され，特に75％では2週間で完全に消失することがわかった。そのときの粉末スープ中の水分を測定すると，相対湿度が53％の場合は5.44％，相対湿度が63％のときは15.44％であった。

　粉末スープ中の5'-リボヌクレオチドが分解された原因は，製造段階で加熱処理工程がないこと，また，製品中のホスファターゼ活性が161.28 μmole/g・hrと非常に高い値を示したことから，酵素的な要因であることが特定された。使用された原料の中で熱履歴を受けていないものとして生大豆粉と小麦粉があり，両者には強いホスファターゼが認められ，それらの原料が関与していることが明らかになった。

食品・バイオにおける最新の酵素応用

表5　粉末スープの配合割合[10)

原材料	構成比（%）
食塩	13.0
砂糖	9.0
グルタミン酸ナトリウム	5.0
植物タンパク質加水分解物	3.0
スキムミルク	19.0
牛脂	4.0
小麦粉（薄力粉）	26.0
生大豆粉	10.0
オニオンパウダー	0.36
白コショウ，抽出乾燥物	0.7
オニオンパウダー，抽出乾燥物	0.7
凍結乾燥マッシュルーム	6.0

水分レベル；5.27%
ホスファターゼ活性；161.28 μmoles/g・hr

表6　種々の相対湿度で保存したときの粉末スープ
中の5'-リボヌクレオチドの安定性[10)

相対湿度 （%）40℃	5'-リボヌクレオチドの残存率（%）	
	2週間後	4週間後
40	100.0 （ 3.81)	100.0 （ 3.50)
53	100.0 （ 5.58)	100.0 （ 5.44)
63	17.6 (16.20)	9.1 (15.44)
75	0 　(33.75)	0 　(35.10)

初発水分レベル；5.27%
カッコ内；2週間後と4週間後の水分レベル

　さらに，粉末スープ中の水分と5'-リボヌクレオチドの安定性との関係を調べるために，粉末スープを様々な相対湿度に保管して水分を5%〜15%の範囲に調整し，40℃で4週間保管しときの5'-リボヌクレオチドの残存率を調べている。その結果，水分含量と5'-リボヌクレオチドの残存率については，5.1%のとき100%，7.4%のとき92.5%，9.7%のとき57.5%であった。5'-リボヌクレオチドはその物質がもつ固有水分以上に吸湿すると分解が始まる。今回の粉末スープの場合には，水分を5〜8%以下に保つ必要があると報告している。

　上で述べたような研究結果を踏まえ，粉末スープのような製造過程の段階で加熱工程がない場合，ホスファターゼ活性を含むような原料が配合されているときは，製品の包材材質が適正な特性を備えていないときには問屋や量販店などで長期間保管される際に水分を吸湿し，調味料として添加された5'-リボヌクレオチドが分解されて旨味が消失し，製品設計通りの製品が確保されないケースに遭遇する可能性があるので留意する必要がある。

第4章　食品製造時における酵素による品質劣化への対応

2.2.2　リポキシゲナーゼ

(1)　酵素の概要

リポキシゲナーゼは，シス，シス-1, 4-ペンタジエン構造（-CH＝CH-CH$_2$-CH＝CH-）を有する不飽和脂肪酸，リノール酸，リノレン酸，アラキドン酸に選択的に，分子状酸素（O$_2$）を添加して過酸化物（ヒドロペルオキシド）を生成させる酸素添加酵素である。本酵素は遊離の脂肪酸のみならず，トリアシルグリセロールやリン脂質のような結合型脂質の脂肪酸も過酸化するが，通常は遊離の脂肪酸に対する反応の方が強いと考えられている[11]。

リポキシゲナーゼは植物界に広く存在する。大豆，ピーナッツなどは活性が高く，また，なかでも大豆種子には特に多量（種子全タンパク質の約1％）に含まれている[12]。南出は[13]果物や野菜におけるリポキシゲナーゼの分布について示している（表7）。

リポキシゲナーゼは野菜や果物の貯蔵中や豆類の加工過程において作用し，品質劣化を招く場合がある。一方，動物界にもリポキシゲナーゼが存在し，種々の生理活性物質の生成にも関与することが知られている。

(2)　粉末豆乳（商品名；ほんとうふ）の開発における青臭みの発生の防止について

著者は粉末豆乳（いわゆるインスタント豆腐粉末の素）の開発に携わった経験がある。そのときの製品設計の目標としては，室温に1年間保存しても青臭みが発生せず，かつ，豆腐としてのゲル形成能を保持することであった。

これまでの研究から，その大豆の青臭みの主成分はヘキサナールであることが知られており[14]，そのヘキサナールの生成にはリポキシゲナーゼが関与することが明らかにされている（図4）[11]。

製品開発に当たって，粉末豆乳の青臭みの発生を抑えるために，リポキシゲナーゼを加熱失活

表7　果物・野菜のリポキシゲナーゼの分布[13]

種類	リポキシゲナーゼ活性*	種類	リポキシゲナーゼ活性*
大豆（エダマメ）	236.5	シュンギク	5.7
大豆（モヤシ）	146.2	ネギ	1.6
緑豆	80.2	タマネギ	12.6
ジャガイモ（男爵）	120.6	ニンニク	検出されず
トマト	57.5	サツマイモ	4.9
ナス	53.8	オクラ	3.3
ピーマン	91.7	イチゴ	1.8
ブロッコリー	4.4	リンゴ	14
カリフラワー	3.3	洋ナシ	2.5
キャベツ	検出されず	ミカン	1.2
ニンジン	7.9	カキ	5.2
セロリ	8.0	ウメ	3.1
ホウレン草	1.1	バナナ	46

*UN ＝ △OD　0.01/mg タンパク質

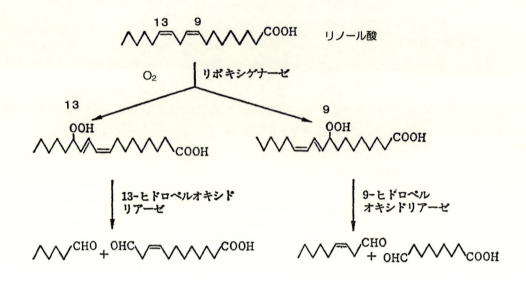

図4　酵素作用によるリノール酸からヘキサナールの生成経路[11]

させる方法について検討した。まず，予め加熱処理した大豆を用いて調製した豆乳は青臭みが全く感じられなかった。しかし，水のような透きとおった液体で通常の豆乳とは別ものであった。次に，浸漬した大豆を磨砕して得られた豆乳を短時間のうちに加熱処理し，さらに，得られた豆乳を噴霧乾燥して粉末豆乳を調製した。この方法では豆乳は青臭みが感じられた。また，噴霧乾燥させた粉末豆乳を室温に一定期間保存した後，それを用いて豆腐を作ったところ，粉末豆乳の溶解性が悪くゲルが形成されずモロモロの状態になった。この結果から，ゲル形成能を保持させた粉末豆乳を得るには，大豆タンパク質を極力熱変性させないことが必須であることがわかった。

　これらの研究結果から，製品設計の目標を達成するには，豆腐のゲル形成能を保持させるために大豆タンパク質に極力熱変性を与えず，かつ，青臭みを発生させないためにリポキシゲナーゼを加熱失活させるのでなく，働かせない方法を見つけることが重要であることが明らかになった。

　そのような状況を打開するために，リポキシゲナーゼが酸素添加酵素であるという原点に戻って，浸漬大豆を磨砕するときに酸素を除去する方法が有効なのではないかと考えた。そこで，浸漬大豆を家庭用のミキサーで磨砕する際に，ミキサー内のヘッドスペース部分を窒素で置換をしたり，真空ポンプで気体部分を除去したり，あるいは，蓋部分まで水で満タンにして水中下で磨砕する方法を検討した。その結果，いずれの方法を用いた場合でも得られた豆乳は青臭みが全く感じられなかった[15]。

　上述したように，低酸素下で磨砕するという新しい方式を導入することにより，大豆の青臭み

第4章　食品製造時における酵素による品質劣化への対応

の発生の問題に関して解決することができた。また好都合なことに，その方式は，大豆タンパク質の面からみれば熱変性によるダメージを全く与えないという点でも有効であった。

　以上の成果を踏まえて最終的には，浸漬大豆を水中下で磨砕し，得られた豆乳を噴霧乾燥させて粉末豆乳を調製した。その結果，得られた粉末豆乳は，室温に1年間保存しても青臭みを発生せず，かつ，豆腐としてのゲル形成能も保持したものが確保でき，製品設計を満たした粉末豆乳に仕上げることができ商品化に至った。

　著者らが先鞭をつけた水中下のような低酸素濃度下で磨砕する考え方や工業化された技術は，今日では，ビール，酒類，牛乳，マヨネーズ，コーヒーなど多くの食品製造現場で利用されて実用化されている。その一例として，水中の溶存酸素量に着目し，殺菌時の酸素量を約1/10にすることで，「おいしい牛乳」等が上市されていることも本研究の延長線といえる。

（3）　これまでと違った大豆の青臭みを除去する取組みについて

　育種面から大豆の青臭みに関与するリポキシゲナーゼを欠損させた大豆を使用する方法を紹介する。

　大豆のリポキシゲナーゼは単一の酵素ではなく，3種類のアイソザイム（L-1，L-2，L-3）が存在することが知られている[12]。従って，それぞれのアイソザイムは酵素化学な性質が異なり，どのアイソザイムが青臭みの発生に重要な役割を果たしているのか注目を集めた。

　これまでに，各々のアイソザイムが欠損された変異大豆品種の育成が成功しており[16]，的場ら[17]はスズユタカ品種の大豆及びL-1，L-2，L-3をそれぞれ欠損した大豆，およびL-1とL-3を同時に欠損した大豆を用いて，それらのホモジネートを25℃でインキュベートし生成するヘキサナール量を測定された（表8）。野生種，L-1欠損大豆，L-3欠損大豆，L-1とL-3同時の欠損大豆でのヘキサナールの量は，10分間のインキュベートにおいて0.3，0.27，0.35，0.52 nmol／mg protein であった。一方，L-2欠損大豆でのヘキサナールの量は0.1 nmol／mg protein であった。今回のインキュベート時間では基質であるリノール酸が欠如している可能性が考えられた。そこで，これらの系にリノール酸を添加して，さらに，インキュベート時間を5，20分間延長して測定したところ，L-2欠損大豆ではヘキサナールの生成に増加がみられなかった。これに反して，他の大豆標品のホモジネートを用いた場合はヘキサナールが顕著に増加した。これらの結果から，大豆磨砕後におけるヘキサナールの生成には，3種類のアイソザイムのうちL-2が強く関与

表8　野生種，L-1，L-2，L-3欠損大豆ホモジネートにおけるヘキサナールの生成と
　　　それに対する外因性リノール酸の影響[17]

リノール酸添加後の時間（分）	ヘキサナール生成（nmol/mg protein）				
	スズユタカ	L-1 欠損	L-2 欠損	L-3 欠損	L-1，L-3 欠損
	(0.30)	(0.27)	(0.10)	(0.35)	(0.52)
5	1.3	1.4	0.12	3	5.5
20	1.2	1.9	0.17	3.4	4.8

反応は25℃で実施。カッコの中の数字はリノール酸無添加のときの値

していることが示唆された。以上の研究結果より，大豆の青臭みの発生を抑えるためには，L-2アイソザイムの作用をいかに止めるかが鍵を握るといえる。

現在では，大豆の育種に関する研究が進み，遺伝育種の手法によってアイソザイムのL-1，L-2，L-3を完全に欠損させた大豆が栽培されており，その大豆を用いることで青臭みの問題を完全に解決できる状況になった。但し，開発された大豆はコストが高いが，その大豆を使用した商品が開発されて発売されている。

3 おわりに

上述したように，食品の製造加工において，原料に含まれる酵素が働いて製品の品質劣化が起った事例，原料に含まれる酵素の働きを抑えて品質の向上につなげた事例および原料に含まれる酵素の働きを利用して品質の改良にかかわった事例を紹介した。それらの中でも原料中の酵素が関与して食品の品質の劣化が発生するような場合は，食品の品質に重大な影響を及ぼし，クレーム対象につながる可能性が大きいので特に注意が必要である。

原料に含まれる酵素が食品中で働く環境として，食品中に含まれる水分は重要な要因である。そもそも食品の品質に影響を与える酵素は，水分がなければ全く作用しない。粉末食品のような比較的水分が少ない製品の製造過程において，どのような環境条件（特に酵素の働きに大きく影響を及ぼす水分）であれば酵素反応が起こるのか詳細は不明である。紹介した粉末スープの場合は，水分が10％程度ではあるが酵素反応が起こっていた。酵素反応が起こる境界の水分は，酵素の種類によっても異なると考えられる。一般に，食品中に含まれる水分の分布状態は，均一ではなく，不均一でかつ局在していると考えられる。また，乾燥食品では食品組織の毛管内に液状状態で残存する水分が酵素反応の場を与えているといわれている[18]。従って，そのような考え方に立てば，粉末スープにおいて酵素反応が起っていたことは何ら特異なことではないと考えられる。

今後は，食品を製造加工する上において，原料に含まれる酵素による品質劣化を起こさないようにするためには，水分の多い食品はもちろんであるが，比較的水分の少ない食品においても製造過程では種々の酵素による酵素反応を念頭にいれて対応する必要がある。また，未加熱あるいは加熱程度の低い原料を使用して製造する場合には使用する原料の配合割合が低く使用量が微量であっても，酵素反応に注意を払う必要があると考える。

第 4 章　食品製造時における酵素による品質劣化への対応

文　　　献

1)　藤巻正夫，食糧保蔵学，p.33, 朝倉書店（1980）
2)　Y. Nomura *et al., Food Sci. Technol. Res.,* **5**（2），161（1999）
3)　一島英治，食品工業と酵素，p.73, 朝倉書店（1983）
4)　渕上倫子，日本調理科学会誌，**46**（2），65（2013）
5)　上島孝之，産業用酵素，p.52, 丸善株式会社（1995）
6)　高瀬光枝ほか，日本調理科学会誌，**22**（4），283（1989）
7)　小澤龍太郎ほか，根菜類，果菜類の煮崩れ防止法，特公平 3-71102（1991）
8)　安藤徹ほか，加熱軟化防止野菜，特開平 4-190756（1992）
9)　森　大蔵ほか，東洋食品工業短大・東洋食品研究所　研究報告書，**23**, 47（2000）
10)　K. Ishii *et al., Nippon Shokuhin Kogyo Gakkaishi,* **26**（2），89（1979）
11)　五十嵐　修ほか，過酸化脂質と栄養，p.225,（1986）
12)　喜多村啓介，日食工誌，**31**（11），751（1984）
13)　南出隆久，日食工誌，**24**（4），186（1977）
14)　藤巻正生ほか，食の科学，**29**, 55（1976）
15)　松井二三雄ほか，豆乳の製造法，特公　昭 52-24581（1977）
16)　M. Hajika *et al., Japan. J. Breed.,* **41**（3），507（1991）
17)　T. Matoba *et al., J. Agric. Food Chem.,* **33**（5），852（1985）
18)　桜井芳人ほか，食品保蔵，p.169,（1969）

第5章　超高齢社会に挑む食の先端科学
～新しい認知機能改善および血管拡張ペプチドの発見～
Cutting Edge in Food Science for Super Aged Society

大日向耕作[*]

　我が国の高齢化率は世界トップであり，少子高齢化が顕著で高齢化のスピードが速い。この状況を逆手に取り，超高齢社会に対応した高機能食品を創製し新規市場を開拓すれば世界をリードすることができる。

　2025年には認知症が700万人を超えるとされ，認知症パンデミックへの対応が急務である。「脳」は記憶学習を担う中心的な臓器であることから，これまでの認知症研究では主に脳にフォーカスが当てられてきた。しかしながら，疫学調査により糖尿病などの生活習慣病が認知症の危険因子であることが判明し，「末梢」環境に着目した新しい認知症予防戦略も考えられる。実際，これまで我々は末梢環境に焦点を当て認知機能低下を改善する食品由来ペプチドを見出している。

　一方，老化の実体解明も期待される。生体情報ネットワークは加齢により徐々に変容・破綻していく。この過程をジペプチドライブラリーを用いて解析し，さらに，加齢により反応性が低下した組織でも作用するペプチドを発見した。今後，これらの生理活性ペプチドをリードとして高機能ペプチドを開発するとともに，酵素利用による効率的な生産を図り新しい高齢者対応食品市場を創造することが期待される。

1　はじめに

　我が国の高齢化率は27.7％（2017年現在，内閣府調べ）に達し先進諸国のトップであり，少子化を伴い高齢化のスピードが速いのが特徴で，他国の対応を参考にすることができない。この高齢化自体は解決すべき社会問題であるが，高齢化の先頭を走る我が国で高齢者に対応した高機能食品をいち早く提供し新しい市場を創出すれば世界をリードできるとも考えられる。また，加齢により認知機能低下，血管機能低下，食欲不振，睡眠の質の低下など，多彩な生理的変化が誘発され，活力や生活の質（QOL）の低下が惹起される。特に，本稿では，末梢環境に焦点を当てた新しいアプローチにより発見した認知機能改善ペプチドの例と，加齢による血管機能の質的な変化をジペプチドライブラリーにより解明した例を紹介する。

---

[*]　Kousaku Ohinata　京都大学　大学院農学研究科　食品生物科学専攻
　　　食品生理機能学分野　准教授

第5章　超高齢社会に挑む食の先端科学

2　末梢環境に注目した認知機能低下の予防戦略

2.1　脳も臓器のひとつである-多臓器円環-

　脳は，体全体の2%の体積であるにもかかわらず全エネルギーの1/4を消費することが知られ，血液脳関門（BBB）が存在することから独立性の高い臓器と考えられる。一方で，脳も末梢環境に少なからず影響を受け，また，末梢からの食シグナルを受容することも知られている。近年，神経系やホルモンなどの液性因子を介した臓器間の情報伝達ネットワークにより恒常性が維持される「多臓器円環」[1]という概念が確立してきたが，脳も一つの臓器であり他の臓器や外部環境に影響を受けると考えられる。実際，疫学調査により糖尿病は認知症の危険因子であることが明らかとなってきた。

2.2　糖尿病は認知症の危険因子である

　これまでロッテルダム研究において糖尿病はアルツハイマー病（AD）発症リスクを2倍にすることが報告されている[2]。さらに，久山町研究において耐糖能異常によりAD発症が2倍に増加することが報告され[3,4]，糖尿病はアルツハイマー病の後天的危険因子であることが判明した。疫学調査により疾患発症に関与する生活習慣が明らかとなるが，さらに，培養細胞や実験動物を用いた基礎研究を行うことにより関与する生理活性物質の特定や詳細な作用機構の解明につながる。糖尿病はインスリン分泌が低下するⅠ型とインスリン感受性が低下するⅡ型に分類され，これらのうち主に生活習慣が原因で発症するのがⅡ型糖尿病である。このⅡ型糖尿病の動物モデルは高脂肪食負荷によって得られる。そこで，高脂肪食負荷マウスにおける認知機能を検討した。

　まず，ラードを主成分とする高脂肪食を雄性マウスに4週間投与し糖尿病モデル動物を作成し，このマウスの認知機能を位置認識試験（Object recognition test, ORT）で評価した（図1）。本試験は，短期記憶に重要な脳部位の海馬に依存する記憶の評価系として知られる。試験の結果，高脂肪食摂取により新奇物体へのアプローチ時間が低下し，海馬依存的な認知機能低下が認められることが明らかとなった。4週間の高脂肪食摂取では体重や脂肪重量が増加し血糖値が上昇することから，既に糖尿病の病態を呈している。したがって，食餌誘発性肥満（Diet-induced obesity, DIO）における糖尿病では認知機能低下が認められることを確認することができた。

2.3　短期間の高脂肪食摂取により認知機能が低下する

　さらに，最近，わずか1週間の高脂肪食摂取により，ORTにおける新奇物体へのアプローチ時間が低下することを見出し極めて短期間で認知機能低下が惹起されることが判明した（under preparation）。従来，胎生期から幼年期において認められる神経新生は成体期では起こらないとされていたが，海馬歯状回では生涯を通じて新しくニューロンが新生することが明らかとなり，さらに，認知症機能と海馬神経新生の関連性が示され検討したところ，高脂肪食摂取により海馬神経新生が低下することが明らかとなった。したがって，短期間の高脂肪食摂取により認知機能

67

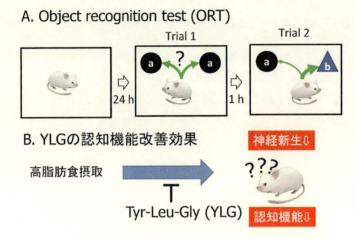

図1 高脂肪食摂取による認知機能低下とYLGの改善効果
A：物体認識試験（Object recognition test, ORT）。馴化の翌日に同じ物体Aを二つ入れマウスに認識させ，さらに1時間後，Aを新奇物体Bに交換すると，通常はBに対するアプローチが増加する。一方，認知機能が低下するとBに対するアプローチ時間が低下する。B：牛乳由来の生理活性ペプチドYLGは高脂肪食負荷による認知機能低下および海馬神経新生低下を改善する。

と海馬神経新生が低下することが判明した。

2.4 新しい認知機能改善ペプチドの発見

　認知症は神経細胞死が誘発される前の予防と治療が重要であることが指摘されている。正常な認知機能から軽度認知障害（MCI）を経て認知症を発症するが，認知症の発症前に予防効果を示す機能分子を安全性の高い安価な食品から日常的に摂取できれば理想的である。また，疫学調査により明らかとなった防御因子に関する情報は機能性分子の探索に参考になる。そこで久山町研究から認知機能低下の有意な防御因子であることが判明した牛乳[5]から認知機能低下を抑制する分子候補を選択することにした。

　これまで我々は神経系における食品と生体の相互作用に着目し，食品タンパク質の酵素消化により生成するペプチドフラグメントが情動調節作用（抗不安，抗うつ），学習促進作用，食欲調節作用など多彩な神経調節作用を示すことを見出してきた。膨大な分子種から機能分子を特定するため，生理活性を示す構造上のルールを明らかにし，そのルールを満たす分子を酵素消化物から探索するという独自の研究手法で多くのペプチド同定に成功している。例えば，医薬品並みの強力な抗不安ペプチドのTyr-Leuの構造-活性相関の検討により，芳香族アミノ酸-Leuというアミノ酸配列が重要でありC末端側への鎖長延長が許容されるというルールを見出し[6]，このルールを満たすペプチドをタンパク質の酵素消化物から効率的に見出した[7,8]。もちろん，単離・

第 5 章　超高齢社会に挑む食の先端科学

精製による新規物質の同定も重要な研究手法であり，ovolin や wheylin, soy-ghretropin など多数の新規ペプチドを発見しているが[9〜11]，構造—活性相関を基盤とした探索法では単離することなく短期間で効率的に生理活性ペプチドを特定できるのである。

　Tyr-Leu-Gly（YLG）は上記の構造—活性相関情報をもとに見出した経口投与で強力な抗不安様作用を示すトリペプチドであり，牛乳の主要なタンパク質である α_s-カゼインを消化管を想定した酵素条件で分解した際に効率的に生成することが判明している[7]。すなわち，消化管内で生成しやすい神経調節ペプチドといえる。そこで，高脂肪食負荷により低下した認知機能に対してトリペプチド YLG が改善効果を示すか否かを検討した。

　物体認識試験（ORT）を実施したところ，高脂肪食負荷を開始してから 1 週間後に新奇物質へのアプローチが低下する一方，この認知機能の低下は牛乳由来ペプチド YLG の経口投与により改善されることが明らかとなった（under preparation）。位置認識試験（LRT）でも同じ効果が認められ複数の評価系で有効であることが明らかとなった。また，海馬における BrdU の取り込みを評価したところ高脂肪食摂取により低下した海馬神経新生は YLG 投与により改善されることが判明した。この短期間の高脂肪食負荷では絶食時血糖に影響はなく，糖尿病発症の極めて初期段階において既に認知機能が低下し，また，それを食品に由来するトリペプチド YLG が改善するものと考えられる。したがって，適切な認知機能維持のために食品摂取の果たす役割は少なくないといえる。

3　老化の実体解明

3.1　生体の外部環境のシグナル受容，伝達および情報統合

　老化により細胞や組織，個体レベルにおいて様々な機能低下が起こり，やがて死を迎える。同じタイミングで全ての機能を失うのではなく部分的な機能低下が起こるが，生命はネットワークで支えられ恒常性が維持される。ライスステージが進むごとに生理的老化，病的老化，さらには加齢関連疾患の発症が観察される。すなわち，恒常性が維持されているステージから一部障害を受け徐々にシステムが破綻することが知られている（図 2）。これまで老化研究により様々な老化の要因やその特性が明らかにされつつあるが，実際に，どのような細胞や組織がどのようなプロセスを経て機能が低下し老化が進行するのか不明な点が多い。そもそも老化の実体はどのようなものか詳細は不明である。この解明には優れたプローブが不可欠である。

　これまで我々は様々なジペプチドの細胞や組織，個体における生理活性を検討し，培養細胞において微弱な応答性を示す一方，摘出した組織や個体レベルの検討では強力な生理活性を示すことを数多く報告してきた。ペプチドシグナルは生体の維持に極めて重要なタンパク質摂取のシグナルであり，個体や組織ではそのシグナルを増幅することは合目的である。すなわち，個体や組織に対してジペプチドは高い反応性を示すものと考えられ優れたプローブとなることが期待される。また，多くの生理活性を有するジペプチドの構成アミノ酸は，同じ条件では生理活性を示さ

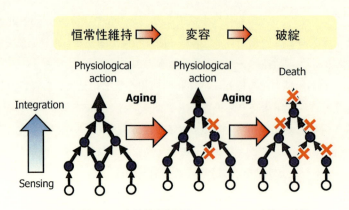

図2　加齢による生体情報伝達ネットワークの変容と破綻

ない。一般に生理活性の強さは，中分子ペプチド＞ジペプチド＞＞アミノ酸であり，分子量が大きくなり特異性が高くなると低用量で効果を示す場合が多い。これは情報伝達物質と受容体の進化の過程と一致しており興味深い。また，ネットワーク全体を理解するためには作用経路が異なるリガンドを数多く準備する必要があるが，組織や個体に対して高い反応性を示すジペプチドライブラリーはこの目的に合致している。

3.2　ジペプチドライブラリーを用いた血管老化の実体解明

人は血管とともに老いると言われ加齢により血管機能が低下することが知られている。これまで若齢と老齢動物の組織についてどのような形態や物質の違いがあるのか静的な検討が実施され一定の成果をあげている。一方，ホルモンや神経ペプチドなどの内因性物質に対する反応性などを中心に動的な検討が実施されているが，外因性物質を用いた包括的・体系的な反応性の検討はほとんど実施されていない。そこで，我々はジペプチドライブラリーを用いて高血圧自然発症ラット（SHR）から摘出した腸間膜動脈の反応性を検討し，高血圧の発症後前期と後期において動脈弛緩作用を示すペプチドのパターンが大きく異なることを最近発見した（under preparation）。

3.3　老齢ラットにおいて血圧降下作用を示すペプチドの解明

高血圧発症前期および後期のSHRから腸間膜動脈を摘出し336種類のジペプチドライブラリーを用いて動脈弛緩活性を検討した。高血圧発症前期および後期において強力な動脈弛緩活性を示したジペプチドについて各種アンタゴニストを用いて作用経路を検討した。その結果，高血圧発症前期においてはSer-Tyr（SY）が最も強い動脈弛緩作用を示し，SYの動脈弛緩作用は一酸化窒素（NO）合成酵素阻害剤のL-NAMEによってブロックされたことからNO系を介していることが示唆された。また，SHRにSYを経口投与したところ血圧降下作用が認められ，この作用はL-NAME投与により阻害された。したがって，SYはNO系を介して動脈弛緩・血圧

第5章 超高齢社会に挑む食の先端科学

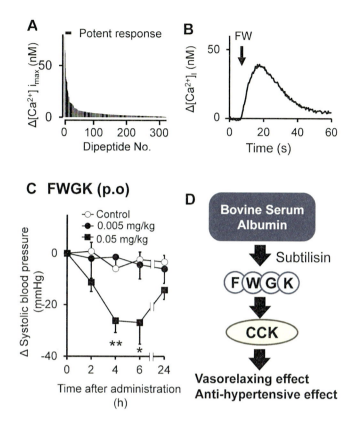

図3 経口投与で強力な血圧降下作用を示すFWGK（文献11より転載）
A：CCK放出細胞における包括的なジペプチドの反応性。B：最も強力な反応性を示すFWの細胞内Ca^{2+}の変化。C：経口投与で強力な血圧降下作用を示すFWGK。D：牛乳$β$-ラクトグロブリンの酵素消化により生成するFWGKの血管拡張および血圧降下機構。

降下作用を示すことが判明した．一方，高血圧発症後期では動脈弛緩作用を示すペプチドのパターンが異なり，Asn-Ala（NA）が最も強い動脈弛緩作用を示すことが明らかとなった．NAの動脈弛緩作用はL-NAMEやindomethacinでは阻害されず，コレシストキニン（CCK）アンタゴニストのlorglumideによってブロックされCCK系を介していることが示唆された．また，高血圧発症後期のSHRにNAを経口投与したところ血圧降下作用が認められた．したがって，ジペプチドの包括的・体系的な検討は，血管機能の加齢による変容の実体解明につながるものと考えられる．今回，主に血管機能について検討したが，他の生理活性について拡張すれば各機能について老化の実体を理解することが可能である．今後，神経系の老化の実体解明に取り組む予定である．

3.4 CCK を標的とした降圧ペプチドの探索と酵素利用によるペプチド生産

　高血圧発症後期の血圧調整において CCK 系が重要であることが明らかになると CCK を標的とした新規ペプチドの探索が可能になる。実際に CCK 分泌能を有する腸内分泌細胞 STC-1 細胞応答性に着目しジペプチドライブラリーを用いて新たな生理活性ペプチドを探索した。その結果，Phe-Trp（FW）に対する強い細胞応答性を見出した。さらに，FW（1.5 mg/kg）の経口投与により血圧降下作用を示すことを明らかにした[12]。FW 配列はウシ血清アルブミン（BSA）の一次構造中に含まれており，また，トリプシン消化により FW および FWGK が生成した。この FWGK は，動脈弛緩作用と血圧降下作用を示した。FWGK の経口投与による血圧降下作用の最小有効量は 0.05 mg/kg であり（図3），出発物質 RF[13]（CCK 依存的血圧降下ジペプチド）の 300 倍強力であった。また，FWGK の動脈弛緩作用および血圧降下作用は CCK を介することをアンタゴニストにより阻害され，CCK 依存的な動脈弛緩作用および血圧降下作用を示すことを明らかにした。この CCK 依存的なテトラペプチドは高血圧発症後期でも強力な血圧降下作用を示すことが期待される。

4　今後の展望

　ヒトはなぜ食べるのか？　そして何を食べるべきか？　全て解明された印象があるが，実際には膨大な分子からなる複雑系の食品と生体の相互作用の全容解明はスタートしたばかりである。今後，何を食べるべきかについて，細胞，組織，個体レベルの基礎研究とヒト介入試験等の疫学研究により包括的・体系的に検討することにより慎重に明らかにすべきと考えられる。また，老化を予防する機能素材の探索と酵素利用による効率的生産の重要性はますます増加することは確実である。一方，従来の延長線上の研究開発には限界が見えてきている。未踏領域として「脳」が挙げられるが，複雑系である「食」も未踏領域といえる。今後，科学研究における食の果たす役割がますます増えるものと考えられ多分野の研究者と連携し迅速に研究開発を推進することが期待される。

謝辞

　本研究は科研費をはじめとする研究助成により実施された。主に京都大学大学院農学研究科食品生物科学専攻食品生理機能学分野（金本龍平教授・井上和生教授）で実施され認知機能低下の予防戦略については永井研迅氏に，ジペプチドライブラリーを用いた老化の実体解明については小山大貴氏と孫星恵氏に研究を担当して頂いた。併せて宇都宮大学水重貴文准教授にご協力頂いた。

第 5 章　超高齢社会に挑む食の先端科学

文　　　献

1) 実験医学増刊，Vol.31, No.5, 臓器円環による生体恒常性のダイナミクス
2) Diabetes mellitus and the risk of dementia：The Rotterdam Study. Ott A, Stolk RP, van Harskamp F, Pols HA, Hofman A, Breteler MM. *Neurology*. 1999；**53** (9)：1937–42.
3) Insulin resistance is associated with the pathology of Alzheimer disease：the Hisayama study.　Matsuzaki T, Sasaki K, Tanizaki Y, Hata J, Fujimi K, Matsui Y, Sekita A, Suzuki SO, Kanba S, Kiyohara Y, Iwaki T. *Neurology*. 2010；**75** (9)：764–70.
4) Glucose tolerance status and risk of dementia in the community：the Hisayama study. Ohara T, Doi Y, Ninomiya T, Hirakawa Y, Hata J, Iwaki T, Kanba S, Kiyohara Y. *Neurology*. 2011；**77** (12)：1126–34.
5) Milk and dairy consumption and risk of dementia in an elderly Japanese population：the Hisayama Study. Ozawa M, Ohara T, Ninomiya T, Hata J, Yoshida D, Mukai N, Nagata M, Uchida K, Shirota T, Kitazono T, Kiyohara Y. *J Am Geriatr Soc*. 2014；**62** (7)：1224–30.
6) Dipeptide Tyr–Leu (YL)exhibits anxiolytic–like activity after oral administration via activating serotonin 5–HT$_{1A}$, dopamine D$_1$ and GABA$_A$ receptors in mice. Kanegawa N, Suzuki C, Ohinata K. *FEBS Lett*. 2010；**584** (3)：599–604.
7) Characterization of Tyr–Leu–Gly, a novel anxiolytic–like peptide released from bovine *α* S–casein. Mizushige T, Sawashi Y, Yamada A, Kanamoto R, Ohinata K. *FASEB J*. 2013；**27** (7)：2911–7.
8) Rational identification of a novel soy–derived anxiolytic–like undecapeptide acting via gut–brain axis after oral administration. Ota A, Yamamoto A, Kimura S, Mori Y, Mizushige T, Nagashima Y, Sato M, Suzuki H, Odagiri S, Yamada D, Sekiguchi M, Wada K, Kanamoto R, Ohinata K. *Neurochem Int*. 2017；**105**：51–57.
9) Identification of novel b–lactoglobulin–derived peptides, wheylin–1 and –2, having anxiolytic–like activity in mice. Yamada A, Mizushige T, Kanamoto R, Ohinata K. *Mol Nutr Food Res*. 2014；**58** (2)：353–8.
10) Characterization of ovolin, an orally active tryptic peptide released from ovalbumin with anxiolytic–like activity. Oda A, Kaneko K, Mizushige T, Lazarus M, Urade Y, Ohinata K. *J Neurochem*. 2012 Jul；**122** (2)：356–62.
11) Soy–ghretropin, a novel ghrelin–releasing peptide derived from soy protein. Nakato J, Aoki H, Iwakura H, Suzuki H, Kanamoto R, Ohinata K. *FEBS Lett*. 2016；**590** (16)：2681–9.
12) Orally active anti–hypertensive peptides found based on enteroendocrine cell responses to a dipeptide library. Sasai M, Sun X, Okuda C, Nakato J, Kanamoto R, Ohinata K. *Biochem Biophys Res Commun*. 2018；**503** (2)：1070–1074.
13) Novel CCK–dependent vasorelaxing dipeptide, Arg–Phe, decreases blood pressure and food intake in rodents. Kagebayashi T, Kontani N, Yamada Y, Mizushige T, Arai T, Kino K, Ohinata K. *Mol Nutr Food Res*. 2012；**56** (9)：1456–63.

第6章　酵素合成多糖（酵素合成グリコーゲン，酵素合成アミロース）の機能性と応用

Enzymatically Synthesized Polysaccharide, Glycogen and Amylose : Functionality and Application

寺田喜信*

　糖転移酵素を利用することで，スクロースなどの低分子からアミロースやグリコーゲンを合成できることは以前から知られていた。遺伝子組み換え技術によりこれら糖転移酵素を生産することで，大量生産が実現した素材が酵素合成グリコーゲンと酵素合成アミロースである。これら酵素合成多糖の合成と応用について紹介する。

1　はじめに

　植物の貯蔵多糖であるデンプンは，栄養素としてのみならず，食品のテクスチャー付与など，古くから食品産業において広く利用されてきた。植物から抽出，精製されたデンプンは水への溶解性も悪く，例え溶解してもすぐに老化し加工食品原料などとして利用する上で問題があった。この問題を解決するために，糖加水分解酵素を利用し，主に分子量を小さくすることで，水への溶解性をはじめとした物理化学的特性を改良することが行われてきた。こうしてデンプンの構成単位であるグルコースから，様々な分子量のデキストリンまでが開発され，それらの素材は食品産業以外でも利用されてきた。しかしながら，糖加水分解酵素によるデンプンの加工では，原料となるデンプンが部分的に分解されるため，デンプンが本来持つ物理化学的な特性は当然ながら維持されない。また，特に高分子のデキストリンの場合，原料となるデンプンの構造特性が部分的に残るため，品質に一定のばらつきも生じる。そのため，食品以外の産業への利用まで視野に入れると，素材としての品質のばらつきが用途を限定していた側面もあると思われる。

　ここで述べる酵素合成の多糖，酵素合成グリコーゲンと酵素合成アミロースは，スクロースなどの低分子から，酵素により高分子を組み上げるという方法で合成される。その結果として，不純物が少なく，分子量分布などの物理化学的特性のばらつきが小さい多糖を，大量かつ再現性高く合成することが出来る。こうして品質の安定した多糖素材が生産できるようになることで，天然の多糖素材では実現できなかった用途が期待される。

　この多糖素材の合成を実現する酵素が，糖転移酵素である。糖転移酵素を利用することで，低分子糖から多糖を合成できることは，われわれが酵素合成多糖の開発を開始した時点で既に知ら

---

　*　Yoshinobu Terada　江崎グリコ㈱　健康科学研究所　マネージャー

第6章　酵素合成多糖（酵素合成グリコーゲン，酵素合成アミロース）の機能性と応用

れていた。しかしながら，報告されていた方法を産業利用するには，使用する酵素の生産性の低さ，原料の価格の高さなど課題が多かった。これらの課題に対し，遺伝子組み替え微生物による酵素生産と，複数酵素の同時使用による安価な原料の利用などにより解決に取り組んできた。本稿では，こうして開発された酵素合成グリコーゲンと酵素合成アミロースについて，その合成方法と機能，これまで検討されてきた用途例について紹介する。

2　糖転移酵素による多糖類の合成

2.1　酵素合成アミロース

　アミロースとは，グルコースが α-1, 4 結合で直鎖状に結合した高分子で，米，馬鈴薯，小麦などのデンプン中に約 20% 含まれている。デンプン中に含まれている残りの多糖成分はアミロペクチンであり，α-1, 4 結合で直鎖状に結合したグルカン鎖が，α-1, 6 結合で分岐して房状の構造を持つ多糖である。類似の分子にセルロースがある。セルロースは，グルコースが β-1, 4 結合で直鎖状に結合している点が異なる。セルロースは食物繊維材料などとして食品に利用されているほか，製紙をはじめとした工業用途で広く利用されている。同様にアミロースにも食品をはじめとした用途が期待された。しかし，アミロースの精製には，濃度の低いデンプン溶液に，1-ブタノールなどのアミロースの選択的沈殿剤を加えて精製する方法しかなく，またアミロペクチンの完全な分離もできない。そのため，コスト，純度の両面でアミロースの大量生産は実現できず，用途の検討も進まなかった。

　植物体内でのアミロースは，ADP-glucose を基質として，転移酵素である starch synthase（EC 2.4.1.21）により合成される。一方，グルカンを加リン酸分解する転移酵素，glucan physphorylase（EC 2.4.1.1；GP）は，デンプンに作用してグルコース-1-リン酸（G-1-P）を生成するが，その逆反応も触媒しアミロースを合成できる。しかし，どちらの反応も基質である ADP-glucose や G-1-P が高価であるため，大量生産の方法としては適さない。この問題を解決する方法として，スクロースに作用して G-1-P を生成する転移酵素 sucrose phosphorylase（EC 2.4.1.7；SP）と GP を併用して，安価なスクロースを基質としてアミロースを合成できることが知られていた[1]。この方法に着目し，SP および GP を遺伝子組換え微生物を用いて大量生産することで，アミロースの酵素合成による大量生産を実現した（図 1）。

　SP と GP を利用したアミロースの合成では，まず SP によりスクロースが加リン酸分解され，G-1-P を生成する。次いで GP が G-1-P のグルコースを別のグルカン鎖に転移し，グルコース単位が 1 つ伸びたグルカン鎖と無機リン酸を生成する。この無機リン酸は，再度 SP の加リン酸分解に利用される。このように，2 つの反応は共役して進行する。反応系に添加するスクロースとグルカン鎖プライマー（オリゴ糖）の比率を変えることで，分子量 5,000〜100 万のアミロースを，狭い分子量分布（Mw/Mn＜1.1）で合成できる。この分子量を厳密にコントロールして合成できることと，純度の高さが，天然のアミロースと比較したときの酵素合成アミロースの特長

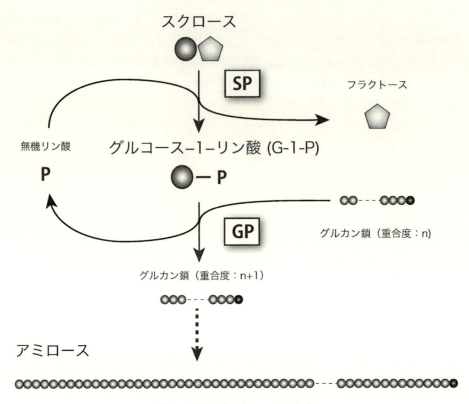

図1 酵素合成アミロースの合成
○：グルコースモノマー，●：非還元末端グルコース

である。

2.2 酵素合成グリコーゲン

グリコーゲンは動物や微生物に広く分布する貯蔵多糖である。グルコースがα-1,4結合で直鎖状に結合したグルカン鎖がα-1,6結合で分岐した構造をもつ。この構造の特長は，デンプン中のアミロペクチンに似ているが，α-1,6結合の分岐頻度や位置に違いがある（図2）。水溶液中でのグリコーゲンは，直径20〜60 nm程度の球状構造である。

グリコーゲンのα-1,6結合は，アミロースなどの直鎖のα-1,4グルカンを基質として転移酵素である branchig enzyme（EC 2.4.1.18；BE）により合成できる。BEと前述のGPを同時に作用させると，G-1-Pを基質としてグリコーゲンを in vitro で合成できることは知られていた[2]。G-1-Pが高価であるという問題は，スクロースを基質として，前述のSPを用いG-1-Pを合成することで回避できた[3]（図2）。この反応収率と製造コストの更なる改善を目指し研究を進め，デンプンを基質として isoamylase（EC 3.2.1, 68；IAM）と転移酵素の一種，不均化酵素の amylomaltase（EC 2.4.1.25；AM），BEを同時に作用させるという方法を開発した[3]（図2）。こ

第6章　酵素合成多糖（酵素合成グリコーゲン，酵素合成アミロース）の機能性と応用

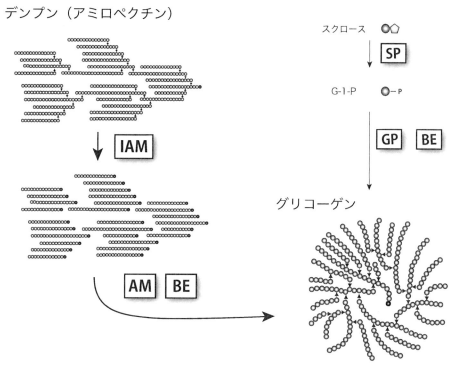

図2　酵素合成グリコーゲンの合成
グルコースモノマーをつなぐ矢印は，α-1, 6結合を示す。
スクロースを基質にした場合と，デンプンを基質にした場合の合成方法

の方法ではまず，デンプンにIAMを作用させてα-1, 6結合を切断し，直鎖グルカンを得る。これにAMとBEを同時に作用させグリコーゲンを合成する。BEは，作用する直鎖グルカンの重合度が下がると反応しにくくなる。そのため，BEの作用のみでは，デンプンから得られた直鎖グルカンからグリコーゲンを収率よく合成できない。このBEが作用できなくなった短い直鎖グルカンにAMが作用すると，その不均化反応により，より長い直鎖グルカンと，より短い直鎖グルカンを生成する。このより長い直鎖グルカンにBEが作用することで反応が更に進行し，グリコーゲンの収率が上がる。

こうして得られた酵素合成グリコーゲンは，水溶性，水溶液の粘度，微細構造（鎖長分布），形状（電子顕微鏡観察）などの物理化学的性質が，天然のグリコーゲンとほぼ同じである[4,5]。一方で，反応条件を制御することで分子量の異なる酵素合成グリコーゲンが合成できること，不純物が少ないことが，天然のグリコーゲンと比較したときの特長である。

3 酵素合成グリコーゲンの機能

グリコーゲンは動物及び微生物に存在する。動物においては、肝臓や筋肉に多く含まれ、血糖値の調節や運動時のエネルギー物質として重要な役割を果たしている[6]。ヒト（体重 70 kg）の場合、肝臓に約 100 g、筋肉に約 300 g のグリコーゲンが含まれる[7]。貯蔵エネルギーとして認識されているグリコーゲンであるが、腫瘍移植マウスにグリコーゲンを腹腔内投与することで、マウスの生存日数が有意に延長されたという報告があった[8]。この効果は、グリコーゲンの産生生物種及び抽出方法により異なり、グリコーゲンの構造の違いが抗腫瘍効果に影響することが示唆された。しかし、天然からの抽出物であるため、グリコーゲン以外の微量の不純物が免疫を賦活したことも否定しきれない。酵素合成グリコーゲンは分子量を制御して合成でき、不純物も少ないため、この免疫賦活効果を検証するには適していた。

3.1 免疫賦活機能

グリコーゲンの免疫賦活機能を確かめるためにまず、酵素合成グリコーゲンの免疫賦活効果についてマウスを用いて検討した。食品用途を想定した腫瘍抑制効果を検証するため、BALB/c マウスに繊維肉腫である Meth-A 細胞を腹腔内に移植し、酵素合成グリコーゲンを連続的に経口投与したときの生存日数を経時的に調べる実験と、Meth-A をマウス右足鼠径部に移植し、酵素合成グリコーゲンを経口投与したときの腫瘍組織の大きさの変化を経時的に測定するという2つの実験を行った。その結果、コントロール（水投与）群と比較して、投与群では腫瘍移植マウスの生存日数が有意に延長し（図3）、腫瘍組織の肥大が抑制された[9]。これらの結果より、経口投与した酵素合成グリコーゲンがマウスの腫瘍抑制に働いている可能性が示された。

酵素合成グリコーゲンによる腫瘍抑制効果の発現メカニズムを明らかにするため、経口投与し

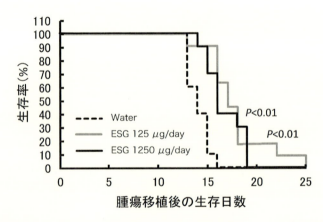

図3 酵素合成グリコーゲンの経口投与による、腫瘍移植マウスの生存日数延長効果
ESG：酵素合成グリコーゲン

第6章　酵素合成多糖（酵素合成グリコーゲン，酵素合成アミロース）の機能性と応用

た酵素合成グリコーゲンがマウス脾臓の natural killer（NK）細胞の活性を高めるか否かを検討した。酵素合成グリコーゲンを BALB/c マウスに経口投与したところ，マウス脾臓の NK 細胞の活性（NK 活性）が投与量依存的に有意に上昇することが示された[9]。加えて脾臓交感神経活動が有意に抑制された結果も得られており，このことは酵素合成グリコーゲンが脾臓の NK 活性を高めていることを示唆していた。以上の結果から，酵素合成グリコーゲンの経口投与により NK 細胞の活性化が誘導されることで，腫瘍抑制に働いていることが考えられた。この経口投与による免疫賦活効果は腸管免疫系への影響が考えられた。そこで，我々は小腸の免疫組織であるパイエル板に注目し，酵素合成グリコーゲンの作用を調べた。その結果，interleukin（IL）-6，macrophage inflammatory protein（MIP）-2，および immunoglobulin A（IgA）産生量が有意に上昇することが示された[9]。この酵素合成グリコーゲンの細胞刺激活性は，その分子サイズに大きく依存し，5,000 K～7,000 K の分子量の酵素合成グリコーゲンで最も高い刺激活性を示した[10]。酵素合成グリコーゲンは，分子量を制御して合成することができる。このことが，酵素合成グリコーゲンの免疫賦活機能の分子量依存性を明らかにすることにつながったとともに，グリコーゲンの免疫賦活機能を再現性良く利用できることにつながった。

3. 2　その他の機能

　酵素合成グリコーゲンの食品用途（経口摂取）での機能としては，免疫賦活効果の他，脂質代謝改善効果[11]や腸内細菌叢改善効果[12]といった食物繊維様の効果がある。脂質代謝改善効果の作用メカニズムとしては，脂質の吸収を抑制し，糞への排泄を促進することが示唆されている。また近年，ヒトの脳機能を高める効果を示すデータも得られつつあり，これら食品機能での酵素合成グリコーゲンの利用も期待される。

　食品用途以外にも，酵素合成グリコーゲンは肌細胞への作用も明らかになっている。酵素合成グリコーゲンは正常ヒトケラチノサイトを刺激し，ヒアルロン酸産生を高める。さらに，肌の保湿性を高める効果，しわの形成を抑える効果がヒト臨床試験で確認され，化粧品素材としても利用されている[13]。また，分子量を制御して合成できることから，単分子ナノ粒子またはグルカンデンドリマーとして，医療分野および工業分野での利用も考えられる。その1例として我々は，酵素合成グリコーゲンの非還元末端をグルクロン酸あるいはグルコサミンで修飾し，カルボキシ基やアミノ基などの官能基を導入した材料を開発した。この末端修飾酵素合成グリコーゲンは，ペプチドやタンパク質，抗体，糖鎖，核酸など，様々な物質を結合することが可能である。ペプチドを結合したものは，体内に投与することで樹状細胞によって効率的に抗原提示することができる。このように，酵素合成グリコーゲンが薬剤キャリアとして利用できる可能性が確認されつつあり，医療用途での酵素合成グリコーゲンの利用も期待される[14]。

4 酵素合成アミロースの機能

アミロースは多数の水酸基を有する親水性の高分子であるが，結晶性が高く，冷水にほとんど溶解しない。溶解する方法としては，加圧条件下で130℃以上での加熱溶解，1N水酸化ナトリウムなど強アルカリ水溶液中での溶解，ジメチルスルホキシドへの溶解などがある。食品用途を想定すると，溶解方法は加熱あるいはアルカリ溶液の利用となるが，どちらの場合も，溶解後に温度を下げたり，酸で中和したりすると，速やかにアミロースが結晶化（老化）し不溶性の沈殿を形成する。このとこがアミロースの機能を利用する上で問題となる。

4.1 包接機能

アミロースが有する機能に包接機能がある。包接とはアミロースなどのホスト分子が形成する立体構造の空洞内に，包接される化合物（ゲスト物質）が，その空洞に大きさや形状が適合することを第一の条件として取り込まれ，複合体（包接複合体）を形成する現象をいう。アミロースは結晶あるいは水溶液中でらせん状の構造をとり，その空洞内に他の物質（ゲスト物質）を包接できる（図4）。包接されたゲスト物質は，包接複合体を形成することで溶解性，安定性，揮発

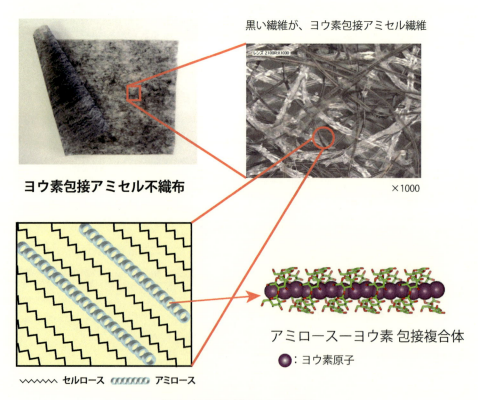

図4　ヨウ素包接アミセル不織布

第6章　酵素合成多糖（酵素合成グリコーゲン，酵素合成アミロース）の機能性と応用

性などの物理化学的性質が変わる。包接複合体中のゲスト物質は非共有結合で保持されており，溶媒の種類や温度，湿度など物理化学的条件を変化させることにより徐々に放出（徐放）させることもできる。

　アミロースの包接機能を利用するには，アミロース分子がらせん構造を取りうる状態，つまり水溶液中では溶解した状態でゲスト物質と接触させる必要がある。一方，中性から酸性で常温の水溶液中のアミロースは速やかに老化するが，この老化においてアミロースは，二分子が会合し二重らせん構造をとる。その結果として，ゲスト物質が包接される空洞構造がなくなり包接機能が失われる。このため，食品用途でアミロースの包接機能を利用することは難しい。一方で，食品以外の用途では，このアミロースの包接機能を利用する問題点を解決する方法として，酵素合成アミロースを練りこんだ繊維が開発された。

4.2　酵素合成アミロース含有繊維（アミセル®）

　酵素合成アミロースを練りこんだレーヨン，アミセルはオーミケンシ㈱と共同で開発された。オーミケンシ㈱は，レーヨンに機能材を練りこんで，機能を付加した機能性レーヨンの開発製造技術を有する。先にも述べたように，アミロースの老化は，溶解状態の複数のアミロース分子が，より安定な二重らせん構造を形成することによって生じる。アミロースが容易に会合出来ないような状態で固定化することができれば，安定して包接機能を利用することができる。レーヨンは，セルロースを溶解して繊維状に再生される繊維であり主成分はセルロースである。セルロースもグルコースが重合した高分子であるため，レーヨンにアミロースを練りこんでも相分離などの問題もなく，繊維強度などの特性もほとんど変化しない。このような機能性繊維を製造する際に，酵素合成アミロースの分子量分布が狭いという特性が，製造特性や，繊維の品質の安定化において役立つ。

　アミセルの開発により，酵素合成アミロースの包接機能が，繊維の形状で容易に利用できるようになった。包接機能は，ゲスト物質の種類により「吸着除去」，「安定保持」，「徐放」などの目的で利用することができる。臭い物質のペラルゴン酸，皮脂の遊離脂肪酸，界面活性剤，ノニルフェノールなどの化合物では吸着除去目的で，メントールなどの芳香成分では徐放目的で，そしてヨウ素では安定保持目的で利用できる[15]。

　ヨウ素は，日本が有する数少ない天然資源で，世界のヨウ素生産量の約35％は日本で生産されている。ヨウ素はヒトの必須微量栄養素として食品に添加されるほか，殺菌消毒剤，血管造影剤，医薬品，偏光フィルムなど日常生活で広く利用されている。しかしながら，ヨウ素は常温常圧で昇華（気化）しやすい，独特の刺激臭がある，皮膚刺激性があるなどの欠点もあり，これがヨウ素の利用範囲を制限してきた要因の一つであった。ヨウ素をアミセルで包接することで，ヨウ素のこれら欠点を克服することができた。

　ヨウ素は，アミセルに包接されても機能を維持している。ヨウ素を包接したアミセルを含むサーマルボンド不織布（図4）は，大腸菌O157，メチシリン耐性黄色ブドウ球菌（MRSA）に

対する抗菌活性およびＡ型インフルエンザウイルスの抗ウイルス活性が確認された[16]。更に，ノロウイルス代替のネコカリシウイルスの抗ウイルス活性も確認され，ヨウ素の幅広い抗菌，抗ウイルススペクトルが，ヨウ素包接アミセル中でも発揮されていることが確認された。

5 おわりに

多糖類の酵素合成は，糖質関連産業でこれまであまり利用されてこなかった糖転移酵素を利用することで実現された。この酵素の利用を可能にしたのが，遺伝子組み換え技術を利用した酵素生産である。酵素合成多糖の製造は，こうして生産した酵素を複数利用することで実現される。そのため，従来の糖質素材と比較して，まだ製造コストに改善の余地がある。一方で，高分子素材は，分子量や分子量分布，モノマーのわずかな結合の差などの構造の差によって物理化学的特性が大きく変化することがある。そのため，まだまだ見いだせてない機能があると考えられる。今後，酵素合成多糖の製造コスト低減取り組みとあわせて，多糖素材を制御して合成できるという技術を生かした新規な機能性の探索も続けていきたい。

文　献

1) H. Waldmann *et al., Carbohydr. Res.* **157**, c4–c7 (1986)
2) G. T. Coli *et al., J. Biol. Chem.* **151**, 57–63 (1943)
3) H. Kajiura *et al., Biocatal. Biotrans.* **26**, 133–140 (2008)
4) H. Kajiura *et al., Carbohydr. Res.* **345**, 817–824 (2010)
5) H. Kajiura *et al., Biologia* **66**, 387–394 (2011)
6) R. Geddes, *Biosci. Rep.*, **6**, 415–428 (1986)
7) P. C. Champe and R. A. Harvey, Lippincott's Illustrated Reviews：Biochemistry, Lippincott Williams & Wilkins, 3rd ed., Philadelphia, pp. 123–134 (2005)
8) Y. Takaya *et al., J. Mar. Biotechnol.*, **6**, 208–213 (1998)
9) R. Kakutani *et al., Int. Immunopharmacol.*, **12**, 80–87 (2012)
10) R. Kakutani *et al., Biocatal. Biotransform.*, **26**, 152–160 (2008)
11) T. Furuyashiki *et al., Nutr. Res.*, **33**, 743–752 (2013)
12) T. Furuyashiki *et al., Food Funct.*, **2**, 183–189 (2011)
13) T. Furuyashiki *et al., SOFW J.*, **143**, 44–47 (2017)
14) 穂苅早苗ほか，第 34 回日本 DDS 学会講演要旨集，**67** (2018)
15) 東口文治ほか，機能紙研究会誌 **50**, 23–27 (2011)
16) 高久三枝子ほか，*NONWOVENS REVIEW* **23**, 31–35 (2012)

第7章 コラーゲン酵素分解物の再生医療および食品科学への応用

Application of Low Adhesive Scaffold Collagen to Regenerative Medicine and Food Science

森本康一[*1]，國井沙織[*2]

コラーゲンは動物組織に含まれる生体を構造的・機能的に維持するための必須分子である。その一方で，コラーゲンあるいはゼラチン（熱変性コラーゲン）は食品材料としても歴史が古く，食品加工でも欠かせないものである。さらにコラーゲンは抗原性が低いので再生医療分野でも活用されており，利用価値が高まっている。近年，分子量がわずかに小さいコラーゲン酵素分解物が従来のコラーゲンと異なる性質を示すことが分かってきた。その違いを明確にするため，線維構造，粘度，ゲルの硬さなどを調べたので概説する。

1 はじめに

今日までの幅広い研究分野で汎用されてきたⅠ型コラーゲン（本章では，コラーゲンと省略する）は，主に真皮を酸性溶液で可溶化（酸可溶化法）させることにより抽出した「酸可溶性コラーゲン（acid soluble collagen）」と酸性 pH 条件下でブタ・ペプシンにより可溶化（ペプシン処理法）させた「アテロコラーゲン（通称）（pepsin solubilized collagen）」の二つである。生体内でコラーゲンは不溶性線維として存在しているため，上記の可溶化法によりコラーゲン分子として取り出している。特に，後者の処理法は回収率が高く，魚類，哺乳類，鳥類の結合組織から同様にコラーゲン分子（2本の α1 鎖と1本の α2 鎖）を効率良く得ることができる。一度取り出したコラーゲン分子は条件を整えることで，*in vitro* で再線維化することが知られている。興味深いことに，アテロコラーゲンも同様に線維化することが知られており，その結果，アテロコラーゲンを用いた膨大な研究が蓄積されている。また再線維化したコラーゲンは，見かけ上，規則的な 67 nm の周期構造を示すことから，生体コラーゲンの線維モデルとして研究されてきた。

しかし，酸可溶性コラーゲンとアテロコラーゲンを全く同一の研究材料として取り扱うことはできない。それは，アテロコラーゲンの2本の α1 鎖と1本の α2 鎖の両末端のアミノ酸配列が酸可溶性コラーゲンより短いため，純水に対する溶解度や粘弾性が変化するからである。わずかな両末端配列の差異が物性を大きく変化させているので，似て非なるものである。その他にも，

＊1　Koichi Morimoto　近畿大学　生物理工学部　遺伝子工学科　教授

＊2　Saori Kunii　近畿大学　生物理工学部　博士研究員

走査型熱量計により熱安定性が，旋光度計などにより構造の特徴が，レオメーターなどにより粘性や弾性が調べられ，それぞれ違いが明らかになっている。

筆者らは，アテロコラーゲンより分子量がわずかに小さいコラーゲンを再現性よく調製することに成功した[1]。このコラーゲンを培養皿に塗布して細胞を培養すると，細胞は自発的に集まり凝集体を形成することが分かったので，細胞低接着性コラーゲン（Low Adhesive Scaffold Collagen，LASCol）と名づけた[2~5]。

本稿では，LASCol の再生医療や食品科学などでの広範な利用を考え，物質としての特性として，線維構造，粘度，ゲル表面の硬さなどを調べたので概説する。

2　コラーゲンの安全性

再生医療というキーワードが広く認知される以前からコラーゲンは医療材料として使われてきた。特にウシの真皮由来コラーゲンをペプシンで限定加水分解したアテロコラーゲンが汎用されている。例えば，止血剤，インプラント，歯周組織再生材，涙点プラグなどが市販されてきた[6]。抗原性が低く，使用実績の高い医療材料である。ところが 1986 年になって，脳の中に空洞ができスポンジ状になる牛海綿状脳症（BSE）の報告が世界中を震撼させた。なぜなら，異常プリオンタンパク質が蓄積したウシの組織を食したヒトにもその症状が伝播するからである。平成 13 年には，日本国内で BSE に感染したウシが確認され，医療材料としてウシ由来産物の危険性が指摘された。そのため，ウシ真皮アテロコラーゲンについても安全性が問われることになった。その後，平成 15 年以降に生まれたウシに BSE は見つかっておらず，その結果，平成 29 年には厚生労働省により健康牛の BSE 検査廃止の改正省令が施行された（生食発 0213 第 1 号）。今日でも BSE 非感染国であるオーストラリア産のウシ組織を自主的に原材料に使うことで BSE 感染の危険性をさらに減らす努力をしている製造企業もある。一方，ブタについては主な疾病の原因となる病原体をもたない特定病原体不在（Specific-Pathogen-Free（SPF））ブタが産出されている。日本 SPF 豚協会が認定した厳しい基準で出産・飼育されているブタは，衛生的な環境で健康的に飼育されているので病原菌の感染リスクが低いと考えられる。つまり，ヒトに使う場合には，安全性の高い環境で飼育されたウシやブタの組織を原材料としてコラーゲン酵素分解物を調製することが望ましい。

最近，家畜由来コラーゲン材料からヒトに混入する未知ウイルスの感染の危険性を完全になくすため，魚類由来のコラーゲンが注目を浴びている。確かにヒトへの人畜共通伝染病の感染リスクは低減する。しかし，魚類のコラーゲンは哺乳類とのアミノ酸配列の差異が大きいことが知られており，ヒト生体への応用にはまだ課題が残っている（後述）。

第 7 章　コラーゲン酵素分解物の再生医療および食品科学への応用

3　動物由来コラーゲンの抗原性

コラーゲン分子の 3 本鎖らせん領域は Gly-X-Y を単位とした繰り返し配列から成る特徴的な構造で種による違いが少なく，抗原性が低いとされてきた[7,8]。そのため，ブタのコラーゲンは再生医療分野などでの活用が期待されるが，一次構造は 2017 年から 2019 年に UniProtKB[9]に登録されたばかりである（A0A287A1S6, I3L781）。ヒト（P02452, P08123）とブタとの相同性を調べたところ，α1 鎖が 98.2％，α2 鎖が 93.9％であった。図 1 と図 2 に，ウシとブタの各 α 鎖の配列をヒトと比較してまとめた。破線で囲んだ配列はテロペプチド領域である。ウシで異なるアミノ酸残基を青文字，ブタで異なるアミノ酸残基を緑文字で示す。一般に，相同性は α2 鎖が α1 鎖より低く，α2 鎖の抗原性が高いことが報告されている[10]。青文字と緑文字が重なるアミノ酸数は，α1 鎖で 8 個，α2 鎖で 45 個である。一方，ヒトとゼブラフィッシュとの相同性は，α1 鎖（Q6P4U1）で 80％（＝811/1014×100），α2 鎖（Q90YJ0）で 69.2％（＝702/1014×100）しかない。つまり異なるアミノ酸がそれぞれ 203 個と 312 個あり，ヒトと魚類のコラーゲンは一次構造の大きく異なるタンパク質と考えられる。3 本鎖らせん構造が崩れたランダムコイル（ゼラチン）は，アミノ酸側鎖が露出するため，アミノ酸配列の相同性が低いほど生体内では異物とし

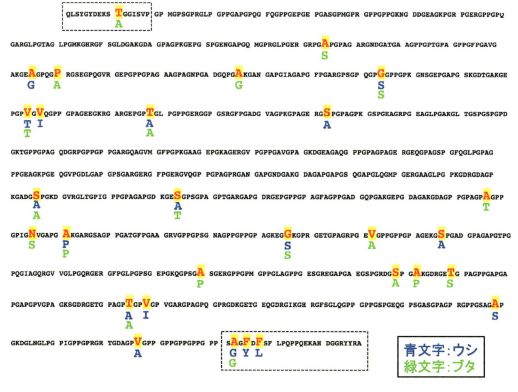

図 1　ヒト・コラーゲン α1 鎖の一次構造

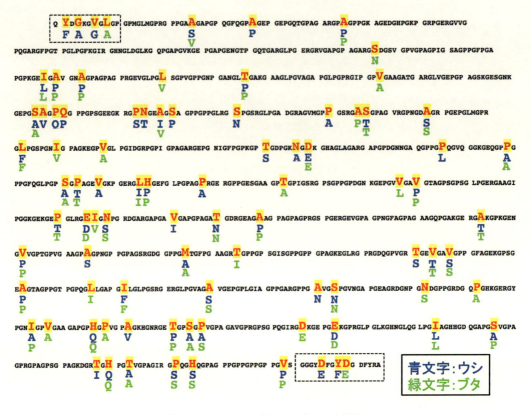

図2 ヒト・コラーゲンα2鎖の一次構造

て認識され易く，抗原性の惹起が懸念される。よって，魚類由来コラーゲンのヒト生体への使用には十分に注意する必要があり，異種コラーゲンを埋植する場合は事前にアレルギーテストなどで陰性であることを確認することが望ましいだろう。

4 生体に埋植されるコラーゲン

医療材料として生体内に埋植したゼラチンはアテロコラーゲンより早い速度で分解吸収される。最近では生体内分解性を下げるため，熱や紫外線，化学反応などでゼラチンやアテロコラーゲンを不可逆的に架橋する試みがなされている。しかし，安易に架橋することには注意しないといけない。なぜなら，架橋物は生体内に存在しない物質に変化しているからである。架橋コラーゲン製品であるZyplastは非架橋コラーゲン製品より異物として認識されやすいと報告されている[11]。

第7章　コラーゲン酵素分解物の再生医療および食品科学への応用

5　LASCol を用いた接着型 3 次元スフェロイドの形成と応用

　我々は，ヒトとの相同性が高くて安全に入手しやすいブタ真皮から LASCol を調製し，その性質を明らかにしている。LASCol を塗布した培養皿に細胞を播種すると，細胞は LASCol に弱く接着しながら移動，接触，細胞間接着を繰り返して接着型の 3 次元の細胞凝集体（スフェロイド）を形成する[2~5]。一方，ゼラチンやアテロコラーゲンでは細胞は接着・伸展し，平面方向に増殖を繰り返す。我々が LASCol 培養で確認した接着型 3 次元スフェロイドを形成する細胞株は，線維芽細胞（NIH/3T3 や MEF など）や骨髄間葉系幹細胞（ラット，ヒト）などである。播種 1日後には，ほとんどの細胞は 3 次元スフェロイドを形成して細胞増殖が抑制される。また，マウス ES 細胞では LASCol に接着した胚様体が形成されて未分化能が維持されることを確認した。LASCol で培養した細胞は細胞周期が停滞することから，我々は生体環境に近い状態で細胞を観察できると考えている。

6　LASCol 線維の観察

　我々は，これまでにウシ，ブタ，ラット，ニワトリ，キハダマグロなどの動物種から LASCol を調製することに成功している。そこで，共通のスフェロイドを形成させるメカニズムを探るため，ブタの LASCol 線維の形状を走査型プローブ顕微鏡（SPM-9700，ダイナミックモード，（株）島津製作所）で観察した（図 3）。しかしながら，LASCol はアテロコラーゲンと同様な直径と長さの再線維を形成し，その違いは分からなかった。LASCol の特徴は，線維を形成するペプチド鎖のアミノ酸残基の立体的な分子配置の差異が影響しているのかもしれない。

7　LASCol の粘度と細胞培養条件での LASCol ゲルの硬さ

　LASCol の物性については不明のことが多い。そこで我々は LASCol とアテロコラーゲンを5 mM HCl 溶液でそれぞれ希釈し，粘度計（VISCOlab-5000, Cambridge Viscosity, USA）を用いて 24.6℃での絶対粘度（cP）を測定した（図 4）。同一濃度では，LASCol の絶対粘度はアテロコラーゲンより相対的に低かった。また濃度が増加するに従い，絶対粘度の差は増大した。つまり，粘度の低い高濃度の LASCol 溶液を作製できることが示唆された。

　2006 年には Engler により，細胞の培養足場としたポリアクリルアミドゲルの力学的強度が細胞の形態や増殖と分化誘導能に影響を与えることが報告された[12]。柔らかいゲル上では，間葉系幹細胞は単一の丸い形態を示し，神経細胞に分化誘導しやすい。一方，硬いゲル上では細胞は接着伸展して増殖能が高くなり，骨芽細胞へ分化しやすくなる。しかし，細胞が自発的に凝集することは報告されていない。Engler の報告以降，足場の硬さと細胞の形態や機能に関する研究が多数報告されている。よって，37℃で作製した LASCol ゲルの培地中での硬さを明らかにするた

87

LASCol線維

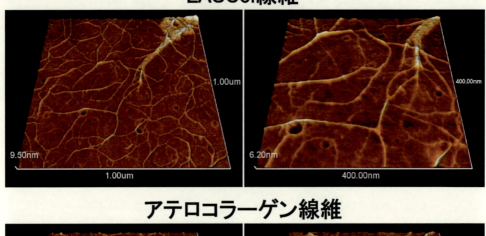

アテロコラーゲン線維

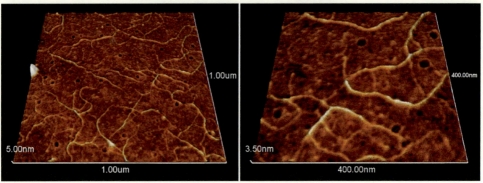

図3　LASCol とアテロコラーゲンの線維構造

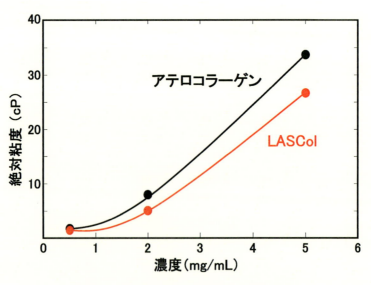

図4　LASCol とアテロコラーゲンの絶対粘度

第 7 章　コラーゲン酵素分解物の再生医療および食品科学への応用

め，SPM-9700 で表面荷重を調べた。SPM の探針が LASCol ゲルに接触後 2 μm 押し込んだときのフォースカーブを測定した（ナノ 3D マッピングモード，各 n = 5）。本測定は，培地中で作製したゲル表面での硬さであり，細胞が LASCol ゲルから直接受ける力と同等と考えられる。図 5 は，各濃度（7.0, 8.4, 9.5, 10.5 mg/mL）での代表的なフォースカーブを示し，各フォースカーブから荷重（nN）を計算した。例えば，LASCol 濃度が 10.5 mg/mL のとき，ゲル表面近傍の平均荷重は 6.8 nN と測定された。つまり，LASCol ゲルは非常に柔らかいと考えられる。また，

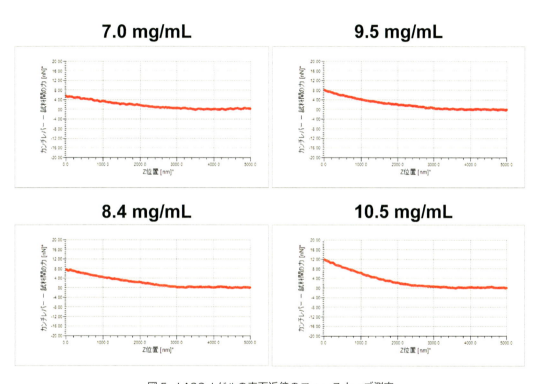

図 5　LASCol ゲルの表面近傍のフォースカーブ測定

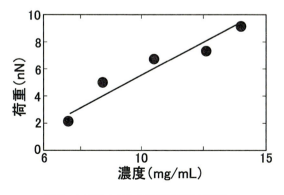

図 6　LASCol ゲルの表面荷重の濃度依存

89

LASCol ゲルの荷重（硬さ）は濃度依存的に増大することが明らかになった（図6）。濃度が7.0 mg/mL から 14 mg/mL まで2倍に増加すると，荷重は約4倍大きくなった。

LASCol の粘度が低いことや柔らかいゲルができることは，食品材料として新しい食感を与えられることを意味している。今後，食品科学への展開も期待される。

8　まとめ

コラーゲン酵素分解物は真皮や腱の組織からコラーゲンを効率良く回収するために開発され，今や食品加工，培養足場，医療の材料として欠かすことができない。一方で，LASCol の3次元スフェロイド形成能は細胞培養に有効と考えられる。また，LASCol は粘度やゲル荷重に特性があり，*in vivo* でも活用される材料として期待される。今後は生体に埋植した LASCol と周囲の細胞との関係について研究を進め，ゼラチンやアテロコラーゲンとの差異をさらに明らかにしたい。

謝辞

本研究は，科学技術振興機構（JST）の平成27年度研究成果最適支援プログラム（A-STEP）「シーズ育成タイプ」の支援で実施した成果である。走査型プローブ顕微鏡による LASCol の観察と荷重測定にご協力いただいた㈱島津製作所と㈱島津テクノリサーチに心より感謝する。その他，共同研究機関である新田ゼラチン株式会社をはじめ，関係各位に深謝の意を表する。

文　　献

1)　S. Kunii, *et al., J. Biol. Chem.* **285**, 17465 (2010)
2)　森本康一，國井沙織，化学工業，**66**, 1 (2015)
3)　森本康一，國井沙織，バイオインダストリー，**32**, 59 (2015)
4)　森本康一，國井沙織，動物細胞培養・自動化におけるトラブル発生原因と対策，p.262, (株) 技術情報協会 (2017)
5)　森本康一，國井沙織，化学と工業，**70**, 491 (2017)
6)　（株）高研　製品一覧，
　　http://www.kokenmpc.co.jp/products/medical_plastics/index.html
7)　J. R. Spiegel *et al., J. Voice* **1**, 119 (1987)
8)　E. Takayama *et al., J. Laryngol. Otol.* **106**, 704 (1992)
9)　UniProt の URL，https://www.uniprot.org/
10)　A. M. Kligman & R. C. Armstrong, *J. Dermatol. Surg. Oncol.* **12**, 351 (1986)
11)　M. Sakaguchi *et al., J. Allergy Clin. Immunol.* **104**, 695 (1999)
12)　A. J. Engler *et al., Cell* **126**, 677 (2006)

第8章 マルトトリオシル転移酵素の開発，
反応機構，および澱粉加工への応用

Development of Maltotriosyl Transferase and Use Thereof
for Starch Processing

星　由紀子[*]

　マルトトリオシル転移酵素は澱粉等 α-1, 4-グルコシド結合で連結した 4 糖以上の非還元末端に作用し，3 糖単位での糖転移反応を触媒する酵素である。食品加工において重要な澱粉を低分子化することなく，食味への影響や物性変化を起こしにくい新たな老化防止対策として期待される。本稿では，マルトトリオシル転移酵素の開発から，その性質，澱粉加工への可能性について紹介する。

1　糖転移酵素とは

　糖転移酵素（EC2.4.-.-）は，澱粉やグリコーゲン等生体内で地球上の生物の重要なエネルギー源である糖質や，糖タンパク質や糖脂質等の生命活動に深く関わり生理活性を有する複合糖質，セルロースやペクチン等の生物の構造支持体の生合成に関与している。それらの多種多様な構造の合成のため，自然界には膨大な数の糖転移酵素が存在している[1]。

　食品加工に利用されている糖転移酵素としては，シクロデキストリングルカノトランスフェラーゼやブランチングエンザイム等が知られている。シクロデキストリングルカノトランスフェラーゼは，澱粉等の非還元末端から特定の長さのグルカン鎖を切断し，切断したグルカン鎖の非還元末端の 4 位にその還元末端を転移し環状化する。グルコース残基が 6, 7, または 8 残基からなる α-, β-, 及び γ-シクロデキストリンの製造に用いられている[2]。ブランチングエンザイムは 4 糖以上のオリゴ糖あるいは多糖の糖転移反応を触媒する性質から，高度分岐糖の製造等に用いられている[3]。

　本稿においては，当社で開発した糖転移酵素，グライコトランスフェラーゼ「アマノ」について，紹介する。

2　グライコトランスフェラーゼ「アマノ」とは

　グライコトランスフェラーゼ「アマノ」は，マルトトリオシル転移酵素である。澱粉，マルト

---

　*　Yukiko Hoshi　天野エンザイム㈱　産業用酵素開発部　用途開発チーム

デキストリン等，α-1,4-グルコシド結合（直鎖）で連結した4糖以上の非還元末端に作用し，3糖単位で受容体への糖転移反応を触媒する（図1）。

　本酵素はマルトトリオース生成アミラーゼ生産菌を探索していた際に見出された。α-アミラーゼ活性を持つ微量画分を単離し，マルトデキストリンに作用させたところ，3糖，6糖の生成が確認された。3糖のみならず6糖の生成が確認されたことから，マルトトリオース生成アミラーゼではなく，糖転移酵素の可能性が考えられた。その反応物をグルコアミラーゼで処理したところ，2糖から多糖にわたり未分解物が得られた。マルトデキストリンはα-1,4またはα-1,6結合で構成されており，グルコアミラーゼで処理した場合にはすべて構成糖であるグルコースまで分解させるはずである。つまり，本酵素はα-1,4またはα-1,6結合以外の結合様式による転移能を有していると推測された。その後，マルトオリゴ糖に作用させた結果，4糖を供与体基質にした場合には4糖2分子から，7糖とグルコースが，5糖を供与体基質にした場合には5糖2分子から，8糖とマルトースがほぼ等モル得られた。これらの結果から，本酵素は3糖単位の糖転移反応を触媒することが明らかになった。また，4糖を供与体基質とし，グルコースを受容体基質として得られた反応物をβ-アミラーゼで処理したところ，ニゲロースの生成が確認された。さらに，メチル化分析によって反応物にα-1,3結合の生成が確認されており，本酵素は受容体基質の3位への糖転移を触媒することが明らかになった。

　本酵素を生産する微生物を同定した結果，*Aeribacillus* 属と判明した。マルトトリオース生成アミラーゼの起源としては，*Mirobacterium imperial*[4]，*Bacillus sbtilis*[5]，*Natronococcus* sp.[6]，*Thermobifida fusca*[7]等が知られていたが，これらの酵素はいずれも転移能について報告はない。転移能を有するマルトトリオース生成アミラーゼの起源としては，*Streptomyces griseus* が知られているのみであった。*S. griseus* 由来酵素は，α-グルコシドを受容体基質とした場合には4位に，β-グルコシドを受容体基質とした場合には3位に優先して3糖を転移するというユニー

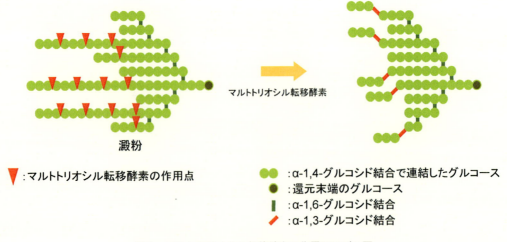

図1　マルトトリオシル転移酵素の作用のモデル図

第8章　マルトトリオシル転移酵素の開発，反応機構，および澱粉加工への応用

クな特徴が知られている[8]。しかしながら，低基質濃度では加水分解反応のみを触媒すること，耐熱性が低いこと等から食品加工用酵素としては利用されていない[9]。

3　酵素化学的性質と構造

食品加工用酵素に求められる性質の一つとして，耐熱性が高いことが挙げられる。酵素反応中の温度が低い場合，食品の雑菌汚染が危惧されるからである。

本酵素の反応の至適温度は50℃であり，65℃で30分間処理しても90％以上の活性を維持する。一般的に30〜40℃付近での酵素反応では雑菌汚染のリスクが高まると言われているが，本酵素の耐熱性はリスクの少ない50℃以上での酵素反応を可能にする。また，70℃以上では急激に失活するため，反応後の失活についても問題なく行えると考えている。

至適温度：　　　50℃
至適 pH：　　　7.5
温度安定性：　　〜65℃
pH 安定性：　　 5〜10

本酵素は供与基質として，先述したようにα-1,4結合を主鎖とするアミロース，アミロペクチン等多糖を基質とすることが出来る。一方で，同じα-1,4結合を有するα-，β-，γ-シクロデキストリンは基質とすることが出来ない。このことから，本酵素は非還元末端を認識し作用していると考えられた。また，4糖を供与体基質として用い，受容体基質特異性を調べた。キシロース，グルコースのみならずデオキシ糖，アミノ糖，糖アルコール，グリセリンと幅広い特異性を有していることが明らかになった（図2）。

本酵素において，基質濃度が糖転移反応と加水分解反応の比率に及ぼす影響を調べた。0.1〜10％に調製した4糖溶液を基質として用い，反応生成物量から生成速度を算出した。その結果，全ての基質濃度条件下で転移反応が加水分解反応を上回っていた。0.1％の低基質濃度条件下でも転移反応を優先的に触媒することから，本酵素は極めて強い転移能を有しているといえる（図3）。

本酵素は，そのアミノ酸配列より糖質加水分解酵素ファミリー（GH13）に属していると考えられる。GH13はα-アミラーゼファミリーとして最もよく知られているが，α-1,4-およびα-1,6-グルコシド結合への作用特異性，加水分解および糖転移を引き起こす反応特性などの機能面において，多様な性質を持つ数千の酵素が属しており，ネオプルラナーゼやシクロデキストリングルカノトランスフェラーゼもこのファミリーに分類されている[1]。本酵素のX線解析により，その構造はα-アミラーゼファミリーの酵素の特徴である$(\alpha/\beta)_8$バレルからなる触媒ドメイン，及びそのC末端側に3つの付加ドメインを有する構造であることが明らかとなった。付加ドメインのうち最もC末端側に位置するドメインは澱粉結合モジュールファミリー20に属する

93

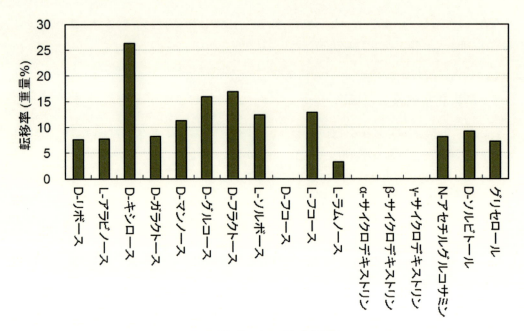

図2 糖転移反応の受容体特異性
供与体基質として4糖を用い，50℃，24時間反応させた。HPLC分析により生成物量を算出し，転移率を求めた。

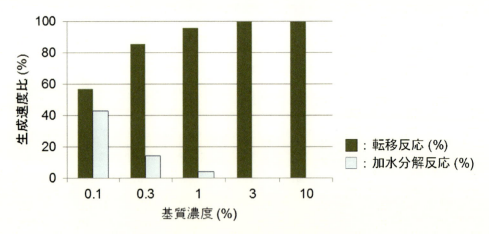

図3 基質濃度による糖転移／加水分解比率
基質として4糖を用い，50℃，3時間反応させた。
HPLC分析により生成物量を算出し，生成速度を求めた。

澱粉結合ドメインであった。また，分子中に8個のカルシウム結合サイト，さらに触媒部位以外に4つの糖結合サイトを有していた。カルシウムイオンの結合数により電荷や配座が変化し，構造の安定化に関わっていることが示唆された。また，活性中心部はα-アミラーゼとの比較から

第8章　マルトトリオシル転移酵素の開発，反応機構，および澱粉加工への応用

269番目，371番目のアスパラギン及び299番目のグルタミンと推測される。本酵素はアミノ酸配列の相同性は低いものの *Geobacillus stearothermophilus* 由来シクロデキストリングルカノトランスフェラーゼ[10]とよく類似した三次構造を有している。両者で3糖の転移とサイクロデキストリンの生成と反応生成物が異なるのは非常に興味深く，更なる検討を進めている（図4）。

4　グライコトランスフェラーゼ「アマノ」の用途

本酵素の用途としては，幅広い澱粉を含む加工食品への利用が期待される。澱粉は，増粘安定剤，コロイド安定剤，ゲル化剤として利用されるのみならず，食品素材原料としてデキストリン，オリゴ糖，グルコース，異性化糖，糖アルコール製造にも利用されている。澱粉は，加水し熱せられることで結晶構造が膨潤・崩壊し，透明度と粘度が上昇した糊化（α化）澱粉となる。糊化により，澱粉中の直鎖領域のらせん構造は伸張状態となることが知られている。この糊化澱粉が冷却されると，伸張した直鎖領域が水素結合により凝集し，水分子が離脱，不溶化する[11]。この現象を老化という。澱粉を含む加工食品において，澱粉の老化は食感の低下や消化率の減少[12]をもたらす等大きな問題となっている。老化防止対策としては，一般には温度を80℃以上に保つ，

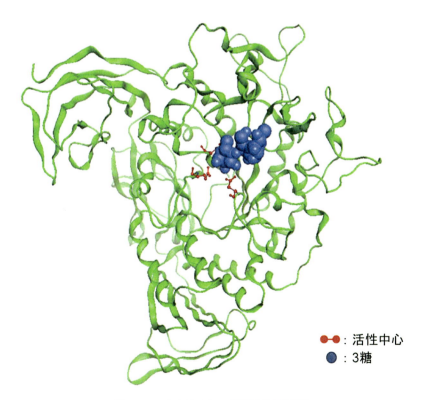

図4　マルトトリオシル転移酵素立体構造

急速に乾燥させて水分を 10〜15% 以下にするなどがあるが，全ての食品に適用できる方法ではない。また，糖類や脂質，乳化剤の添加や β-アミラーゼ，α-グルコシダーゼ等酵素の添加も老化防止効果を得られるが，食味への影響が避けられない等の問題があり，さらなる老化防止対策が求められている。

本酵素は澱粉の直鎖部位から切り出した3糖を同じ澱粉分子内の非還元末端に転移させることにより，澱粉を低分子化することなく直鎖部位を短くし分岐鎖を増やす。このため，食味への影響や澱粉が低分子化することによる物性変化を起こしにくい新たな老化防止対策として期待される。

餅菓子

餅菓子の老化防止において，広く大豆 β-アミラーゼが利用されている。β-アミラーゼは澱粉の直鎖部位を非還元末端から2糖単位で切断する。直鎖部位が短くなることで凝集，離水を抑制し老化防止に寄与していると考えられている[13]。大豆 β-アミラーゼのメリットは他起源の β-アミラーゼと比較して耐熱性が高いことが挙げられるが，それでも品温が 70℃ 以上であると酵素が失活してしまうため，蒸し後品温を 70℃ 以下に下げた後，酵素を添加する必要があり，手間のかかる工程となっている。本酵素は大豆 β-アミラーゼより高い熱安定性を有しており，蒸し工程前の添加が可能である。

蒸し工程前後に本酵素及び β-アミラーゼを添加した餅菓子において，5℃，2時間または2日保存後の硬さを比較した。本酵素添加区では，酵素添加のタイミングにかかわらず2日後も柔らかさが維持されていた。本酵素により，既存の β-アミラーゼ剤で必要であった蒸し後の品温低下にかかる時間・エネルギーロス，及び添加タイミングによる品質のばらつきの改善が期待できる（図5）。

液状デキストリン

澱粉を酸，又は酵素的に加水分解して製造される液状デキストリンは，味質調整，浸透圧調整，保湿剤，粉末化基材として利用されている。一般に，DE 値（dextrose equivalent：還元糖量をグルコースとして換算した場合の，その全固形分に対する割合を示す値）が低いほど，粘度も高く，長期間の保存により老化による濁りが生じやすい。近年では，高齢者や要介護者向け流動食の炭水化物源として，低 DE 値の老化しにくい液状デキストリンが求められている。本酵素は3糖を同じ分子内の非還元末端に転移させることから DE 値を上昇させることなく老化を抑制することが可能である。

市販デキストリン（DE8）溶液に本酵素を固形分当たり 0.25%（w/w）となるよう添加し，20時間，75℃ を保持した。反応停止後，DE 値は9であった。この溶液を DE9 の市販デキストリン溶液を対照区として 5℃，5日保存し比較したところ，本酵素添加区では透明性を維持していた。本酵素により，より安定性の高い液状デキストリン製造の可能性が期待される（図6）。

第 8 章　マルトトリオシル転移酵素の開発，反応機構，および澱粉加工への応用

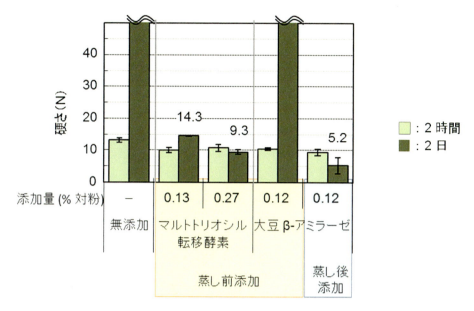

図 5　酵素添加タイミングによる保存後の硬さ

上新粉 250 g と 50 mM 酢酸緩衝液（pH5.3）165 g を加え，15 分間蒸した。マルトトリオシル転移酵素及び大豆由来 β-アミラーゼを蒸し前添加した。対照区では，蒸し後に大豆由来 β-アミラーゼを添加した。5℃で，2 時間または 2 日間保存した。レオメータを用いて 50％圧縮した場合の最大荷重を測定した。

図 6　液状デキストリンの透明性維持

市販デキストリン（DE8）を 10 mM MES 緩衝液（pH6.5）に 30％（w/w）となるように溶解し，75℃まで昇温後，マルトトリオシル転移酵素を 0.25％（w/w-デキストリン）となるように添加し，20 時間 75℃で反応させた。対照区として，酵素無添加市販デキストリン溶液を用いた。5℃で，5 日間保存後，状態を比較した。

5　おわりに

　世界各国の主食には澱粉が多く含まれている。それらの味は澱粉のみに由来するものでは決して
ないが，澱粉の老化が食味の低下に影響していることは間違いない。さらに澱粉の老化は食品
の賞味期限を決定する要因ともなっている。本稿で述べたように当社で開発されたグライコトラ
ンスフェラーゼ「アマノ」は，澱粉の分解度を上げることなく，老化抑制を可能とする。今後，
本酵素の特徴を生かした食品への応用や，医薬品，工業品への応用を通して，様々な分野の発展
に貢献していきたい。

文　　　献

1) 　V. Lombard *et al., Nucleic Acids Res,* **42** (1), 490 (2013)
2) 　H. Leemhuis *et al., Appl. Microbiol. Biotechnol.,* **85** (4), 823 (2010)
3) 　高田洋樹ほか，生物工学会誌，**84** (2), 61 (2006)
4) 　Y. Takasaki *et al., Agric. BioI. Chem.,* **55** (3), 687 (1991)
5) 　Y. Takasaki, *Agric. Bioi. Chem.,* **49** (4), 1091 (1985)
6) 　T. Kobayashi *et al., J. Bacteriol.,* **174** (11), 3439 (1992)
7) 　C.H. Yang *et al., Enzyme Microb. Tech.,* **35** (2-3), 254 (2004)
8) 　T. Usui *et al., Carbohydr. Res.,* **250** (1), 57 (1993)
9) 　若生勝雄ほか，澱粉科学，**25** (2), 155 (1978)
10) 　久保田倫夫ほか，澱粉科学，**38** (2), 141 (1991)
11) 　岡田実，澱粉科学の事典，p198，朝倉書店 (2003)
12) 　尾崎直臣，日本農芸化学会誌，**34** (12), 1054 (1960)
13) 　東原昌孝ほか，工業糖質酵素ハンドブック，p134，講談社 (1999)

第9章　コーヒーにおけるアクリルアミド低減への取り組み

成田優作[*1]，岩井和也[*2]，
福永泰司[*3]，井上國世[*4]

1　はじめに

アクリルアミド（acrylamide，以下 AA と略称する）は CAS 登録番号 79-06-1，分子量 71.08，融点 84.5℃，常温では白色で無臭の結晶であり，水に対する溶解度は非常に高く 204 g/100 mL (25℃) である（図1）。AA は塗料，化粧品，凝集剤，土壌改良材など，様々な用途の原料に用いられている。

AA は神経や生殖能に対する毒性を有し，1994年に世界保健機関（World Health Organization, WHO）の専門機関である国際がん研究機関（International Agency for Research on Cancer, IARC）は AA によるヒトの発がん性を評価し，グループ 2A（ヒトに対しておそらく発がん性がある：Probably carcinogenic to humans）に分類している[1]。AA のヒト体内における代謝経路は，肝グルタチオン-S-トランスフェラーゼ（glutathione S-transferase）によりグルタチオン抱合体へ変換される経路と，シトクロム P450 2E1 によってグリシドアミド（glycidamide）に代謝されたのちグルタチオン抱合体へと変換される経路が主なものであり，これらのグルタチオン抱合体はさらに代謝されて尿中に排泄されると考えられている。AA およびグリシドアミドはヘモグロビンおよび DNA と付加体を形成することが明らかになっている[2~5]。一方，AA が多数重合したポリアクリルアミドは毒性がほぼ無いとされている[6]。しかし，産業用のポリアクリルアミドの中には微量のモノマーの AA が混入している場合もあり，ポリアクリルアミドで

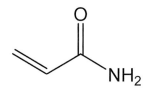

図1　AA の化学構造

---

*1　Yusaku Narita　UCC 上島珈琲㈱　イノベーションセンター　係長
*2　Kazuya Iwai　UCC 上島珈琲㈱　イノベーションセンター　担当課長
*3　Taiji Fukunaga　UCC 上島珈琲㈱　イノベーションセンター　センター長
*4　Kuniyo Inouye　京都大学名誉教授

あっても取扱う際は留意が必要である。

　2002年，スウェーデン国立食品局とストックホルム大学の研究者によりポテトチップス，フライドポテト，パン，ハンバーガーなどの様々な食品からAAが検出されることが初めて報告された[7,8]。建設工事現場の作業員に対するAAの健康影響を調査する中で，AAを取扱わない人からもAAの代謝物が見つかったことがこの調査報告のきっかけとなった。その後，食品中のAAを低減するため，世界各国の食品安全に関する機関および研究チームにより様々な食品のAA含有量が調べられ，緑茶，麦茶，紅茶，ウーロン茶，コーヒー，ビスケット，シリアル，ウエハース，離乳食などの多くの加熱加工食品でAAが検出されている。日本国内で流通している加工食品中のAA濃度について農林水産省が公表しているデータを抜粋して図2にまとめた[9]。含みつ糖を使用した食品はAA含有量が高い傾向にあり，含みつ糖の使用の有無により飴のAA含有量は100倍異なっている[9]。一方で，含みつ糖を含め，ポテトスナックおよびフライドポテトは調査年度が新しいほど低くなっており，AA低減の取り組みが進んでいることが分かる（図2）。

　食品に含まれるAAの主な生成経路は，アスパラギンをグルコース，ガラクトース，フルク

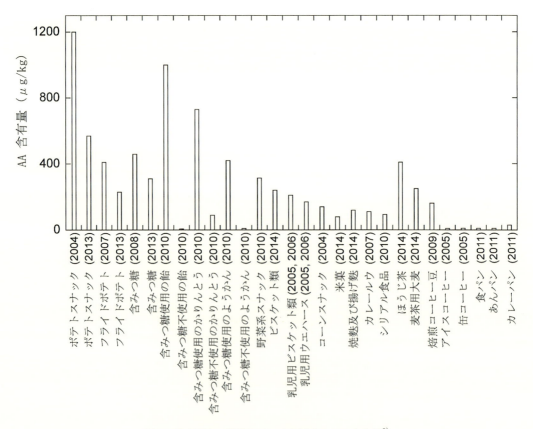

図2　日本国内で流通している食品中のAA含有量[9]

第9章　コーヒーにおけるアクリルアミド低減への取り組み

トースなどの還元糖とともに焼く，揚げるなど，120℃以上の高温で加熱処理するときに生じるメイラード反応に依存すると考えられている（図3）。

　2019年5月現在，食品中のAA含有量に規制を設けている国は無いが，欧米や東アジア地域の国々を中心にAA低減化の取り組みが進んでいる。とくに，EUでは食品中のAAに関する新たなEU規則［Commission Regulation（EU）2017/2158］が2017年11月に採択され，2018年4月に発効されたことにより，AA低減化の取り組みが強化されている。この新たなEU規則では，EU域内で表1に示した対象食品を製造・販売する食品事業者に対しAAの低減対策を講じること，また，その有効性を確認するためのモニタリングを義務付けている。AAの低減対策の有効性を評価するための指標として，欧州委員会（EC）は表1の通りにベンチマークレベルを定めている[10]。モニタリングでベンチマークレベルを超過した場合，低減対策の改善措置が求められる。ベンチマークレベルは3年毎に見直しが予定されており，将来的にはさらに低いベンチマークレベルが設定される可能性もあり，食品事業者には継続的なAA低減の取り組みが求められている。

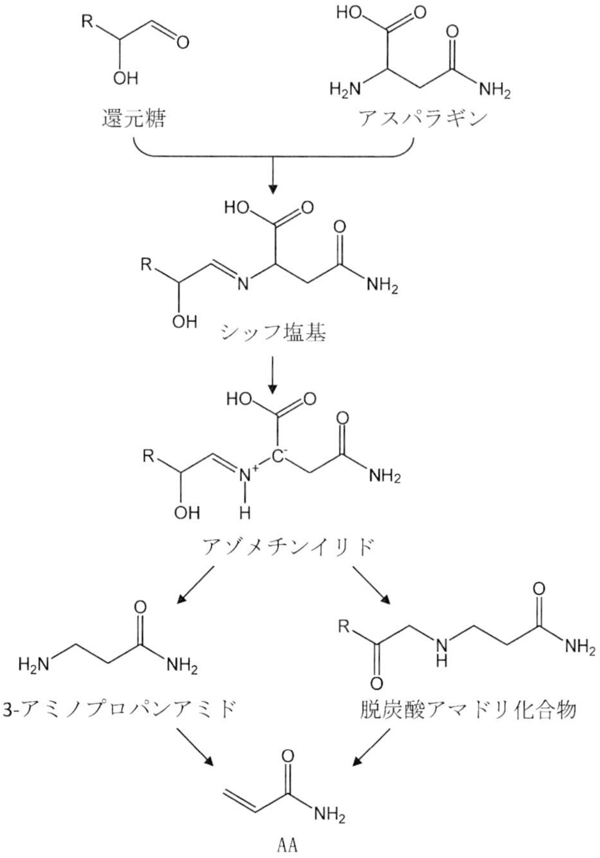

図3　還元糖とアスパラギンから生じるAAの生成経路

食品・バイオにおける最新の酵素応用

表1 Commission Regulation（EU）2017/2158 で設定された AA のベンチマークレベル[10]

品目	ベンチマークレベル（μg/kg）
フライドポテト（調理済み）	500
ばれいしょ（生鮮）またはばれいしょ生地を原料としたポテトチップス ばれいしょを主原料としたクラッカー ばれいしょ生地を原料としたその他の製品	750
ソフトブレッド	
小麦を主原料とするソフトブレッド	50
小麦を主原料とするもの以外のソフトブレッド	100
朝食用シリアル（ポリッジを除く）	
ふすま製品，全粒穀類，膨張した穀粒	300
小麦およびライ麦を主原料とする製品	300
とうもろこし，オーツ麦，スペルト小麦，大麦および米を主原料とする製品	150
ビスケットおよびウエハース	350
クラッカー（ばれいしょを主原料とするものを除く）	400
クリスプブレッド	350
ジンジャーブレッド	800
本カテゴリーの他の製品と類似の製品	300
焙煎コーヒー	400
インスタント（ソリュブル）コーヒー	850
代用コーヒー	
穀物のみを原料とする代用コーヒー	500
穀物とチコリーの混合物を原料とする代用コーヒー	※1
チコリーのみを原料とする代用コーヒー	4000
ベビーフード，乳幼児用穀類加工品（ビスケットおよびラスクを除く）	40

※1…最終製品中の穀物およびチコリーの相対的な割合を考慮してベンチマークレベルが
　適用される

2　アスパラギナーゼを用いた AA の低減

　食品に含まれる AA の主な生成経路は，高温下におけるグルコース，ガラクトース，フルクトースなどの還元糖とアスパラギンのメイラード反応に由来する。そのため，加熱調理前の農産物や食品原料に含まれる還元糖およびアスパラギン（asparagine）を AA の前駆体と見なし，これらを農産物や食品原料から除去あるいは少なくすることが AA 低減の基本的な取り組みである。

　アスパラギナーゼ（asparaginase, EC 3. 5. 1. 1）は遊離のアスパラギンを加水分解し，遊離のアスパラギン酸（aspartic acid）とアンモニアを生成する（図4）。アスパラギナーゼ処理は食品中の AA 低減方法として有効であると考えらており，2014 年 11 月 17 日に日本国内でも新たに食品添加物として認可されて食品に用いることができるようになった。

　コーヒーの AA を低減する目的で，コーヒー生豆をアスパラギナーゼで処理する研究が行われている。事前に水蒸気処理をほどこしたコーヒー生豆に対してアスパラギナーゼを作用させる

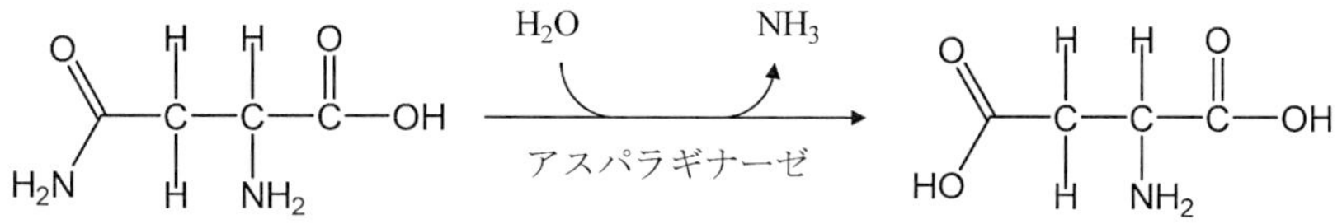

第9章 コーヒーにおけるアクリルアミド低減への取り組み

図4 アスパラギナーゼによるアスパラギンの加水分解

ことで，遊離のアスパラギン含有量を約30% 低減できたと報告されている[11]。コーヒー生豆は焙煎されることで初めてコーヒー特有の色，香り，味の成分が生成する。そのため，焙煎は嗜好品としてのコーヒーの品質を決める最も重要な工程である。通常，コーヒー生豆を焙煎する際，事前の水蒸気処理は行われない。そのため，アスパラギナーゼをコーヒー生豆に用いることはAA の低減目的では有効であっても，嗜好品としての品質に少なからず影響を及ぼす点が課題である。ただし，カフェインレスコーヒーに限定した場合，コーヒー生豆のアスパラギナーゼ処理の実用化は早く進む可能性がある。ほぼ全ての品種のコーヒー生豆はカフェイン（caffeine）を含む。コーヒー生豆からカフェインを除去する方法としては，超臨界二酸化炭素法，液体二酸化炭素法，そしてスイスウォータープロセスと呼ばれる有機溶媒を使用せず，水のみを使用してカフェインを除去する方法などがある。これらのカフェイン除去処理はいずれも，コーヒー生豆を水に浸漬するか水蒸気で処理する工程が含まれており，その工程にアスパラギナーゼ処理を組み込むことを想定した研究が進められている。超臨界二酸化炭素法に関しては，焙煎後のコーヒー豆に対して作用させることで AA を 80% 低減できるとの報告もあるが[12]，やはり嗜好品としての品質の面で課題が残る。

3 システインを用いた缶コーヒー中の AA の低減

2018 年における日本国内のコーヒー飲料の市場規模は約 9,200 億円である[13]。また，2018 年のコーヒー飲料の消費量は約 33 億リットルであり，そのうち約 40% が缶コーヒーとして消費されている[13]。2018 年の日本の総人口は約 1.25 億人で，多くの缶コーヒーが内容量 185 g または 190 g であることから単純計算すると，実に国民 1 人当たり年間約 80 本の缶コーヒーを飲んでいることになる。また，缶コーヒー中に含まれる AA 含有量は一般に 5 ppb から 14 ppb 程度であることが報告されている[14]。

実用的な AA 低減技術を構築する上では，製造フローを理解する必要がある。缶コーヒーの製造フローの概要は図5の通りである。この製造フローにおいて，その他原料の使用と加熱殺菌処理に着目した AA 低減の研究報告を以下に解説する。

市販の缶コーヒー（ブラックタイプ）190 g にアミノ酸，アスコルビン酸（ascorbic acid）など 200 mg を調合し，その調合液を缶に充填および巻締め後，レトルト殺菌機を用いて 121℃で 6 分間加熱殺菌処理したサンプルの AA 含有量は表2の通りである[15]。180℃で 2 分間ないし 12

103

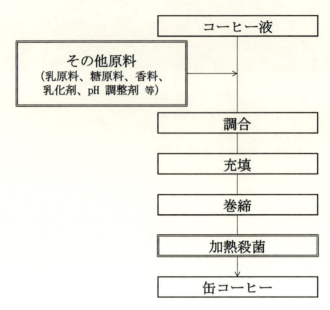

図5 缶コーヒーの製造フローの概要

分間コーヒー液を加熱処理するとコーヒー中のメラノイジン（melanoidine）との反応によりAAが減少することが報告されており[16]，121℃で6分間の加熱殺菌処理条件でもAAが若干減少している（表2）。システイン（cysteine）を添加したサンプルではAAの顕著な低減が観測され，また，ジチオスレイトール（dithiothreitol）の添加によってもAAは低減した。しかし，シスチン（cystine）の添加ではAA低減はほとんど見られなかったことから，AAの低減にはシステインのチオール基が重要な役割を果たすと考えられた[15]。また，システイン濃度を変えて行われた実験では，システイン濃度依存的に缶コーヒー中のAAが低減することが示され，約70 mgのシステイン添加でAAを半減できることが示唆された[15]。

現在のところ，缶コーヒーに限らず食品中のAA含有量を規制している国はないが，WHOのガイドラインは水道水中のAA含有量を0.5 ppb以下にすることを推奨している。缶コーヒー190 gに対してシステイン300 mgを添加し121℃で6分間加熱殺菌処理することでAA含有量は0.3 ± 0.1 ppbまで下がるため，この方法を用いればWHOの推奨する水道水のAA含有量の基準値以下の缶コーヒー（ブラックタイプ）を調製することが可能である（図6）。ここで用いたシステイン添加と加熱殺菌処理との併用によるAA低減作用はミルク入り缶コーヒー製品および麦茶製品に対する実験でも効果が確認されている[15]。表2において，唯一アスコルビン酸を添加したサンプルはAA含有量が増加している。デンプンとアスパラギンの加熱によるAA生成はアスコルビン酸存在下で増加することが報告されている[17]。一方，AAとアスコルビン酸混合液を180℃で2時間加熱するとAAが減少することが報告されている[18]。アスコルビン酸は飲料製品に対して酸味料，pH調整剤，酸化防止剤など幅広く使われている物質であるため，アス

第9章　コーヒーにおけるアクリルアミド低減への取り組み

表2　各缶コーヒーサンプルの AA 含有量[15]

サンプル	AA 含有量（ppb）
未処理（コントロール）	6.2 ± 0.2
加熱殺菌のみ	6.0 ± 0.1
＋ アスコルビン酸	7.0 ± 0.1
＋ アスパラギン	6.4 ± 0.1
＋ チロシン	6.4 ± 0.2
＋ トリプトファン	6.4 ± 0.2
＋ グルタミン	6.4 ± 0.2
＋ グリシン	6.3 ± 0.2
＋ プロリン	6.3 ± 0.1
＋ グルコース	6.3 ± 0.0
＋ バリン	6.2 ± 0.1
＋ ロイシン	6.2 ± 0.1
＋ イソロイシン	6.2 ± 0.1
＋ メチオニン	6.2 ± 0.1
＋ アラニン	6.1 ± 0.1
＋ スレオニン	6.1 ± 0.1
＋ セリン	6.1 ± 0.1
＋ myo-イノシトール	6.1 ± 0.1
＋ グルタミン酸	6.0 ± 0.1
＋ β-シクロデキストリン	6.0 ± 0.1
＋ アスパラギン酸	6.0 ± 0.1
＋ ヒスチジン	6.0 ± 0.1
＋ フェニルアラニン	6.0 ± 0.1
＋ アルギニン	6.0 ± 0.1
＋ シスチン	6.0 ± 0.1
＋ リジン	5.6 ± 0.1
＋ ジチオスレイトール	2.8 ± 0.2
＋ システイン	0.7 ± 0.0

コルビン酸と AA の関係については今後解明される必要がある。

　コーヒーの香り成分は 800 種類以上あると言われている。その中には 2-フルフリルチオール（2-furfurylthiol）やギ酸 3-メルカプト-3-メチルブチル（3-mercapto-3-methyl-butyl formate）のようなコーヒーらしいポジティブな香り成分だけでなく，メタンチオール（methanethiol）やピリジン（pyridine）のように単独では好ましくない成分も含まれており，様々な成分が複雑にバランスを保つことでコーヒーの香りは構成されている[19, 20]。缶コーヒー（ブラックタイプ）にシステインを添加して加熱殺菌処理した場合，コーヒーの味はほとんど変化せず，硫黄系の香りのみが付与される。少量のシステインであればコーヒーの香りの厚みが増して好ましいものの，添加量が多すぎるとコーヒーの香りバランスを崩してしまい好ましくない。そこで，風味にマイナスな影響を与えることなく AA を低減する検討も行われている。システインとアルギニン（arginine）またはリジン（lysine）を併用することで相乗的な AA 低減効果が得られると共に，

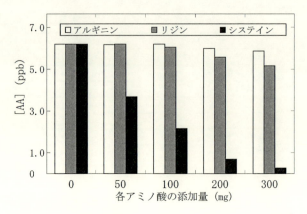

図6 各アミノ酸添加量に対するサンプル中の AA 含有量[15]

システインによるネガティブなコーヒーの香りへの影響も軽減できることが報告されている[21]。

システイン添加による AA 低減は缶コーヒーに対して有効な手段であると考えられるが，今後さらなる研究が求められる。とくに，システインが AA とマイケル付加（Michael addition）生成物を形成することにより，AA が低減されると考えられているが，本反応生成物の安全性や体内での代謝経路については未だ解明されていない。また，日本国内でシステインは食品添加物として認可されているものの使用基準が設定されており，現時点ではパンと天然果汁以外への使用は許可されていない。そのため，今後，システインの食品添加物としての使用基準が改正され，使用対象の食品が拡大される必要がある。

4 セルフクローニング麹菌を用いた缶コーヒー中の AA の低減

アミダーゼ（amidase，EC 3.5.1.4）はモノカルボン酸アミドを加水分解し，モノカルボン酸とアンモニアを生成する。アミダーゼで AA を加水分解するとアクリル酸が生じる。IARC によるアクリル酸の発がん性評価はグループ3（ヒトに対する発がん性が分類できない：Not classifiable as to its carcinogenic）であり，AA より発がん性評価が低い。しかし，アクリル酸は劇物に指定されているので，アミダーゼを用いる AA 低減法では，生成するアクリル酸の低減についても対応する必要がある。麹菌はわが国を代表する安全性の高い微生物であり，アミダーゼ産生株も知られており，図6に示す代謝経路で AA およびアクリル酸を代謝すると考えられている[22]。微生物のアミダーゼは誘導酵素であるため，AA を添加した培地で誘導培養する必要がある。そのため，工業的な観点からは，これらの微生物を食品へ応用することが困難であるという課題がある。そこで，AA 添加培地での誘導培養を必要とせず，恒常的にアミダーゼを高生産するセルフクローニング株の開発も進められている[23]。

第 9 章　コーヒーにおけるアクリルアミド低減への取り組み

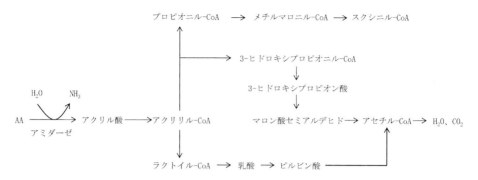

図 7　アミダーゼを産生する麹菌の AA およびアクリル酸の代謝経路

5　おわりに

　これまで IARC はコーヒーの発がん性評価をグループ 2B としていた。近年，IARC はコーヒーについて改めて調査を行い，その結果，コーヒーが発がん性を示す決定的な証拠は無かったとして，2016 年にコーヒーの発がん性評価をグループ 3（ヒトに対する発がん性について分類できない：Not classifiable as to its carcinogenicity to humans）に引き下げている。

　現在，食品中の AA 含有量を規制している国は無いが，米国カリフォルニア州では「安全飲料水および有害物質施行法（プロポジション 65）」に基づき，フライドポテトやポテトスナックなどは AA を含むことから発がん性の警告表示が義務づけられている。2018 年，コーヒーを製造・販売する約 90 社を相手に起こされたカリフォルニア州の裁判では，コーヒーも AA を含むことから，プロポジション 65 に基づきカフェで提供されるコーヒーを含めた全てのコーヒー製品で発がん性の警告表示を行う義務があるとの判決が下った。しかし，この判決の内容は上述の通り，国際的な IARC の評価と齟齬がある。この判決が出たあと，米食品医薬品局（FDA）はコーヒー製品に対する発がん性の警告表示は消費者に誤った情報を伝えることを禁じた連邦法に違反する可能性があるとの懸念を示している。これを受けて現在，カリフォルニア州環境保健有害性評価局（OEHHA）は，コーヒーを発がん性の警告表示から除外することを提案し，意見募集や公聴会を実施している状況にあり，今後の動向に注目が集まっている。疫学調査のメタ分析 100 報をまとめたアンブレラレビューによると，コーヒー飲用者が肝臓がんや口腔がんに罹患するリスクは低く，相対危険はそれぞれ 0.50（95% 信頼区間：0.43-0.58），0.67（95% 信頼区間：0.36-0.70）と報告されている[24]。同研究では，2 型糖尿病についてもコーヒー飲用者の相対危険は 0.70（95% 信頼区間：0.65-0.75）とリスクが低かったことが報告されている[24]。コーヒーに含まれるクロロゲン酸類は α-アミラーゼ阻害作用を有し[25,26]，食後の血糖値上昇を緩やかにする効果を有することがヒト臨床試験で確認されている[27]。コーヒーには確かに微量の AA が含まれているが，クロロゲン酸類のような健康に有益な成分も多く含まれている。コーヒーに限らず食品に関してはホリスティック的で全方位的な視点から健康への影響を検討することが重要

であろう。

　2015 年 9 月の国連サミットで採択された「持続可能な開発のための 2030 アジェンダ」に記載された「持続可能な開発目標（Sustainable Development Goals, SDGs）」の取り組みが世界中で広がっている。SDGs は国際社会共通の目標であり，全部で 17 件ある目標のうち目標 3 は「あらゆる年齢のすべての人々の健康的な生活を確保し，福祉を推進する」と謳っている。AA は加熱調理および加熱加工された多くの食品に含まれており，年齢や地域に関係なく，世界中の人々が食事を通じてほぼ毎日 AA を摂取している状況にある。SDGs の取り組みを推進する観点からも，今後，食品の AA 低減に対する国際的な取り組みが加速していくものと期待される。

文　　　献

1) International Agency for Research on Cancer, *IARC Monographs on the Evaluation of Carcinogenic Risks to Humans: Some Industrial Chemicals*, **60**, 389-433 (1994)

2) M. B. Abou-Donia, S. M. Ibrahim, *et al., J. Toxicol. Environ. Health*, **39**, 447-464 (1993)

3) S. C. J. Sumner *et al., Chem. Res. Toxicol.*, **12**, 1110-1116 (1999)

4) B. I. Ghanayem *et al., Toxicol. Sci.*, **88**, 311-318 (2005)

5) A. Besaratinia *et al., J. Natl. Cancer Inst.*, **96**, 1023-1029 (2004)

6) E. A. Smith *et al., Rev. Environ. Health*, **9**, 215-218 (1991)

7) E. Tareke *et al., J. Agric. Food Chem.*, **50**, 4998-5006 (2002)

8) J. Rosen *et al., Analyst*, **127**, 880-882 (2002)

9) 農林水産省，食品安全に関するリスクプロファイルシート（化学物質）更新日：2018 年 1 月 30 日，http://www.maff.go.jp/j/syouan/seisaku/risk_analysis/priority/pdf/180130_aa.pdf

10) European Commission, *Off. J. EU*, **304**, 24-44 (2017)

11) A. C. V. Porto *et al., Beverages*, **5**, 32; https://doi.org/10.3390/beverages5020032 (2019)

12) M. Banchero *et al., J. Food Eng.*, **115**, 292-297 (2013)

13) 一般社団法人全国清涼飲料連合会，清涼飲料水関係統計資料，2-33 (2019)

14) K. Yamazaki *et al., Food Addit. Contam.*, **29**, 705-715 (2012)

15) Y. Narita *et al., J. Agric. Food Chem.*, **62**, 12218-12222 (2014)

16) S. Pastoriza *et al., LWT-Food Sci.*, **45**, 198-203 (2012)

17) R. Weisshaar *et al., Lebensm.-Rundsch.*, **98**, 397-400 (2002)

18) A. Adams *et al., Food Res. Int.*, **43**, 1517-1522 (2010)

19) P. Semmelroch *et al., J. Agric. Food Chem.*, **44**, 537-543 (1996)

20) F. Mestdagh *et al., Food Res. Int.*, **63** 271-274 (2014)

21) 成田優作ほか，UCC 上島珈琲株式会社，特願 2013-258878

22) R. Shanker *et al., Arch. Microbiol.*, **154**, 192-198 (1990)

23) 尾関健二ほか，学校法人金沢工業大学，UCC 上島珈琲株式会社ほか，特願 2012-22290

第9章　コーヒーにおけるアクリルアミド低減への取り組み

24)　R. Poole *et al., Br. Med. J.*, **359**, 5024; doi: 10.1136/bmj.j5024 (2017)
25)　Y. Narita *et al., J. Agric. Food Chem.*, **57**, 9218-9225 (2009)
26)　Y. Narita *et al., Food Chem.*, **127**, 1532-1539 (2011)
27)　K. Iwai *et al., Food Sci. Technol. Res.*, **18**, 849-860 (2012)

第10章　食品タンパク質由来代謝産物インドール系化合物の産生機構および病態発症・進展への関与
～慢性腎不全の発症・進展メカニズムを中心に～

清水英寿[*]

1　はじめに

1.1　慢性腎不全と透析治療

　生活習慣病の一般的なイメージとして，糖尿病や高血圧・動脈硬化のような心血管疾患を思い浮かべるが，近年，慢性腎不全も新たな国民病として考えられ始めている。実際，2012年現在での日本腎臓学会による発表では，我が国における成人男性の8人に1人に当たる約1330万人の慢性腎不全患者がいるとされている。慢性腎不全は現在，不可逆的な疾患であるとされており，末期となると，透析治療を行う必要がある。日本は既に，世界第1位の透析大国であり，透析患者数は現在，30万人を超えており，今後，毎年1万人ずつ増加し続けると考えられている。透析治療の問題としては，主に以下の2点が指摘されている。1点目が，透析患者の「Quality of life（QOL）の低下」である。標準とされる透析治療に要する頻度と時間は，「週3回」，「1日4時間」であるため，患者への負担は非常に大きい。2点目が，透析治療に要する年間の「国民医療費」である。その総額は1兆5千億円以上であるとされ，医療経済の側面からも，最重要課題の1つとされている。よって，慢性腎不全の進行を遅らせ，透析導入を必要とする患者数を減少させることは，慢性腎不全患者の「QOLの低下」を予防するだけでなく，高齢化社会を迎える我が国において大きな社会問題となる「国民医療費の増加」に対する重要な解決手段となり得る。

1.2　慢性腎不全の発症・進展要因とその対処療法

　近年における慢性腎不全の発症要因の大部分は，食習慣の悪化や高齢化による腎機能の低下，そして糖尿病や高血圧の発症である。一方で，免疫学的な異常による慢性糸球体腎炎のようなケースも存在する。しかし，慢性腎不全の中期からは，いずれの発症原因とは関係なく共通のメカニズムで病状は進行するため，同様の対処療法が処置される。代表的な対処療法として，食事療法（タンパク質摂取量や塩分摂取量の制限）や薬物療法（血圧管理，貧血改善，脂質代謝管理，糖代謝管理）がある。そのため，本章では主に，摂取タンパク量と腎機能の関係，特に慢性腎不

---

[*]　Hidehisa Shimizu　島根大学　学術研究院　農生命科学系　准教授

第10章 食品タンパク質由来代謝産物インドール系化合物の産生機構および病態発症・進展への関与

全の進行促進メカニズムについて，食品タンパク質中に存在するトリプトファンを由来とする腸内細菌代謝産物およびその生成に関与する腸内細菌や宿主の肝臓で発現している酵素群について，以下に述べていく。

2 腎機能とトリプトファン由来代謝産物インドール系化合物

2.1 インドール

　大腸に到達した摂取タンパク質は，腸内細菌の代謝を介して様々な化合物へと変換される。その中でもトリプトファン由来代謝産物であるインドールは，大腸菌などが有する Tryptophanase によって生成される（図1）[1,2]。通常，糞中における濃度は $250\sim1100\,\mu$M であるが[3,4]，ラットを用いた解析から，慢性腎不全患者の腸内でのインドール濃度は，上昇すると予想されている[5]。腸内で産生されたインドールは，バリア機能を担っている大腸のタイトジャンクションを制御する Occludin，ZO-1，Claudin-1 の発現低下を導き，腸透過性の亢進を誘発させる[5]。つまり，慢性腎不全患者の大腸は，インドールを介して Leaky Gut となっているため，インドールを含む腸内に存在する異物が，体内へ容易に吸収されやすい状態となっている。体内へ吸収されたインドールは，肝臓で他の化合物へと代謝される。詳細は後述するが，その代謝産物の1つであるインドキシル硫酸の血中での蓄積が，慢性腎不全の進行促進に関与している[6〜18]。事実，慢性腎不全モデルラットにインドールを摂取させると，血中のインドキシル硫酸濃度は上昇し，それと共に慢性腎不全の進行が認められる[19]。逆に，腸内細菌が存在しない無菌マウスでは腸内でインドールは産生されず，血中のインドキシル硫酸濃度も上昇しない[20,21]。加えて，無菌マウスに Tryptophanase を有するバクテロイデス属を移植すると血中インドキシル硫酸濃度が上昇する一方，Tryptophanase を欠損させたバクテロイデス属を移植させた無菌マウスでは血中インドキシル硫酸濃度に変化はない[21]。以上のように，宿主体内におけるインドキシル硫酸の生成には，腸内細菌が有する Tryptophanase によってトリプトファンから代謝されるインドールが関与していることが示されている。現状での慢性腎不全に対する治療においても腸内で産生されるインドールは標的となっており，患者に処方される球状吸着炭である AST-120 は，腸管内でインドールを吸着し，糞と共にインドールを体外へ排出することで，体内へのインドールの吸収およびインドキシル硫酸の産生を阻害している[2]。加えて，慢性腎不全モデルラットでの解析から，AST-120 は腎臓でのインドキシル硫酸の蓄積を抑える効能も有していることが明らかとなっている[22]。

2.2 インドキシル硫酸

　上述したインドキシル硫酸の生成メカニズムについては，以下の通りである（図1）。腸管から吸収されたインドールは門脈を介して肝臓に蓄積され，そこで発現している薬物代謝酵素群のチトクロム P450 に属するチトクロム P450 2E1（Cytochrome P450 2E1：CYP2E1）とチトクロ

111

ム P450 2A6（Cytochrome P450 2A6：CYP2A6）によって酸化的代謝を受けインドキシルとなり，続いて，硫酸転移酵素 1A1（Sulfotransferase 1A1：SULT1A1）によりインドキシル硫酸となる[23,24]。腎機能が正常に機能している場合，インドキシル硫酸は尿と共に体外へ排出されるため，循環血中に存在するインドキシル硫酸の濃度は，健常者では $10\mu M$ 以下である[25,26]。一方，腎機能が低下している場合，排尿量が減少するため，インドキシル硫酸は血中に蓄積する。末期慢性腎不全患者の血中インドキシル硫酸濃度を例にすると，平均で約 $250\mu M$，最大で $550\mu M$ 前後の濃度に達し[25]，加えて慢性腎不全患者の血中インドキシル硫酸濃度の上昇と腎機能の低下は相関関係にあると報告されている[27]。血中に存在するインドキシル硫酸の主な特徴は，その 90% 以上がアルブミンと結合している点である。そのため，透析によるインドキシル硫酸の除去は難しいとされる。また，透析導入前は腎機能を保護する目的から摂取タンパク量を厳しく制限されるのに対し，透析治療を開始すると，透析によりアミノ酸が失われてしまうことから，ア

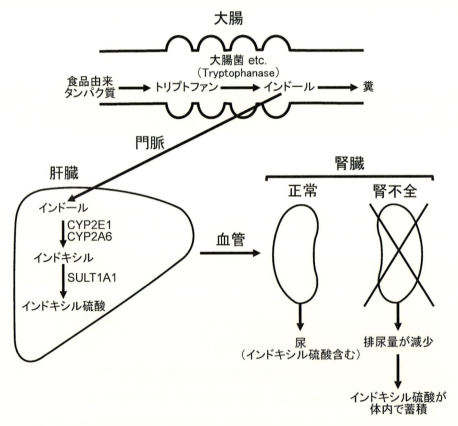

図1　摂取したタンパク質中のトリプトファンから代謝されたインドールがインドキシル硫酸となり尿として排泄されるまでの過程
　　　CYP2E1：Cytochrome P450（チトクロム P450 2E1；酸化還元酵素の一種），
　　　CYP2A6：Cytochrome P450 2A6（チトクロム P450 2A6；酸化還元酵素の一種），SULT1A1：Sulfotransferase 1A1（硫酸転移酵素 1A1）。

第 10 章　食品タンパク質由来代謝産物インドール系化合物の産生機構および病態発症・進展への関与

ミノ酸を補充するために一定量のタンパク質を摂取する必要性が生じてくる。しかし，透析患者には AST-120 は処方されないため，透析導入前の慢性腎不全患者と比較して血中にインドキシル硫酸が蓄積されやすい環境となる。したがって，インドキシル硫酸による透析患者の腎機能低下を軽減させる対策が必要とされている。

2.3　腎臓に対するインドキシル硫酸の作用メカニズム

　血中に蓄積したインドキシル硫酸は，有機アニオントランスポーター1（Organic anion transporter 1：OAT1）や有機アニオントランスポーター3（Organic anion transporter 3：OAT3）によって細胞内に取りこまれる（図2）。よって，OAT1 や OAT3 を発現している細胞が，インドキシル硫酸の標的細胞となり得る。慢性腎不全の進行には，腎臓に存在する尿細管，その中でも特に OAT3 が高発現している近位尿細管細胞の細胞老化や線維化，それに伴って生じる機能障害が関わっている[6~18]。実際，インドキシル硫酸は近位尿細管細胞に蓄積されていることを，慢性腎不全モデルラットを用いた解析により確認されている[28, 29]。さらに，OAT1 や OAT3 の発現量は慢性腎不全モデルラットの尿細管で上昇しているが，インドキシル硫酸は OAT1 と OAT3 の発現量をさらに増加させる[29]。つまり，インドキシル硫酸は，腎臓の尿細管で発現している OAT1 や OAT3 の発現増加を導くことで，慢性腎不全の進行促進に寄与していると考えられる。

　細胞内に取り込まれたインドキシル硫酸が結合する代表的な分子の 1 つに，ダイオキシン受容体として知られている Aryl hydrocarbon receptor（AHR）がある（図2）[30]。AHR へのリガンドの結合は，リン酸化／脱リン酸化による細胞内シグナル伝達の活性化を導く[31]。さらに，転写因子としても働き，チトクロム P450 1A1（Cytochrome P450 1A1：CYP1A1）や Aryl hydrocarbon receptor repressor（AHRR）などの発現制御に関与している。実際にこれら遺伝子の発現上昇は，インドキシル硫酸長期投与ラットや慢性腎不全モデルラットの腎臓でも確認されている[32, 33]。また，慢性腎不全患者においても，AHR の活性化に対して血中インドキシル硫酸濃度および腎機能の低下のそれぞれで相関関係が認められたことから，インドキシル硫酸による慢性腎不全の進行に AHR が関与していることが示唆されている[34]。加えて，AHR のネガティブフィードバック機構として作用する上述した AHRR の多型と腎機能に相関関係が存在したことから，AHR の活性化は腎機能の低下を導くと考えられる[32]。

　AHR の活性化以外にインドキシル硫酸が慢性腎不全を進行させるメカニズムとして，細胞内における酸化と抗酸化に関するバランスの破綻がある（図3）。酸化の面では，インドキシル硫酸の短期的な作用でも活性酸素種が細胞内で産生され，転写因子である Nuclear factor-κB（NF-κB），cAMP response element binding protein（CREB），Signal transducer and activator of transcription 3（Stat3），p53 が活性化され，近位尿細管細胞の機能障害が導かれる[6~18]。さらにインドキシル硫酸により活性化された NF-κB と CREB は，活性酸素種の産生を促す NADPH オキシダーゼの 1 つ NADPH オキシダーゼ 4（NADPH oxidase 4：NOX4）の発

113

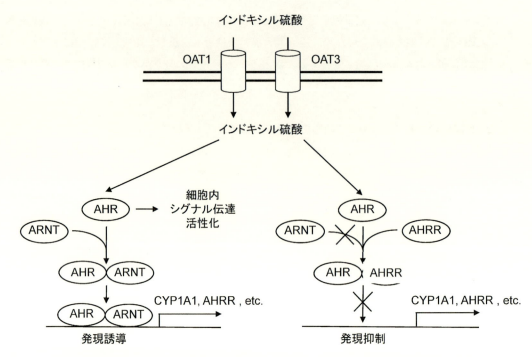

図2 インドキシル硫酸の細胞内取り込み機構および AHR の作用メカニズム
OAT1：Organic anion transporter 1（有機アニオントランスポーター1），OAT3：Organic anion transporter 3（有機アニオントランスポーター3）），AHR：Aryl hydrocarbon receptor（細胞内シグナル伝達分子および転写因子），CYP1A1：Cytochrome P450 1A1（チトクロム P450 1A1；酸化還元酵素の一種），AHRR：Aryl hydrocarbon receptor repressor（AHR に対するネガティブレギュレーター）。

現量を増加させる[14]。NOX4 は他の NADPH オキシダーゼのファミリーと違い恒常的に活性酸素種を産生するため[35]，NOX4 の発現上昇に伴い持続的に細胞内で活性酸素種が増加し続ける。NF-κB と CREB の活性化に活性酸素種が寄与していることから，NOX4 の発現上昇は NF-κB と CREB に対しても持続的な活性化を導くと予想される。加えて，NF-κB と CREB の活性化はそれぞれの発現誘導にも関与している。つまり，インドキシル硫酸の短期的な作用によって産生された活性酸素種は NF-κB と CREB の活性化の起点となり，それに続いて発現上昇する NOX4 も加わった三者が協調的に作用し合うことで，細胞内の持続的な活性酸素種の産生が導かれると考えられている[14]。

抗酸化の面でインドキシル硫酸は，近位尿細管細胞において，活性酸素種に対する感受性転写因子として知られている NF-E2-related factor 2（Nrf2）の発現量を NF-κB の活性化を介して抑制する[15]。加えて，慢性腎不全モデルラットやインドキシル硫酸長期投与ラットの腎臓では，Nrf2 とその標的遺伝子である抗酸化遺伝子ヘムオキシゲナーゼ-1（Heme oxygenase-1：HO-1）と NAD(P)H キノン脱水素酵素1（NAD(P)H quinone dehydrogenase 1：NQO1）の発

第10章　食品タンパク質由来代謝産物インドール系化合物の産生機構および病態発症・進展への関与

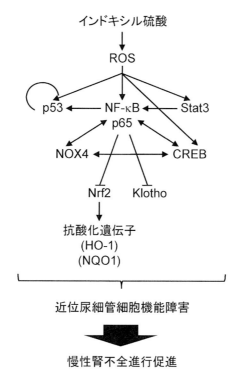

図3　慢性腎不全進行促進に対するインドキシル硫酸の作用経路
ROS：Reactive oxygen species（活性酸素種；細胞内シグナル伝達分子），Stat3：Signal transducer and activator of transcription 3（転写因子），p53（転写因子），NF-κB：Nuclear factor-κB（転写因子），CREB：cAMP response element binding protein（転写因子），NOX4：NADPH oxidase 4（NADPHオキシダーゼ4），Nrf2：NF-E2-related factor 2，HO-1：Heme oxygenase-1（ヘムオキシゲナーゼ-1；抗酸化遺伝子），NQO1：NAD(P)H quinone dehydrogenase 1（NAD(P)Hキノン脱水素酵素1；抗酸化遺伝子）。
→ 活性化または発現誘導，⊣ 阻害または抑制。

現量がそれぞれ減少しており，それに伴い組織内の活性酸素種の量は増加する[15]。以上の結果から，インドキシル硫酸は，活性酸素種を恒常的に産生させるだけでなく，抗酸化遺伝子の発現レベルについても持続的に低下させることで，産生された活性酸素種を除去できない状況を引き起こし，結果的に酸化と抗酸化のバランスを破綻させ，慢性腎不全の進行を促進させると考えられる。

3　インドキシル硫酸に着目した腎機能改善に対する機能性食品成分の可能性

これまでに述べたように，腸内細菌が産生するインドールが慢性腎不全の進行促進に関わっている。上述したように，慢性腎不全の治療薬として AST-120 があるが，臨床上の主な問題点として，大量に服用する必要があるため継続的な服用がしづらいこと，また他の治療剤と併用する

場合，AST-120 との相互作用に注意が必要であることが知られている。加えて，透析患者に AST-120 は処方されない。そのため，他の改善方法も模索されている。臨床試験の段階ではあるが，アメリカでは透析患者の寛解治療として，抗生物質による腸内細菌叢の変動，つまり Tryptophanase を有する腸内細菌の減少を誘導することが試みられている[36]。しかし，抗生物質は即効性があるものの，副作用の懸念がある。一方，難消化性オリゴ糖のような機能性食品の摂取は，以前から腸内環境を改善させることが知られている。マウスに難消化性オリゴ糖であるフラクトオリゴ糖を摂取させると腸内細菌叢の変動が導かれ，それに伴い血中インドキシル硫酸濃度の低下が観察されている[21]。加えて，乳酸菌類の摂取は，慢性腎不全モデルラットの病態進行を抑制する[5]。したがって，難消化性オリゴ糖や乳酸菌の持続的な摂取，つまり近年注目されているプレバイオティクスやプロバイオティクスは，慢性腎不全の進行を抑制できる可能性を有している（図4）。

　また，ポリフェノール類の摂取も，慢性腎不全の進行に対す抑制効果が期待できる（図4）。たとえば，ケルセチンやレスベラトロールは SULT1A1 の活性を阻害し，インドキシルに対する硫酸抱合を抑制することで，グルクロン酸抱合への代謝を促す[37,38]。インドキシルグルクロン酸抱合体は水溶性が高いため組織への移行性が低く，またタンパク結合性も低いので尿中へ排泄されやすい。そのため，透析除去も容易だと考えられている。実際に，慢性腎不全と同様にインドキシル硫酸が腎機能の低下に関与する急性腎不全モデルラットを用いた解析によると，ケルセチンやレスベラトロールを摂取させたラット群はコントロール群と比較して腎機能の低下が抑制されていた[38]。このようなインドキシル硫酸の体内合成の抑制に焦点を当てた機能性食品成分の探索は行われていないことから，慢性腎不全の進行に対する新規作用機序の機能性食品の開発として期待できる。加えて，上述のように，慢性腎不全の進行に腎臓での AHR の活性化が関与していることから，AHR に対するアンタゴニスト効果を有する機能性食品成分は，病態進行を抑制する可能性が高い。AHR に対してアンタゴニスト効果を有するポリフェノール類も報告されている（図4）[39~42]。さらに近年，抗酸化遺伝子の発現誘導に関与する Nrf2 が創薬のターゲットになっており[43]，バルドキソロンメチルのような Nrf2 活性薬の開発が進んでいる[44]。ポリフェノール類は以前から様々な組織で Nrf2 を活性化することが知られているため，慢性腎不全の進行をポリフェノール類が同様のメカニズムで抑制できる可能性が指摘されている[45]。その中でもレスベラトロールは，実際に腎機能の低下を抑制することをラット用いた研究から明らかとなっている（図4）[46,47]。レスベラトロールは，上述した SULT1A1 の活性阻害や AHR に対するアンタゴニスト効果も有することから，類似した作用メカニズムが内在している機能性食品成分は，SULT1A1，AHR，Nrf2 のそれぞれを標的とした慢性腎不全の進行抑制に効果を発揮する可能性があり，特にインドキシル硫酸が蓄積されやすい透析患者への新たな食事療法の開発に寄与できると考えられる。

第10章　食品タンパク質由来代謝産物インドール系化合物の産生機構および病態発症・進展への関与

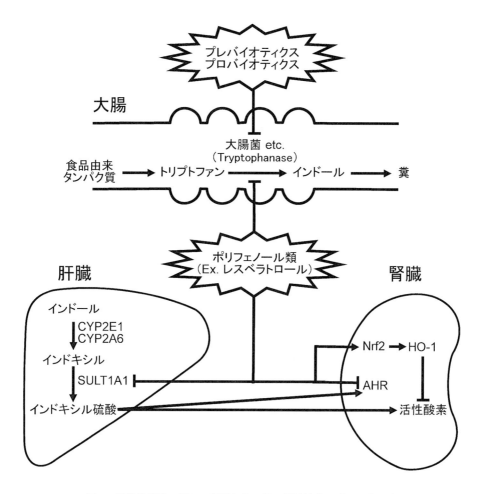

図4　腎機能保護に対して候補となり得る機能性食品成分の作用点
CYP2E1：Cytochrome P450（チトクロム P450 2E1；酸化還元酵素の一種），CYP2A6：Cytochrome P450 2A6（チトクロム P450 2A6；酸化還元酵素の一種），SULT1A1：Sulfotransferase 1A1（硫酸転移酵素 1A1），AHR：Aryl hydrocarbon receptor（細胞内シグナル伝達分子および転写因子），Nrf2：NF-E2-related factor 2，HO-1：Heme oxygenase-1（ヘムオキシゲナーゼ-1；抗酸化遺伝子）。
→ 活性化または発現誘導，⊣ 阻害または抑制。

4　健常者の腎機能に対する高タンパク質摂取の影響

　現在までにヒトを対象とした解析では，6週間の高タンパク食摂取で腎機能が低下するとの報告がある[48]。また，Wistarラットでは，12週間の高タンパク食摂取で腎肥大が起こり，加えて組織的な変化も観察されている[49]。さらに，食塩感受性高血圧ラットに8週間高タンパク食を摂取させた後に食塩を負荷すると，低タンパク食や通常食を摂取した群と比較して，早期に高血圧を発症する[50]。ただ一方で，タンパク質の多量摂取は寿命の延長と相関があることを，疫学的な

データから示されている[51,52]。この相反する効果について，腸内環境および腸内におけるインドールの産生量が関与している可能性がある。実際，加齢によって，インドールの産生に関わる大腸菌が腸内で増殖する[53]。また，健常者においても加齢と共に血中インドキシル硫酸濃度が上昇し，それが腎機能の低下と相関すると報告されている[26]。主に腎臓で発現している抗老化遺伝子の1つであるKlothoの発現量は腎機能および寿命に関係しており[54,55]，klothoの発現量はインドキシル硫酸によって低下するため（図3）[15]，加齢に伴う腎機能の低下および寿命にも，インドキシル硫酸が関わっている可能性がある。したがって，プレバイオティクスやプロバイオティクスによって腸内環境を改善することで，加齢に伴う腸内での大腸菌の増殖を抑制することができれば，腎機能およびKlothoの発現量の低下を防ぎ，疾患予防と合わせた健康寿命の延伸に繋げられる可能性がある。

5　おわりに

　本章では，タンパク質摂取について，腸内細菌や宿主が有する酵素群を介して産生された代謝産物が腎機能に与える影響に焦点を当てた。しかし近年，周知のように，我が国では食の欧米化が進んでおり，タンパク質の摂取量だけでなく，摂取タンパク源にも変化が生じている。農林水産省の食糧需給表によると，平成23年度を境に摂取タンパク源が，魚類を肉類が上回っている。それに伴い消化が悪いとされるハム，ベーコン，ソーセージのような加工肉の生産量は，昭和35年度と比較して平成27年度では，それぞれ，4倍，47.5倍，8.4倍と増加している。このような加工肉を含む肉類全体の摂取量増加は，日本人における大腸ガンの発症と相関しており[56]，同様に炎症性腸疾患の1つである潰瘍性大腸炎の発症・進展にも肉類の多量摂取は関与していると考えられている[57]。一方で，低カロリー高タンパク食摂取は，非アルコール性脂肪性肝疾患患者の臨床的および生化学的マーカーを改善するとの報告がある[58]。タンパク質摂取を起因とした，これら病態の発症と改善のメカニズムについて，腎機能と同様に，トリプトファン由来の腸内細菌代謝物であるインドール系化合物が一部，関与している可能性がある。たとえば，インドール酢酸と呼ばれる代謝産物は，肝臓に対しては肝細胞の炎症やアルコール性脂肪肝発症の抑制[59,60]，また大腸ガン対しては病態の進行阻害に関わっている[61]。一方，このインドール酢酸の腸内細菌代謝産物であるスカトールは，腸管細胞に対して細胞死を誘導することから，炎症性腸疾患の発症要因となっている可能性が示唆されている[62]。このように，摂取タンパク量やタンパク源に加え，個々人の腸内で生じる代謝産物の違いが，健康促進および病態発症・進展の相反する効果の分岐点となり得ると考えられる。したがって，腸内細菌が有する代謝に関わる酵素群，たとえば本章で取り上げたインドールへの代謝に関わるTryptophanaseや，インドール酢酸からスカトールの代謝に関わるIndoleacetate decarboxylase[63]の活性阻害をターゲットした機能性食品成分を同定し，腸内で産生される代謝産物をコントロールすることが可能となれば，高タンパク食摂取による病態改善および臓器保護効果のみを残した健康促進へと繋げていけるのではな

第 10 章　食品タンパク質由来代謝産物インドール系化合物の産生機構および病態発症・進展への関与

いかと期待している。

謝辞

　本稿での解説の一部は，若手研究（B）（研究代表者：清水英寿・課題番号 23700830 および 25750356），基盤研究（B）（研究代表者：清水英寿・課題番号 15H03090 および 18H03178）のそれぞれにより実施された研究成果の一部によるものであることを記し，ここに謝意を表す。

文　　　献

1)　T. Niwa., *J. Ren. Nutr.*, **20**, S2 (2010)

2)　T. Niwa., *Ther. Apher. Dial.*, **15**, 120 (2011)

3)　D. A. Karlin, A. J. Mastromarino, *et al.*, *J. Cancer. Res. Clin. Oncol.*, **109**, 135 (1985)

4)　E. Zuccato, M. Venturi, *et al.*, *Dig. Dis. Sci.*, **38**, 514 (1993)

5)　A. Yoshifuji, S. Wakino, *et al.*, *Nephrol. Dial. Transplant.*, **31**, 401 (2016)

6)　H. Shimizu, D. Bolati, *et al.*, *Am. J. Physiol-Cell. Physiol.*, **299**, C1110 (2010)

7)　H. Shimizu, D. Bolati, *et al.*, *Am. J. Nephrol.*, **33**, 319 (2011)

8)　H. Shimizu, D. Bolati, *et al.*, *Am. J. Physiol-Cell. Physiol.*, **301**, C1201 (2011)

9)　D. Bolati, H. Shimizu, *et al.*, *Am. J. Nephrol.*, **34**, 318 (2011)

10)　H. Shimizu, D. Bolati, *et al.*, *Life. Sci.*, **90**, 525 (2012)

11)　H. Shimizu, M. Yisireyili, *et al.*, *Am. J. Nephrol.*, **36**, 184 (2012)

12)　H. Shimizu, M. Yisireyili, *et al.*, *Life. Sci.*, **92**, 143 (2013)

13)　H. Shimizu, M. Yisireyili, *et al.*, *Am. J. Nephrol.*, **37**, 97 (2013)

14)　H. Shimizu, S. Saito, *et al.*, *Am. J. Physiol-Cell. Physiol.*, **304**, C685 (2013)

15)　D. Bolati, H. Shimizu, *et al.*, *BMC. Nephrol.*, **14**, 56 (2013)

16)　S. Saito, H. Shimizu, *et al.*, *Endocrinology.*, **55**, 1899 (2014)

17)　N. Y. Ng, M. Yisireyili, *et al.*, *PLoS. One.*, **9**, e91517 (2014)

18)　S. Saito, M. Yisireyili, *et al.*, *J. Ren. Nutr.*, **25**, 145 (2015)

19)　T. Niwa, M. Ise., *et al.*, *Am. J. Nephrol.*, **14**, 207 (1994)

20)　W. R. Wikoff, A. T. Anfora, *et al.*, *Proc. Natl. Acad. Sci. USA.*, **106**, 3698 (2009)

21)　A. S. Devlin, A. Marcobal, *et al.*, *Cell. Host. Microbe.*, **20**, 709 (2016)

22)　T. Niwa, T. Miyazaki, *et al.*, *Am. J. Nephrol.*, **12**, 201 (1992)

23)　E. Banoglu, G. G. Jha, *et al.*, *Eur. J. Drug Metab. Pharmacokinet.*, **26**, 235 (2001)

24)　E. Banoglu, R. S. King. *Eur. J. Drug Metab. Pharmacokinet.*, **27**, 135 (2002)

25)　T. Niwa, M. Ise., *J. Lab. Clin. Med.*, **124**, 96 (1994)

26)　A. Wyczalkowska-Tomasik, B, Czarkowska-Paczek, *et al.*, *Geriatr. Gerontol. Int.*, **17**, 1022 (2017)

27)　F. C. Barreto, D. V. Barreto, *et al.*, *Clin. J. Am. Soc. Nephrol.*, **4**, 1551 (2009)

28)　T. Miyazaki, I. Aoyama, *et al.*, *Nephrol. Dial. Transplant.*, **15**, 1773, (2000)

119

29) A. Enomoto, M. Takeda, *et al., J. Am. Soc. Nephrol.,* **13**, 1711, (2002)

30) J. C. Schroeder, B.C. Dinatale, *et al., Biochemistry.,* **49**, 393 (2010)

31) G. Xie, Z. Peng, *et al., Am. J. Physiol-Gastrointest. Liver. Physiol.,* **302**, G1006 (2012)

32) K. Nakayama, S, Saito, *et al., Biosci. Biotechnol. Biochem.,* **81**, 1120 (2017)

33) M. Yisireyili, K. Takeshita, *et al., Nagoya. J. Med. Sci.,* **79**, 477 (2017)

34) L. Dou, S. Poitevin, *et al., Kidney. Int.,* **93**, 986 (2018)

35) M. Geiszt, J. B. Kopp, *et al., Proc. Natl. Acad. Sci. USA.,* **97**, 8010 (2000)

36) R. Poesen, B. Meijers, *et al., Semin. Dial.,* **26**, 323 (2013)

37) M. Kusumoto, H, Kamobayashi, *et al., Clin. Exp. Nephrol.,* **15**, 820 (2011)

38) H. Saito, M. Yoshimura, *et al., Toxicol. Sci.,* **141**, 206 (2014)

39) H. Ashida, I. Fukuda, *et al., FEBS. Lett.,* **476**, 213 (2000)

40) M. Hamada, H. Satsu, *et al., J. Agric. Food. Chem.,* **54**, 8891 (2006)

41) H. P. Ciolino, P. J. Daschner, *et al., Cancer. Res.,* **58**, 5707 (1998)

42) R. F. Casper, M. Quesne, *et al., Mol. Pharmacol.,* **56**, 784 (1999)

43) C, Zoja, A. Benigni, *et al., Nephrol. Dial. Transplant.,* **29** Suppl 1, i19 (2014)

44) P. E. Pergola, M. Krauth, *et al., Am. J. Nephrol.,* **33**, 469 (2011)

45) B. H. Choi, K. S. Kang, *et al., Molecules.,* **19**, 12727 (2014)

46) E. N. Kim, J. H. Lim, *et al., Aging* (*Albany NY*) **10**, 83 (2018)

47) P. Palsamy, S. Subramanian. *Biochim. Biophys. Acta.,* **1812**, 719 (2011)

48) S. P. Juraschek, L. J. Appel, *et al., Am. J. Kidney. Dis.,* **61**, 547 (2013)

49) V. A. Aparicio, E. Nebot, *et al., Nutr. Hosp.,* **28**, 232 (2013)

50) A. W Jr. Cowley, C. Yang, *et al., Hypertension.,* **67**, 440 (2016)

51) H. Shibata, H. Haga, *et al., Age. Ageing.,* **20**, 417 (1991)

52) H. Shibata., *J. Nutr. Health. Aging.,* **5**, 97 (2001)

53) 光岡知足，腸内細菌学会誌., **25**, 113 (2011)

54) M. Kuro-o, Y. Matsumura, *et al., Nature.,* **390**, 45 (1997)

55) H. C. Yang, S. Deleuze, *et al., J. Am. Soc. Nephrol.,* **20**, 2380 (2009)

56) R. Takachi, Y. Tsubono, *et al., Asia. Pac. J. Clin. Nutr.,* **20**, 603 (2011)

57) T. Kitahora, T. Utsunomiya, *et al., J. Gastroenterol.,* **30** suppl 8, 5 (1995)

58) S. M. Bezerra Duarte, J. Faintuch, *et al., Nutr. Hosp.,* **29**, 94 (2014)

59) S. Krishnan, Y. Ding, *et al., Cell. Rep.,* **23**, 1099 (2018)

60) T. Hendrikx, Y. Duan, *et al., Gut.,* in press (2018)

61) K. Kawajiri, Y. Kobayashi, *et al., Proc. Natl. Acad. Sci. USA.,* **106**, 13481 (2009)

62) K. Kurata, H. Kawahara, *et al., Biochem. Biophys. Res. Commun.,* **510**, 649 (2019)

63) D. Liu, Y. Wei, *et al., Nat. Commun.,* **9**, 4224 (2018)

第11章　醤油醸造における原料分解と健康機能性の発現

Hypoallergenicity and Health Functions of Soy Sauce

古林万木夫[*]

日本の伝統的な発酵調味料である醤油に関して，原料である小麦や大豆のアレルゲン分解・除去機構，ならびに有用な機能性成分である醤油多糖類の健康機能について，古くから言い伝えられている醸造工程の意義も振り返りながら解説する。

1　はじめに

昔から醤油づくりでは，「一麹，二櫂（かい），三火入れ」といわれ，麹（こうじ），諸味（もろみ），火入れの3つの醸造工程が醤油の品質を決定づける特に重要な工程とされてきた[1]。2013年には，日本の伝統的な食文化として「和食」がユネスコ無形文化遺産に登録されたが，和食を演出する伝統的な発酵調味料として，醤油，味噌，米酢，味醂，清酒などがあげられる。これらの醸造でも昔から例えば，味噌は「一麹，二炊き，三仕込み」，清酒は「一麹，二酛（もと），三造り」といわれ，醤油と同じく麹菌や酵母による発酵熟成が重要であるとされてきた。3つの醸造工程のうち，「麹」「もろみ」はすべてに共通する工程であることと，醤油の「火入れ」だけが味噌や清酒の場合とは異なることは注目に値する。本稿では，醤油の健康機能に関して，アレルゲンの分解と有用な機能性成分の発現について，古くから言い伝えられている醸造工程の意義も振り返りながら解説したい。

2　醤油の醸造工程[2,3]

大豆と小麦を主原料として用いる日本の伝統的な醤油づくりでは，有用微生物の機能を十分に発揮させながら醸造することを特徴としている。本醸造醤油の醸造工程を図1に示すが，最初の製麹（せいきく）工程では，蒸煮した大豆と焙炒した割砕小麦を混合して，この混合物に麹菌を生育させて麹をつくり，原料由来のたんぱく質やでんぷんを分解する麹菌酵素を固体培養により生産させる。次の諸味工程では，麹と食塩水を混合して諸味とし，半年から一年をかけて原料の酵素分解と乳酸菌や酵母による発酵を行なわせ，熟成を経て醤油特有の香味と色を醸成させる。この熟成諸味を圧搾し，固液分離により得られた生揚げ（きあげ，生醤油のこと）を火入れして

＊　Makio Kobayashi　ヒガシマル醤油㈱　研究所　取締役研究所長

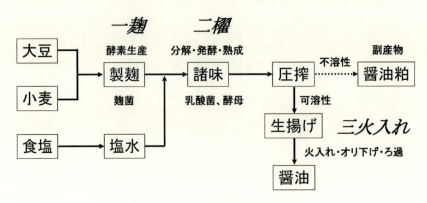

図1 醤油の醸造工程

製品醤油ができあがる。
　醤油の醸造工程をさらに詳しく解説すると，麹菌はたんぱく質の分解酵素であるプロテアーゼやでんぷんの分解酵素であるアミラーゼを多量に産生する。麹菌そのものは高い食塩濃度には耐性がなく食塩水と混合された諸味中で麹菌は死滅するが，麹菌酵素は耐塩性があるために諸味中で大豆や小麦由来のたんぱく質やでんぷんの分解が進行する。さらに諸味中では，でんぷんが酵素分解されて生じた，ぶどう糖を耐塩性の乳酸菌や酵母が発酵することで，乳酸やアルコール（香気成分）を醸し出す。最終工程である火入れは，生揚げ中に残存する酵母などの微生物の加熱殺菌や残存する麹菌酵素の熱変性による失活のほかに，色や香りを整える働きもある。これら醤油醸造において，酵素的，微生物的，化学的反応によりつくりだされる醤油の品質は，色，香り，味の三本柱の調和が重要であり，色はアミノ酸と糖のメイラード反応により生じ，香りは主に酵母発酵により300種を超える香気成分が醸成される。味に関しては，大豆や小麦に由来するたんぱく質が麹菌酵素により分解されたアミノ酸が，いわゆる「うま味」成分とされているが，乳酸などの有機酸の酸味やぶどう糖などの甘味なども含めて醸造成分による複雑な味わいを構成している。

3　醤油醸造における原料たんぱく質の分解

　日本固有の伝統的な麹醸造物について原料面から見てみると，醤油以外の醸造物では主に米麹のような単一麹であるのに対し，醤油は大豆と小麦の両方を使用する混合麹であり，大豆と小麦の使用比率により，大豆が多い溜醤油，大豆と小麦がほぼ等量の濃口醤油や淡口醤油，小麦が多い白醤油など，バラエティ豊かな醤油が日本各地に根付いている。このような混合麹での原料分解を考えると，大豆のたんぱく質と小麦のたんぱく質がそれぞれどのように分解されるのだろうか？との疑問が生じる。醸造中でのアミノ酸の濃度や成分組成からは大豆と小麦のどちら由来なのか判別することができないために，大豆と小麦の各たんぱく質に特異的な抗体を用いた免疫学

第 11 章　醤油醸造における原料分解と健康機能性の発現

的な手法により複合原料での分解がアレルゲン研究の視点から明らかにされた。

3.1　小麦アレルゲンの分解機構[2~4]

　醤油醸造における小麦アレルゲンの分解機構として，小麦に含まれるたんぱく質を塩可溶性画分と塩不溶性画分に分けて，それぞれの画分での分解が詳細に調べられ，以下の分解様式が提唱されている。すなわち，製麹工程では，塩不溶性画分の小麦たんぱく質が麹菌酵素のプロテアーゼの作用により低分子化され塩可溶性画分に移行する。次の諸味工程では，いったん増大した塩可溶性画分の小麦たんぱく質が，長期間の発酵熟成において麹菌酵素によりさらに低分子化される。最終的に発酵熟成が完了した諸味は圧搾により固液分離され，可溶性の液体部分である生揚げ（生醤油），ならびに不溶性の固体部分である醤油粕ともに小麦アレルゲンの残存は認められない。以上の結果より，醤油の製麹ならびに諸味工程において，麹菌酵素の作用により小麦アレルゲンは完全に分解されて消失することが明らかにされた。

3.2　大豆アレルゲンの分解・除去機構[2~5]

　次に，醤油醸造における大豆アレルゲンの分解・除去機構について考察する。大豆のたんぱく質は麹や諸味中で酵素分解を受けにくく，生揚げには大豆アレルゲンが残存している。生揚げ以降の火入れ・清澄化工程での大豆アレルゲンの消長を詳細に調べたところ，生揚げに残存する大豆アレルゲンとして Gly m Bd 30K，β-Subunit of β-conglycinin ならびに Oleosin が同定され，これら 3 種の大豆アレルゲンは火入れによる熱変性を受けて火入れオリとして不溶化し，その後のろ過による清澄化工程で火入れオリが完全に除去されることで最終の火入れ醤油から大豆アレルゲンが除去されることが確認された。

　以上の結果より，醤油醸造における原料たんぱく質の分解では，麹や諸味中での麹菌酵素や微生物による低分子化が最も重要であるが，麹や諸味中で完全には分解されない大豆アレルゲンは，火入れによる熱変性での不溶化と，続く清澄化工程での火入れオリの除去がさらに重要である。昔から言い伝えられている「一麹，二櫂」に加えて「三火入れ」は醤油品質のみならず，大豆アレルゲンの除去においても重要な工程であるといえよう。

4　醤油醸造における原料糖質の分解

　たんぱく質の分解の次は，糖質の分解はどうなっているのだろう？という疑問も生じる。先述のアレルゲン分解のように麹菌の作りだす多種多様な酵素群は非常に強力で，例えば，小麦に多く含まれるでんぷんは醸造中にぶどう糖にまで分解される。一方，大豆に含まれる多糖類の一部は完全には分解されずに醤油中に残存しており，これを醤油に含まれる多糖類として醤油多糖類（SPS：*Shoyu* polysaccharides）と総称している。SPS は，ガラクツロン酸を主鎖とし側鎖にキシロースを多く含む大豆ペクチン由来の酸性多糖類であり，酸性条件下で溶解してもゲル化する

123

食品・バイオにおける最新の酵素応用

ことがないなど，一般的なペクチン類とは異なる性質を有している[6]。SPS は，醤油原料である大豆由来の多糖類が醤油醸造中に麹菌酵素によりキシロースを含む側鎖を残す形で限定分解を受けた水溶性多糖類と推定される。SPS の健康機能として，抗アレルギー作用，鉄分吸収促進作用，中性脂肪低下作用が厳密なヒト臨床試験で明らかにされている。以下の各項で，これら SPS の健康機能について解説する。

4.1　SPS の抗アレルギー作用[2, 4, 7]

　SPS の抗アレルギー作用として，*in vitro* でのヒアルロニダーゼ阻害活性，およびヒスタミン遊離抑制効果に加えて，*in vivo* での受身皮膚アナフィラキシー反応抑制作用，腹腔内マクロファージの活性化，ならびにサイトカインバランスを自然免疫側に改善する効果が明らかにされた。さらに SPS は腸管での IgA 産生促進効果も有しており，SPS は免疫調整機能として免疫系の上流側に作用して即時型アレルギーの発症に関わる IgE 抗体量を減少させヒスタミン遊離を抑える効果が期待される。

　ヒト臨床試験では，通年性アレルギー，およびスギ花粉症に対する SPS の抗アレルギー作用が二重盲検並行群間比較試験で検証された。すなわち，イヌ皮膚，ネコ皮膚，ヤケヒョウダニ，ハウスダストなどに対してアレルギー症状を有する，通年性アレルギー患者 21 名を被験者として一日あたり 600 mg の SPS を摂取したヒト臨床試験で，摂取 4 週間後に SPS の有意なアレルギー症状の改善効果が確認されている。続いて，スギ花粉症患者 51 名を被験者として一日あたり 600 mg の SPS を摂取したヒト臨床試験で，摂取 4 週間後（スギ花粉の飛散開始から 1 週間後）から SPS の有意なアレルギー症状の抑制効果が確認されている。SPS を継続摂取することにより「くしゃみ，鼻水，鼻づまり」などのアレルギー症状を軽減することができ，SPS によるアレルギー症状の改善効果として，通年性アレルギーではアレルギー発症後のセラピー効果が，スギ花粉症では抗原となるスギ花粉の飛散前，すなわち，アレルギー発症前の予防効果がそれぞれ明らかにされた。

4.2　SPS の鉄分吸収促進作用[2, 4, 7, 8]

　これまでの研究で，「醤油は鉄分の吸収を促進する効果がある」ことがヒト臨床試験で明らかにされているが，醤油中のどのような成分が鉄分吸収を促進するのかは不明であった。醤油に含まれる鉄分吸収促進成分として SPS が同定され，*in vitro* での SPS の鉄キレート作用に加えて，*in vivo* での貧血回復効果，および貧血予防効果が明らかにされた。ヒト臨床試験では，45 名の健常女性を被験者として 8 週間の二重盲検並行群間比較試験により SPS の鉄分吸収促進作用が検証され，一日あたり 600 mg の SPS を継続摂取することで，4 週間後から血清鉄の有意な増加が確認された。この試験では，被験者は通常の食品中に含まれる鉄分を摂取していたと推定でき，SPS の摂取により日常の食事を通じて鉄分吸収が改善される可能性を示している。

第 11 章　醤油醸造における原料分解と健康機能性の発現

4.3　SPS の中性脂肪低下作用 [2, 4, 7, 8]

　SPS の中性脂肪低下作用として，*in vivo* での長期継続投与，および即時単回投与での血中中性脂肪の上昇抑制作用が明らかにされ，ラット門脈カテーテル留置法による連続的な測定系において脂肪の吸収抑制効果があることが確認された。

　ヒト臨床試験では，まず，SPS による食後の血中中性脂肪の上昇抑制作用を検証するために，健常男性 10 名を対象に，一日あたり 600 mg の SPS を摂取した SPS 群と SPS 非摂取の対照群での高脂肪食負荷試験が実施された。すなわち，高脂肪食（総エネルギー 1,644 kcal，総脂質 90.7 g）の摂取前後で血中中性脂肪を測定したところ，対照群に比べて，SPS 群では食後の中性脂肪の上昇が抑制され，6 時間後の中性脂肪値が有意に低下していた。続いて，SPS による中性脂肪低下作用を検証するため，メタボリックシンドロームの診断基準に従い，中性脂肪値が 150 mg/dL 以上 400 mg/dL 以下でウエスト周囲径が 85 cm 以上 110 cm 以下の 29 名の成人男性を被験者として，4 週間の二重盲検並行群間比較試験が実施された。その結果，一日あたり 600 mg の SPS を継続摂取することで，4 週間後の中性脂肪値が，SPS 摂取前に比べて有意に低下していた。以上の結果より，SPS には食後の中性脂肪の上昇を抑制する作用だけでなく，継続摂取により高めの中性脂肪値を徐々に低下させる作用もあることが示唆された。

5　おわりに

　これら一連の醤油醸造におけるアレルゲン分解の研究により，厚生労働科学研究班による「食物アレルギーの診療の手引き 2014」[9] において，「醤油について，小麦アレルギーでは除去不要。大豆アレルギーではほぼ除去不要」と記載され，平成 27 年 3 月には文部科学省から発行された「学校給食における食物アレルギー対応指針」[10] において，「醤油は食物アレルギーの原因食物として小麦，大豆とも除去する必要がない調味料」として記載されるに至った。一方，醤油成分である SPS は醤油醸造中に大豆の多糖類が麹菌酵素による部分分解を受けて機能発現をすることや[6]，最近の研究では，大豆を醤油麹で発酵させた大豆発酵物由来の SPS 様物質である大豆発酵多糖類（大豆水溶性食物繊維）においても，厳密なヒト臨床試験で通年性アレルギー性鼻炎症状の改善効果が確認されている[11]。昔から言い伝えられている「一麹，二櫂，三火入れ」は醤油品質のみならず，醤油の健康機能においても重要な工程であり，アレルゲンのように完全に分解するものと SPS のように分解せずに残しておくものは麹菌の「贈り物」，まさに醸造の「妙」といえよう。

文　　献

1) 古林万木夫, 醸協, **113**, 467 (2018)
2) 古林万木夫, 新増補 醤油の科学と技術, p.588, 日本醸造協会 (2012)
3) 古林万木夫, 谷内昇一郎, 日本小児アレルギー学会誌, **32**, 144 (2018)
4) 古林万木夫, 日本食およびその素材の健康機能性開発, p.56, シーエムシー出版 (2016)
5) 真岸範浩, 醸協, **114**, 12 (2019)
6) 橋本忠明ほか, 醤研, **40**, 161 (2014)
7) 古林万木夫, 大豆の栄養と機能性, p.116, シーエムシー出版 (2014)
8) 古林万木夫, 増補 醸造物の機能性, p.12, 日本生物工学会スローフード微生物工学研究部会・日本醸造協会 (2013)
9) 食物アレルギー診療の手引き 2014 検討委員会, 食物アレルギー診療の手引き 2014, 厚生労働科学研究費補助金難治性疾患等克服研究事業難治性疾患等実用化研究事業 (2014)
10) 学校給食における食物アレルギー対応に関する調査研究協力者会議, 学校給食における食物アレルギー対応指針, 文部科学省 (2015)
11) 鈴木誠ほか, 応用薬理, **94**, 43 (2018)

第12章 タンパク質架橋酵素（プロテインジスルフィドイソメラーゼ）の機能解析および小麦粉生地，製パン性に対する応用

野口智弘[*]

1 はじめに

　植物，動物に限らず生物はその生命を維持するため，多くの酵素がその生体内に存在し，常に活用されている。食品を生物と捉えると，動物の屠殺，農作物の収穫など，動植物として命を絶たれた後も，生体内に存在している酵素は働き続け，品質の変化（熟成・変敗）に関与している。また，これらの酵素は食品の加工時においても大きな影響を示し，例えばサツマイモなどのデンプン質の食材をゆっくり加熱すると甘味が増大する現象は，内在性のアミラーゼの効果である[1,2]。魚肉すり身のゲル形成には，内在性トランスグルタミナーゼが関与し，魚肉タンパク質のグルタミン残基とリジン残基間に，ε-（γ-グルタミル）リジン-イソペプチド結合を形成することで，弾力のあるゲルを形成する[3,4]。このように，食品素材中の酵素と加工特性との関係は古くから研究の対象となっていることは皆の知るところである。さらに，これらの酵素は食品添加物として食品の製造時に加えられ利用されているが，加工時や殺菌時に掛かる熱によって失活することで，添加物表示義務がなくなることから，様々な酵素製剤が用いられ，既存添加物として現在68分類が登録されている。

2 小麦生地形成とジスルフィド結合

　小麦粉は他の穀粉と異なり，水を加えて混捏すると粘弾性に富んだ生地を形成する。この小麦粉のみにみられる独特な性質を利用して，パンやうどんなどが製造されているが，小麦粉生地の性質は，小麦特有のタンパク質であるグルテンによるものである。小麦粉中に含まれる主要なタンパク質は，アルブミン，グロブリンおよび小麦プロラミンのグリアジン，グルテリンのグルテニンに大別される。これらのタンパク質の内，グリアジンおよびグルテニンがグルテンの形成に大きく関与することが知られ，古くから多くの研究がなされてきている。グリアジンは，α/β-，γ-，ω-グリアジンの分子種が存在し，α/β-およびγ-グリアジンはシステイン残基（SH基）を有しているが，ω-グリアジンは有していない。また，α/β-およびγ-グリアジン中のSH基は，分子内ジスルフィド結合（SS結合）を形成しており，基本的にモノマーで存在してい

---

　*　Tomohiro Noguchi　東京農業大学　応用生物科学部　食品加工技術センター　教授

食品・バイオにおける最新の酵素応用

る[5,6]。グルテニンは，高分子量グルテニンサブユニットと低分子量グルテニンサブユニットに分けられ，Payneら[7,8]は，製パン性の向上に高分子量グルテニンサブユニットが特に強い関係性があることを報告している。高分子量グルテニンサブユニットにはx-タイプとy-タイプが存在し，前者には，基本的に遊離SH基がN末端およびC末端に1つずつある（図1，2）。一方，後者にはさらにもう一つ遊離SH基が存在し，計3つのSH基を有している。これらのグルテニンサブユニットは，両末端に存在するSH基にて分子間SS結合を形成し直鎖状のポリマーとなる。また，y-タイプに存在するもう1つのSH基を利用しグルテニン鎖の枝分かれが可能となり，網目状のポリマーを形成する。このように高分子量グルテニンサブユニットのSS結合による重合がグルテンの性状，特に弾性に関与するが，製パン性に優れる小麦粉では，x-タイプに3つのSH基を持つ特別な特異なタンパク質を含むことが明らかにされ，より緻密なグルテニンポリマーを形成できる[10]。1980年代より遺伝子解析が進み，高分子量サブユニットの遺伝子がどの染色体上に存在するかが明かとなり，第1同祖群染色体の長腕上の遺伝子座 *Glu-A1*, *Glu-B1*, *Glu-D1* に存在し，製パン性の良い小麦粉には，*Glu-D1d* がコードする5+10が生地物性を高

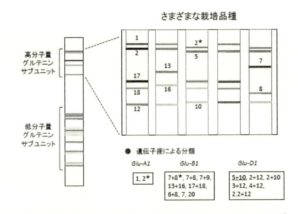

図1　SDS-PAGEによるグルテニンサブユニットの分離[9]

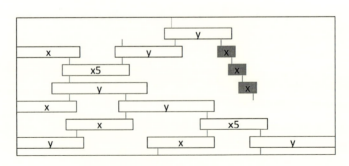

図2　高分子量グルテニンサブユニット
（□）および低分子量サブユニット（■）により形成されるグルテンポリマーモデル[8]

める効果があることが見出されている[11〜13]。近年，低分子量サブユニットの解析も進み，B-,
C-, D-type サブユニットの3グループに分類され，分子間 SS 結合に関与する SH 基は，2つ
のみであることから，直鎖上のポリマーを形成し高分子量サブユニットなどと結合して，グルテン
ネットワーク形成に関与していることが明らかになっている[10]。小麦粉生地の性状は，基本的に
はタンパク質含量，すなわちグルテン量に左右されるが，グルテンの質も重要であり，このグル
テンの質にグルテニンの SS 結合形成能が関与することが，遺伝子レベルで解明されて来ている。

3　小麦粉生地と酸化

小麦生地の物性において SS 結合が重要であることは，先述の通りである。では，製パン工程
中に SH 基が酸化されることで生地物性やパンの品質にどのように効果があるのだろうか。松本
ら[14]は，酸化剤の添加により僅かに SH 基量が減少すること。また，PCMB や NEMI などの SH
基閉塞剤を小麦粉に加え生地を調製すると，酸化剤の添加の有無によって生地物性が変化しない
ことを報告している。しかしながら，SH 基の減少量が少なく，このような僅かな SS 結合形成
で生地特性を大きく変化させるとは考えにくいことから，図3に示すような SH-SS 交換反応に
て説明されることが多い[15]が，その詳細は未だ整理されていない。

製パン過程における SS 結合の形成もしくは SH-SS 交換反応には，様々な酸化剤の検討が
行われ，その効果が検証されている[16]とともに，実際の製パン現場においてはアスコルビン酸や
グルコースオキシダーゼなどの利用が進められている。

4　小麦粉生地中の SS 結合形成と酵素

近年，酸化還元酵素との関係性も検討されているが，その効果については，まだ多くの検討す
る課題がある。D. Every[17]らは，小麦の製粉時における各分級画分中のリポキシゲナーゼ

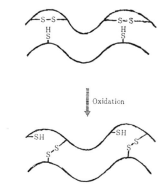

図3　SH-SS 交換反応による SS 結合の架け替え[14]

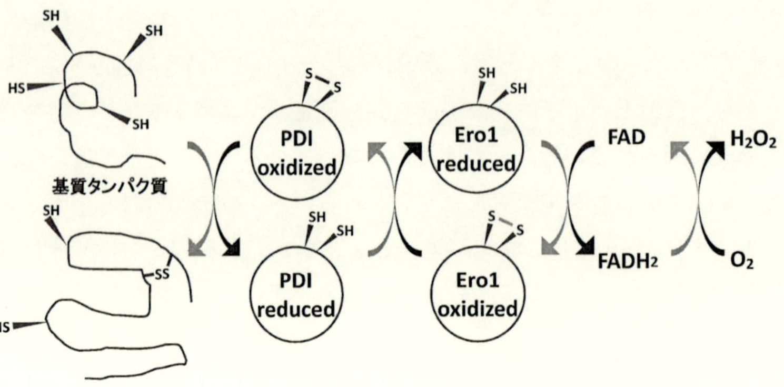

食品・バイオにおける最新の酵素応用

図4　PDI-ERO1 酸化系における SS 結合形成模式図

(LOX)，パーオキシダーゼ（POX），ポリフェノールオキシダーゼ（PPO），アスコルビン酸オ
キシダーゼ（AOX），デヒドロアスコルビン酸レダクターゼ（DAR），そしてプロテインジスル
フィドイソメラーゼ（PDI）の活性を測定し，またストリーム粉中のこれら酵素活性と製パン性
との関係性を解析している。この報告の中で，これらの酵素活性量と製パン性との間に有意な相
関はみられないが，アスコルビン酸（AA）の存在下で，PDI のみパンの活性量と品質改善効果
との間に，正の相関がみられるとしている。製パンにおいて，古くから AA は酸化的製パン改
良剤として用いられており，PDI 活性と製パン性に AA が関与することは興味深い。

　PDI（EC 5.3.4.1）は，SS 結合形成を触媒する酸化還元酵素であり，哺乳類や植物，細菌，酵
母など生物種に広く存在する酵素である[18~21]。PDI は小胞体中に存在し，タンパク質発現時に
分子内（間）に SS 結合を形成させる分子シャペロンである。発現したタンパク質への SS 結合
形成に用いられた PDI は活性部位が還元されるため，他のタンパク質に新たな SS 結合を形成さ
せるためには，活性部位が再酸化される必要がある。この再酸化因子としてエンドプラスミック
レティキュラムオキシドレダクチン-1（ERO1）が知られており[22,23]，FAD および酸素を介し，
PDI-ERO1 酸化系が滞りなく機能する（図4）。小麦胚乳においても PDI の存在が確認されてお
り[24]，製パン性に対し影響を及ぼすことが推察される。

5　製パン性と PDI

　筆者らは，国産小麦「ハルユタカ」の小麦粒より PDI の分離精製を行う[25]とともに，遺伝情
報をもとに，大腸菌大量発現系にてリコンビナント PDI を得[26]，製パン性と PDI の検討を行っ
た。強力粉では PDI による SS 結合形成の効果が得られにくいと考え，強力粉に比べ製パン特性
が劣る中力粉を対象に PDI を添加し，製パン改良効果を検討したところ，PDI 無添加の中力粉
パンに比べ，PDI 添加パンでは優位に比容積は増大したものの，強力粉より調製したパンの比容
積には及ばないという結果となった。PDI の添加量を強力粉と中力粉の差分以上を添加しても改

第12章 タンパク質架橋酵素(プロテインジスルフィドイソメラーゼ)の機能解析および小麦粉生地,製パン性に対する応用

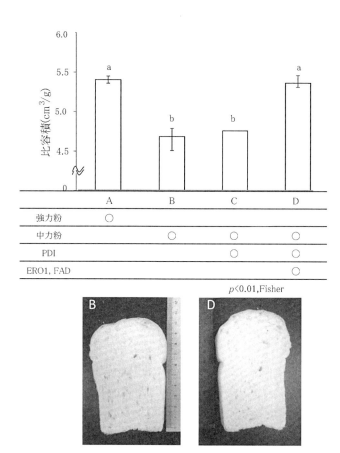

図5 小麦リコンビナントPDIおよびERO1添加による比容積の変化[27]
※PDI添加量；25Units/小麦粉100g, ERO1添加量；PDIの20倍量
(タンパク質モル数として)

善効果は小さく,一要因としてタンパク質量の少なさが上げられるが,先述のようにPDIは一度基質タンパク質を酸化させSS結合を形成させると,ERO1による酸化再生を受けないとその機能が十分に発揮されない。そこで,PDIの再酸化因子であるERO1のリコンビナント体を作成し[27],PDI,ERO1共存系にて製パン試験を行った[28]結果,小麦粉中に含まれているPDI活性の5%程度の添加においても,パンの比容積が増大し,強力粉パンに匹敵するボリュームを示した。このようにPDIの酸化再生を行うことで,小麦タンパク質へのSS結合形成が進み,良好なグルテンネットワークが構築されるものと考えられる。先にも述べたように分子間でSS結合を形成するものはグルテニンサブユニットである。一方,グリアジンはすべてのSH基が分子内にてSS結合を形成し,モノマーで存在するため,新たなSS結合形成は,SH-SS交換反応によるものとなる。Lagrainら[29]は,高温下においてグルテニンとSH-SS交換反応で分子間SS結合を形成するとの報告している。そこで,PDIによる触媒反応によってグリアジン-グルテニン共有結合が形成されるか検討した。市販のグリアジン製剤に対しPDIおよびERO1を作用させ二次元

131

電気泳動に供したところ，SS結合の形成による高分子化が若干確認されたが，大半はグリアジン分子内でのSH-SS交換反応を示すスポットの変化を示した[30]。さらに，グリアジンの表面疎水性度が処理により約75％に低下したことから，SS結合の分子内における架け替えにより，タンパク質の立体構造が変化しグリアジンの親水化が生じた。このことは，グルテンネットワークを単に共有結合で強固にしているだけではなく，グリアジンとグルテニン間での疎水性相互作用の弱まりを招き伸展性に寄与するものと考えている。

6　製パンにおけるアスコルビン酸の関与

　製パンにはAAが酸化的改良剤として用いられてきた。本来AAは還元剤であるが，製パンに用いる際には小麦粉中のAOXによってデヒドロアスコルビン酸（DHA）に変換され，酸化剤として機能する。DHAは，酵母から溶脱してくるグルタチオンのスカベンジャーとしての役割を持ち，既存のSS結合が還元され生地が弱化するのを防止する。このことは，冷凍パン生地において，AA添加濃度が通常10ppm程度であるのに対し，100ppm程度が必要なことからも説明できる。また，直接酸化剤としてタンパク質に働き，タンパク質中にSS結合を形成するとも考えることができる。しかしながら，製パン時に用いるような濃度のDHAをタンパク質に作用させても，効率的にSS結合は形成されない。Every[31]らは小麦種子登熟過程においてPDIをDHAが酸化再生する可能性を報告している。そこで，PDIとDHAを共存させ製パン試験を行うとERO1を用いた時と同様，高い製パン改良効果が得られた。これらのことから，AAの製パン改良効果には，PDIとの協働の可能性が示唆され，これまで観察されていたAA添加による製パン改良効果は，小麦粉に内在するPDIの作用性を向上させたことによる効果であると考えられる。ここで一つ疑問に残ることがある。本来PDIの酸化再生にはERO1が関与するはずであるが，ERO1とDHAの酸化再生はどの様な関係性になっているのであろうか。この答えとして，登熟過程の種子中のPDIおよびERO1をウエスタンブロットにて検出したところ，PDIは登熟が進むにつれて，酵素タンパク質の蓄積が観察されるが，ERO1は登熟後期にそのシグナルが減少する。このことより，小麦粉中では充分量ERO1が存在していない可能性があり，この機能をAA（DHA）が代わりに担っているのではないだろうか。

7　おわりに

　PDIが小麦粉中で見出されたのは，1980年代と決して新しくはない。植物中のPDIの研究創成期では，主に植物生理学見知からの取り組みが多かったが，2000年代後半から食品としての取り組みが数多く出され，現在多くの新しい報告が出ている。タンパク質の酸化による生地改良効果は，単にグルテン骨格を強固にするのみではなく，タンパク質の表面疎水性度などにも大きな影響を与える可能性がある。SS結合形成がグルテンのタンパク質分子間相互作用におよぼす

第12章　タンパク質架橋酵素（プロテインジスルフィドイソメラーゼ）の機能解析および小麦粉生地，製パン性に対する応用

影響も大いに興味のあるところであり，今後これら酵素修飾によるタンパク質の性状変化に関し研究が進展することを期待する。

文　　献

1) URCELL A E *et al., J. Agri. Food Chem.*, 36, 360 (1988)
2) 別所秀子，調理科学，**5** (1), 8-18 (1972)
3) Kumazawa, Y. *et al., J. Food Sci*, **60**, 715 (1995)
4) 関伸夫ほか，日水誌，**56**, 125 (1990)
5) W. Jones *et al., R Arch. Biochem. Biophys*, **94**, 483 (1961)
6) P. I. Payne *et al., Cereal Chem.*, **62**, 319 (1985)
7) P. I. Payne *et al., Theor. Appl. Genet.*, **55**, 153 (1979)
8) H. Wieser, *Food Microbiology*, **24**, 115 (2007)
9) 松村康生，化学と生物，**52** (6), 387 (2014)
10) P. I. Payne *et al., Cereal Chem.*, **62**, 319 (1985)
11) P. I. Payne *et al., J. Sci. Food Agric.*, **32**, 51 (1981)
12) Moonen, J. H. E. *et al., Euphytica*, **31**, 677 (1982)
13) Lawrence, G. J. *et al., J. Cereal Sci.*, **6**, 99 (1987)
14) 松本 博，栄養と食糧，**27** (7), 303 (1974)
15) 清水 徹，化学と生物，**7** (2), 96 (1969)
16) YOSHIDA C. *et al., Food Sci. Tech. Res.*, **7** (2), 99 (2001)
17) D. Every *et al., Cereal Chem.*, **83** (1), 62 (2006)
18) Ken KAINUMA *et al., biosci. Biotech. Biochem.*, **62** (2), 369 (1997)
19) D F Carmichael *et al., J. Biological Chem.*, **252**, 7163 (1977)
20) Mizunaga T. *et al., J. Biochem.*, **108** (5), 846 (1990)
21) Sugiyama H. *et al., Biosci. Biotech. Biochem.*, **57**, 1704 (1993)
22) Frand, A.R. *et al., Mol. Cell*, **1**, 161 (1998)
23) Pollard, M.G. *et al., Mol. Cell*, **1**, 171 (1998)
24) Roden LT *et al., Miflin BJ, FEBS Lett.*, **138**, 121 (1982)
25) 野口智弘ほか，日食保科誌，**37** (5), 245 (2011)
26) ARAI, S. *et al., Food Preservation Sci.*, **37**, 173 (2011)
27) 野口智弘ほか，日食保科誌，**37** (6), 283 (2011)
28) Noguchi, T. *et al., Food Preservation Sci.*, **41** (6), 267 (2015)
29) B. Lagrain *et al., Food Chemistry*, **107** (2),753 (2008)
30) Noguchi, T. *et al., Food Preservation Sci.*, **42** (1), 9 (2016)
31) Every, D. *et al., Cereal Chem.* **80**, 35 (2003)

第13章 甘味発現の分子機構と甘味タンパク質への応用

桝田哲哉[*]

1 はじめに

味は，食品を特徴づける有力な指標であり，基本五味（甘味，うま味，苦味，酸味，塩味）に加え，広義の味として辛味，渋味，えぐ味，アルカリ味，金属味，後味も知られている。これら「味」の中でも甘味は，最も親しみがあり，好まれる味である。甘味を呈する物質の多くは，糖類，アミノ酸，ペプチド，人工甘味料などの低分子量の甘味料であるが，高分子タンパク質の中にも甘味を呈するものが存在する。これら甘味物質はいずれも，甘味受容体（T1R2-T1R3）で受容されることが知られている。

本稿では，味の分類と表現，基本味について概説し，特に甘味物質の特徴，受容機構に焦点を絞り，これまでの知見を俯瞰する。

また，筆者が取り組んでいる，甘味タンパク質の甘味特性，構造—機能相関，甘味受容体とのドッキングモデルを用いた甘味タンパク質の高甘味度化について，近年の知見を交えて紹介する。

2 味の分類と基本味

2.1 味の分類と表現

味に関する分類は，紀元前からギリシアの哲学者らにより注目される題材であり，プラトンは6つの味（bitter（苦味），sweet（甘味），sour（酸味），salty（塩味），astringent（収斂味），pungent（辛味））をあげている。アリストテレスは甘味と苦味が味の柱であるが，7つの味（bitter（苦味），sweet（甘味），salty（塩味），pungent（辛味），harsh（えぐ味），astringent（収斂味），sour（酸味））に分類した。さらにテオプラストスは oily（油味）を加えた8つの味からなると述べ，この分類は多くの哲学者に受け入れられていたようである。10世紀頃のイブン・スィーナーの分類（bitter（苦味），sweet（甘味），salty（塩味），sour（酸味），insipid（風味のない，無味）），16世紀のジャン・フェルネルによる分類（bitter（苦味），sweet（甘味），salty（塩味），pungent（辛味），harsh（えぐ味），astringent（収斂味），sour（酸味），fatty（脂味），insipid（風味のない，無味））にも受け継がれている。18世紀には，分類学の父と称されるリンネによっても，11種（bitter（苦味），fatty（脂味），sour（酸味），astringent（収斂味），

＊ Tetsuya Masuda　京都大学　大学院農学研究科　食品生物科学専攻　食品化学分野　助教

第13章　甘味発現の分子機構と甘味タンパク質への応用

sweet（甘味），salty（塩味），sharp（辛味），viscous（粘着性のある），insipid（風味のない），aqueous（水のような），nauseous（不快な））で表現されている。詳細については，他の成書や文献を参考にされたい[1~3]。分類の多くで共通しているのは，4つの味（bitter（苦味），sweet（甘味），salty（塩味），sour（酸味））が含まれているのが特徴である。

2.2　味の正四面体理論と基本5味

今日でいう基本5味とは，甘味，酸味，苦味，塩味，うま味の5つであるが，これら5つの味は，①他の基本味とは明らかに味質が異なっている，②他の基本味を組み合わせてもその味を作り出せない，③他の基本味とは異なる受容体を通して伝達される，などと定義されている。

ドイツのフィックにより，味は甘味，酸味，苦味，塩味の4つの味に単純化できると19世紀半ばに報告され，その後20世紀に入り，ヘニングにより，味の正四面体理論（taste tetrahedron）が提起された。この仮説に於いては，正四面体の各頂点に甘味，酸味，苦味，塩味を配置し，2種の味を持つものは，正四面体の稜線上に，3種の味を持つものは面上に位置すると提唱した（図1）。

西洋同様に中国でも，古くから味の分類が行われ，陰陽五行説の五行に対応して，五味は，木＝酸，火＝苦，土＝甘，金＝辛，水＝鹹となっている。鹹とは塩辛味であり，興味深いのは辛味が含まれているところであろうか。中華料理，四川料理では，香辛料を含むものが多く，辛味は身近に感じられる感覚であったと考えられる。

正四面体理論にはうま味が含まれていない。これについては，西洋では，うま味に対する標識物質（グルタミン酸ナトリウムのような基準物質）がなかったこと，うま味を表現する適切な方法（味名）がないことも一因ではないかと考えられている[1,2]。現在では，うま味物質として，グルタミン酸ナトリウム，イノシン酸，グアニル酸が知られるが，いずれも日本では古来，親し

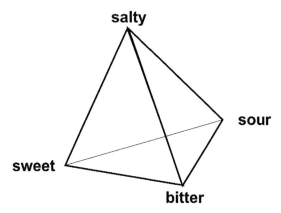

図1　味の正四面体理論（taste tetrahedron）
正四面体の各頂点に甘味，酸味，苦味，塩味を配置し，2種の味を持つものは，
正四面体の稜線上に，3種の味を持つものは面上に位置する。

みのある食材に含まれ，池田菊苗がグルタミン酸ナトリウムを同定したことからも，我が国を含む東洋では，うま味に対する認識が強いのは頷ける。うま味が独立した味として認められるようになったのは，マウスの舌咽神経にはグルタミン酸ナトリウムには応答するが，他の味物質には応答しない神経線維が存在すること[4]，サルでは，味物質の中でグルタミン酸ナトリウムにのみ応答する神経線維が存在すること[5]などの点からであるが，20世紀後半の出来事である。

3　甘味物質の特徴

「甘さ，甘味」の発現は甘味物質が甘味受容体と相互作用することによりもたらされる。甘味物質は，糖類，アミノ酸，ペプチド，合成甘味料からタンパク質まで多岐におよぶ[6,7]。近年注目されている甘味料としては，ショ糖に代替可能な，ステビオシド等の天然甘味料や，高甘味度甘味料と呼ばれるスクラロース，アセスルファムカリウム，アスパルテームなどのノンカロリー甘味料が挙げられる。これら多くの甘味物質は分子量の比較的小さい低分子化合物である。高分子化合物であるタンパク質は元来味を呈さないと考えられてきたが，熱帯植物由来のタンパク質が甘味を呈すると報告され，以降甘味構造活性相関研究が開始されている。

3.1　糖類

甘味の認識は，生物が生きていくうえで必要なエネルギーを供給する糖類が含まれることを知らせる信号である。代表的な糖質系甘味料はショ糖であり，この甘味強度を基準として各甘味料の甘味度が見積もられる（表1）。

砂糖の主成分は，ショ糖（スクロース）であり，甘蔗や甜菜の搾汁を濃縮，結晶化，精製して得られる。

ブドウ糖（グルコース）の甘味度はショ糖の半分程度であり，でんぷんを酸や酵素で加水分解して得られる。酵素としては，液化型 α-アミラーゼとグルコアミラーゼが用いられる。

果糖（フルクトース）はショ糖に比べ若干甘い。異性化糖液（後述）を陽イオン交換樹脂で処理することにより，果糖は吸着するが，ブドウ糖は吸着しない性質を利用し，精製が可能である。フルクトースで興味深いのは，α-D-フルクトースの甘味は，ショ糖に比べ 0.6 倍と弱いのに対し，β-D-フルクトースは甘味が 1.8 倍と強くなっている点である。α 体と β 体の構成比は温度によって変わり，低温では β 体の割合が多くなる。果物を低温で供すると，β 体の割合が多くなり，甘味が強められる。

異性化糖は，ブドウ糖を酵素（グルコースイソメラーゼ）処理やアルカリ処理することにより異性化した液状の糖である。果糖とブドウ糖を含むもので，果糖の含有率が 50％未満のものをブドウ糖果糖液糖，50％以上のものを果糖ブドウ糖液糖と呼ぶ。

転化糖はショ糖に酵素（インベルターゼ）を作用させ加水分解したものであり，ブドウ糖と果糖を等量含む。転化糖は吸湿しやすい性質を有していることから，上白糖にごく少量加えられ，

第13章　甘味発現の分子機構と甘味タンパク質への応用

表1　甘味物質と甘味度

	分子量	甘味度
甘味タンパク質		
ソーマチン	22,000	1,600 – 3,000（100,000）
モネリン	11,100（二量体）	3,000　（100,000）
ブラゼイン	6,500	2,000　（40,000）
マビンリンII	12,400（二量体）	110　（4,000）
ネオクリン	25,000（二量体）	550　（20,000）
リゾチーム	14,500	20　（700）
糖類		
ショ糖（スクロース）	342.30	1
グルコース	180.16	0.5
フルクトース	180.16	1.5 – 1.8
タガトース	180.16	0.92
プシコース	180.16	0.7
トレハロース	342.30	0.5 – 0.7
エリスリトール	122.12	0.7
キシリトール	152.15	1.0
配糖体		
ステビオシド	318.45	210
レバウデオシドA	967.01	242
グリチルリチン	822.94	93 – 170
アミノ酸		
L−アラニン	89.09	0.54
L−グリシン	75.07	0.45
D−トリプトファン	204.23	10.5
D−ヒスチジン	155.15	2.3
オリゴ糖		
カップリングシュガー		0.5
フラクトオリゴ糖		0.3
高甘味度甘味料		
サッカリン	183.19	200 – 700
アセスルファムカリウム	201.24	200
スクラロース	397.64	600
アスパルテーム	294.30	200
アリテーム	331.43	2,000
ネオテーム	378.47	7,000 – 13,000
アドバンテーム	476.52	14,000 – 48,000
シクラメート	201.22	30 – 50

桝田哲哉, *BIO INDUSTRY*, **33**, (2016) を改変
甘味タンパク質の甘味度はショ糖に対して重量比と（モル比）で表す。

固結しにくい性質を与えている。

　近年注目されている希少糖の初発物質として利用されるタガトースはフルクトース（果糖）と構造が類似しているが4位のエピマーである。甘味度はショ糖の0.92倍である。また果糖と比べカロリーはおよそ37.5％程度であり，ダイエット食等の利用に供される。D−タガトース 3−エ

ピメラーゼ（D-TE）によって，ソルボースに変換される。

プシコースは，D-フルクトースの3位のエピマーである。甘味度はショ糖に比べ0.7倍である。食品に添加することでゲル化，風味増強，抗酸化に寄与するとの報告もある。D-TEを用いてD-フルクトースから作られる。

トレハロースはグルコースが1-1グリコシド結合した2糖であり，還元末端を持たない。甘味度はショ糖に比べ0.5から0.7倍程度である。保水力が高く，食品や化粧品に用いられている。

エリスリトールは4炭糖のエリスロースが還元されてできた糖アルコールであり甘味度はショ糖に比べ0.7倍である。水に溶解すると吸熱性を示すことから冷涼感を有し，多くの食品に利用されている。

キシリトールは5炭糖のキシロースが還元されてできた糖アルコールであり糖アルコールの中で最も甘く，甘味度もショ糖に近い。冷涼感，非う蝕性作用を示し，ガムなどに多く用いられている。

オリゴ糖としては，カップリングシュガーやフラクトオリゴ糖が知られている。

カップリングシュガーは，ショ糖とデンプンの混合液に酵素（シクロデキストリングルカノトランスフェラーゼ）を作用させ，ショ糖のブドウ糖側に数個のブドウ糖が結合したグルコシルスクロースが生成する。これら混合物をカップリングシュガーという。甘味度はショ糖に比べ0.5倍程度である。

フラクトオリゴ糖は，ショ糖の果糖側に数個の果糖が結合したものであり，果糖が直鎖状にβ1-2結合した1-ケストース，ニストース，フラクトシルニストースなどからなる。酵素としてフラクトフラノシダーゼが用いられる。甘味度はショ糖に比べ0.3倍程度である。

水あめは，広く和菓子に用いられ，でんぷんをシュウ酸で加水分解した酸糖化水あめ，アミラーゼなどの酵素を用いて加水分解した酵素糖化水あめなど知られる。

糖質系甘味料は，単に食品に甘味を付与するのみでなく，保湿性や，保型性を与え，調理，加工上重要な物性を付与する役割を有している。また，糖アルコールでは低カロリー，低う蝕性などの機能を有しているのが特徴である。

配糖体のなかにも甘味を呈するものが存在し，*Stevia rebaudiana* の葉に含まれるステビオシドやレバウデオシドAはショ糖の200倍前後甘味が強く，ヨーグルトや飲料に使用されている。

甘草の根に含まれるグリチルリチンは北欧では，リコリス菓子などに利用される。甘味度はショ糖の50倍前後である。甘草あるいはその主成分のグリチルリチンを含む漢方薬，風邪薬等の医薬品の服用で偽アルドステロン症の症状が見られる場合があり注意が必要である。

3.2 アミノ酸

アミノ酸の中では，L-アラニン，L-グリシンが甘味を呈し，その甘味度はショ糖に比べそれぞれ0.54倍，0.45倍である。また興味深いことに，L-トリプトファンは苦味を呈するが，光学異性体であるD-トリプトファンは強い甘味を呈し，ショ糖に比べ10.5倍甘い。D-ヒスチジンも

第13章　甘味発現の分子機構と甘味タンパク質への応用

甘味を呈し，ショ糖の2.3倍である。特にD-トリプトファンの甘味が強いが，僅かな構造の違いで，呈味性が全く異なるのも興味深い。

3.3　高甘味度甘味料

糖質系甘味料の多くはショ糖と比べ同等の甘味を有するものが多いが，サッカリン，アスパルテーム，アセスルファムカリウム，スクラロースなど数百倍以上強い甘味を呈する甘味料も存在する。近年の低糖質ブームと相まって，食品や飲料で多用されている。

ペプチド性甘味料としてはアスパルテームが挙げられるが，アスパラギン酸とフェニルアラニンのメチルエステル（L-aspartyl-L-phenylalanine methyl ester）である。甘味度はショ糖の200倍である。食品表示基準として「L -フェニルアラニン化合物を含む」等を表示する必要がある。

アリテームはアスパルテームのアミドアナログであり，L-アスパラギン酸とD-アラニンのジペプチドである。アスパルテームよりも更に甘味が強く，ショ糖の2,000倍である。

ネオテームもアスパルテームのアスパラギン酸部分をN-アルキル化することにより合成される。甘味度はショ糖の7,000-13,000倍である。

アドバンテームはアスパルテームと3-ヒドロキシ-4-メトキシ-フェニルプロピオンアルデヒドとの還元アルキル化により合成される。甘味度はショ糖の14,000-48,000倍である。アドバンテームもL-フェニルアラニン化合物であるが，吸収率が最大で20％である上に代謝物がANS9801-acidであることから，体内においてフェニルアラニンが生じる量は非常に低く，アドバンテーム摂取によりフェニルアラニン摂取量が増加するリスクは無視できると判断されている。

サッカリンの甘味度はショ糖に比べ200-700倍であるが，甘味以外にも特有の苦味を呈する。佃煮，漬物，歯磨き粉などに使用されている。

アセスルファムカリウムの甘味度はショ糖に比べ200倍であり，サッカリン同様分子内に硫黄原子を有する。高濃度では後味に苦味を呈し，苦味受容体（hTAS2R31，hTAS2R43）が，サッカリン，アセスルファムカリウムに応答する[8]。アセスルファムカリウムは他の甘味料（スクラロースやアスパルテーム）とブレンドして食品，菓子，飲料等に用いられており，互いの後味のマスキングや甘味の相乗効果が見られる。

スクラロースの甘味度はショ糖に比べ600倍である。ショ糖の3カ所のOH基が塩素原子（Cl）に置換されている。味質や甘味強度の変化がショ糖と類似しており，温度，pHに対しても安定である。

シクラメートはシクロヘキシルスルファミン酸のナトリウム塩として用いられ甘味度はショ糖に比べ30-50倍である。自身には毒性はないが，シクラメートが腸内細菌により代謝された結果生じるシクロヘキシルアミンに毒性がある。米，日本では使用が禁止されているが，欧州，中国では使用されている。

3.4 甘味タンパク質

　現在まで，6種のタンパク質（ソーマチン，モネリン，ブラゼイン，マビンリン，クルクリン（ネオクリン），卵白リゾチーム）が甘味を呈する。甘味タンパク質はいずれも天然甘味料であり，リゾチームを除き，熱帯雨林に自生する植物由来のタンパク質である。甘味タンパク質の中でもソーマチンとモネリンはショ糖に比べ，モル比で10万倍，重量比で3千倍と非常に強い甘味を呈する。ショ糖の代替甘味料としての利用，甘味発現機構解明の有効なツールとなると期待され，多くの研究がなされている。これら甘味タンパク質については立体構造が明らかになっているが，共通して存在する「構造モチーフ」は見出されていないため，各々のタンパク質について甘味発現に関わる特徴を見出そうとする構造活性相関研究が国内外で盛んに行われている。以下甘味タンパク質の特徴について触れる。

3.4.1 モネリンの特徴

　モネリンは西アフリカ原産の植物 *Dioscoreophyllum volkensii* 由来のタンパク質である[9]。タンパク質性甘味料として，最初に発見された。44アミノ酸からなるA鎖と50アミノ酸からなるB鎖が非共有結合した2つのサブユニットからなるヘテロ二量体であり，加熱に対しては不安定である（図2A）。初期のモネリンの構造活性相関研究では，固相ペプチド合成法により甘

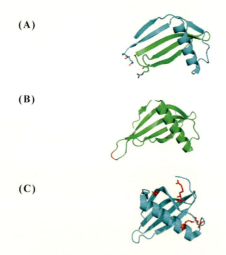

図2　モネリンの構造
（A）植物由来モネリンの構造（PDB：3mon）
　　A鎖を緑色，B鎖をシアンで示している。A鎖のN末端とB鎖のC末端が近傍に位置している（該当残基をstick modelで示す）。
（B）一本鎖モネリン（PDB：2o9u）
　　連結部分を赤色で示す。
（C）高甘味度化されたモネリン変異体（PDB：5lc7）
　　4カ所の変異を導入することにより高甘味度化を達成している。PyMOLにて作成（DeLano, W. L. (2002). The PyMOL /Molecular Graphics System. DeLano Scientific, San Carlos, CA, USA.）。

第 13 章　甘味発現の分子機構と甘味タンパク質への応用

味発現部位の同定が試みられ[10]，モネリンの立体構造が得られて以降は[11]，一本鎖モネリンを用いた検討が行われている。構造解析より A 鎖の N 末端と B 鎖の C 末端が近傍に位置していることが明らかとなり，A 鎖，B 鎖 2 つのペプチド鎖を遺伝子工学的手法により結合させ一本鎖化している（図 2B）[12,13]。甘味発現部位の同定のみならず，現在は高甘味度化，耐熱化も試みられている。高甘味度化については後述する。

　Asp72（AspA22）を含む Arg86，Arg70 で形成される領域，Glu2（GluB2），Asp7（AspB7），Arg39（ArgB39）の 3 残基が甘味発現に係わり，中でも Asp7 と Arg39 の 2 残基に変異が導入されるとモネリンの 2 次，3 次構造の安定性に影響を与え，これらアミノ酸残基の側鎖の配向性やヘリックス構造が甘味と深く関係していると報告されている[14,15]。構造解析については，植物体では分解能 2.3Å[16]，組換え体では 1.15Å[17]，変異体では 1.55Å[18] と比較的高分解能の解析が行われている。また，NMR による溶液構造解析も行われている[19]。5 つの逆平行 β-ストランドと 17 残基からなる α-ヘリックスからなる。シスタチンなどと構造が類似している。

3.4.2　ソーマチンの特徴

　ソーマチン（タウマチン）は西アフリカ原産の植物 *Thaumatococcus daniellii Benth* の果実から単離される[20]。アミノ酸配列や遺伝子配列の決定を皮切りに[20~23]，組換え体の発現，甘味発現部位の探索[24~27] など研究がなされている。

　ソーマチンはヒスチジン以外の 19 種のアミノ酸を構成成分とする 207 アミノ酸残基からなる分子量 22,000，等電点が 12，分子内に 8 つのジスルフィド結合を有する 1 本鎖タンパク質であり，酸性条件では加熱に安定である。陽イオン交換クロマトグラフィーの溶出パターンから 5 つのバリアント（ソーマチン a, b, c, I, II）が存在し，ソーマチン I，ソーマチン II が主成分である。ソーマチン I および II のアミノ酸配列を比較すると，4 ヶ所のアミノ酸残基に於いて相違が見られ，ソーマチン II のほうが全体として塩基性度が高いため，陽イオン交換クロマトグラフィーで分離が可能である。

　ソーマチンは酒石酸塩存在下で比較的容易に bipyramid 型の正方晶の結晶が得られるため結晶化のモデルタンパク質として利用され，構造解析も進んでいる。精製すること無しに結晶が得られるが，陽イオン交換クロマトグラフィーで精製を行うことで，ソーマチン I については，植物体では 0.94Å[28]，組換え体では 0.90Å の原子分解能構造が[29]，ソーマチン II は，植物体では 1.27Å[30]，組換え体では 0.99Å の構造が得られている[31]。典型的な 11 個の β-ストランドで構成されるドメイン I（アミノ酸残基 1-53，85-127，178-207）を中核として，ジスルフィド結合に富むドメイン III（アミノ酸残基 54-84）とドメイン II（アミノ酸残基 128-177）からなる（図 3A）。後述するが，甘味に特に重要な残基（Lys67, Arg82）はドメイン III に含まれている。ソーマチンと類似した構造を持つタンパク質は広く植物に存在しておりソーマチン様タンパク質（thaumatin-like protein）と呼ばれ，構造の類似性からオスモチン，ソーマチン様スーパーファミリーに分類されている。オスモチン，タバコ PR-5d タンパク質，バナナ，トマトの抗真菌タンパク質，キウイ，リンゴ，チェリー等のアレルゲンタンパク質，キシラナーゼインヒビター

141

食品・バイオにおける最新の酵素応用

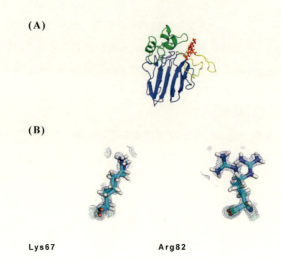

図3　ソーマチンの構造
（A）組換え体ソーマチンの分解能 0.9Å の構造（PDB：5x9l）
　　ドメイン I を青色，ドメイン II を緑色，ドメイン III を黄色で示す。Lys67, Arg82 を赤色 stick model で示す。
（B）Alternative 構造を有する Lys67 と Arg82
　　PyMOL にて作成（DeLano, W. L.（2002）. The PyMOL /Molecular Graphics System. DeLano Scientific, San Carlos, CA, USA.）。

TLX1 などが含まれる[32〜36]。

　ソーマチンの甘味構造活性相関研究は当初化学修飾法による解析が行われ，ソーマチンの甘味にはアルギニン残基ではなく，リジン残基の正電荷が重要で，またチロシン残基の中でも Tyr95 が甘味に関わっていると報告されている[24]。さらに5つのリジン残基（Lys78, Lys97, Lys106, Lys137, Lys187）が甘味に重要な役割をし，Lys106 については，側鎖構造が甘味発現に重要であると報告されている[25]。
　微生物発現系が確立されるに至り，部位特異的変異体を用いた解析も試みられ，K67E および K67A の変異により甘味が減少し，Lys137, Asp113, Tyr169 の変異により甘味が減少したとの報告がある[24]。筆者らも，酵母発現系を用いてソーマチンの甘味発現部位の探索を試み[26,27]，K67A 変異体の甘味が 19 倍，K67E では 33 倍低下することを明らかにした。その他の変異体（K19A, K49A, K106A, K163A）では 1.6 倍から 4 倍程度の甘味の低下であった。化学修飾の結果から重要性が示唆されていた K106A 変異体では 3 倍の甘味低下に留まり，先の化学修飾の結果と異なるものとなった。化学修飾により近傍のアミノ酸残基に局所的な影響を与えたと考えられたため，Lys106 近傍の構造を精査し，Lys106 から 10〜11Å 離れたところに位置する Arg82 と Arg79 に着目し，変異体を作製し検討を行った。その結果 R79A 変異体では 3.8 倍の低下，R82A 変異体では，24.4 倍も甘味が低下することが明らかとなった。これまでの化学修飾の結果からは，アルギニン残基はソーマチンの甘味に寄与しないと報告されていたが，今回新規な甘味

第13章　甘味発現の分子機構と甘味タンパク質への応用

発現部位の同定に至った。さらに82位のアルギニン残基を他のアミノ酸残基に置換した変異体について検討したところ，R82K変異体では5.3倍，R82Q変異体で22.4倍甘味が低下し，負電荷を導入したR82E変異体に至ってはおよそ200倍甘味が低下し，Arg82の側鎖の厳密な構造がソーマチンの強い甘味を決定づける要因であると考えられた。

　次にLys67とArg82の2残基のどのような構造が甘味発現に寄与しているかについて，原子分解能構造解析を試みた。到達分解能は先述したが，植物体の場合は長らく1.05Åであり，組換え体は，筆者らによりソーマチンI（1.1Å）[37]と，ソーマチンII（0.99Å）[31]が解析されていた。組換え体ソーマチンI（1.1Å）の構造解析の結果から，多くのアミノ酸の側鎖がalternative構造（2つ以上の構造）を有し，Arg82の側鎖もフレキシブルな構造を有していた。しかしながら，もう一方のLys67ではフレキシブルな構造は見られなかった。ソーマチンIIの分解能0.99Åでの解析では，甘味に重要な2残基（Arg67，Arg82）の側鎖がフレキシブルな構造をとっていた。近年筆者らはソーマチンIについて原子分解能0.9Åでの構造決定に成功し[29]，Lys67，Arg82残基双方の側鎖がフレキシブルな構造を有していることを明らかとした（図3B）。以上の結果から甘味受容体との相互作用は鍵と鍵穴のようなrigidなものではなく，揺らぎ構造を踏まえたinduced fit型の柔軟な構造特性が甘味受容体との相互作用に重要な役割を果たしているという新規な知見を得るに至った。

3.4.3　ブラゼインの特徴

　モネリンやソーマチンは等電点が10以上の塩基性タンパク質であるが，ブラゼインは等電点が5である酸性タンパク質である。熱帯植物である*Pentadiplandra Brazzeana*由来の分子量約6,500のタンパク質であり，これまで同定されている甘味タンパク質の中では最も小さい[38]。甘味強度はソーマチンやモネリンには劣るが，ショ糖に比べモル比で4万倍，重量比で2千倍甘い。果実中に2種のブラゼインが存在しており，80％はN末端が環化されたピログルタミン酸で54アミノ酸残基からなる。残りの20％はピログルタミン酸が欠如し53アミノ酸残基からなる。後者の方が2倍程度強い甘味を呈する。ブラゼインは，54残基中，27残基が極性アミノ酸残基である（Asp 5残基，Arg 2残基，Glu 4残基，His 1残基，Lys 7残基，Tyr 6残基，Ser 2残基）。分子内に4つのジスルフィド結合を有し，80度，4時間の加熱でも安定である。ブラゼインの構造はNMRで決定され，3つの逆並行β-ストランドと1つのα-ヘリックスからなることがわかった[39]。またX線結晶構造解析でも分解能1.8Åで決定された[40]。NMRとX線解析で得られた構造の比較をすると，全体構造はよく似ていたが，X線解析で得られた構造では新たにα-ヘリックスが見られるなど，Cα炭素骨格や側鎖の構造にも違いが見られている（図4）。

　ブラゼインの甘味-構造活性相関の研究に於いても多くの変異体が作製され検討がなされ[41~44]，N末端とC末端を含む領域と，Arg43を含むフレキシブルなループがブラゼインの甘味発現に重要な役割をすること，C末端領域，Asp29-Arg33，Glu36，Tyr39-Arg43が甘味に大きく寄与すると報告されている。

143

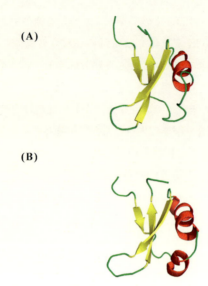

図4　ブラゼインの構造
NMRで決定された構造（A）（PDB：2brz）とX線結晶構造解析で決定された構造（B）（PDB：4he7）。X線解析で得られた構造では新たにα-ヘリックスが見られる。PyMOLにて作成（DeLano, W. L. (2002). The PyMOL /Molecular Graphics System. DeLano Scientific, San Carlos, CA, USA.）。

図5　マビンリンIIの構造
αヘリックス（赤色）のみからなる。（PDB：2ds2）

3.4.4　マビンリンの特徴

マビンリンは，中国雲南省で自生する植物 *Capparis masaikai Levl.* から単離されたタンパク質であり，A鎖，B鎖からなるヘテロ二量体である[45]。他の甘味タンパク質とは異なり，β-ストランドを含まずα-ヘリックスのみから構成される（図5）[46]。甘味発現部位の同定にはまだ至っていない。

3.4.5　ネオクリンの特徴

ネオクリンは，マレーシア原産の植物 *Curculigo latifolia* に含まれるタンパク質である。それ自身甘味を呈するが，酸味を甘味に変える味覚修飾タンパク質である。酸性サブユニット（NAS）と塩基性サブユニット（NBS）のヘテロ二量体である（図6A）[47]。研究当初は，クルクリンとよばれ，ホモ二量体が活性を有すると考えられていたが，ヘテロ2量体のみが活性を有する[48]。ネ

第 13 章　甘味発現の分子機構と甘味タンパク質への応用

(A)

(B)

図 6　ネオクリン，クルクリンの構造
（A）ネオクリンの構造
　　NAS を緑色，NBS をシアンで示す。
　　分解能 2.76Å（PDB：2d04）
（B）クルクリンホモダイマーの構造
　　分解能 1.5Å，pH 3.0（PDB：2dpf）

オクリン分子の 5 つの His のうち，NBS 中の 11 番目に位置する His が pH 依存的な甘味活性に寄与していることが明らかとなっている[48]。また NBS 中の Arg48，Tyr65，Val72，Phe94 が受容体に対してアンタゴニスト，アゴニスト活性を有していると報告されている[49]。酸性条件下でのホモダイマーの構造も得られており（図 6B），甘味性と味覚修飾作用が調べられている。N44D と P103S（C2）/L106P（C2）変異体は双方の活性が減少し，Y11H（C2），R57L（C2），D67H（C2）は甘味性のみ減少する。また H36N（C2）と Q90K（C2）は味覚修飾作用のみ減少すると報告されている[50]。

3.4.6　リゾチームの特徴

リゾチーム（EC 3.2.1.17）は細菌細胞壁に存在する N-アセチルグルコサミン，N-アセチルムラミン酸間の β1-4 結合を加水分解する溶菌酵素であり[51,52]，酵素として初めて X 線解析が行われた[53,54]。鶏卵卵白リゾチームは分子量 14,500，等電点が 11 の塩基性タンパク質である。食品分野では品質の保持や特性の改良などの目的で利用されていたが，呈味性の観点からの研究は 1990 年代後半，我々を含めたグループから報告がなされた[55,56]。当初，リゾチームの甘味には，立体構造の保持が必須であること，溶菌活性とは関係ないこと，リジン残基側鎖の正電荷が重要であることなど明らかにされたが[57]，部位特異的変異体による解析で，5 つの塩基性アミノ酸残基（Lys13, Lys96, Arg14, Arg21, Arg73）が甘味に重要な残基であることを明らかにした[58]。これら残基の甘味に対する各々の残基の貢献度についても調べ，Lys13 と Arg14 はいず

れかの残基があれば甘味が保持できるが，その他の残基については相加的な役割を果たすことがわかった。

4 甘味物質の共通構造

4.1 甘味物質の AH-B, AH-B-X モデル

シャーレンバーガーとアクリーは低分子甘味物質の構造を精査し，甘味物質には，プロトン供与基（AH）とプロトン受容基（B）が存在し，両者の原子の軌道距離が2.5～4.0Å程度の距離に存在し，各々が甘味受容体と水素結合するモデルを提唱した（図7左）[59]。例えば，フルクトピラノースでは，アノマー位にある OH 基がプロトン供与基（AH）として機能し，隣接したメチレン炭素原子に結合している OH がプロトン受容基（B）として働き，両者の距離は2～4.0Åである。サッカリンの場合は，プロトン供与基（AH）として NH 基が，プロトン受容基（B）としてスルホキシド酸素が相当し，両者の距離は3.0Åである。アラニンでは，プロトン供与基（AH）としてアミノ基が，プロトン受容基（B）としてカルボキシル基が相当し，両者の距離は2～4.0Åである。その他，クロロホルムや不飽和アルコール，ニトロベンゼン化合物にも AH 及び B が存在しているとし甘味との関連が述べられている。

その後，キールはこの説を発展させプロトン供与基（AH）とプロトン受容基（B）に加え，dispersion サイト（X）を加え，甘味物質の基本構造として提唱した（図7右）[60]。これはアミノ酸の中で，甘味を呈する D-トリプトファンや D-フェニルアラニン，D-ヒスチジン，D-ロイシンの構造と甘味度の相違点と，甘味を呈さない他のアミノ酸との構造の相違点からヒントを得たものである。

4.2 甘味タンパク質に Sweet finger は存在するか

甘味タンパク質中の配列あるいは立体構造上に低分子甘味物質と同様の立体配座

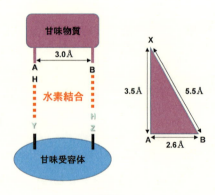

図7

第 13 章　甘味発現の分子機構と甘味タンパク質への応用

（glucophores, sweet finger, AH-B-X）があるのではという考えから，甘味タンパク質分子内の探索がなされた。モネリンの場合，ループ部分 L34（Cys61-Cys73）が sweet finger であると考えられ，この部分のペプチドが合成され，呈味性および NMR による解析が行われた[61]。その結果，甘味を有せずかつ，ループ部分の顕著な構造変化もなかった。ソーマチンについては，L67（Cys56-Cys66）の，ブラゼインについては L23（Cys37-Cys47）のサイクリックペプチドが合成され呈味性の検討がなされたが，いずれも甘くなかったことから，甘味タンパク質の中にSweet finger の存在は否定されている。

5　甘味受容体と甘味物質との応答特性

5.1　甘味受容体

　20 世紀後半から 21 世紀初頭，味覚組織に特異的に高発現している味覚関連遺伝子のスクリーニングが行われ，7 回膜貫通型の G タンパク質共役型受容体（GPCR）遺伝子（T1R1，T1R2）がクローニングされ，その後複数のグループから，新規な遺伝子（T1R3）がクローニングされた[62~66]。これら T1Rs は GPCR ファミリーのサブグループ C に属し，GABA レセプターやCaSR も含まれる[67]。T1Rs はおよそ 500 アミノ酸残基からなる細胞外ドメイン（NTD）を有しているのが特徴であり，その下流に 50 アミノ酸残基ほどのシステインリッチ領域（CRD），さらに 300 アミノ酸残基からなる C 末側膜貫通領域（TMD）を有する。その後，HEK293 細胞にこれら受容体遺伝子を発現させた研究により，T1R1/T1R3 のヘテロ二量体はうま味受容体をT1R2/T1R3 のヘテロ二量体は甘味受容体を形成することがわかった[68~71]。甘味受容体 T1R2/T1R3 は，糖類，アミノ酸，ペプチド，合成甘味料，甘味タンパク質など広範な甘味物質を認識する。

5.2　低分子甘味物質の甘味受容体応答部位の探索

　甘味物質に対する応答は生物種によって異なることが知られている。例えば，マウスやラットなどは，ヒトが甘味を感じることのできる甘味タンパク質（ソーマチン，モネリン）やアスパルテームを認識できないが，ショ糖やグルコースなどはヒトと同様感知できる。このように種間の甘味物質に対する感受性の違いは，各々の甘味受容体の特性に寄与すると考えられるため，ヒト由来の甘味受容体やマウス由来の甘味受容体を用いて，その配列やドメインをヒト型あるいはマウス型と変化させることで，受容体のどの部位が甘味物質の応答に関与しているのかを知ることができる。HEK293 細胞に，ヒト型甘味受容体（hT1R2-hT1R3）を強制発現させた細胞は，アスパルテームやソーマチン，モネリンに応答するが，マウス型甘味受容体（mT1R2-mT1R3）発現細胞はアスパルテームやソーマチン，モネリンには応答しない。次にヒト型 T1R2 とマウス型 T1R3 と異種動物のサブユニットを組合せた受容体（hT1R2-mT1R3）発現細胞を作製しアスパルテームに対する応答を検討したところ，マウス型甘味受容体（mT1R2-mT1R3）に対して

147

食品・バイオにおける最新の酵素応用

応答がみられなかったアスパルテームに対する応答がみられたことから，アスパルテームの応答にはヒト型甘味受容体サブユニット（hT1R2）が必須であることが示唆された[68]。さらにhT1R2内のどのドメインが応答に必須であるかについて，先述したN末端細胞外ドメイン（NTD）と膜貫通ドメイン（TMD）をマウス型に置換したキメラレセプターを作製し検討したところ，アスパルテームとネオテームの応答にはヒト型T1R2のNTDが必要であることが示された[70]。さらに，ヒトとマウスおよびラット由来のT1R2のアミノ酸配列とを比較し，ヒトのアミノ酸配列をもとに受容体の点変異体を作製し，アスパルテーム，ネオテームに対する応答を調べ，ヒトT1R2のSer144およびGlu302が重要であることが示された。

シクラメートについても種間感受性の違いを利用して検討がなされ，ヒト型T1R3のC末側膜貫通ドメインがシクラメートとの応答に関与し，さらに膜貫通領域中の三つの細胞外ループドメインのうちN末端側から二番目，三番目のループが重要であること[72]，Phe730とArg790がヒトとマウスの応答性の違いに関わる残基であり，Gln636，His641，Phe778，Leu782，His721，Arg723の6残基がシクラメートとの結合ポケットに位置すると考えられた[73]。

甘味受容体発現細胞を用いて検討がなされた低分子甘味物質として，D-トリプトファン，スクラロース，サッカリン，アセスルファムカリウムが挙げられるが，いずれもT1R2のNTD中のorthosteric siteのアミノ酸残基が関与すると報告されている[74]。

アスパルテームでは，T1R2のSer144およびGlu302に加え，Asp142，Tyr103，Asp278が，D-トリプトファンではT1R2のGlu302が応答に必須であったと報告されている。また，サッカリンナトリウムとアセスルファムカリウムに対する応答は，T1R2のArg383，Asp142，Glu382が重要であり，アスパルテームに重要であったSer144，Glu302，Asp278は応答性には寄与しないことが明らかとなった。スクラロースに関してはT1R2のGlu302，Asp142，Tyr103，Asp278，Asp307である。このように，アミノ酸誘導体，スルファミン酸類，糖アナログの低分子甘味物質間でも，応答領域が異なる興味深い結果となっている。

5.3　甘味タンパク質の甘味受容体応答部位の探索

モネリンの応答にはT1R2が，ブラゼインはヒトT1R2のNTDとT1R3が関与しており[75]，ブラゼインとの応答には，ヒトT1R3のシステインリッチ領域（CRD）に存在するAla537とPhe540が関与していると報告されている。CRD領域における変異体が，わずかではあるが他の低分子甘味物質（ショ糖，D-トリプトファン，サッカリン，アスパルテーム）やモネリンに対して影響を与えていたことから，T1R3のCRD領域が甘味受容体として機能するうえで情報伝達や構造変化などの重要な役割を担っていると示唆されている。ネオクリンの応答にはヒトT1R3のNTDが関与していると報告されている[76]。筆者らは，ソーマチンについて受容体応答部位の探索を行い，ソーマチンの応答にはヒトT1R3のCRD領域が係わり，その中の5ヵ所（Gln504，Ala537，Arg556，Ser559，Arg560）がソーマチンに対する応答を顕著に減少させることを明らかとした[77,78]。しかしながらCRDはTMD近傍に位置し，かつソーマチンの体積は

148

第13章　甘味発現の分子機構と甘味タンパク質への応用

27,000Å^3 程度であり，CRD と直接相互作用すると，膜を貫通してしまう恐れがある。CRD の変異により低分子甘味物質やモネリンに対する受容体活性に影響を与えた結果からも，CRD の構造変化が情報伝達に重要な役割をしており，ソーマチンも直接 CRD ではなく NTD に結合する可能性も否定できない。

5.3.1　Wedge model

ヒト甘味受容体は現時点で立体構造は決定されていないが，甘味受容体と同じ C-type GPCR ファミリーに属する代謝型グルタミン酸レセプターについては既に構造が決定されている（図8A)[79]。また，近年メダカの味覚受容体について報告がなされた（図8B)[80]。グルタミン酸受容体はホモ二量体からなり，N 末端側にある LB1 と LB2 ドメインの間にグルタミン酸を結合する orthosteric site を有する（図8A）。ドメインの配置が「Open」型と「Closed」型の平衡状態にあり，リガンド物質非存在下では，ドメインの配置が「Open」型と「Closed」型の平衡状態で，リガンド存在下では活性状態を示す「closed-open/A」の構造に，アンタゴニスト存在下では非活性状態である「open-open/R」に柔軟に構造を変化させる。このグルタミン受容体の「closed-open/A」構造を鋳型として甘味受容体 T1R2-T1R3 のモデルが構築されている。低分子甘味物質の場合はグルタミン酸と同様に orthosteric サイトに結合することにより，受容体を活性化状態に移行させる（図9, 上図）。しかしながら分子量の大きいタンパク質の場合，このサイトに

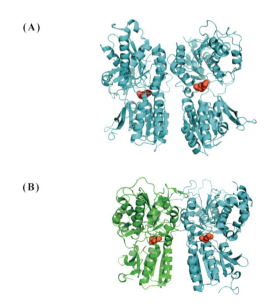

図8　C-type GPCR の NTD ドメインの構造
(A) mGluR subtype 1 の構造（PDB：1ewk）
　　リガンド（赤色）が結合した状態のホモ二量体構造。
(B) メダカ味覚受容体の構造（PDB：5x2m）
　　T1R2A-T1R3 ヘテロ二量体とグルタミン酸の複合体構造。

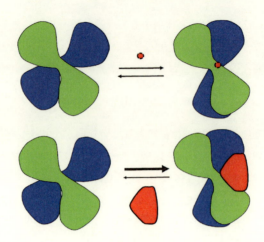

図9　Wedge model
低分子甘味物質は orthosteric site に結合すると右側の活性状態になる（上図）。甘味タンパク質の場合，分子量が大きいため orthosteric site に直接入り込むことができず，あたかも楔を入れ込むように間接的に甘味受容体の活性化状態を安定化させ情報を伝達させる（下図）。

直接結合することは不可能である。そこであたかも受容体表面上にくさび（wedge）の様に T1R3 中央部に大きくはまり込むことで受容体を活性化させるというモデル "wedge model" が Temussi らにより考案され（図9，下図），甘味タンパク質との結合モデルが提起された[81]。

まず，甘味タンパク質の中では，構造活性相関の結果が多く得られている，モネリン，ブラゼインについて検討がなされ，構造活性相関の結果を反映した，甘味受容体とのモデルの構築に成功している[15,82]。ソーマチンに於いては，モデル構築の際に重要となる情報が少なく精度の高いドッキングモデルの構築が困難であったが，後述する高甘味度を達成した Asp21 の変異体の結果により，精度の高いモデル構築に至っている。

5.4　受容体ドッキングモデルを用いた甘味タンパク質の高甘味度化

モネリンの場合，受容体と相互作用すると予測される面の縁に存在する残基 Met42（MetB42）及び Tyr63（TyrA11）をはじめ，面の中央に位置している Tyr65（TyrA13），受容体相互作用面の縁に存在し，甘味に関わる Asp68 について検討された[15]。M42E，Y63E，Y65E，D68R 変異体はいずれも甘味が減少し，M42R，Y63R 変異体も甘味が減少したものの，Y65R 変異体では wild-type より 1.6 倍ほど甘味が強くなった。甘味受容体とモネリンの複合体モデルにおいて，モネリンの65番目の α 炭素原子を基準として受容体上の相互作用する残基との距離を検討したところ受容体上の酸性アミノ酸残基の1つが 6Å より近い位置にあり，Tyr65 を塩基性アミノ酸残基であるアルギニンに置換することは好ましい変異と考えられている[15]。さらに近年では，四重変異体（E23Q-Q28K-C41S-Y65R）を作製し，さらに甘味度を高めることにも成功している（図2C）[18]。

第 13 章　甘味発現の分子機構と甘味タンパク質への応用

　ブラゼインに於いては，甘味が強くなった変異体（E41A，D50N，D29A/E41K，D29N/E41K，D29K/E41K）では，塩基性アミノ酸残基への変異が甘味受容体の酸性アミノ酸と相互作用に寄与する事例，電荷の反発を減少させる変異により甘味が強くなる事例も報告されている[41~43]。また Y54W の変異でも甘味が強くなったが，54 番目の側鎖が甘味受容体の疎水ポケットと相互作用する環境下にあるため，トリプトファンへの変異が甘味強化に適していると考えている。しかしながら，D40A や D40K 変異体では，結果として甘味が増加したが，この残基は受容体と直接相互作用しているとは考えられておらず，変異を行うことで間接的にブラゼイン自身の局所構造を安定化させることにより甘味が増加したとの見解をしている。

　ソーマチンに於いては，モデル構築の際に重要となる甘味に重要な役割をするアミノ酸残基の情報が少なくドッキングモデルの構築が長らく困難であった。構造上甘味に特に重要な 2 残基（Lys67，Arg82）が存在する面に位置している酸性アミノ酸残基に着目し，アスパラギン酸 4 残基（Asp21，Asp55，Asp59，Asp60），グルタミン酸 2 残基（Glu42，Glu89）の変異体を作製し，甘味に与える影響を検討したところ，21 位のアスパラギン酸（D）をアスパラギン（N）に置換した変異体（D21N）は wild-type と比べ甘味度が 1.7 倍強化した[83]。21 位も甘味発現に関わるとの知見を加え，甘味受容体と複合体モデルを再構築したところ，ソーマチンの甘味に特に重要なアミノ酸残基（Lys67，Arg82）は，受容体上の酸性アミノ酸残基（T1R3_E45，T1R2_D173）と電荷相補的な相互作用をし，かつ 21 位のアミノ酸置換により受容体との相互作用領域が更に増加していた。また Lys78，Lys106，Lys137 も受容体と相互作用している可能性が示唆されたため，それらのアラニン変異体を作製し，呈味性ならびに X 線結晶構造解析を行った[84]。wild-type と比べ K106A 変異体では 3 倍，K78A，K137A 変異体では 5 倍程度の甘味の低下が見られた。K78A，K106A，K137A 変異体の原子分解能構造データを，wild-type ソーマチンの構造（分解能 1.10 Å，PDB：3al7）と比較したところ，Cα の相違点は見られなかったが，変異箇所の静電ポテンシャルが負電荷に変化していた。特に Lys78 と Lys137 における静電ポテンシャル変化が顕著であり，変異体の甘味度の低下度合いは，静電ポテンシャルの変化度とよく相関していた。また Lys78，Lys106，Lys137 は立体構造上それぞれ 20～40 Å 程度離れていることから，ソーマチン表面の正電荷が甘味発現に重要な役割をしていること，ソーマチン分子表面の広い範囲で甘味受容体と相互作用していることを示唆し，wedge model を支持する結果となった。

6　おわりに

　甘味受容体と精度の高い複合体モデルを構築することにより，甘味タンパク質の更なる高甘味度の達成も可能となる。今後モデルの正当性を実証すべく，相互作用部位に関わるアミノ酸残基について変異体を作製し，構造と甘味性の相関を検討する必要がある。先行してイタリアのグループよりモネリンの高甘味度化の報告がなされ，甘味度の点からいうと後塵を拝しているが，ソーマチンの場合，まだ親水性アミノ酸残基の検討しかできておらず，今後疎水性相互作用の寄

食品・バイオにおける最新の酵素応用

与を含め検討することでモネリンに負けない強い甘味を付与できるのではと考えている。また高甘味度化と同時に，耐熱性の付与も検討課題である。

　ソーマチンおよび変異体の原子分解能構造解析の結果は，甘味受容体との相互作用に新たな視点を与えている。近年明らかとなった Hypersweet D21N ソーマチン変異体の原子分解能解析により，タンパク質の構造の多様性が甘味発現，甘味度強化に重要な役割をする知見を得ている[29]。また，甘味タンパク質の中には甘味を呈する一方で，苦味や渋みを低減させる作用を有することが知られている。今後甘味タンパク質の有する特異な性質，食品成分との詳細な相互作用に係る現象を，原子レベルでの構造解析で明らかにし，食品開発に利用できればと考えている。

謝辞

　本稿で紹介したソーマチンの構造データは大型放射光施設 SPring-8（BL26B1，BL38B1）にて測定したものである（課題番号 2009A1096，2009B1379，2010B1064，2011B1073，2012A1048，2012B1067，2013A1053，2013B1069，2014A1063，2014B1181，2014B1339，2014B2020，2015A1037，2015B2037，2016A2548，2016A2552，2017A2511，2017A2526，2018A2526，2018A2546）。

文　　献

1)　小俣靖，"美味しさ"と味覚の科学，日本工業新聞社（1985）
2)　大塚滋，味覚表現学，美味学，pp269，建帛社（1997）
3)　Finger, S., Gustation, In Origins of Neuroscience: A history of Explorations into Brain Function. pp165, Oxford Press, (1994)
4)　Nakamura, M. and Kurihara, K. *Brain Res.*, **541**, 21 (1991)
5)　Ninomiya, Y. and Funakoshi, M. In Umami: A Basic Taste. pp365, Marcel Dekker, (1987)
6)　桝田哲哉，化学と生物，**52**, 23 (2014)
7)　桝田哲哉，Bio Industry, **33**, 70 (2016)
8)　Kuhn, C., *et al., J. Neurosci.*, **24**, 10260 (2004)
9)　Morris, J. A. and Cagan, R. H. *Biochim. Biophys. Acta*, **261**, 114 (1972)
10)　有吉安男，香村正徳，有機合成化学協会誌，**52**, 359 (1994)
11)　Ogata, C., *et al., Nature*, **328**, 739 (1987)
12)　Kim, S. H., *et al., Protein Eng.*, **2**, 571 (1989)
13)　Tancredi, T., *et al., FEBS Lett.*, **310**, 27 (1992)
14)　Somoza, J. R., *et al., Chem. Senses*, **20**, 61 (1995)
15)　Esposito, V., *et al., J. Mol. Biol.*, **360**, 448 (2006)
16)　Bujacz, G., *et al., Acta Crystallogr. Sect. D* **53**, 713 (1997)
17)　Hobbs, J. R., *et al., Acta Crystallogr. Sect. F* **63**, 162 (2007)
18)　Leone, S., *et al., Sci. Rep.*, **6**, 34045 (2016)

第13章　甘味発現の分子機構と甘味タンパク質への応用

19) Sung, Y. H., *et al.*, *J. Biol. Chem.*, **276**, 19624 (2001)

20) van der Wel, H. and Loeve, K. *Eur. J. Biochem.*, **31**, 221 (1972)

21) Iyengar, R. B., *et al.*, *Eur. J. Biochem.*, **96**, 193 (1979)

22) Edens, L., *et al.*, *Gene*, **18**, 1 (1982)

23) Ide, N., *et al.*, *Biotechnol. Prog.*, **23**, 1023 (2007)

24) Kim, S. H. and Weickmann, J. L. In Thaumatin. pp135, CRC Press, Boca Raton, FL, (1994)

25) Kaneko, R. and Kitabatake, N. *Chem. Senses*, **26**, 167 (2001)

26) Ohta, K., *et al.*, *FEBS J.*, **275**, 3644 (2008)

27) Ohta, K., *et al.*, *Biochem. Biophys. Res. Commun.*, **413**, 41 (2011)

28) Asherie, N., *et al.*, *Cryst. Growth Des.*, **9**, 4189 (2009)

29) Masuda, T., *et al.*, *Biochimie*, **157**, 57 (2019)

30) Masuda, T., *et al.*, *Biochem. Biophys. Res. Commun.*, **410**, 457 (2011)

31) Masuda, T., *et al.*, *Biochimie*, **106**, 33 (2014)

32) Min, K., *et al.*, *Proteins, Struct. Funct. Genet.*, **54**, 170 (2004)

33) Koiwa, H., *et al.*, *J. Mol. Biol.*, **286**, 1137 (1999)

34) Leone, P., *et al.*, *Biochimie*, **88**, 45 (2006)

35) Ghosh, R. and Chakrabarti, C. *Planta*, **228**, 883 (2008)

36) Vandermarliere, E., *et al.*, *Proteins, Struct. Funct. Genet.*, **70**, 2391 (2010)

37) Masuda, T., *et al.*, *Acta Crystallogr. Sect. F* **67**, 652 (2011)

38) Ming, D. and Hellekant, G. *FEBS Lett.*, **355**, 106 (1994)

39) Caldwell, J. E., *et al.*, *Nat. Struct. Biol.*, **5**, 427 (1998)

40) Nagata, K., *et al.*, *Acta Crystallogr. Sect. D* **69**, 642 (2013)

41) Assadi-Porter, F. M., *et al.*, *Arch. Biochem. Biophys.*, **376**, 259 (2000)

42) Jin, Z., *et al.*, *FEBS Lett.*, **544**, 33 (2003)

43) Assadi-Porter, F. M., *et al.*, *J. Mol. Biol.*, **398**, 584 (2010)

44) Lee, J. W., *et al.*, *Food Chemistry*, **138**, 1370 (2013)

45) Liu, X., *et al.*, *Eur. J. Biochem.*, **211**, 281 (1993)

46) Li, D. F., *et al.*, *J. Struct. Biol.*, **162**, 50 (2008)

47) Shimizu-Ibuka, A., *et al.*, *J. Mol. Biol.*, **359**, 148 (2006)

48) Nakajima, K., *et al.*, *PLoS One*, **6**, e19448 (2011)

49) Koizumi, T., *et al.*, *Sci. Rep.*, **11**, 12947 (2015)

50) Kurimoto, E., *et al.*, *J. Biol. Chem.*, **282**, 33252 (2006)

51) Imoto, T., *et al.*, The Enzymes, vol. 7. pp. 665, Academic Press, New York, (1972)

52) Jollès, P. and Jollès, J. *Mol. Cell. Biochem.*, **53**, 165 (1984)

53) Blake, C. C. F., *et al.*, *Proc. R. Lond. Ser. B Biol. Sci.*, **167**, 378 (1967)

54) Phillips, D. C. *Proc. Natl. Acad. Sci. U.S.A.*, **57**, 484 (1967)

55) Maehashi, K. and Udaka, S. *Biosci. Biotechnol. Biochem.*, **53**, 605 (1998)

56) Masuda, T., *et al.*, *J. Agric. Food Chem.*, **49**, 4937 (2001)

57) Masuda, T., *et al.*, *Chem. Senses*, **30**, 253 (2005)

58) Masuda, T., *et al.*, *Chem. Senses*, **30**, 667 (2005)

59) Shallenberger, R. S. and Acree, T. E. *Nature*, **216**, 480 (1967)

60) Kier, L. B. *J. Pharm. Sci.*, **61**, 1394 (1972)

61) Tancredi, T., *et al.*, *Eur. J. Biochem.*, **271**, 2231 (2004)

62) Hoon, M. A., *et al.*, *Cell*, **96**, 541 (1999)

63) Montmayeur, J. P., *et al.*, *Nat. Neurosci.*, **4**, 492 (2001)

64) Sainz, E., *et al.*, *J. Neurochem.*, **77**, 896 (2001)

65) Max, M., *et al.*, *Nat. Genet.*, **28**, 58 (2001)

66) Kitagawa, M., *et al.*, *Biochem. Biophys. Res. Commun.*, **283**, 236 (2001)

67) Clemmensen, C., *et al.*, *Br. J. Pharmacol.*, **171**, 1129 (2014)

68) Nelson, G., *et al.*, *Cell*, **106**, 381 (2001)

69) Nelson, G., *et al.*, *Nature*, **416**, 199 (2002)

70) Li, X., *et al.*, *Proc. Natl. Acad. Sci. U.S.A.*, **99**, 4692 (2002)

71) Chandrashekar, J., *et al.*, *Nature*, **444**, 288 (2006)

72) Xu, H., *et al.*, *Proc. Natl. Acad. Sci. U.S.A.*, **101**, 14258 (2004)

73) Jiang, P., *et al.*, *J. Biol. Chem.*, **280**, 34296 (2005)

74) Masuda, K., *et al.*, *PLoS One*, **7**, e35380 (2012)

75) Jiang, P., *et al.*, *J. Biol. Chem.*, **279**, 45068 (2004)

76) Koizumi, A., *et al.*, *Biochem. Biophys. Res. Commun.*, **358**, 585 (2007)

77) Ohta, K., *et al.*, *Biochem. Biophys. Res. Commun.*, **406**, 435 (2011)

78) Masuda, T., *et al.*, *Biochimie*, **95**, 1502 (2013)

79) Kunishima, N., *et al.*, *Nature*, **407**, 971 (2000)

80) Nuemket, N., *et al.*, *Nat. Commun.*, **8**, 15530 (2017)

81) Temussi, P. A. *FEBS Lett.*, **526**, 1 (2002)

82) Temussi, P. A. *J. Mol. Recognit.*, **24**, 1033 (2011)

83) Masuda, T., *et al.*, *Sci. Rep.*, **6**, 20255 (2016)

84) Masuda, T., *et al.*, *Front. Mol. Biosci.*, **5**, 10 (2018)

【Ⅲ バイオ産業への酵素応用編】

第1章　植物の脂質／脂肪酸から酸素添加反応を経て生成される代謝物群（オキシリピン）とその生合成酵素

Plant Oxylipins: Metabolites Formed from Lipids Through Oxygenation Reaction, and Enzymes Involved in Their Formation

松井健二[*1]，望月智史[*2]

1　はじめに

　生物にとって脂質は細胞を構成する生体膜の構成成分であり，また単位体積あたり最も効率的にカロリーを貯め込むことのできるエネルギー貯蔵形態である。さらにプロスタグランジン類に代表されるように脂質代謝物には生理活性を有するものが多く，生体反応を制御するシグナル物質の原料としての機能ももつ。脂質由来の生理活性物質は脂質メディエーターと称され，動物細胞ではプロスタグランジン，ロイコトリエン，血小板活性化因子などが知られている。植物細胞にも動物の脂質メディエーターに類する化合物群が存在し，植物ホルモンのジャスモン酸や直接／間接防衛をつかさどるみどりの香り関連化合物などが知られている。私たちは長年植物のみどりの香り生合成酵素に関する研究を進めており，みどりの香り生合成酵素，特にリポキシゲナーゼとヒドロペルオキシドリアーゼが産業利用に適しているかも知れない，と考えるに至った。本稿ではまずみどりの香りの概要を紹介し，その後，なぜ産業利用の可能性に思い至ったかについて紹介する。

2　みどりの香りの生理生態学的役割

　香りとフレーバーは食品の質を左右する重要な要素の一つであり，食品製造時に香りとフレーバーをコントロールすることはその食品の出来不出来を大きく左右する技術となる。植物の花や果実はその種に特徴的な香りを有しており，古来その香りそのものを楽しんだり，その香りを他の食材と合わせることで食材の魅力を引き出したりして利用してきた。では，植物は一体なぜ香りを作るのだろう。花は本来，花粉を運んでくれるミツバチなどを誘引するために特徴的な香りを競って出すことで自己アピールする。この場合，自分の花にやってきて花粉を身に纏った虫に違う種の花に寄り道してもらっては花粉が無駄になる。そこで出来るだけ同じ種の花（雌しべ）に運んでもらうために他の花とは違う特徴的な香りを出す。こうなってくると花の香りは植物種

＊1　Kenji Matsui　山口大学　大学院創成科学研究科　教授
＊2　Satoshi Mochizuki　山口大学　大学院創成科学研究科

ごとに嗅ぎ分けられる特徴的な香りとなる[1,2]。果実もその香りは鳥などの動物を誘引して果肉を食べてもらい，その代わりに種をどこか遠くで吐き捨てるか排泄してもらうことで自分の生育範囲を広めるためにある。こうした植物と動物の相互作用はお互いにメリットをもたらすため，より良い香りを作る植物が選抜され，その香りをよりうまく嗅ぎ分けることの出来る動物が選抜されることとなり，現在見られるような花や果実の特徴的な香りとそれを嗅ぎ分ける動物の高い嗅覚がそなわることとなった。

　一方で葉や種子そのものの香りは動物になるべく食べられないようにする防衛の目的を担っている。顕著な例がハーブとワサビである。ハーブはその葉の表面に小さな匂い袋をいくつも備え，その中に香り化合物をほぼ原液のままで貯蔵している。動物がその葉を食べ始めると匂い袋が破れて中身が飛び出す仕組みだ。小さな虫だと目の前の大きな風船が割れて中から香りのきつい香水が飛び出てきたようなものなので虫は余りに強い香りにたじたじになって逃げ出す。ワサビなどのアブラナ科の植物もおろし金でおろすとツーンと来る香りのイソチオシアネート類が出てくるが，こちらは無傷の植物体の中ではイソチオシアネート類が糖と結合した配糖体という形で蓄積しており，無傷なままでは刺激臭がしない。ワサビはこの配糖体を加水分解してイソチオシアネートを切り出す酵素を持っているが，この酵素は配糖体が貯まっている場所とは異なる場所に格納されており，日頃は出会わない。動物に咀嚼されたりおろし金ですり下ろされたりするとその両者が混じりあって配糖体から糖が切り出されてイソチオシアネートが出てくる仕組みである。イソチオシアネート類は求電子性があって反応性の高い化合物で抗菌活性が高く，多くの虫はこれを嫌う。アブラナ科植物が地球上で繁栄することになった原因のひとつはこの防衛システムを装備したからだ，と言われている[3]。

　みどりの香りは炭素数6のアルデヒド，アルコール，およびそのエステルからなる化合物群の総称で，緑葉独特の青臭い香りを示すことからこの名が与えられている（図1）。日頃この香りを感じるのは庭の草刈りをしているときか海老フライの付け合わせに出てきたパセリを食べているときなどで，傷つけられていない健全な植物の葉からはみどりの香りはほとんどしない。葉が害虫などに食べられて傷つけられると傷ついた場所で一過的に生成放散される。みどりの香りには病原菌の生育を抑制する効果があり，傷口からの病原菌の侵入を防いでいる（直接防衛効果と呼ばれる）。また，一部のみどりの香りは食害を受けている植物体から大気中に放散される。この香りは「害虫に食べられている植物がいる」ことを意味する情報を担っている。多くの植食性昆虫には寄生者がいる。例えばモンシロチョウにはアオムシサムライコマユバチという寄生者がいて，モンシロチョウ幼虫の体内に卵を産みつけて体内で孵化して成長し，モンシロチョウ幼虫の身体を破って外に出て蛹から成虫になる。この寄生者にとって食欲旺盛で元気なアオムシはいい産卵場所である。このようなアオムシを効率よく見つけるためにアオムシサムライコマユバチは虫に食べられている植物の香りを鋭くキャッチしている。植物にとってアオムシサムライコマユバチは敵の敵なので味方となり，香りを作ってより効率的にアオムシサムライコマユバチに来てもらうようになる。これは間接防衛効果と呼ばれ，みどりの香りはその一翼を担っている。

第1章 植物の脂質／脂肪酸から酸素添加反応を経て生成される代謝物群（オキシリピン）とその生合成酵素

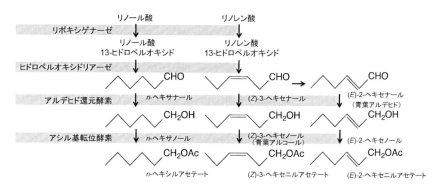

図1 典型的なみどりの香り化合物とその生合成経路

3 食品フレーバーとしてのみどりの香り

葉などの植物の緑色部分を原料とする食品の場合，みどりの香りがその食品の適不適を左右するフレーバー因子となる。みどりの香りはその官能基（アルデヒド，アルコールまたはエステル）の違い，二重結合の有無とその位置により個々の化合物はそれぞれ特有のかおり特性を持っている。概してアルデヒドは比較的刺激の強い香調でアルコール，エステルの順にまろやかさが増す傾向にある。二重結合は含まれれば刺激が弱まる傾向を示し，特に官能基の逆側から数えて3番目の炭素（$\omega3$位と呼ばれる）から二重結合が始まると比較的好ましい香調を示す[4]。みどりの香りの歴史は古く，1912年にドイツのクルチウス教授とフランケン博士が10種程度の植物の葉から青臭みの本体として2-ヘキセナール（幾何構造は未定だった）を単離，構造決定したことに始まる。その後，我が国でお茶の香り成分として複数の化合物が単離同定され，現在知られているみどりの香りを構成する化合物群が揃った。このうち，(E)-2-ヘキセナールは青葉アルデヒド，(Z)-3-ヘキセノールは青葉アルコールとの一般名を得ている[5]。

日本の緑茶のフレーバーは数十種の香り化合物によって醸し出され，その少しの違いによって品質が左右される[6]が，緑茶を，例えば紅茶と区別できる特徴的な香り成分のひとつは(Z)-3-ヘキセナールである[7]。トマト果実の特徴的な香り成分も(Z)-3-ヘキセナールなどのみどりの香り関連化合物である[8]が，人によってはこうしたみどりの香りを青臭いと感じ，嫌うケースも多く，むしろみどりの香りが少ない品種が育成される傾向もある。実際，生食用でもっとも流通している「桃太郎」という品種は(Z)-3-ヘキセノール量がかなり低く，青臭みの抑制された品種である[9]。また，豆乳を作る際にはみどりの香りを抑制することが必須である。ダイズ種子を水に浸してもみどりの香りはほとんど感じられないがこれをブレンダーで破砕するとn-ヘキサナールやn-ヘキサノールを主とする青臭い香りがたちまちあらわれる。豆乳を飲む際に消費者の多くは乳製品の代わりにと思いながら飲むので，豆臭い香りに違和感を覚え，嫌われる。多くの場合はダイズ種子を破砕する前に熱処理してみどりの香り生成酵素を熱失活してから豆乳を作っている。このように食品製造を考える時にはみどりの香り生成をうまくコントロールする必

要があるが，みどりの香りを含む食品を考える際には，みどりの香り化合物それぞれでフレーバー特性が異なるので単に量だけでなくその組成比をコントロールして適切なブレンドにすることが望ましい。そのためにはみどりの香りがどうやって作られるのかを理解するのが必須だ。

4 みどりの香り生合成経路

みどりの香りは生体膜脂質から生成される。リノール酸やリノレン酸を含む膜脂質にリパーゼが作用してリノール酸，リノレン酸が遊離型として切り出されるとこれらにリポキシゲナーゼが作用して酸素添加反応を行い，それぞれのヒドロペルオキシドを生成する。これがヒドロペルオキシドリアーゼによって開裂反応を受けると炭素数6のアルデヒド（n-ヘキサナールと（Z)-3-ヘキセナール）とその片割れとして（Z)-9-オキソドデセン酸が生成する。生成したn-ヘキサナールと（Z)-3-ヘキセナールの一部はNADPH依存型のアルデヒド還元酵素によってそれぞれのアルコール体へと還元され，さらにその一部はアシル基転位酵素によってアセチル基などと反応してエステル体となる（図1）。実はこの一連の反応に関与するリパーゼはまだきちんと同定されていない。その上，一部の反応はリパーゼによるリノール酸やリノレン酸の遊離を必要としないリパーゼ非依存経路ですすむ。この時は膜脂質がそのままリポキシゲナーゼの基質となって脂質ヒドロペルオキシドが生成され，これがヒドロペルオキシドリアーゼによって開裂反応を受けて炭素数6のアルデヒドが生成される。この時，片割れの（Z)-9-オキソドデセン酸は脂質に結合したままなので，炭素数が18から12に短くなって末端にアルデヒド基を持つ脂質，コアアルデヒドが生成されることになる（図2）。

みどりの香りは植物にとって生態系での生き残りに必要な防衛物質として機能する二次代謝産物だが，緑色植物に由来する食品の味や品質を決定する成分である。この時，みどりの香りの総量や組成比によって品質が決定され，さらに食品毎に求められる量や組成比が異なる。例えば，緑茶にとってn-ヘキサナールや（E)-2-ヘキセナールはフレッシュさを示すフレーバー[10]だが，逆にリンゴ果実にとって（E)-2-ヘキセナールは青臭さを示すオフフレーバーとなる[11]。トマトにおいて（Z)-3ヘキセナールや（E)-2-ヘキセナールは共にフレッシュさを示す香りで，特に（E)-2-ヘキセナールは口当たりがよいと感じる，より望ましい香気である[12]など，みどりの香りの適切な組成比と量を，その食材のイメージ，ベースの味やフレーバーなどとうまく組み合わせることでその食材の良さを引き出すことができる。そうした視点から，みどりの香り生合成に関連する酵素群は優良品種の開発や代謝工学のターゲットとなる。例えば，ダイズのリポキシゲナーゼ遺伝子を欠損した栽培品種では豆腐や豆乳ではオフフレーバーとなるn-ヘキサナールはほとんど生成されない[13]。リポキシゲナーゼ遺伝子の発現を抑制したトマト果実では，みどりの香りに加えて1-ペンテン-3-オールや（Z)-2-ペンテン-1-オールなどの重要なフレーバーである炭素数5の揮発性化合物も生成量が減り，トマト果実のフレーバー特性が変わる[14]。この際，炭素数5の揮発性化合物はリノレン酸にリポキシゲナーゼが2回反応して生成されるとされてお

第1章　植物の脂質/脂肪酸から酸素添加反応を経て生成される代謝物群（オキシリピン）とその生合成酵素

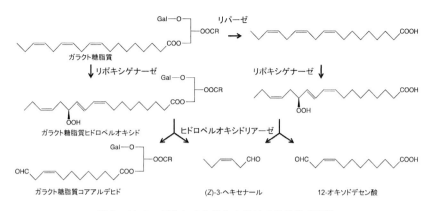

図2　リパーゼ依存/非依存みどりの香り生成経路

り，ヒドロペルオキシドリアーゼ遺伝子のみを発現抑制すると炭素数5の揮発性化合物の量がかえって増えることが報告されている。また，(Z)-3-ヘキセナールを(E)-2-ヘキセナールへ異性化する酵素が赤パプリカから同定され，トマトに遺伝子導入することで，オフフレーバーである(Z)-3-ヘキセナールの生成量を減らして(E)-2-ヘキセナール生成量を増やし，甘い香りの強いトマトを作出することに成功している[15]。

5　リポキシゲナーゼ

リポキシゲナーゼは(Z,Z)-1,4-ペンタジエン構造を持つ脂肪酸に酸素分子を添加してそのヒドロペルオキシドを生成する酵素で，1947年に結晶化された歴史の古い酵素である。(Z,Z)-1,4-ペンタジエン構造を持つ脂肪酸としてはリノール酸，リノレン酸，アラキドン酸，エイコサペンタエン酸などがあり，高度不飽和脂肪酸として機能性がうたわれている脂肪酸群にあたる。リポキシゲナーゼは活性中心に非ヘム鉄を持つ酸化還元酵素で，一部の細菌から動物まで多くの生物が持ち，例えば哺乳動物ではロイコトリエン類のような生理活性物質の生合成に関わっている。ヒトではロイコトリエン類は気管支喘息や炎症反応に関わっているのでリポキシゲナーゼ活性阻害剤が気管支喘息の薬（ジロートン）として使用されている[16]。ちなみにこのジロートンがアルツハイマー症状の緩和に寄与するかも知れない，とする報告[17]がある。アラキドン酸やエイコサペンタエン酸からリポキシゲナーゼを介して生成される生理活性物質（脂質メディエーターと呼ばれる）は思いのほか多岐にわたる生理活性を持っているようでリポキシゲナーゼ阻害剤，または活性化抑制剤の新規薬剤としての開発が注目されている[16]。

植物の主要な高度不飽和脂肪酸はリノール酸，リノレン酸で，リポキシゲナーゼはその9位，または13位に酸素添加してそれぞれの9-ヒドロペルオキシドと13-ヒドロペルオキシドを生成する。これらがヒドロペルオキシドリアーゼの作用で開裂反応を受けると9-ヒドロペルオキシドからは炭素数9のアルデヒドが，13-ヒドロペルオキシドからは炭素数6のアルデヒドが生成

される。炭素数9の揮発性化合物群にはキュウリやメロンなどウリ科植物特有のフレーバー特性を持つものがあり，(E,Z)-2,6-ノナジエナールはスミレ葉アルデヒド，(E,Z)-2,6-ノナジエノールはキュウリアルコールとも呼ばれる[5]。これら炭素数9の揮発性化合物はイギリスや韓国では好ましい香りとして香水に使用されることもあるが，日本ではウリ臭みのもととしてあまり好まれない傾向にある。中でも(E)-2-ノネナールは加齢臭として知られ[18]，またビールでは日向臭やカードボード臭と呼ばれ，ビールの品質劣化の指標とされている。最近，サッポロビールの研究者らによって(E)-2-ノネナールができにくいリポキシゲナーゼ欠損オオムギが育種されている[19]。

　リポキシゲナーゼはカロテンオキシダーゼと呼ばれていた時期もあり，小麦粉にわずかに含まれるカロテノイドを分解して小麦粉を漂白する目的で添加されていた。リポキシゲナーゼ反応では最初に基質の(Z,Z)-1,4-ペンタジエン構造の中央部（3位）の水素原子が引き抜かれ，炭素ラジカルが生じる。次いで分子状酸素が炭素ラジカルと反応することでペロキシラジカルが生じ，最終的には水素原子が戻されてヒドロペルオキシドとなる（図3）。この間，例えば酸素が十分にない反応条件だと炭素ラジカルが反応しきれずに残されてしまう。炭素ラジカルは反応性が高いので，例えばわずかに出来たヒドロペルオキシドと反応してアルコキシラジカルを生成する。βカロテンなどのカロテノイド類はその構造の中に二重結合を多く持っていて共役しているが，不十分なリポキシゲナーゼ反応で出来たラジカル分子はカロテノイド類の二重結合と比較的容易に反応して二重結合を酸化したり，開裂したりする。そうすると二重結合共役系が遮断されて可視光線を吸収できなくなる。こうした一連の反応が進むと小麦粉の漂白が進むことになる。ノボザイムズジャパンの髙木氏たちとの共同研究で，カビの仲間から単離したリポキシゲナーゼがβカロテンやアスタキサンチンを効果的に脱色し，このリポキシゲナーゼを添加したパン生地からパンを作ると白いパンができることが分かった[20]。こうした反応はラジカル分子を介した副反応なので制御が困難に思えるが，例えばダイズ種子リポキシゲナーゼ-2をリノール酸とともにレチノイン酸と反応させると好気条件でもかなり特異的に6員環内の二重結合が酸化されてレチノイン酸5,6-エポキシドを生成し，他の二重結合の酸化はあまり見られない（図4）[21]。リポキシゲナーゼと基質をうまく組み合わせればこうした副反応にもとづいた新しい酵素反応を生み出せるかも知れない。

　脂肪酸への酸素添加反応ももちろん応用可能性がある。リポキシゲナーゼはそのX線結晶構造が既に明らかで，反応中心の鉄原子の酸化還元状態を含めてその反応機構の詳細も明らかになっている。例えば，ダイズリポキシゲナーゼ-1では脂肪酸のω末端側（カルボキシ基側とは逆の尾部）から基質ポケットに入り込み，基質のペンタジエン構造が活性中心の鉄に近接するよう配位する。そのためペンタジエン構造からω末端側までの長さを調整すればカルボキシ基から数えて何番目の炭素に酸素添加するかを調整可能である。この場合は基質の構造を変えなくてはならないので応用には障害となるが，逆にこの基質ポケットの底の深さや疎水性度を改変してもやはり酸素添加位置を調整可能で，この場合だと基質の構造をかえる必要がなくなる[22]。また，

第1章　植物の脂質/脂肪酸から酸素添加反応を経て生成される代謝物群（オキシリピン）とその生合成酵素

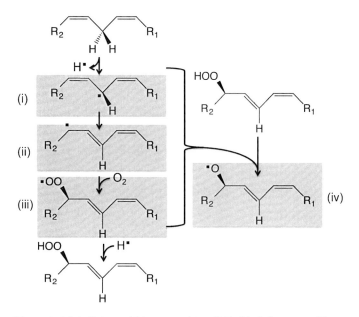

図3　リポキシゲナーゼ反応ではラジカル分子が生成する。この図では基質の (Z,Z)-1,4-ペンタジエン構造だけを抽出して示している。リポキシゲナーゼの活性中心の鉄（III）がC-H結合の電子をひとつ引き抜いて鉄（II）に還元されると水素原子が遊離してアルキルラジカル (i), (ii) が出来る。このアルキルラジカルが酸素分子と反応してペルオキシラジカル (iii) ができる。これらラジカル種がヒドロペルオキシドと反応するとアルコキシラジカル (iv) ができる可能性がある。

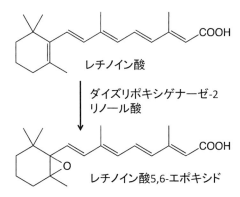

図4　リポキシゲナーゼ副反応の生成物特異性

ヒトやマウス由来のリポキシゲナーゼでは活性中心近傍の1アミノ酸残基を改変するだけで生成物ヒドロペルオキシドの立体配置を逆転できることが報告されている[23]。このようにリポキシゲナーゼをテーラーメード化する基盤はかなり蓄積しており，本来の基質以外にも作用させ，本来

163

食品・バイオにおける最新の酵素応用

予想される生成物以外を作り出すことが可能な素地が出来ているといえる。

　となると，リポキシゲナーゼで何を作るのか，がポイントとなる。リポキシンはアラキドン酸からリポキシゲナーゼによって生成されるオータコイド作用を持つ化合物群である。その中でもリポキシン A4 は炎症を抑制する作用を持ち，ドラッグデザインのリード化合物と目されている（図5）[24]。また，東京大学の清水らはバレイショリポキシゲナーゼがロイコトリエン A4 を作ることを報告している[25]。ロイコトリエン A4 は炎症を誘発するのでロイコトリエン A4 アンタゴニストをデザインすればロイコトリエン拮抗薬として有望である。京都大学の河田らがトマトジュースから発見した 9-オキソオクタデカジエン酸，13-オキソオクタデカジエン酸はヒトの脂質代謝を制御するペルオキシソーム増殖因子活性化受容体 α（PPARα）のアゴニスト作用があり，マウスの実験で肥満軽減作用が認められている[26]。これらオキソ脂肪酸はリポキシゲナーゼの副反応で生成され，ダイズ生豆乳にも見いだされる[27]。最近私たちはカイコがクワの葉を食べる時にクワの葉のみどりの香り生成を抑制する現象を発見し，この現象はカイコが摂食中に吐き出す粘液中の脂肪酸ヒドロペルオキシド脱水酵素によることを明らかにした[28]。この酵素は脂肪酸ヒドロペルオキシドから水分子を脱離させオキソ脂肪酸を生成する酵素であった。この酵素を使えばより効率よくオキソ脂肪酸が生成できるはずだ。また，脂肪酸ヒドロペルオキシドを還元して出来る脂肪酸ヒドロキシドは分子内エステル結合反応によりラクトンへと変換することが出来る[29]。5員環の γ-ラクトンの中には桃の香り，6員環の δ-ラクトンの中にはミルクの香りを有するものがあり，香料として有望である。

　リポキシゲナーゼはもともと遊離脂肪酸を基質として酸素添加する酵素と定義されてきたが活性に必須なのは (Z,Z)-1,4-ペンタジエン構造なので基質の要件として遊離脂肪酸である必要がない。リノール酸やリノレン酸をアシル基として有する脂質でも基質となりうる。ただ，水に溶

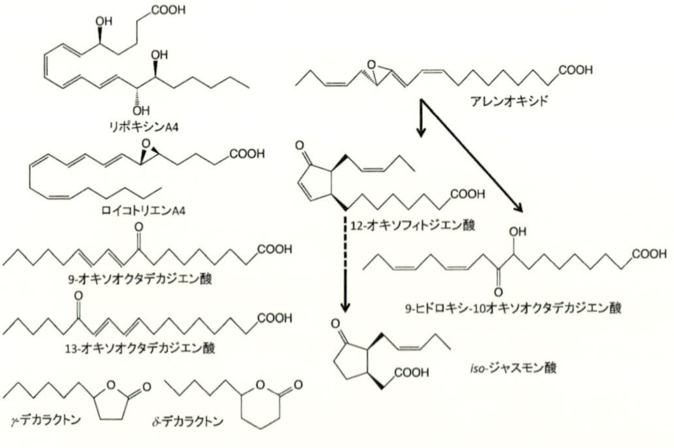

図5　生理活性が期待される脂質メディーター。本文中に記載された
　　　代表的な化合物を示している。右側のアレンオキシドからは酵
　　　素的/非酵素的に種々の化合物が生成される。

第1章 植物の脂質/脂肪酸から酸素添加反応を経て生成される代謝物群(オキシリピン)とその生合成酵素

けにくい脂質を酵素反応緩衝液中にエマルジョンやリポソーム，またはミセルとしてうまく分散させる必要があり，しかもそうして形成された油水界面に整列した脂質のアシル基にリポキシゲナーゼがアクセスできる必要がある。多くのリポキシゲナーゼは可溶性酵素なのでそのままでは油水界面を嫌って水層にとどまる。リポキシゲナーゼの立体構造を見るとN-末端側に8本のβシートが樽状に並んだβバレルドメインがある(図6)。残りはαヘリックス構造が多い球状構造を形成し，活性中心の鉄イオンを有する活性ドメインとなっている。このβバレルドメインはPLATドメインとも呼ばれるが，これはヒトのポリシスチンや黄色ブドウ球菌のαトキシンなど生体膜や脂質と相互作用するタンパク質に見られる構造である。この構造上の特徴から推測するとリポキシゲナーゼは通常は不活性状態で水溶液中に存在しているが，適切な油水界面が供給されるとPLATドメインを介して油水界面に移動し，界面上の脂質のアシル基を活性中心ポケットに導いて酸素添加反応を触媒すると考えられる。

　胆汁酸の一種，デオキシコール酸を界面活性剤としてリン脂質のフォスファチジルコリンを懸濁するとダイズリポキシゲナーゼが作用してリン脂質ヒドロペルオキシドが生成される。デオキシコール酸なしではほとんど活性が見られないが，デオキシコール酸を10-15 mM添加すると十分な活性が見られ，それ以上の濃度になると活性が低下する[30]。このことはデオキシコール酸とリン脂質が適切な比で混和され，適切な物理化学状態となった油水界面が形成される必要があることを示唆している。その後，トリアシルグリセロール，ガラクト糖脂質も適切な濃度の界面活性剤存在下ではリポキシゲナーゼの基質となることが示された[31,32]。こうした観察はあくまでも試験管内での反応であり，必ずしも生体内で起こる酵素反応を正確に再現している訳ではない。私たちはモデル植物のシロイヌナズナでみどりの香り生合成経路を調べている時に，みどりの香り生合成が遊離脂肪酸から始まっていれば生成してくるはずの12-オキソデセン酸がほとんど見られないことに気づいた。12-オキソデセン酸はリノレン酸ヒドロペルオキシドがヒドロペルオキシドリアーゼによって切られてできる片割れなのでヘキセナールと同じ量が生成しているはずだがその3%程度しか検出できなかった。そこで，LC-MS/MSを駆使して脂質代謝物

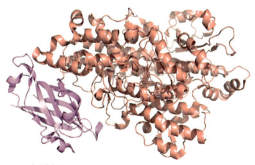

N-末端側
βバレル(PLAT)ドメイン　　　C-末端側活性ドメイン

図6　ダイズリポキシゲナーゼ-1の結晶構造(PDB：3PZW)

を調べたところ 12-オキソドデセン酸がガラクト糖脂質にエステル結合したままのコアアルデヒドと呼ばれる化合物が生成していることが分かった（図2）[33]。つまり，みどりの香りが作られる際にガラクト糖脂質がリポキシゲナーゼで直接酸化され，ガラクト糖脂質ヒドロペルオキシドが生成され，これがそのままヒドロペルオキシドリアーゼによって開裂反応を受けたことを意味する。ヒドロペルオキシドリアーゼ活性を欠損した変異体を用いた検討で実際にガラクト糖脂質ヒドロペルオキシドが生成していることも確認し[34]，シロイヌナズナのリポキシゲナーゼが刺激を受けると葉緑体チラコイド膜に作用し，ガラクト脂質に酸素添加していることが明らかになった。シロイヌナズナの葉に傷害などの刺激を与えない時にはみどりの香りがほとんど生成しないので，通常の健全な葉の中でリポキシゲナーゼは不活性な状態で存在しており，細胞にダメージを与えるような刺激によって活性化されてチラコイド膜と相互作用し始めると予想される。この活性化にはカルシウムイオンが関与しているようだ[34]がより詳細な検討が必要である。

　脂質をうまく懸濁し適切な油水界面を形成すればリポキシゲナーゼが作用して脂質ヒドロペルオキシドを立体特異的に作ることができる。これを利用すれば新しい生理活性物質の調製が期待される[35]。ヒト細胞でリン脂質ヒドロペルオキシドは炎症などの病態に関連して生成されることが多く，これをバイオマーカーとして利用することが考えられている。また，ある種のリン脂質ヒドロペルオキシドはマクロファージによる貪食開始因子として機能するなど，免疫系，血小板凝集など様々なイベントにリン脂質ヒドロペルオキシドが関与していることが示されている[36]。一方，遊離型で機能を有するロイコトリエンやリポキシンなどをリン脂質や糖脂質などに組み込んで生成することも可能なので新しい生理活性を付与できるかも知れない。

6　ヒドロペルオキシドリアーゼとその関連酵素

　リポキシゲナーゼの主な反応生成物は脂肪酸／脂質ヒドロペルオキシドなのでそのままでは反応性が高すぎて不安定で，また生体への毒性も懸念される。バイオマーカーとしての利用はヒドロペルオキシドのままが望ましいが生理活性物質を想定する場合はヒドロペルオキシ基を還元してヒドロキシ基にするなど修飾反応を施すべきである。先述のようにリポキシゲナーゼだけでも生成したヒドロペルオキシ基をさらに改変する反応が可能だが，必要に応じて適切な酵素を用いることで目的の生理活性物質を特異的に生成することが可能になるはずだ。

　ヒドロペルオキシドリアーゼは脂肪酸ヒドロペルオキシドの転位反応を触媒し，ヘミアセタールを経て炭素-炭素結合を開裂する酵素である。シトクロム P450 酵素の一員だが分子状酸素も還元力も必要としない特殊な P450 酵素である[37]。みどりの香りを天然香料として利用することを目的としてリポキシゲナーゼとヒドロペルオキシドリアーゼを酵母で同時に発現させてリノレン酸などからヘキセナールを生成することも試みられてきた[38]がヘキセナールなどの工業レベルでの合成手法が確立されていること，みどりの香りは食品よりもトイレタリー商品への添加が多いことなどからコストのかかる酵素法は普及していないようだ。ただ，酵素反応で生成される

第1章　植物の脂質／脂肪酸から酸素添加反応を経て生成される代謝物群（オキシリピン）とその生合成酵素

12-オキソドデセン酸とその類縁体はかつて植物の創傷ホルモンといわれ，キュウリ下胚軸[39]やキノコ子実体[40]の成長促進作用が報告されている。また，12-オキソデセン酸などのアシル基鎖長が短く末端にアルデヒド基をもつリン脂質は血小板活性化因子（PAF）受容体のリガンドとなり，アレルギー反応などを調節する[36]。ヒドロペルオキシドリアーゼを利用して，みどりの香り化合物の片割れ側にこれまでに知られていない未知の生理活性を探索する価値があるかも知れない。

　ヒドロペルオキシドリアーゼに似たアミノ酸配列を持つシトクロム P450 酵素のひとつにアレンオキシド合成酵素がある。ヒドロペルオキシドリアーゼと同様に酸素も還元力も必要としない P450 酵素で，また脂肪酸／脂質ヒドロペルオキシドとの反応の最初の段階はヒドロペルオキシドリアーゼと同じであるが，反応中間体として生成するラジカルの安定性を決めるアミノ酸残基のわずかな違いで炭素−炭素結合開裂反応ではなくエポキシ化反応を触媒し，アレンオキシドと呼ばれる化合物を生成する[41]。植物細胞内でアレンオキシド合成酵素はアレンオキシド環化酵素と共存しており生成したアレンオキシドは直ちにオキソフィトジエン酸へと変換され，これがさらに β 酸化を受ければジャスモン酸へと変換される。ジャスモン酸は植物の病害虫害抵抗性を制御する植物ホルモンであるが，ヒトに対しては抗がん剤として作用する[42]。ただし，アレンオキシド環化酵素がなければアレンオキシドは速やかに水和反応を受け，ケトールへと変換される。このうち，α ケトール（9-ヒドロキシ-10-オキソオクタデカジエン酸）はウキクサの花成誘導活性[43]があり，また乾燥下で栽培されたコムギの収率を高める作用が報告されている[44]。

7　結語

　私たちは長年みどりの香りの研究を進めているのでみどりの香りに愛着が湧いていていい香りだ，と思い込んでいる向きがある。著者の一人がアメリカに留学している時にトウモロコシについて面白い話を聞いた。オレゴン州のトウモロコシ農園ではコーンスープ用のトウモロコシを栽培しているがコーンスープ用にはしっかりと熟したトウモロコシが必要で，まだ未熟なトウモロコシが混じると青臭いコーンスープができて不味くなってしまう，ということだった。この話を聞いた時には少し怪訝な面持ちだったが，確かに青臭いコーンスープは不味かろうと思い至り，適材適所に香りを使うことが大切だと改めて実感した。みどりの香りは植物の防衛を担っているので陸上のほぼ全ての植物がみどりの香り生成活性を持っている。そのため植物を原料とする食品開発の時にはどうしてもその是非を検討しなくてはならないが，本稿で紹介したようにみどりの香り生合成機構はかなり詳細に解明されているのでその知見をもとにみどりの香りの量と組成をうまく制御することが可能になってきた。

　一方，この研究を進めているとみどりの香り生合成に関わる酵素，特にリポキシゲナーゼが脂質メディエーター生成に有望であることが明らかとなってきた。具体的にどのように実用化するのかについてまだこれから検討することが多いが，リポキシゲナーゼとリポキシゲナーゼ生成物

167

の脂肪酸／脂質ヒドロペルオキシドを代謝する酵素群をうまく組合わせることで新規生理活性物質の創成が可能かも知れない。

文　　献

1) 松井健二ほか，生きものたちをつなぐ「かおり」～エコロジカルボラタイルズ～，フレグランスジャーナル社（2016）

2) 横山潤，共進化の生態学，p. 109，文一総合出版（2008）

3) D. Walters, "Fortress Plants", p. 83, Oxford University Press（2017）

4) Y. Sakoda *et al., Z. Naturforsch.,* **50c**, 757-765（1995）

5) 畑中顯和，みどりの香り，丸善株式会社（2005）

6) K. Kumazawa & H. Masuda, *J. Agric. Food Chem.,* **50**, 5660-5663（2002）

7) H. Guth & W. Grosch, *Flavor Fragr. J.,* **8**, 173（1993）

8) J. L. Rambla *et al., J. Exp. Bot.,* **65**, 4613（2014）

9) Y. Iijima *et al., Biosci. Biotechnol. Biochem.,* **80**, 2401（2016）

10) S. Lee *et al., J. Food. Sci.,* **72**, 497（2007）

11) E. Mehinagic *et al., J. Agric. Food Chem.,* **54**, 2678（2006）

12) E. Yilmaz, *Turk. J. Agri.c For.,* **25**, 149（2001）

13) A. Kobayashi *et al., J. Food Sci.,* **43**, 2449（1995）

14) J. Shen *et al., J. Exp. Bot.,* **65**, 419-428（2014）

15) M. Kunishima *et al., JBC.,* **291**, 14023-14033（2016）

16) R. Mashima & T. Okuyama, *Redox Biol.,* **6**, 297（2015）

17) J.-G. Li *et al., Sci. Rep.,* **7**：46002. doi：10.1038/srep46002（2017）

18) S. Haze *et al., J. Investig. Dermatol.,* **116**, 520（2001）

19) T. Hoki *et al., J. Cereal Sci.,* **83**, 83（2018）

20) A. Sugio *et al., J. Biosci. Bioeng.,* **126**, 436（2018）

21) K. Matsui *et al., Biosci. Biotechnol. Biochem.,* **58**, 140（1994）

22) A. Andreou & I. Feussner, *Phytochemistry,* **70**, 1504（2009）

23) G. Coffa & A. R. Brash, *Proc. Natl. Acad. Sci. USA,* **101**, 15579（2004）

24) 有田誠，C. N. Serhan，蛋白質核酸酵素，**52**, 348（2007）

25) T. Shimizu *et al., Proc. Natl. Acad. Sci. USA,* **81**, 689（1984）

26) Y. I. Kim *et al., PLoS ONE,* **7**, e31317. doi：10.1371/journal.pone.0031317（2012）

27) Z. M. Pulvera *et al., Biosci. Biotechnol. Biochem.,* **70**, 2598（2006）

28) H. Takai *et al., Sci. Rep.,* **8**, 11942. doi：10.1038/s41598-018-30328-6（2018）

29) T. C. Joo & D. K. Oh, *Biotechnol Adv.,* **30**, 1524（2012）

30) J. Eskola & S. Laakso, *Biochim. Biphys. Acta,* **751**, 305（1983）

31) K. Matsui & T. Kajiwara, *Lipids,* **30**, 733（1995）

第1章 植物の脂質／脂肪酸から酸素添加反応を経て生成される代謝物群（オキシリピン）とその生合成酵素

32) A. Nakashima *et al., J. Plant Interact.*, **6**, 93 (2011)

33) A. Nakashima *et al., J. Biol. Chem.*, **288**, 26078 (2013)

34) S. Mochizuki & K. Matsui, *Biochem. Biophys. Res. Commun.*, **505**, 939 (2018)

35) 寺尾純二, 生物試料分析, **32**, 257 (2009)

36) S. S. Davies & L. Guo, *Chem. Phys. Lipids*, **181**, 1 (2014)

37) K. Matsui, *Curr. Opin. Plant Biol.*, **32**, 24 (2016)

38) M. Buchhaupt *et al., Appl. Micribiol. Biotechnol.*, **93**, 159 (2012)

39) D. C. Zimmerman & C. A. Coudron, *Plant Physiol.*, **63**, 536 (1979)

40) Y. Champavier, *et al., Enzyme Microb. Technol.*, **26**, 243 (2000)

41) D. S. Lee *et al., Nature*, **455**, 363 (2008)

42) L. Zheng *et al., BMC Cancer* **13**：74, doi：10.1186/1471-2407-13-74 (2013)

43) M. Yokoyama *et al., Plant Cell Physiol.*, **41**, 110 (2000)

44) E. Haque *et al., Biocatal Agric Biotechnol.*, **7**, 67 (2016)

169

第2章 バラ科サクラ属果樹類における S-RNase 依存性配偶体型自家不和合性

The S-RNase-based Gametophytic Self-incompatibility System in *Prunus*（Rosaceae）Fruit Tree Species

田尾龍太郎[*]

近年，植物の自家不和合性を支配する遺伝子と自家不和合性反応機構が次々と明らかにされ，自家不和合性が生物学や農学の分野で改めて脚光を浴びるようになってきた。本稿では，果樹類の中でも研究が進んでいるバラ科サクラ属果樹の配偶体型自家不和合性について概説する。

1 はじめに

被子植物が自殖を防ぎ，他殖を促すことで種内の多様性を維持して，多様な環境条件下で生息地を拡大してゆくために発達させてきた生殖隔離機構は，雌雄器官の分化と配置，そして受粉受精過程に関連したものが多い。自家不和合性もそのような自殖抑制機構の一つである。自家不和合性は，雌雄両器官が正常な機能を備えた両性花において，自家受粉した場合に雌ずいが花粉を認識して拒絶するために受精に至らない現象である[1]。このような現象があることは古くから知られていたが，実験的に初めて確認したのはダーウィンであるとされる。その後，多くの植物種で自家不和合性がみとめられ，現在では被子植物の半数以上のものが自家不和合性機構を持つとされている。木本性植物である果樹における自家不和合性の初めての発見は，セイヨウナシにおいてであった。セイヨウナシの主要病害の一つである火傷病が訪花昆虫によって媒介するのではないかと考えたアメリカの植物病理学者 Waite が訪花昆虫を遮断したところ，結実率が極端に低下することを発見した[2]。またセイヨウナシ'バートレット'の単植園の中に間違って別の品種が混植されていた付近では，結実が優れることを観察し，さらには異品種の花粉を交配することによって結実率が高まることを明らかにし，自家不和合性の存在を示した。

自家不和合性は，野生の植物において多様性の維持と種の存続に有利に働くが，作物生産や育種の上では大きな障壁となることが多い。このため草本性作物では，栽培化の過程で自家和合化されたものが多い。一方，木本性であり育種に長い期間を要する果樹類では，現在でも自家不和合性を示すものが少なくない。自家不和合性を示す果樹の栽培時には，着果と収量の確保のために，授粉用の混植樹（授粉樹）の植栽や人工授粉が必要になる。混植樹の選択のためには，開花期や不和合性（*S*）遺伝子型の情報が必須となる。すなわち，授粉用品種の開花期は対象となる

＊ Ryutaro Tao 京都大学 農学研究科 農学専攻 果樹園芸学研究室 教授

第2章　バラ科サクラ属果樹類における S-RNase 依存性配偶体型自家不和合性

経済栽培品種と同調している必要があり，またS遺伝子型は授粉対象とする経済品種と異なっている必要がある。さらに授粉樹自体の果実も品質的に優れることが望ましい。しかしながら，経済栽培品種の中にはS遺伝子型が明らかにされていないものも多く，また開花期が近年の地球環境変動の影響も受けて変化し続けており，授粉用の混植樹の選択は容易ではない。

このようなことから，動物のような免疫システムを持たない植物における精巧な細胞間認識機構である自家不和合性は，基礎生物学的な興味から研究が進められるのみならず，応用学問である園芸学の分野でもその人為制御と打破を目指した研究が精力的に進められてきた。これらの研究によって，自家不和合性を支配する遺伝子の存在が明らかにされ，その後，分子生物学的な手法の導入によって自家不和合性を支配する遺伝子と自家不和合性反応のメカニズムが次々と明らかにされ，現在，改めて自家不和合性が生物学と農学の分野で脚光を浴びるようになってきた。本稿では，自家不和合性の中でも，特にバラ科サクラ属果樹の示す S-RNase 依存性配偶体型自家不和合性に焦点を当てて，概説することとする。

2　自家不和合性の分類と遺伝制御

植物の自家不和合性には様々なタイプがあるが，分類単位でみると科のレベルで不和合性のタイプが共通していることがほとんどである。図1に示したように，自家不和合性は異形花型と同形花型の2つのタイプに大別される[1]。異形花型の自家不和合性とは，同一種内に形態の異なる花を着生する個体が存在し，同じ形態の花を着生する個体間の交雑は阻害され，異なる形態の花を着生する個体間のみで交雑が起こるタイプである。タデ科のソバがこのタイプの自家不和合性を示すことで有名であるが，果樹ではカタバミ科のスターフルーツがこのタイプの自家不和合性を示す[3]。一方，同形花型の自家不和合性とは花の形態とは無関係に自家不和合性反応が生じる

図1　自家不和合性の分類と代表的な植物科

タイプで，アブラナ科やバラ科，ナス科など多くの作物を含む科がこのタイプの不和合性機構を持っている。同形花型の自家不和合性は，その遺伝制御によって，さらに胞子体型と配偶体型の自家不和合性に分類される（図2）。多くの場合，同形花型の自家不和合性における不和合性反応は，古典遺伝学的には単一の遺伝子座（S遺伝子座）に座乗する複対立遺伝子を想定することで説明できる。胞子体型の自家不和合性の場合は，花粉のS表現型が花粉を形成した親植物（胞子体）のS遺伝子型によって決定される。異形花型の不和合性が胞子体型に分類されるのはこのためである。一方，配偶体型の自家不和合性では，花粉のS表現型は花粉（配偶体）自身のS遺伝子型によって決定されている。胞子体型の自家不和合性では，S対立遺伝子間に優劣関係が存在することが多く，またその優劣関係が雌ずいと花粉で異なるなど複雑である。一方，配偶体

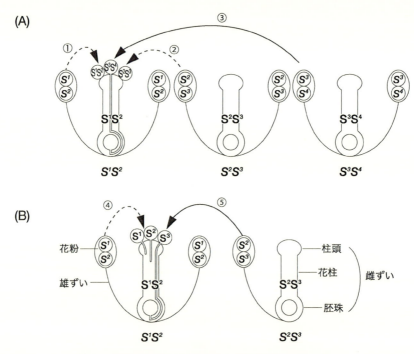

図2 胞子体型（A）と配偶体型（B）の自家不和合性反応

A：花粉のS表現型は，その花粉を作った親植物のS遺伝子型によって決定されている。S対立遺伝子に優劣がない場合は，遺伝子型がS^1S^2の個体の花粉の表現型は全てS^1S^2であり，S遺伝子型がS^2S^3の個体の花粉の表現型は全てS^2S^3，またS^3S^4の個体の花粉は全てS^3S^4となる。雌ずいと花粉のS表現型が一つでも一致すれば，花粉管伸長は阻害される。このため，①と②の受粉では花粉管伸長が阻害され，受精に至らないが，③の受粉では受精する。

B：花粉のS表現型は，花粉のS遺伝子型によって決定されている。このため，S遺伝子型がS^1S^2の個体からは，表現型がS^1あるいはS^2の花粉が形成され，またS^2S^3の個体からは，S表現型がS^2あるいはS^3の花粉が形成される。④の自家受粉の場合は，花粉のS表現型と雌ずいのS表現型が一致するので受精に至らない。⑤に於ける，遺伝子型がS^1S^2とS^2S^3の個体間の受粉では，S表現型（遺伝子型）がS^2（S^2）の花粉は受精に至らないが，S^3（S^3）花粉の受粉は受精する。

第 2 章　バラ科サクラ属果樹類における S-RNase 依存性配偶体型自家不和合性

型の自家不和合性の遺伝制御はより単純で，花粉の持つ S 対立遺伝子が雌ずいの持つ S 対立遺伝子のいずれとも異なる場合に花粉管が伸長して受精に至る．バラ科やナス科やオオバコ科のキンギョソウなどの示す配偶体型の自家不和合性では，雌ずい側の S 対立遺伝子に優劣関係のある例は報告されていない．

3　S-RNase 依存性配偶体型自家不和合性における認識反応特異性の決定因子

バラ科には重要な園芸作物が数多く分類されるが，これらの多くは配偶体型自家不和合性を示す．バラ科サクラ属には，オウトウやスモモ，アンズやウメ，アーモンドなど，多くの配偶体型自家不和合性を示す果樹類が属している．古典遺伝学的には，単一遺伝子座の複対立遺伝子を想定することでうまく説明できるバラ科サクラ属の自家不和合性現象であるが，突然変異体を用いた解析などから，実際には S 遺伝子座には組み換えが生じないほど密接に連鎖した雌ずい S 遺伝子と花粉 S 遺伝子の 2 種類の遺伝子が存在することが明らかになっていた．雌ずい S 遺伝子は雌ずい側の不和合性反応の特異性を決定し，花粉 S 遺伝子は花粉側の反応特異性を決定している．組み換えが生じないほど密接に連鎖した複数の遺伝子が S 遺伝子座に存在することが明らかになったことから，現在では S 遺伝子座の種類を示すのには S ハプロタイプという用語が，また雌ずい S 遺伝子と花粉 S 遺伝子の種類を表すのには，それぞれ雌ずい S 対立遺伝子および花粉 S 対立遺伝子という用語が用いられている．分子生物学的な解析から，サクラ属の雌ずい S 遺伝子と花粉 S 遺伝子の両者が同定された（図3）．雌ずい S 遺伝子は，雌ずい伝達組織の細胞外に存在する S-RNase とよばれる RNA 分解酵素をコードしており，等電点電気泳動や二次元

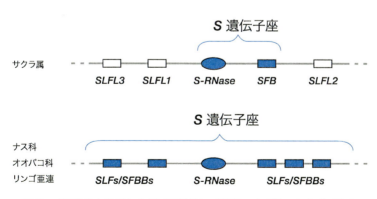

図3　バラ科サクラ属およびバラ科リンゴ亜連，ナス科，オオバコ科の S 遺伝子座の模式図

いずれの植物でも雌ずい S 遺伝子は単一の遺伝子（S-RNase）である．一方，花粉 S 遺伝子は，バラ科サクラ属では単一（SFB）であるが，他の植物種では複数（SLFs/SFBBs）である．サクラ属の S 遺伝子座近傍に座乗する SLFLs は，花粉で発現する F-box 遺伝子であり，ジェネラルインヒビターの候補遺伝子である．

電気泳動によるタンパク質分析により同定された[4~6]。ナス科やオオバコ科のキンギョソウの配偶体型自家不和合性の雌ずい S 遺伝子も S-RNase をコードしている。S-RNase が RNA 分解酵素であることから，花粉管内に取り込まれた S-RNase は細胞毒として働いて，花粉管伸長を停止させると考えられており，それを支持する観察結果も報告されている。一方，サクラ属の花粉 S 遺伝子は，S ハプロタイプ特異的 F-box タンパク質（S haplotype-specific F-box protein；SFB）をコードしていることが，染色体歩行によるポジショナルクローニングにより明らかにされた[7~10]。F-box タンパク質は，ユビキチンプロテアソームによるタンパク質分解系で機能する SCF 複合体（ユビキチンリガーゼ）の構成要素であり，F-box タンパク質により認識された標的タンパク質は，E3 複合体によってポリユビキチン化され，プロテアソームによって分解される。サクラ属の花粉 S 遺伝子が F-box 遺伝子であることが明らかにされたのと時期をほぼ同じくしてナス科植物[11]やオオバコ科のキンギョソウ[12,13]やバラ科リンゴ亜連[14]の S-RNase 依存性配偶体型自家不和合性の花粉 S 遺伝子も F-box タンパク質（SLF あるいは SFBB）をコードすることが明らかにされた。

4　ナス科，オオバコ科，バラ科リンゴ亜連における協調的非自己認識モデル

花粉 S 遺伝子が同定される以前から，雌ずい S 遺伝子がコードする S-RNase が細胞毒として働くという観察結果に基づいて，不和合性反応の自己・非自己認識モデルがいくつか提唱されていた。それらの中でも，インヒビターモデルが最有力視されていた[15~17]。花粉 S タンパク質は S-RNase の活性を抑制するインヒビターであり，非自己の S ハプロタイプ由来の S-RNase 活性を抑制するが，自己の S ハプロタイプ由来の S-RNase のみは不活化できず，このため自己花粉の花粉管伸長が阻害され，受精に至らないとするモデルである。花粉 S タンパク質は，ユビキチンプロテアソーム系によるタンパク質分解系で機能する F-box タンパク質であったことから，このインヒビターモデルに即した S-RNase 分解モデルが提唱されるようになった。この S-RNase 分解モデルでは，S ハプロタイプ非特異的に花粉管内に取り込まれた非自己 S ハプロタイプ由来の S-RNase は，花粉 S タンパク質である F-box タンパク質を構成要素とする SCF 複合体（ユビキチンリガーゼ）により認識されてポリユビキチン化され，その後プロテアソームによって分解されて解毒されると想定された[18]。一方，自己の S ハプロタイプ由来の S-RNase は特異的にポリユビキチン化されず RNase 活性が保持され，細胞毒として働き，花粉管伸長が停止すると想定された。ナス科植物を用いた生化学的な実験から，この自己・非自己認識モデルを支持する結果が相次いで報告された[19]。またナス科，オオバコ科のキンギョソウ，バラ科リンゴ亜連では，花粉 S 遺伝子の F-box 遺伝子は，S 遺伝子座に複数個存在することが明らかになり，これら複数個の花粉 S 遺伝子が協調して働くことで，自己以外の非自己の S-RNase の全てをポリユビキチン化し，分解誘導して解毒するという協調的非自己認識モデル（collaborative nonself recognition model）が提唱され（図 4A），この仮説が検証されるに至っている[20]。しか

第 2 章　バラ科サクラ属果樹類における S-RNase 依存性配偶体型自家不和合性

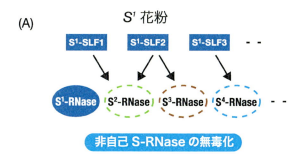

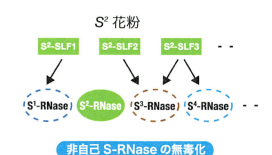

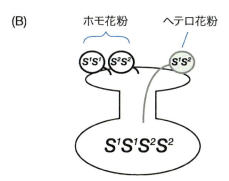

図 4　協調的非自己認識モデル（A）と競合的相互作用（B）
A：一つの S ハプロタイプに存在するいくつかの花粉 F-box 遺伝子が共同して非自己の S-RNase を無毒化する。
B：一つの花粉に二つの異なる S ハプロタイプが存在すれば，それらは相補的に全ての S-RNase を無毒化できるので，自家和合性となる。ここでは四倍体の自家受粉を例に示した。$S^1S^1S^2S^2$ 個体からは，3 種類の花粉が形成されるが，このうち花粉 S 対立遺伝子をヘテロで持つ（S^1S^2）花粉は自家和合となる。

しながら，この協調的非自己認識モデルは，バラ科サクラ属には全く当てはまらず，バラ科サクラ属は独自の認識機構を進化過程で獲得したことが次第に明らかにされてきた。

5 バラ科サクラ属にみられる花粉側自家和合性変異型 *S* ハプロタイプ

バラ科サクラ属果樹類には花粉側の不和合性認識機構に変異を生じ自家和合性になった変異個体がいくつか存在しており，これらの変異型自家和合性 *S* ハプロタイプは貴重な自家和合性遺伝資源として和合性個体の作出に利用されてきた[21]。サクラ属における雌ずい *S* 遺伝子と花粉 *S* 遺伝子の両者が同定されたことから，これらの花粉側自家和合性変異個体の雌ずい *S* 遺伝子と花粉 *S* 遺伝子が詳細に調査された。その結果，調査された全ての花粉側変異体では，*SFB* 遺伝子に変異が生じていることが明らかになった[15]。またカンカオウトウのある変異型 *S* ハプロタイプでは，*SFB* 遺伝子が完全に欠失していることも明らかになった。これらの事実は，先述のナス科やオオバコ科，そしてバラ科リンゴ亜連における花粉 F box タンパク質が S-RNase をポリユビキチン化して分解誘導して解毒するというモデルとは矛盾することになる。すなわち S-RNase を分解誘導する花粉側因子が変異して機能しなければ，S-RNase の細胞毒性が発揮されて，花粉伸長が停止するはずであるが，サクラ属では自家和合性になるのである。なおナス科植物でみられる花粉側自家和合性変異 *S* ハプロタイプでは，花粉 F-box 遺伝子の変異ではなく，次に述べる競合的相互作用（competitive interaction）が関与していることが明らかにされている。

6 バラ科サクラ属における競合的相互作用の欠如

ナス科植物の S-RNase 依存型の配偶体自家不和合性では，花粉 *S* 遺伝子をヘテロで複数持つ花粉は不和合性反応が生じず自家他家和合性となる現象（図 4B）が古くから知られていた[15, 21]。この現象は競合的相互作用とよばれ，ナス科における花粉 *S* 遺伝子の証明実験にも利用された現象である。その後，競合的相互作用はオオバコ科[23]やバラ科リンゴ亜連でもみられることが報告された[24]。ある *S* ハプロタイプの花粉 F-box タンパク質が自己の S-RNase を除く，全ての非自己 S-RNase を分解解毒誘導すると想定している協調的非自己認識モデルでは，2 種類の異なる *S* ハプロタイプ由来の花粉 F-box タンパク質が存在すれば，相補的に全ての S-RNase を分解解毒誘導すると想定できる[15, 21, 22]。このように競合的相互作用は，協調的非自己認識モデルにおいてうまく説明できる。ところがバラ科サクラ属においては，花粉 *S* 遺伝子をヘテロで複数持つ花粉は競合的阻害作用による和合性は示さずに，花粉のいずれの *S* ハプロタイプに対しても不和合性反応を示すことが，四倍体の酸果オウトウを用いた遺伝学的な実験から明らかにされ[21, 25]，一対立遺伝子合致モデル（one allele match model）と名付けられたモデルにより説明された（図 5）。このモデルでは，花粉に複数個の異なる花粉 *S* 対立遺伝子が存在する場合でも，

第 2 章　バラ科サクラ属果樹類における S-RNase 依存性配偶体型自家不和合性

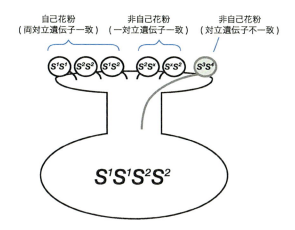

図 5　一対立遺伝子合致モデル
四倍体である酸果オウトウ（*Prunus cerasus*）の自家不和合性反応を説明するための不和合性認識モデルである。このモデルでは，花粉が複数持つ花粉 S 対立遺伝子のいずれかが雌ずい S 対立遺伝子と同じ S ハプロタイプ由来であれば，不和合性反応が起きると想定されている。

そのいずれかが雌ずいの S 対立遺伝子と同じ S ハプロタイプ由来であれば，花粉管伸長が阻害されると想定されている。すなわち競合的相互作用の面からみても，バラ科サクラ属では花粉 F-box によって S-RNase が分解誘導されるという認識モデルはあてはまらないのである。

7　バラ科サクラ属におけるジェネラルインヒビターモデル

サクラ属の S 遺伝子座近傍には，花粉で発現する F-box 遺伝子が複数個存在し，*SLFL* 遺伝子（図 3）と名付けられている[8]。進化系統学的解析から，これらの F-box 遺伝子は，ナス科，オオバコ科，バラ科リンゴ亜連の花粉 S 遺伝子である花粉 F-box 遺伝子とオーソログの関係にあることが明らかになった[26]。興味深いことに，サクラ属の花粉 S 遺伝子である *SFB* 遺伝子とナス科，オオバコ科，バラ科リンゴ亜連の花粉 S 遺伝子，そして *SLFL* 遺伝子の分岐はかなり古く，真正双子葉類成立の初期まで遡ることが示唆された。モモの全ゲノム遺伝子情報を参照にした解析の結果，*SFB* 遺伝子は S 遺伝子座が存在する第 6 染色体とは異なる第 3 染色体からサクラ属の S 遺伝子座に転座してきたことが示唆されている。これらの解析に基づいて，サクラ属ではジェネラルインヒビターモデル[22]が提唱されている（図 6）。このモデルでは，サクラ属の SLFLs が全ての S-RNase を分解誘導するジェネラルインヒビターとして働き，このジェネラルインヒビターの働きを阻害するのがサクラ属の花粉 S であると想定されている。生化学的な実験よって，SLFLs が SCF 複合体を形成すること，ならびに SLFLs が S-RNase と結合することが示されている[27,28]。同様に SFB も SCF 複合体を形成することが示されているので，ジェネ

食品・バイオにおける最新の酵素応用

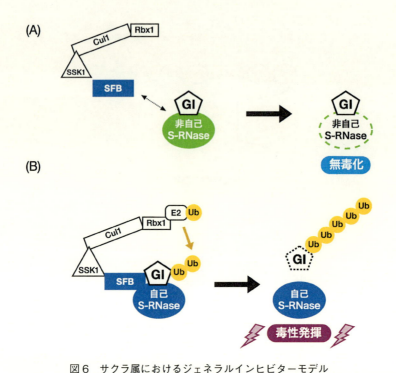

図6 サクラ属におけるジェネラルインヒビターモデル
このモデルでは，サクラ属では全てのS-RNaseを分解するジェネラルインヒビター（GI）が花粉管内に存在し，S-RNaseを無毒化（分解誘導）すると想定されている。また，このジェネラルインヒビターの働きを自己S-RNase特異的に阻害（分解誘導）するのがSFBであると想定されている。現在，サクラ属のS遺伝子座近傍に存在するSLFLsがGIの最有力候補遺伝子と考えられている。

ラルインヒビターモデルでは，S-RNaseと結合したSLFLsをSCF^{SFB}（SFBを構成要素とするSCF複合体）が認識してポリユビキチン化して分解誘導すると想定されているが，その真偽はいまだ検証されておらず，今後の検証が待たれる。

8 バラ科サクラ属に特異な自家不和合性認識機構に基づいた効果的な自家和合性育種法

　バラ科サクラ属では，花粉S因子と雌ずいS因子が一対一の相互認識を行い，その認識反応により，雌ずいS因子であるS-RNaseの細胞毒性が発揮されて花粉管伸長が停止する。このため，花粉形成時に花粉母細胞に変異原を処理して花粉S遺伝子に変異を導入すれば，その変異した花粉S遺伝子を持つ花粉から発芽した花粉管は取り込んだS-RNaseの細胞毒性を発揮させることがない。このため変異した花粉S遺伝子を持つ花粉は和合性となり，受精と種子形成に関わることになる。受精胚には変異した花粉S遺伝子が遺伝しており，この交雑で得た種子か

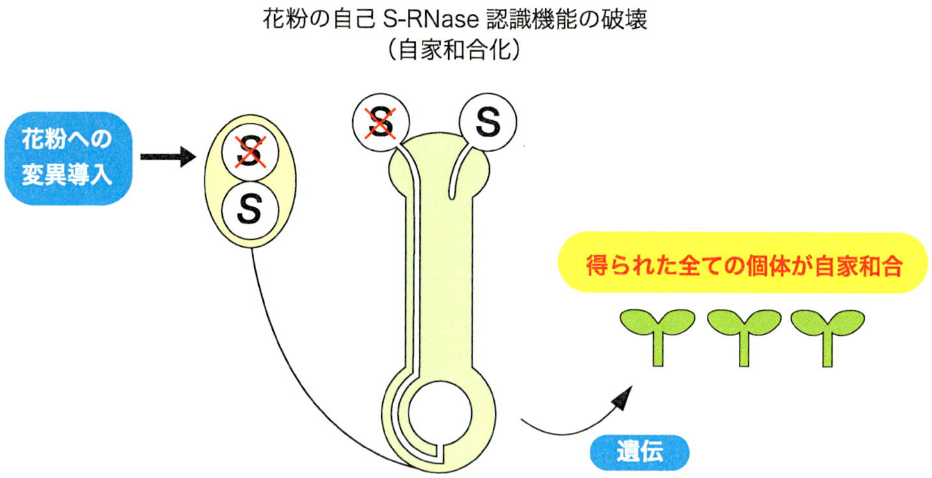

第 2 章　バラ科サクラ属果樹類における S-RNase 依存性配偶体型自家不和合性

花粉の自己 S-RNase 認識機能の破壊
（自家和合化）

図 7　サクラ属に特化した自家和合性育種法

サクラ属では，花粉 S 遺伝子産物が自己 S-RNase を認識することにより，S-RNase の毒性が発揮されて，花粉管伸長が停止する。このため，突然変異原の処理などにより，花粉 S 遺伝子の自己 S-RNase 認識機能を破壊して（自家和合化して），その花粉を自家受粉して種子を得れば，得られた全ての個体が自家和合性個体となることになる。

ら発芽した個体は自家和合性になる。すなわち，この方法は，サクラ属に特異な自家不和合性認識機構を上手く利用した和合性個体の作出と選抜が同時に可能な非常に効率的な自家和合性育種法となる。サクラ属の雌ずい S 遺伝子と花粉 S 遺伝子情報に基づいて，変異型の自家和合性 S ハプロタイプを検出できる分子マーカーも開発されており，自家和合性育種が飛躍的に効率化した。今後，自家和合性品種の単植栽培による新しい栽培体系が構築されるものと考えられる。

9　おわりに

　本稿では，RNA 分解酵素が雌ずい側の不和合性反応の特異性を決定する因子，そしてユビキチンプロテアソーム系における E3 複合体（ユビキチンリガーゼ）のサブユニットとして機能する F-box タンパク質が花粉側の不和合性反応の特異性を決定する因子であり，雌ずい側および雄ずい側の両者が酵素を利用して成立している植物の生殖隔離機構の一つである自家不和合性について概説した。サクラ属果樹における自家不和合性制御の分子実体が同定され，不和合性認識機構の一端が明らかにされたことで，効率的な自家和合性育種法が考案され，また自家和合性固体の選抜のための分子マーカーも開発された。サクラ属果樹の生産現場からは不和合性の人為制御も渇望されているが，これまでに化学薬剤等による不和合性の人為制御法は実用化されていない。今後，不和合性を司る酵素の特性がさらに明確にされ，化学薬剤等の処理により酵素活性や認識反応の制御を行うことが可能になり，不和合性を打破できるようになれば，サクラ属果樹類

食品・バイオにおける最新の酵素応用

の生産性は飛躍的に向上するであろう。

文　　献

1) de Nettancourt, D. 2001. Incompability and incongruity in wild and cultivated plants. Springer, Berlin.
2) Waite, M. B. 1894. The pollination of pear flowers. U. S. Dept. Agr. Div. Veg. Path. Bul. 5.
3) 杉浦　明，田尾龍太郎．2002. 自家不和合性の果樹生産における問題点と現状．植物の生長調節．37：156-165.
4) Tao, R., H. Yamane, H. Sassa, H. Mori, T. M. Gradziel, A. M. Dandekar and A. Sugiura. 1997. Identification of stylar RNases associated with gametophytic self-incompatibility in almond (*Prunus dulcis*). Plant Cell Physiol. **38**：304-311.
5) Ushijima, K., H. Sassa, R. Tao, H. Yamane, A. M. Dandekar, T. M. Gradziel and H. Hirano. 1998. Cloning and characterization of cDNAs encoding S-RNases from almond (*Prunus dulcis*)：primary structural features and sequence diversity of the S-RNases in Rosaceae. Mol. Gen. Genet. **260**：261-268.
6) Tao, R., H. Yamane, A. Sugiura, H. Murayama, H. Sassa and H. Mori. 1999. Molecular typing of S-alleles through identification, characterization and cDNA cloning for S-RNases in sweet cherry. J. Amer. Soc. Hort. Sci. 124：224-233.
7) Ushijima, K., H. Sassa, M. Tamura, M. Kusaba, R. Tao, T.M. Gradziel, A.M. Dandekar, and H. Hirano, H., 2001. Characterization of the *S*-locus region of almond (*Prunus dulcis*)：analysis of a somaclonal mutant and a cosmid contig for an *S* haplotype. Genetics **158**：379-386.
8) Ushijima, K., H. Sassa, A. M. Dandekar, T. M. Gradziel, R. Tao and H. Hirano. 2003. Structural and transcriptional analysis of the self-incompatibility locus of almond：identification of a pollen-expressed F-box gene with haplotype-specific polymorphism. Plant Cell 15：771-781.
9) Yamane, H., K. Ikeda, K. Ushijima, H. Sassa and R. Tao. 2003. A pollen-expressed gene for a novel protein with an F-box motif that is very tightly linked to a gene for S-RNase in two species of cherry, *Prunus cerasus* and *P. avium*. Plant Cell Physiol. **44**：764-769.
10) Entani, T., M. Iwano, H. Shiba, F.-S. Che, A. Isogai, and S. Takayama. 2003. Comparative analysis of the self-incompatibility (*S*-) locus region of *Prunus mume*：identification of a pollen-expressed F-box gene with allelic diversity. Genes Cells **8**：203-213.
11) Sijacic, P., X. Wang, A.L. Skirpan, Y. Wang, P.E. Dowd, A.G. McCubbin, S. Huang, and T.-H. Kao. 2004. Identification of the pollen determinant of S-RNase-mediated self-incompatibility. Nature 429：302-305.
12) Lai, Z., W. Ma, B. Han, L. Liang, Y. Zhang, G. Hong, and Y. Xue. 2002. An F-box gene

180

第 2 章　バラ科サクラ属果樹類における S-RNase 依存性配偶体型自家不和合性

linked to the self-incompatibility（S）locus of *Antirrhinum* is expressed specifically in pollen and tapetum. Plant Mol. Biol. 50：29–42.

13) Qiao, H., F. Wang, L. Zhao, J. Zhou, Z. Lai, Y. Zhang, T. P. Robbins, and Y. Xue. 2004. The F-box protein AhSLF-S2 controls the pollen function of S-RNase-based self-incompatibility. Plant Cell 16：2307–2322.

14) Sassa, H., H. Kakui, M. Miyamoto, Y. Suzuki, T. Hanada, K. Ushijima, M. Kusaba, H. Hirano, and T. Koba. 2007. *S* locus F-box brothers：multiple and pollen-specific F-box genes with *S* haplotype-specific polymorphisms in apple and Japanese pear. Genetics 175：1869–1881.

15) Tao R. and A. F. Iezzoni. 2009. The S-RNase-based gametophytic self-incompatibility system in *Prunus* exhibits distinct genetic and molecular features. Scientia Hort. **124**：423–433.

16) Thompson, R. D., Kirch, H. H., 1992. The S locus of flowering plants：when self rejection is self-interest. Trends Genet. 8：381–387.

17) McCubbin, A. G. and T.-H. Kao. 2000. Molecular recognition and response in pollen and pistil interactions. Annu. Rev. Cell Dev. Biol. 16：333–364.

18) Kao, T.-H. and T. Tsukamoto. 2004. The molecular and genetic bases of S-RNase-based self-incompatibility. Plant Cell 16（Supple.）：S72–S83.

19) Hua, Z., X. Meng, and T.-H. Kao. 2007. Comparison of *Petunia inflata* S-locus F-box protein（Pi SLF）with Pi SLF-like proteins reveals its unique function in S-RNase-based self-incompatibility. Plant Cell **19**：3593–3609.

20) Kubo, K., T. Entani, A. Tanaka, N. Wang, A. M. Fields, Z. Hua, M. Toyoda, S. Kawashima, T. Ando, A. Isogai, T. Kao and S. Takayama. 2010. Collaborative non-self recognition system in S-RNase-based self-incompatibility. Science 330：796–799.

21) Yamane, H. and R. Tao. 2009. Molecular basis of self-（in）compatibility and current status of *S*-genotyping in rosaceous fruit trees. J. Japan. Soc. Hort. Sci. 78：137–157.

22) Matsumoto, D. and R. Tao. 2016. Distinct self-recognition in the *Prunus* S-RNase-based gametophytic self-incompatibility system. Hort. J. **85**：289–305.

23) Xue, Y., Y. Zhang Q. Yang, Q. Lin, Z. Cheng, H.G. Dickinson. 2009. Genetic features of a pollen-part mutation suggest an inhibitory role for the *Antirrhinum* pollen self-incompatibility determinant. Plant Mol. Biol. **70**：499–509.

24) Adachi, Y., S. Komori, Y. Hoshikawa, N. Tanaka, K. Abe, H. Bessho, M. Watanabe, and A. Suzuki. 2009. Characteristics of fruiting and pollen tube growth of apple autotetraploid cultivars showing self-compatibility. J. Jpn. Soc. Hortic. Sci. 78：402–409.

25) Hauck, N. R., H. Yamane, R. Tao and A. F. Iezzoni. 2006. Accumulation of nonfunctional *S*-haplotypes results in the breakdown of gametophytic self-incompatibility in tetraploid *Prunus*. Genetics **172**：1191–1198.

26) Akagi, T., I. M. Henry, T. Morimoto, and R. Tao. 2016. Insight into the *Prunus*-specific S-RNase-based self-incompatibility system from a genome-wide analysis of the evolutionary radiation of S locus-related F-box genes. Plant and Cell Physiol. **57**：1281–

食品・バイオにおける最新の酵素応用

1294.

27) Matsumoto, D., H. Yamane, K. Abe, and R. Tao. 2012. Identification of a Skp1-like protein interacting with SFB, the pollen S determinant of the gametophytic self-incompatibility in *Prunus*. Plant Physiol. **159**：1252-1262.

28) Matsumoto, D. and R. Tao. 2016. Recognition of a wide-range of S-RNases by S locus F-box like 2, a general-inhibitor candidate in *Prunus*-specific S-RNase-based self-incompatibility system. Plant Mol. Biol. **91**：459-469.

第3章　リグニンの構造多様性とバイオマス利用に向けた代謝工学

Structural Variability of Lignin and Its Bioengineering for Biomass Utilization

飛松裕基*

リグニンは，維管束植物を特徴づける二次細胞壁の主要成分であり，持続型社会構築を担う貴重な芳香族バイオマス資源でもある。本稿では，リグニンの生合成機構と構造多様性について解説するとともに，バイオリファイナリーへの応用も視野に入れたリグニンの代謝工学研究について著者が関わった研究を中心に紹介する。

1　はじめに

リグニンはコケ類を除く全ての陸上高等植物（維管束植物）に普遍的に存在するフェニルプロパノイドポリマーである。陸上植物は，乾燥，重力，紫外線などの過酷な陸上環境ストレスに適応するために，木化（lignification），すなわち，アポプラスト（細胞壁空間及び細胞間層）にリグニンを蓄積する固有の細胞分化機構を獲得した。とりわけ，リグニンで強固に補強された二次細胞壁の発達は，維管束組織における構造支持機能と水分通導機能の飛躍的な向上をもたらし，陸上植物の大型化と現在まで続く大繁栄を実現した。ときに重量 2,000 トン，樹高 100 メートルをも超える巨大な樹木のからだを支え，根から樹冠へと滞りなく水を汲み上げる幹（木材）は維管束細胞（道管細胞や繊維細胞など）が作る二次細胞壁の塊である。さらに，維管束細胞に限らず，胚や胚乳を保護する種皮や果皮の厚壁細胞，花粉を保護する葯の側膜細胞（内被），根における水分・養分の拡散障壁として機能する内皮細胞（カスパリー線），器官脱離に寄与する離層細胞など，植物中の様々な器官・組織で木化が起こる。また，病傷害に応答して木化が進行し，リグニンが病原菌の蔓延を防ぐ防護壁として機能することも知られている。複雑多様なリグニンの構造と機能，植物がそれを作り出す仕組みを明らかにすることは，陸上植物の進化の道筋と環境適応の仕組みを紐解く重要なヒントとなる。

一方，リグニンは貴重な芳香族バイオマス資源でもある。木質バイオマスは，現在確認されている陸上バイオマスの中で最も賦存量が多く，そのうち利用可能なものの大半は森林の木材や農作物の非食用部に蓄積された木質細胞の二次細胞壁であり，その実体はリグニンと多糖類（セルロース及びヘミセルロース）からなるリグノセルロースにほかならない。深刻化する環境問題や

＊　Yuki Tobimatsu　京都大学　生存圏研究所　大学院農学研究科　応用生命科学専攻准教授

食品・バイオにおける最新の酵素応用

エネルギー問題を背景に，リグノセルロース系バイオマスから燃料や有用化成品を作り出す循環型資源利用システム（バイオリファイナリー）の構築が強く求められている。植物育種研究分野においては，バイオマス利用特性の向上を目指し，リグニンの量や構造を改変したバイオマス生産植物の作出が精力的に行われている[1~4]。

　本稿では，まず，リグニンの特異な生合成機構と構造多様性について最近の研究進展を踏まえながら解説し，次に，バイオリファイナリーへの応用も視野に入れたリグニンの代謝工学研究について著者が関わった研究を中心に紹介する。なお，一連のリグニン研究は，穀物や野菜に含まれる食物繊維リグニンの特性と機能，きのこ（木材腐朽菌）や食品酵素としても重要な多糖分解酵素の科学など，食品科学とも密接に関わるものである。本稿が食品酵素化学の発展の一助となれば幸いである。

2　リグニンの生合成と構造

　一般的に，リグニンは*p*-ヒドロキシケイ皮アルコール類（モノリグノール類）及びその関連物質の脱水素重合物と定義される[5~7]。一口にリグニンと言っても，リグニンは多種多様である。すなわち，天然リグニンの化学構造は，植物種，組織，細胞，さらには細胞壁層レベルで異なり，成長段階や環境要因によっても変動する[8~12]。以下に述べるように，リグニンの化学構造は基本的にはアポプラストにおける脱水素重合に寄与するリグニンモノマーの組み合わせ（種類と組成）により規定されると考えられている。すなわち，リグニンの多様性は主としてリグニンモノマーの多様性により生じるものであり，より紐解けば，多様なリグニンモノマーを与えるケイ皮酸モノリグノール経路の代謝フラックス調節に基づく。

2.1　ケイ皮酸モノリグノール経路を介したリグニンモノマーの合成

　主要なリグニンモノマーであるモノリグノール類は，フェニルアラニン及びチロシンからケイ皮酸モノリグノール経路（フェニルプロパノイド経路とも呼ばれる）を介して合成される（図1）。この経路は，リグニンのみならずケイヒ酸類，リグナン，ノルリグナン，クマリンなどの種々のフェニルプロパノイドに至る代謝物を与え，さらに上流部においてフラボノイドやスチルベンを与える酢酸-マロン酸経路との複合経路にも分岐している。後述するフラボノイドの一種であるトリシン[13]やスチルベンの一種であるピセアタンノールやレスベラトール[14]など，最近相次いで発見された非モノリグノール型リグニンモノマーもこの複合経路により与えられる。

　フェニルアラニン及びチロシンは，脱アミノ化の後に，芳香核のヒドロキシル化とメチル化，側鎖の還元，イネ科植物などではさらに側鎖のアシル化を経て（後述），芳香核構造・側鎖構造の異なるモノリグノール類へと変換される。膨大な研究の蓄積により，2000年代前半には主要なリグニンモノマーを与えるメタボリックグリッドの大枠が示されたが，その後も現在に至るまで，新たなバイパス経路の存在や新規なリグニンモノマー及びその合成に関わる酵素の発見が報

第3章 リグニンの構造多様性とバイオマス利用に向けた代謝工学

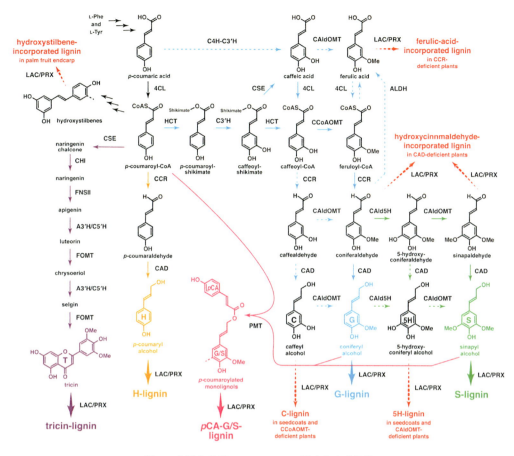

図1 主要なリグニンモノマーの推定生合成経路

告されている（図1）[8〜12]。

 以下にさらに述べるように，リグニンの分子構造と特性しいてはバイオマスとしての利用性は，リグニンモノマーの種類と組成に大きく依存する。いつ／どこで／どのリグニンモノマーを用いてどのリグニンを合成するのか，主としてそれを規定するのはケイ皮酸モノリグノール経路の代謝フラックス調節である。それは，各酵素の反応特性に加えて，転写因子による遺伝子発現調節[15]，酵素複合体の形成や翻訳後修飾を介した酵素活性調節[16]などにより，複雑かつ緻密に制御されていることが徐々に明らかとなっている。

2.2 脱水素重合による高分子リグニンの生成

 細胞内で合成されたリグニンモノマーはアポプラストへと輸送され，ラッカーゼ（LAC）及びペルオキシダーゼ（PRX）を触媒とした脱水素重合によりリグニンへと高分子量化する。維管束細胞の木化過程では，まず，最終的に二次細胞壁となる空間（細胞膜と一次細胞壁の間）にセルロースとヘミセルロースからなる多糖類マトリクスが形成され，次いで，木化する細胞それ

自身あるいは周辺の細胞からリグニンモノマーが供給されて，脱水素重合が開始される。多糖類マトリクスは，脱水素重合のミクロ環境を規定する反応媒体，LAC/PRX を担持する触媒の一部，リグニン-多糖間結合生成に寄与する反応種として，リグニンの形成に大きく寄与していると考えられている[17,18]。

脱水素重合は，(1) リグニンモノマー及び伸長中のリグニンポリマーのフェノール性水酸基の一電子酸化と生成したフェノキシラジカルの共鳴安定化，(2) 2 つのラジカル分子のラジカルカップリング反応，(3) キノンメチド中間体の解消反応，の 3 反応が繰り返されることで進行する（図 2a）[5〜7]。ラジカルカップリングするラジカル分子のペアとキノンメチド中間体の解消様式（求核種の違い）により，比較的シンプルな構造を持つリグニンモノマーから，エーテル及び炭素-炭素結合を介した複雑多様なモノマー間結合様式が不可逆的に生成する（図 2b）。生成するモノマーユニット間結合様式の比率はリグニンモノマーの化学構造に強く依存し，その一見僅

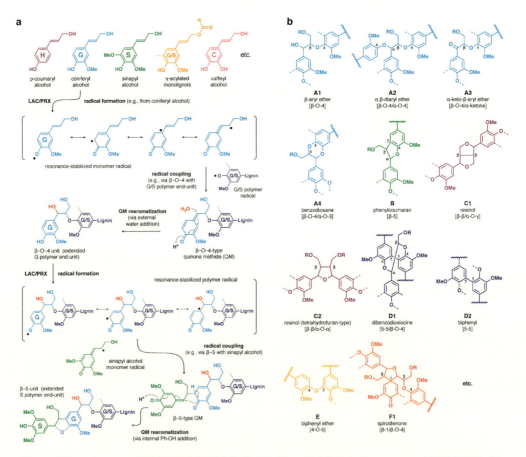

図2　リグニンモノマーの脱水素重合機構 (a) 及びリグニンの主要なモノマーユニット間結合様式 (b)
［文献 17（Tobimatsu Y. & Schuetz M., Lignin polymerization：how do plants manage the chemistry so well? *Curr. Opin. Biotechnol.* 56：75-81, 2019, Elsevier）から一部改訂して転載］

第3章　リグニンの構造多様性とバイオマス利用に向けた代謝工学

かな変化（芳香核メトキシル基の置換度や側鎖γ位アシル基の有無など）がリグニンの分子構造に劇的な変化をもたらしうる。天然リグニンは，多くの場合，複数のリグニンモノマーから生じた共重合体であり，各モノマーユニットの配列とそれらを連結するモノマーユニット間結合様式の組み合わせは膨大で，立体異性体まで含めると天文学的な数字となる[7]。

　複雑多様なリグニンの分子構造の解析はけっして容易ではなく，その詳細は未だ完全には解かれていない。特に2000年代以降，高磁場核磁気共鳴（NMR）装置を用いた多次元NMR法がリグニンの構造解析にも用いられるようになり，リグニンの構造モデルは近年格段にバージョンアップされてきている[19, 20]。これまでに，10種類以上の異なる芳香核・側鎖構造を持つ天然リグニンモノマーとそれらを連結する20種類以上の天然リグニンのモノマーユニット間結合様式及び末端構造が報告されている。これらのうち，少なくともNMR等により確実に同定されているリグニンのサブストラクチャーについては，いずれも脱水素重合に基づき，その生成を矛盾なく説明することができる。

　以上のように，リグニンモノマーの生合成や重合機構については比較的理解が進んでいる。一方，リグニンモノマーの貯蔵・輸送機構，木化の時間的・空間的制御機構，多重遺伝子ファミリーを形成するLAC/PRXやその他の酵素・非酵素タンパク質の寄与など，リグニンの生合成機構には未だ多くの謎が残されている[17, 21]。本稿では詳しく述べないものの，筆者らは化学修飾した合成リグニンモノマー誘導体をプローブとして活用し，*in vitro*脱水素重合のリアルタイム解析による反応機構解析[22~25]やリグニン形成過程の*in vivo*蛍光イメージング解析[26~29]などを行ってきている。

2.3　リグニンの構造多様性

　維管束リグニンの化学構造と陸上植物の系統進化との間には強い相関が見られる。維管束植物の共通祖先とされるシダ植物や裸子植物の維管束リグニンは，グアイアシル（G）型モノリグノール（コニフェリルアルコール）が重合したG型リグニンからなる。一方，裸子植物から派生した双子葉類では，G型モノリグノールに加えてシリンギル（S）型モノリグノール（シナピルアルコール）が共重合したG/S型リグニンからなる[8]。一方，双子葉類から派生したとされる単子葉類，特にイネ科植物では，G/S型モノリグノールに加えて，それらが*p*-クマール酸エステル化されたG/S型モノリグノール*p*-クマール酸エステル（コニフェリル／シナピル*p*-クマレート）が主要なリグニンモノマーとして寄与し[30, 31]，さらに類似のモノリグノールフェルラ酸エステル（コニフェリル／シナピルフェルレート）もごく微量ながら寄与する[32]。イネ科植物ではさらに，フラボノイドの1種であるトリシンがモノリグノール類との共重合によりリグニン中に相当量取り込まれていることが比較的最近明らかにされている[13]。なお全ての植物種において，*p*-ヒドロキシフェニル（H）型モノリグノール（*p*-クマリルアルコール）の重合で生成するH型リグニンも微量検出される（図1）[8]。

　リグニンの化学構造は一植物個体内においても，組織，細胞，細胞壁層レベルで異なり，成長

段階や環境要因によっても変動する。例えば，一般的な双子葉類の維管束組織では，通水細胞として機能する道管の二次細胞壁はG型リグニンに富み，支持細胞として機能する木部繊維の二次細胞壁はS型リグニンに富む[33]。裸子植物である針葉樹は，正常な幹（正常材）では主としてG型リグニンのみを合成するが，傾斜地における偏心成長により形成される圧縮あて材では，正常材ではごく微量にしか検出されないH型リグニンを多く合成することも古くから知られている[33]。

　また，筆者らの最近の研究において，幾つかの双子葉類及び単子葉類の種皮では，カテコール構造を持つカテコール（C）型モノリグノール（カフェイルアルコール）や5-ヒドロキシグアイアシル（5H）型モノリグノール（5-ヒドロキシコニフェリルアルコール）が脱水重合したC/5H型リグニンが形成されることが明らかになった（図1）[34~36]。多次元NMR法を用いた構造解析から，多数の結合様式からなる他の一般的な天然リグニンとは対照的に，C/5H型リグニンはほぼ単一のモノマー間結合様式（β-O-4型ベンゾジオキサン；図2b A4）からなる直鎖状ポリマーであることが示されている[34,35]。C/5H型リグニンはリグニンモノマー合成経路上の芳香核メチル化酵素遺伝子を抑制した組換え植物において生成することから（図1）[37,38]，天然C/5H型リグニンも組織・発達段階に特異的なリグニンモノマーの芳香核メチル化反応に寄与する遺伝子のサイレンシングを介して生成すると推測される。実際，C型リグニンを生成するセイヨウフウチョウソウ（*Cleome hassleriana*）の種皮形成過程では，種皮から抽出した粗酵素溶液の芳香核メチル化酵素活性が，C型リグニンの蓄積が開始されると同時に著しく低下することが確認されている[36]。

3　代謝工学によるリグニンの構造改変

　以上に述べたように，植物はリグニンモノマーの合成を調節することで分子構造の異なる様々なリグニンを作り出している。この仕組みを利用して，代謝工学的にリグニンの量や化学構造を改変し，バイオマス利用に適した植物を作出しようとする試みが世界的に推進されている。パルプ化やバイオエタノール製造などの多糖利用を主眼とした従来型のバイオマス利用では，リグニンは専ら多糖の単離と変換を阻害する邪魔者として認識されてきた。このため，リグニン量の低減あるいは分解しやすい化学構造を持つ改変リグニンをターゲットとした代謝工学研究が長年集中的に検討されてきた。近年，より経済性の優れたバイオリファイナリーシステムの構築に向けて，多糖だけではなくリグニンからも付加価値を持つ燃料や化成品を生産しようとする機運が高まっている[39~41]。これに伴い，芳香族化成品への変換効率を高めた改変リグニン[42]や，従来の方向性とは逆に，リグニン量の増大[43,44]を図る代謝工学研究も筆者らのグループも含め世界的に活発化している。リグニンの代謝工学研究についてはこれまでに多くの研究の蓄積があるが，以下に，特にリグニンの化学構造改変について，著者が関わった研究を中心に幾つか紹介する。

第 3 章　リグニンの構造多様性とバイオマス利用に向けた代謝工学

3.1　天然リグニンモノマー組成の制御

前述の通り，天然の維管束リグニンは主に G 型及び S 型，さらに微量の H 型を含むモノマーユニットからなり，その組成比はリグニンの諸物性や化学反応性しいてはバイオマスの利用特性に大きく影響する。リグニンの H/G/S 組成は，ケイ皮酸モノリグノール経路においてリグニンモノマー前駆体の芳香核水酸化反応を触媒するコニフェリルアルデヒド 5-ヒドロキシラーゼ（CAld5H；フェルラ酸エステル 5-ヒドロキシラーゼ F5H とも呼ばれる；図 1）及び p-クマロイルエステル 3-ヒドロキシラーゼ（C3′H；図 1）の遺伝子発現調節により制御することができる。

例えば，モデル植物であるシロイヌナズナ（Arabidopsis thaliana）やイネ（Oryza sativa）において，CAld5H 抑制株は G 型が大幅に増強されたリグニン，逆に，適切なプロモーターでドライブされた CAld5H 過剰発現株は S 型が大幅に増強されたリグニンからなるバイオマスを蓄積する[45~47]。また，CAld5H をコードする遺伝子を持たず，通常ほぼ G 型のみのリグニンからなる針葉樹（裸子植物）において，被子植物由来の CAld5H を異種発現させると G/S 混合型のリグニンが合成されることが，ラジアータマツ（Pinus radiata）の培養細胞系を用いたモデル実験により，示されている[48]。シロイヌナズナやイネの場合，少なくとも適切に管理された実験生育条件では，CAld5H の抑制あるいは過剰発現による G/S 組成比の改変は植物の生育特性に顕著な影響を及ぼさない[45~47]。

一方，C3′H を強く抑制したシロイヌナズナやイネは，野生型では通常数％以下のマイナーな H 型を主体とするリグニンを蓄積する[49,50]。しかし，前述の CAld5H 抑制／過剰発現株の場合とは対照的に，C3′H の機能を欠失したシロイヌナズナやイネの変異株はいずれも著しい生育阻害を示す[49,50]。興味深いことに，シロイヌナズナにおいて，C3′H と同時に転写メディエイター複合体サブユニット（MED5a 及び MED5b）を欠損したトリプル変異株は，ほぼ H 型のみからなるリグニンを保持しつつ，野生型に近い生育特性を回復した[49]。イネにおいても，ゲノム編集により C3′H の機能を完全に欠失した変異株が著しい矮化を示す一方で，RNA 干渉法により C3′H の機能を部分的に抑制した組換え株は，H 型を主体とするリグニンを合成しつつも，野生型に近い生育特性を示した[50]。これらの結果は，H 型リグニンの増強それ自体は生育阻害の直接的要因ではないことを示唆している。

前述のように，単子葉類イネ科植物のリグニンは H/G/S 型フェニルプロパノイドユニットに加えてトリシンフラボノイドユニットを多く含む[12]。著者らのグループでは，イネ科植物特有のトリシン結合型リグニンの形成に寄与するトリシン生合成代謝経路の解析を進めており，フラボン合成酵素 II（FNSII；図 1）やアピゲニン 3′-ヒドロキシラーゼ／クリソエリオール 5′-ヒドロキシラーゼ（A3′H/C5′H；図 1）の欠損によりトリシンを完全に欠失したイネ変異株の単離と特性解析に最近成功している（図 3）[51,52]。

上記のようなリグニン改変組換え植物は，リグニンモノマー組成と各種バイオマス利用特性の関係を解析するには格好の研究材料である。著者らのグループでは，リグニンの H/G/S 組成を改変した組換えイネ株の各種バイオマス特性を比較解析し，イネ科バイオマスの酵素糖化性や燃

189

焼発熱量の向上に H/G/S 組成の改変が有効であることを示している[53]。また，前述のトリシンを欠失したイネ変異株が，バイオマス中の総リグニン量の減少に伴い，高いバイオマス糖化効率を示すことも明らかにした[51,52]。一方，これらリグニン改変植物は，バイオマス利用特性のみならず，植物の様々な生理機能や環境適応特性に及ぼすリグニンの寄与を解析するにももってこいの研究材料でもある。例えば，筆者らのグループで作出された組換えイネ株を活用して，深刻な穀物被害をもたらすハマウツボ科根寄生植物［ストライガ（*Striga hermonthica*）など］の寄生機構に宿主のリグニン組成が大きく寄与していることが最近明らかにされている[54,55]。

3.2 非天然型リグニンモノマーの導入

リグニンモノマーの合成に関与する各種酵素遺伝子の発現を抑制したとき，経路上の中間代謝物やその誘導体がリグニンに取り込まれて，天然にはない化学構造を持つ改変リグニンが生成する場合がある。例えば，ケイ皮アルデヒド類からモノリグノールへの還元を触媒するケイ皮アルデヒドデヒドロゲナーゼ（CAD）遺伝子を強く抑制した植物は，モノリグノール類の代わりにケイ皮アルデヒド類が取り込まれた非天然型リグニンを合成する（図1）。筆者らが最近解析したシロイヌナズナやタルウマゴヤシ（*Medicago truncatula*）の CAD 変異株では，モノリグノール類がほぼ完全にケイ皮アルデヒド類に置き換わり，野生株のリグニンとは著しく異なる分子構造を持つ改変リグニンが生成する（図3）[45,56]。また前述のトリシン合成酵素遺伝子を欠損したイネ変異株は，トリシンの代わりにナリンゲニンやアピゲニン（図1）を取り込んだリグニンを合成する（図3）[51,52]。興味深いことに，上記のような非天然型リグニンモノマーを取り込んだ組換え植物においても，少なくとも適切に管理された実験生育条件では，植物の生育特性や細胞壁形態に目立った異常が現れない事例が多く報告されている。このことは，細胞壁におけるリグニンの構造変化がかなりの度合いで許容されることを示唆している。

このようなリグニン生合成のフレキシビリティに着目して，天然にはないリグニンモノマーの代謝経路を新たに導入することで，リグニンの特性をよりドラスティックに制御しようという試みも近年行われている。例えば，Wikerson らは，温和なアルカリ処理により低分子化する改変リグニンの構築を目的として，フェルラ酸モノリグノールエステルを非天然型リグニンモノマーとして導入した組換えポプラ（*Populus alba*×*grandidentata*）の作出に成功している[57]。同様のアプローチとして，Oyace らはクルクミンを非天然型リグニンモノマーとして導入したシロイヌナズナの作出を最近報告した[58]。一方，筆者らは，膨大な手間と時間のかかる組換え植物の作出に先立ち，トウモロコシ（*Zea mays*）培養細胞系をモデルとして，種々の植物由来フェノール類をリグニンモノマーとして取り込んだ人工細胞壁の合成し，その脱リグニン特性や酵素糖化性の解析を行ってきた。これまでに，バイオマスの脱リグニン特性や酵素糖化特性を向上させる非天然型リグニンモノマーとして，特定のケイ皮酸誘導体やフラボノイド類が有効であることを示している（図4）[59~61]。

第3章　リグニンの構造多様性とバイオマス利用に向けた代謝工学

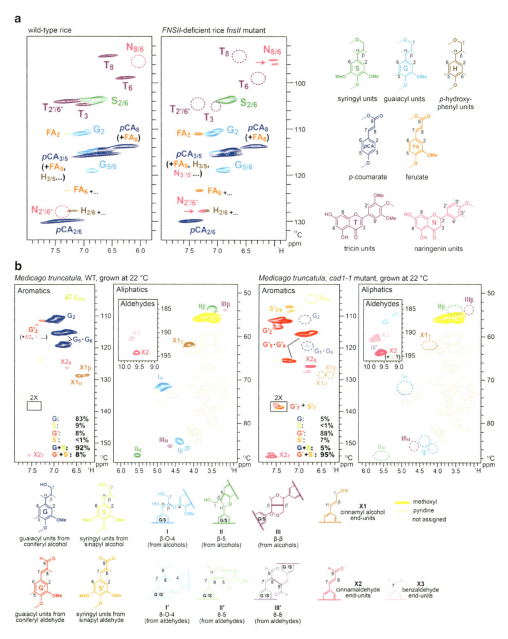

図3　2D HSQC NMRによるリグニン改変植物の化学構造解析
(a) トリシン生合成酵素FNSIIの欠損により，トリシンを欠失し，ナリンゲニンを取り込んだフラボノイド結合型リグニンを蓄積するイネ変異体 *fnsII*；(b) モノリグノール生合成酵素CADの欠損により，ケイ皮アルデヒド類を多量に取り込んだリグニンを蓄積するタルウマゴヤシ変異体 *cad1-1*［文献51（Lam *et al.*, Disrupting Flavone Synthase II alters lignin and improves biomass digestibility. *Plant Physiol.* 174：972-985, 2017, The American Society of Plant Biologists）と文献56（Zhao *et al.*, Loss of function of cinnamyl alcohol dehydrogenase 1 leads to unconventional lignin and a temperature-sensitive growth defect in *Medicago truncatula*. *Proc. Natl. Acad. Sci. USA*, 110：13660-13665, 2013, National Academy of Sciences）から一部改訂して転載］

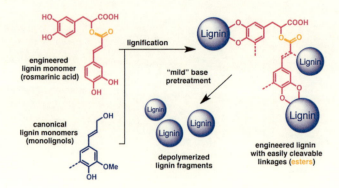

図4 非天然型リグニンモノマー（ロズマリン酸）の導入による脱リグニン特性の促進
［文献61（Tobimatsu et al., Hydroxycinnamate conjugates as potential monolignol replacements：*in vitro* lignification and cell wall studies with rosmarinic acid. *ChemSusChem* 5：676–686, 2012, John Wiley & Sons Inc.）から一部改訂して転載］

4 おわりに

維管束植物はその進化の過程で細胞壁中のリグニンの分子構造を多様化させるとともに，組織・細胞レベルで高度に制御する機構を獲得した。このことは，リグニンの分子構造と細胞壁の形質・機能との間に密接な関係があることを示唆しているが，その詳細は未だ不明である。今後は，様々な植物種において，組織・細胞レベルでリグニンの構造やそれを規定するリグニンモノマーの代謝調節を解析し，個々の細胞・組織が持つ特性・機能との関係性を理解することが重要と考えている。一方，日々発展する植物代謝工学技術を駆使して，天然におけるリグニンの多様性を超えた改変リグニンの分子設計が可能となりつつある。これらの技術をより精密化し，持続型社会構築を担う実用技術として確立するためにも，リグニンの構造・生合成・機能の理解をより一層深めていくことが肝要である。

謝辞

本稿で紹介した研究の多くは京都大学大学院農学研究科生物材料化学分野，ウィスコンシン大学生化学部門，米国エネルギー省バイオエネルギー研究センター植物領域，京都大学生存圏研究所森林代謝機能化学分野で行われたものです。沢山の研究の機会を与えていただき，懇切丁寧な研究指導をいただきました中坪文明名誉教授（京都大学），高野俊之教授（京都大学），John Ralph教授（ウィスコンシン大学）ならびに梅澤俊明教授（京都大学）に心より厚く御礼申し上げます。またこれらの研究に関わった全ての共同研究者，学生，研究員，技術職員の皆様に深く感謝致します。本研究の一部は日本学術振興会科学研究費（#26892014, #16K14958, #16H06198, #17F17103），米国エネルギー省GLBRC，スタンフォード大学GCEPならびに京都大学生存圏研究所学際萌芽研究センター（萌芽研究2015-10，ミッション研究2016-5-2-1）の支援のもと行われました。

第3章　リグニンの構造多様性とバイオマス利用に向けた代謝工学

文　　献

1) 福島和彦ほか，木質の形成 第2版 –バイオマス科学への招待-，海青社（2011）
2) 西谷和彦，梅澤俊明，植物細胞壁，講談社（2014）
3) 梅澤俊明，えねるみくす，**96**, 336（2017）
4) 飛松裕基，生存圏研究，**13**, 10（2017）
5) K. Freudenberg K, *Science*, **148**, 595（1965）
6) K. V. Sarkanen & C. H. Ludwig, "Lignins, Occurrence, Formation, Structure and Reactions", Wiley–Interscience（1971）
7) J. Ralph *et al.*, *Phytochem. Rev.*, **3**, 29（2004）
8) W. Boerjan *et al.*, *Annu. Rev. Plant Biol.*, **54**, 519（2003）
9) N. D. Bonawitz & C. Chapple, *Annu. Rev. Genetics*, **44**, 337（2010）
10) T. Umezawa, *Phytochem. Rev.*, **9**, 1（2010）
11) Y. Mottiar *et al.*, *Curr. Opin. Biotechnol.*, **37**, 190（2016）
12) R. Vanholme *et al.*, *Curr. Opin. Biotechnol.*, **56**, 230（2019）
13) W. Lan *et al.*, *Plant Physiol.*, **167**, 1284（2015）
14) J. C. del Río *et al.*, *Plant Physiol.*, **174**, 2072（2017）
15) M. Ohtani & T. Demura, *Curr. Opin. Biotechnol.*, **56**, 82（2019）
16) J. P. Wang *et al.*, *Curr. Opin. Biotechnol.*, **56**, 187（2019）
17) Y. Tobimatsu & M. Schuetz, *Curr. Opin. Biotechnol.*, **56**, 75（2019）
18) O. M. Terrett & P. Dupree, *Curr. Opin. Biotechnol.*, **56**, 97（2019）
19) J. Ralph & L. L. Landucci, "Lignin and Lignans；Advances in Chemistry", p.137, CRC press（2010）
20) Y. Tobimatsu *et al.*, "Lignin：Biosynthesis, Functions, and Economic Significance", p.79, Nova Science Publishers Inc.（2019）
21) M. Perkins *et al.*, *Curr. Opin. Biotechnol.*, **56**, 69（2019）
22) Y. Tobimatsu *et al.*, *Holzforschung*, **62**, 501（2008）
23) Y. Tobimatsu *et al.*, *Holzforschung*, **64**, 173（2010）
24) Y. Tobimatsu *et al.*, *J Wood Sci.*, **56**, 233（2010）
25) Y. Tobimatsu *et al.*, *Holzforschung*, **64**, 183（2010）
26) Y. Tobimatsu *et al.*, *Biomacromolecules*, **12**, 1752（2011）
27) Y. Tobimatsu *et al.*, *Plant J.*, **76**, 357（2013）
28) M. Schuetz *et al.*, *Plant Physiol.*, **166**, 798（2014）
29) Y. Tobimatsu *et al.*, *Chem Commun.*, **50**, 12262（2014）
30) J. Ralph *et al.*, *J. Am. Chem. Soc.*, **116**, 9448（1994）
31) J. Ralph, *Phytochem. Rev.*, **9**, 65（2010）
32) S. D. Karlen *et al.*, *Sci. Adv.*, **2**, e1600393（2016）
33) L. A. Donaldson, *Phytochemistry*, **57**, 859（2001）
34) F. Chen *et al.*, *Proc. Natl. Acad. Sci. USA*, **109**, 1772（2012）
35) F. Chen *et al.*, *Plant J.*, 201–211（2012）

36) Y. Tobimatsu *et al.*, *Plant Cell*, **25**, 2587 (2013)

37) J. M. Marita *et al.*, *Phytochemistry*, **62**, 53 (2003)

38) A. Wagner *et al.*, *Plant J.*, **67**, 119 (2011)

39) A. J. Ragauskas *et al.*, *Science*, **344**, 1246843, (2014)

40) R. Rinaldi *et al.*, *Angew. Chem. Int. Ed. Engl.*, **55**, 8164 (2016)

41) T. Umezawa, *Phytochem. Rev.*, **17**, 1305 (2018)

42) Y. Li *et al.*, *Sci. Adv.*, **4**, eaau2968 (2018)

43) T. Koshiba *et al.*, *Plant Biotechnol.*, **34**, 7 (2017)

44) T. Miyamoto *et al.*, *Plant J.*, **98**, 975 (2019)

45) N. A. Anderson *et al.*, *Plant Cell*, **27**, 2195 (2015)

46) Y. Takeda *et al.*, *Planta*, **246**, 337 (2017)

47) Y. Takeda *et al.*, *Plant J.*, **97**, 543 (2019)

48) A. Wagner *et al.*, *Proc. Natl. Acad. Sci. USA*, **112**, 6218 (2015)

49) N. D. Bonawitz *et al.*, *Nature*, **509**, 376 (2014)

50) Y. Takeda *et al.*, *Plant J.*, **95**, 796 (2018)

51) P. Y. Lam *et al.*, *Plant Physiol.*, **174**, 972 (2017)

52) P. Y. Lam *et al.*, *New Phytol.*, **223**, 2014 (2019)

53) Y. Takeda *et al.*, *J. Wood Sci.*, **65**, 6 (2019)

54) S. Cui *et al.*, *New Phytol.*, **218**, 710 (2018)

55) J. M. Mutuku *et al.*, *Plant Physiol.*, **179**, 1796 (2019)

56) Q. Zhao *et al.*, *Proc. Natl. Acad. Sci. USA*, **110**, 13660 (2013)

57) C. G. Wilkerson *et al.*, *Science*, **344**, 90 (2014)

58) P. Oyarce *et al.*, *Nat. Plants*, **5**, 225 (2019)

59) J. H. Grabber *et al.*, *Plant Sci.* in press（DOI：10.1016/j.plantsci.2019.02.004）

60) S. Elumalai *et al.*, *Biotechnol. Biofuels*, **5**, 59 (2012)

61) Y. Tobimatsu *et al.*, *ChemSusChem*, **5**, 676 (2012)

第4章　ナイロン分解酵素NylBの構造進化，触媒機構とアミド合成への応用

Structural Evolution and Catalytic Mechanism of Nylon Hydrolase NylB,
and Application to Amide Synthesis

根来誠司[*1]，武尾正弘[*2]，柴田直樹[*3]，
樋口芳樹[*4]，加藤太一郎[*5]，重田育照[*6]

6-アミノヘキサン酸オリゴマーの酵素分解は，当初，ナイロン工場の排水処理が目的であったが，その後，非天然物質に対する酵素進化のモデル，立体構造と触媒機構の解明，タンパク質工学と分子進化工学による機能改良へ展開した。本稿では，これらの知見を紹介するとともに，加水分解の逆反応によるアミド合成において，酵素反応の方向性に影響を与える構造基盤について述べる。

1　はじめに

6ナイロンはεカプロラクタムの開環重合により合成されるが，副産物として合成が途中で停止した6-アミノヘキサン酸オリゴマー（ナイロンオリゴマー）を生じる。ナイロンオリゴマーの酵素分解は，当研究グループが長年取り組んできた課題であり[1,2]，これまで，分解様式が異なる3種類の酵素，NylA（環状2量体分解酵素）[3]，NylB（直鎖状2量体分解酵素）[4~7]，NylC（エンド型オリゴマー分解酵素）[8~11]を見いだしている。一方，モノマーの6-アミノヘキサン酸（Ahx）については，最近，NylD（アミノトランスフェラーゼ）および，NylE（デヒドロゲナーゼ）により，ほぼ定量的にアジピン酸まで変換されることを確認している[12]。さらに，耐熱性を親型酵素から36℃向上させたNylC変異酵素は，6ナイロン，66ナイロン等の脂肪族ナイロンへ作用することから，これらの酵素を統合的に利用することで，ナイロンの酵素的な再資源化や，別の有用物質への変換，バイオマスからのナイロンモノマー生産への可能性が開けつつある[11,12]。

＊1　Seiji Negoro　兵庫県立大学　大学院工学研究科　応用化学専攻　名誉教授・特任教授

＊2　Masahiro Takeo　兵庫県立大学　大学院工学研究科　応用化学専攻　教授

＊3　Naoki Shibata　兵庫県立大学　大学院生命理学研究科　准教授

＊4　Yoshiki Higuchi　兵庫県立大学　大学院生命理学研究科　教授

＊5　Dai-ichiro Kato　鹿児島大学　大学院理工学研究科（理学系）　生命化学専攻　助教

＊6　Yasuteru Shigeta　筑波大学　計算科学研究センター　教授

NylBは，Ahx直鎖状2量体（Ald）のみならず，5〜10量体の直鎖状オリゴマーをエキソ型様式で分解する酵素であり，これまで，酵素進化のモデル系，立体構造解析と計算科学に基づく酵素反応機構について，検討を行ってきた。本稿では，NylBの構造進化・触媒機構の概要を紹介するとともに，加水分解の逆反応によるアミド合成において，酵素反応の方向性とアミド合成収率に影響を与える変異効果について，酵素の内部平衡[13〜15]の観点から考察する。

2　ナイロン分解酵素遺伝子群のゲノム構造

Arthrobacter sp.KI72株のナイロン分解系遺伝子 *nylABC* は何れも，プラスミドpOAD2（45kb）にコードされる[16]。同プラスミド上には，Ahx直鎖状2量体（Ald）分解活性が親型NylBの約1/200の類似酵素NylB'（アミノ酸配列が88％相同）が存在することから（図1A），遺伝子重複を基盤とした適応進化についての仮説を発表した（図2A）[17]。その後，これとは異なる仮説（図2B，C）[18,19]も提案されたが，その妥当性については後ほど検証する。一方，新規に好アルカリ性のナイロンオリゴマー分解菌 *Agromyces* sp.KY5R, *Kocuria* sp.KY2を分離した[20,21]。両株は，16S rRNAに基づく系統関係はKI72株とは異なるが，KY5R株とKI72株の *nylB* 遺伝子の配列は完全に一致する[20]。*nylB* 遺伝子周辺の約15 kbの領域では，*nylC* を含む10

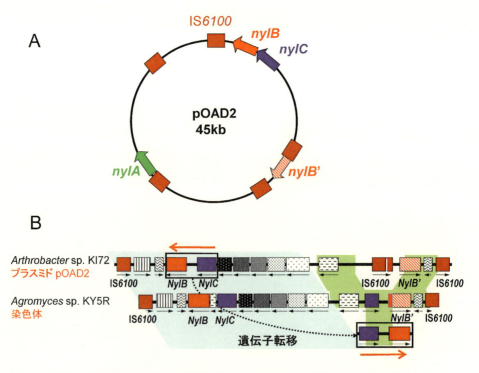

図1　ナイロンオリゴマー分解性プラスミドpOAD2の遺伝子マップ（A）と *Agromyces* 染色体上の *nylB* 遺伝子周辺の構造比較（B）

第4章　ナイロン分解酵素 NylB の構造進化，触媒機構とアミド合成への応用

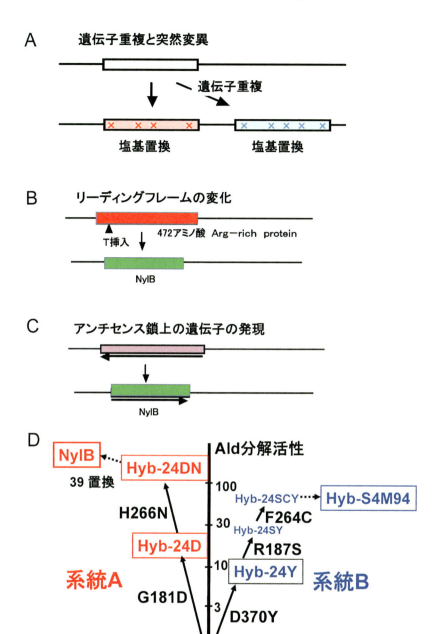

図2　NylB の進化モデル（A-C）と分子進化工学による Ald 分解の高機能化（D）

個の遺伝子とともに転移性の挿入配列 IS*6100* に挟まれた構造となっている（図1B）。何れも，対応する遺伝子間で98％以上の相同性を示すが，*Agromyces* では，染色体上に存在する。*Agromyces* の NylC 酵素（NylC$_A$）は，pOAD2 にコードされる NylC 酵素（NylC$_{p2}$）とは5ヵ所

食品・バイオにおける最新の酵素応用

でアミノ酸配列が異なり，耐熱性が8℃高い[8]。さらに，KY5R株の染色体構造の一部は，pOAD2の対応する領域と遺伝子の構成が異なるが，この領域は nylB-nylC 領域の一部がカセットとして，逆位に pOAD2 内の nylB' 領域に組み込まれたハイブリッド型構造となっている（図1B）。従って，両ゲノムの類似性は，IS6100 が関与した遺伝子群全体の転移と，nylB-nylC 領域の部分的転移として説明可能である[21]。

Kocuria sp.KY2 株の NylC（NylC_K と命名）は，NylC_{p2} とは15カ所でアミノ酸配列が異なり，耐熱性が15℃高い[8]。KY2株の nylB 遺伝子は，染色体上で nylC_K 遺伝子に隣接して存在するが，部分的にクローン化された nylB 領域については，KI72株の nylB の配列と一致する[20]。

一方，NylA については，Arthrobacter, Pseudomonas, Rhodococcus, Cupriavidus, Sphingomonas の5菌株の NylA がアミノ酸配列レベルで98〜99％一致することを見いだしている[3]。従って，これらのナイロンオリゴマー分解系遺伝子は何れも，非常に近年（進化的な意味で），同一起源の遺伝子が水平伝播により微生物間に広まったと考えられる。

3 NylB の立体構造と触媒機構

NylB は，D-アラニル-D-アラニンカルボキシペプチダーゼ（DD-ペプチダーゼ），カルボン酸エステル分解酵素（EstB），β-ラクタマーゼと高い構造類似性を示す（図3A）[4]。しかし，DD-ペプチダーゼ活性や β ラクタマーゼ活性は検出限界以下であり，100種類以上の L ペプチドにも活性を示さないが，短鎖〜中鎖カルボン酸エステルに対して高い活性を有する[2,4]。NylB は，Ser112-Lys115-Tyr215 からなる触媒トリアッドが，エステル分解，アミド分解の何れの触媒機能においても必須である（図3C）[4]。セリンプロテアーゼの触媒残基（Ser-His-Asp）とは，トリアッドを構成する残基（一般酸塩基触媒）が異なるが，触媒機構は類似している。すなわち，アシル化段階では，Ser112-OH 基が基質のアミドまたはエステル結合のカルボニル炭素を求核攻撃することから反応が開始する（図4A）。その後，正四面体中間体を経由して，アシル酵素が形成される[6]。脱アシル化段階では，水分子が求核剤となり，再度，正四面体中間体を経由して，反応前の遊離型酵素の状態に戻り，反応が完結する。しかし，エステル結合に比べて，強固なナイロンのアミド結合の分解では，同触媒トリアッドに加えて，Tyr170 が触媒活性に必要である（図3C）。特に，基質 Ald の結合に伴う誘導適合（Tyr170 の配向変化とループ移動）が必須であり，誘導適合が起こらない変異体では，活性が認められないか，或いは，非常に低くなる[6]。例えば，誘導適合により基質に近接する Tyr170 をフェニルアラニンに置換した酵素（Y170F）ではナイロン分解活性は約1/70に低下するが，同変異はエステル分解活性には殆ど影響を与えない[4〜6]。可逆的アミド合成反応において，加水分解側基質（Ald）と合成側基質（Ahx）で誘導適合が異なる場合は，反応方向性が大きく変化する（後述）。

アシル化段階が反応全体の律速段階になっているが（図4B），最近，基質のアミド結合距離とセリン求核攻撃距離を反応座標に設定した2次元自由エネルギー空間解析から，アシル化段階の

198

第4章 ナイロン分解酵素 NylB の構造進化，触媒機構とアミド合成への応用

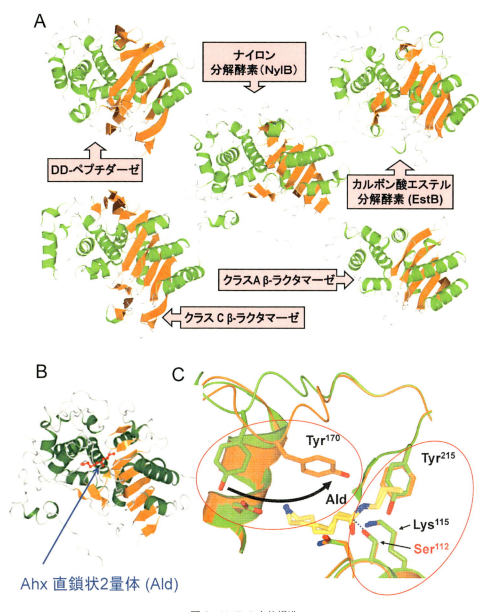

図3 NylB の立体構造
A：βラクタマーゼファミリー酵素の全体構造の比較
B：NylB・Ald 複合体の全体構造
C：NylB・Ald 複合体の触媒中心近傍の構造

活性化エネルギー障壁（88 kJ/mol）を求めることに成功した（図4C）[22]。さらに，遷移状態を経由してアシル化酵素に至る各分子構造とエネルギー変化から，触媒トリアッド各残基の役割が明らかになるとともに，ナイロン分解に固有の残基 Tyr170 は正四面体中間体からアシル化酵素

199

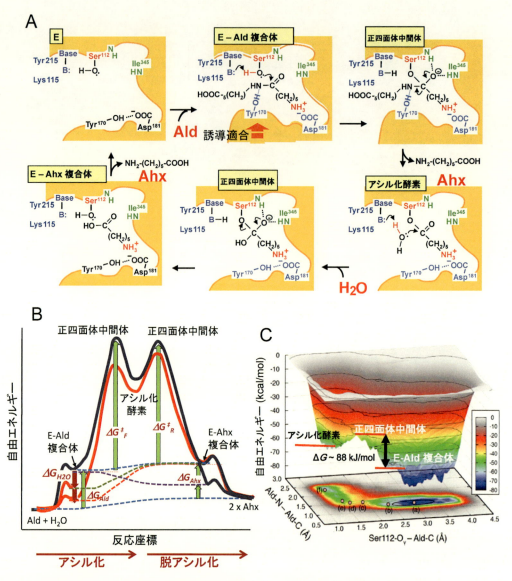

図4 NylBの触媒機構（A）と反応座標（B，C）

A：遊離酵素→酵素・Ald複合体→正四面体中間体→アシル化酵素→正四面体中間体→酵素・Ahx複合体→遊離酵素の6段階の素過程。前半の3ステップがアシル化反応，後半の3ステップが脱アシル化反応（文献6から転載）

B：速度論解析から予想される水溶液中（青実線）と有機溶媒中（赤実線）の可逆的アミド合成・分解の反応座標。外部平衡（水色破線）と内部平衡のエネルギー変化を示した。親型酵素（Arg187）（赤破線），Ser187型酵素（緑色破線），Gly187型酵素（青破線），Hyb-S4M94酵素（紫色破線）（文献15から転載）

C：基質Aldのアミド結合距離とセリン求核攻撃距離を反応座標に設定した2次元自由エネルギー空間（図は文献22から転載）

第 4 章　ナイロン分解酵素 NylB の構造進化，触媒機構とアミド合成への応用

への変換に重要であることが明らかになった[22]。

4　ナイロン分解酵素の進化

　NylB の進化起源が β ラクタマーゼフォールドを有するカルボン酸エステル分解酵素と想定し，ナイロン分解の高機能化に伴い，どの様なアミノ酸置換が選択されるのかを検討した。すなわち，NylB' 型酵素（Hyb-24）に PCR ランダム変異を導入後，変異遺伝子のライブラリーを構築し，細胞抽出液レベルの活性測定から上位 5% 以上の活性を示すクローンを選別した[5, 23]。その結果，独立した 3 回の実験中 2 回は，まず，G181D 変異を含む変異体が選択された。この置換は，以前，NylB 型と NylB' 型の 200 倍の活性差をもたらす変異として特定されていた置換と同一であり，NylB 機能の上昇のために必然的に選択されたと考えられる。すなわち，G181D 置換が選択後，H266N が選択されて，NylB 型酵素に至ったと推定できる（系統 A の適応歩行）（図2D）。

　一方，別系統の適応歩行（系統 B）により，親型 NylB' より Ald 分解活性が 11 倍上昇する変異（D370Y）を確認した。さらに，変異導入と高活性変異体選別を組み合わせた操作を 4 回繰り返し，Ald 分解活性が約 80 倍上昇した変異酵素（Hyb-S4M94）を取得した[23]。活性上昇に寄与する置換の特定から，同変異体に導入された 7 置換の中で，D370Y-R187S-F264C が活性上昇に重要であることが明らかとなった[23]。すなわち，ナイロンモノマー間のアミド結合の分解には，1）ファミリー酵素共通の触媒残基（Ser112-Lys115-Tyr215）とナイロン分解固有の触媒基（Tyr170）が必須であること（図 3C），2）Asp181-COO- と Ald-NH$_3$+ 間の静電的的安定化と，Asn266 による補助効果が基質 Ald の結合に重要であるが[7]，D370Y-R187S-F264C 置換による別系統の安定化によっても，高機能化が可能であることが明らかとなった。

　上記の知見を整理すると，次のようになる。

① 系統的に異なる複数の微生物間で同一配列の NylB が保存されている。

② nylB 遺伝子を含む領域は，共通の挿入配列（IS）に挟まれた形態でプラスミドと染色体上に存在する。従って，IS が関与した水平伝播により，同一遺伝子が生態系に広まったと推定できる。

③ NylB は β ラクタマーゼファミリー酵素と高い構造類似性を示し，共通の触媒残基を有する。しかし，NylB では，ナイロン関連基質 Ald の結合に伴い，大きな構造変化（誘導適合）を生じる。

④ 分子進化工学的手法で，カルボン酸エステル分解酵素（NylB'）から，Ald 分解の高機能化を行うと，親型 NylB と同じアミノ酸置換（G181D）が選択される。

⑤ 最近，メタゲノム中に存在するカルボン酸エステル分解酵素（EstU）の立体構造が，韓国のグループから報告されたが，EstU では，誘導適合に関わるループ領域の形状が NylB'と類似している[24]。しかし，170 位に相当する残基は，ナイロン分解に必須の Tyr ではなく

201

Phe である。また，181 位に相当する残基も Asp ではなく Phe であるため，Ald 分解活性は非常に低いと予想できる。このように，NylB の進化起源としての要件を満たす潜在的なタンパク質が，土壌生態系に存在する。

ナイロン分解酵素の進化については，「遺伝子重複による進化」（図 2A）[17] とは異なった仮説が提案されたという経緯がある。その一つは「472 アミノ酸残基のポリペプチドの中で，1 塩基（T）が挿入されて NylB の開始コドンを生じ，ナイロン分解酵素が発生した」というものである（図 2B）[18]。もう一つは「NylB 遺伝子のアンチセンス鎖上の潜在的なポリペプチドが進化起源である」[19] という仮説である。何れも，ナイロン分解という新しい機能が，これとは進化的関連性を持たないポリペプチドの遺伝情報を変えることで，突如，発生した可能性を指摘しているが，上記①〜⑤観察結果とは整合性が認められない。NylB は，β ラクタマーゼフォールドを有するカルボン酸エステル分解酵素から，同ファミリー酵素共通の触媒残基に加えて，ナイロン分解に必須の残基が選択されて進化したと考えるのが妥当であろう。

5　加水分解の逆反応によるアミド合成：酵素の内部平衡に影響を与える変異

加水分解酵素の逆反応によるアミド・エステル合成では，合成収率は基本的には，化学平衡で決定される。従って，有機溶媒・水の 2 相系で，生成物を有機相に移動させる（図 5A），1 相系においても，得られた生成物を沈殿として系外に除去することで，平衡を合成側にシフトさせることが可能である（図 5B）。しかし，1 相系で，基質・生成物が共に溶解した系では，反応系中の水分含量を可能な限り低く（1% 以下に）抑制することが必要である（図 5C）。

興味深いことに，親型 NylB（系統 A）では，水分含量の高い条件，90% t-ブタノール / 10% 水系で，高収率でアミド合成反応を触媒する（図 5D）[25]。同条件では，有機溶媒と水が溶解した 1 相系であり，基質・生成物とも溶解しているが，アミド合成の収率は 80% 以上に達する（図 5D）。これに対し，分子進化工学的な方法で構築した酵素（Hyb-S4M94 酵素：系統 B）では，高い加水分解機能を有するにもかかわらず，合成反応が殆ど進行しない（1% 以下）。通常，正反応の酵素活性が高まれば，同時に，逆反応の活性も高まる。しかし，系統 A，系統 B の変異体では，アミド合成・分解の触媒機能に大きな差異がある。この結果は，触媒中心近傍の構造と反応方向性の関係を理解する上で興味深い。

Hyb-S4M94 酵素に導入された 7 変異中，合成収率に影響を与える部位として，触媒クレフト開口部の 187 位に着目し，親型（Arg187）から種々の変異体を構築した（図 6A）。その結果，収率 10%（Gly187 変異体），収率 40%（Ser187 変異体）が得られ，1 箇所のアミノ酸置換でアミド合成が大きく変化するという現象を見いだした（図 5D）。さらに，同一酵素間では酵素濃度を 25 倍変化させても，ほぼ同等の収率が得られるが，変異酵素間では収率が異なる（表 1）。さらに，反応速度解析を行ったところ，合成側と分解側の触媒定数（k_{cat}）が変異により影響を受けることが分かった。

第4章 ナイロン分解酵素 NylB の構造進化，触媒機構とアミド合成への応用

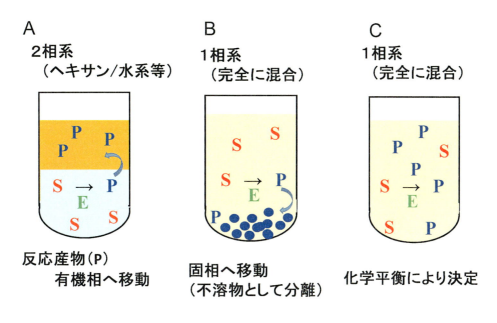

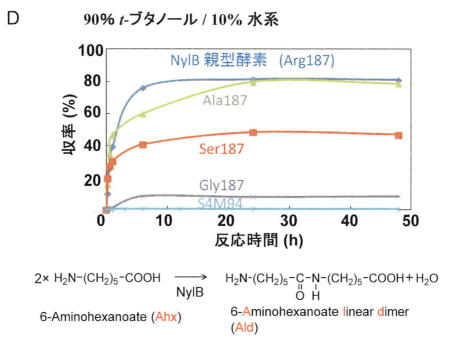

図5　有機溶媒中の酵素反応
A：2相系（ヘキサン・水系等）で生成物Pが有機相へ移行する場合
B：1相系で生成物Pが沈殿として分離される場合
C：1相系で基質Sと生成物Pが何れも溶解する場合
D：90% t-ブタノール / 10% 水系（1相系）におけるアミド合成（図は文献15から転載）

食品・バイオにおける最新の酵素応用

　分子動力学（MD）シミュレーションから，触媒クレフトが開放型・半開放型の構造では，25000 ステップ中，基質 Ald アミド結合の近傍（3.5 Å 以内）に，平均 1～2 個の水分子が存在する（図 6C）[26]。一方，誘導適合により閉鎖型となった酵素では，25000 ステップの各構造中，同一範囲に水分子が観察されないことから，水分子の存在頻度は 4×10^{-5} 以下と算定される。従って，この状態では，-20 kJ/mol 以上の水排除効果を受けていることになる[15]。

　反応速度論による正逆反応の反応速度と水排除効果を基に，収率変動を説明可能な反応座標のモデルを図 4B に示した[26]。90% t-ブタノール系での反応座標（赤実線）を水相系の反応座標（青実線）と比較して示した。合成収率が高い Arg187 酵素では，Ahx による誘導適合を受け閉鎖型へ変化する（図 6B）。その結果，大きな水排除効果が得られ，反応は合成側に偏る（赤破線）[15]。言い換えれば，溶媒環境には大過剰の水分子が存在するが，水排除効果により，「酵素により認識される水分子の実効濃度」は大きく低下する（図 6D 左）。

　一方，合成収率が低い Gly187 酵素では，基質 Ahx の結合は確認できるが，開放型の構造となっている（図 6B）。そのため，水排除効果が得られず，外部平衡（反応系全体の平衡）と内部平衡（触媒中心近傍の平衡）とは，類似した関係となる（図 4B 青破線）。これは，一般的な触媒では，反応の最終的な到達濃度が化学平衡濃度とほぼ一致するという結果に対応する（図 6D 右）。Ser187 酵素では，中程度の水排除効果があるため，Arg187 型と Gly187 型の中間的な挙動をとる（図 4B 緑色破線）。

　さらに，合成機能を有さないタイプ B 変異体（Hyb-S4M94）では，酵素結晶に Ahx（合成側基質）をソーキングしても触媒中心に基質が確認されないが（図 6B），Ald（分解側基質）では，誘導適合が起こり基質の存在が確認できる。その結果，Ahx 側の化学ポテンシャルが相対的に

表 1　NylB 変異体のアミド合成収率，反応速度，誘導適合の関係

	NylB 変異体			
	Arg187	Ser187	Gly187	Hyb-S4M94
合成収率（%）[*a]	$86.6_{\pm 0.45}$	$39.3_{\pm 3.7}$	$10.1_{\pm 1.9}$	< 1
k_{cat}（合成）(s^{-1})[*b]	$3.0_{\pm 0.33}$	$0.95_{\pm 0.10}$	$0.56_{\pm 0.06}$	―
k_{cat}（分解）(s^{-1})[*c]	$1.17_{\pm 0.10}$	$0.63_{\pm 0.06}$	$0.91_{\pm 0.14}$	$3.1_{\pm 0.1}$（水中）
k_{cat} 比（合成／分解）[*d]	2.56	1.50	0.61	
酵素・Ahx 複合体[*e]	誘導適合あり Ahx 結合	誘導適合なし Ahx 結合	誘導適合なし Ahx 結合	誘導適合なし 基質同定されず
酵素・Ald 複合体	誘導適合あり Ald 結合[6]			誘導適合あり Ald 結合[23]
水排除効果	＋＋	＋	―	―

[*a]　40 時間のアミド合成反応後の残存 Ahx から算出（3 回の実験の平均値）
[*b]　90% t-ブタノール／10% 水系において Ahx を基質とした時の触媒定数
[*c]　90% t-ブタノール／10% 水系において Ald を基質とした時の触媒定数
[*d]　k_{cat} 比（合成／分解）＝ k_{cat}（合成）／ k_{cat}（分解）
[*e]　誘導適合（Tyr170 側鎖の配向変化とループ移動）と Ahx との複合体形成（図 6B）

第4章　ナイロン分解酵素 NylB の構造進化, 触媒機構とアミド合成への応用

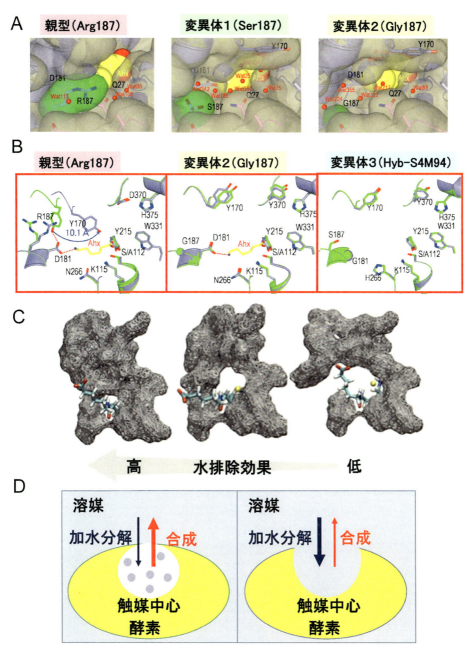

図6　NylB 変異体の触媒中心近傍の構造
A：触媒クレフトの表面構造（X 線結晶構造解析）
B：遊離型酵素と Ahx 複合体との重ね合わせ構造（X 線結晶構造解析）
C：分子動力学シミュレーションから得た閉鎖型, 半開放型, および開放型構造
D：閉鎖型と開放型構造における反応モデル
図は文献 7, 15, 26 から転載

食品・バイオにおける最新の酵素応用

低くなり（図 4B 紫色破線），加水分解側に特化した触媒となる[15]。

6　終わりに

　NylB による加水分解反応では，律速段階であるアシル化反応が非水反応であるため，疎水性反応場の形成が重要であるが，この効果は酵素反応の方向性制御の点からも重要である。加水分解とアミド合成の方向性が変動する理由として，1）反応成分としての水分子の実効濃度が変異酵素間で異なること，2）分解側基質 Ald と合成側基質 Ahx により，誘導適合の効果が異なることが挙げられる。また，非酵素反応による活性化エネルギーに比べて，酵素反応における活性化エネルギー（図 4B 赤実線）は遙かに小さいため，基質→生成物に至る分子の割合として，非酵素反応の寄与は無視できる。一般化すれば，反応方向性と見かけの平衡濃度は，溶媒系全体の平衡ではなく，触媒部位における局所的な化学ポテンシャルの差により変化すると考えられる。酵素分子は，触媒サイクル中にダイナミックな構造変化を起こすため，反応方向性制御に必要な構造の分子設計には困難を伴うが，新規の触媒開発を進める上で，今後，広く検討されることを期待したい。

文　　　献

1)　S. Negoro, *Appl. Microbiol. Biotechnol.* **54**, 461-466 (2000)

2)　S. Negoro, "Biopolymers" vol. 9, pp.395-415, Springer-Verlag (2002)

3)　K. Yasuhira *et al., J. Biol. Chem.* **285**, 1239-1248 (2010)

4)　S. Negoro *et al., J. Biol. Chem.* **280**, 39466-39652 (2005)

5)　T. Ohki *et al., FEBS Lett.* **580**, 5054-5058 (2006)

6)　S. Negoro *et al., J. Mol. Biol.* **370**, 142-156 (2007)

7)　Y. Kawashima *et al., FEBS J.* **276**, 2547-2556 (2009)

8)　S. Negoro *et al., J. Biol. Chem.* **287**, 5079-5090 (2012)

9)　S. Negoro *et al., Sci. Rep.* **8**, 9725 (2018)

10)　K. Nagai *et al., Appl. Microbiol. Biotechnol.* **98**, 8751-8761 (2014)

11)　加藤太一郎ほか，生物工学会誌，**92**, 415-419 (2014)

12)　I. Takehara *et al., Appl. Microbiol. Biotechnol.* **102**, 801-814 (2018)

13)　W. J. Albery and J. R. Knowles, *Biochemistry.* **15**, 5631-5640 (1976)

14)　J. J. Burbaum *et al., Biochemistry.* **28**, 9293-9305 (1989)

15)　S. Negoro *et al., FEBS Lett.* **590**, 3133-3143 (2016)

16)　K. Kato *et al., Microbiology* **141**：2585-2590 (1995)

17)　H. Okada *et al., Nature* **306**, 203-206 (1983)

第4章　ナイロン分解酵素 NylB の構造進化，触媒機構とアミド合成への応用

18) S. Ohno, *Proc. Natl. Acad. Sci. USA*. **81**, 2421-2425 (1984)
19) T. Yomo *et al.*, *Proc. Natl. Acad. Sci. USA*. **89**, 3780-3784 (1992)
20) K. Yasuhira *et al.*, *Appl. Environ. Microbiol.* **73**, 7099-7102 (2007)
21) K. Yasuhira *et al.*, *J. Biosci. Bioeng.* **104**, 521-542 (2007)
22) K. Kamiya *et al.*, *J. Phys. Chem. Lett.* **5**. 1210-1216 (2014)
23) T. Ohki *et al.*, *Protein Sci.* **18**, 1662-1673 (2009)
24) T. Baba *et al.*, *Phys. Chem. Chem. Phys.* **17**, 4492-4504 (2015)
25) Y. Kawashima *et al.*, *J. Mol. Catal. B：Enzymatic*, **64**, 81-88 (2010)
26) T. Baba *et al.*, *Chem. Phys. Lett.* **507**,157-161 (2011)

第5章　皮膚表皮形成を司るタンパク質架橋化酵素・トランスグルタミナーゼ

手島裕文[*1]，加藤まなみ[*2]，
辰川英樹[*3]，人見清隆[*4]

1　トランスグルタミナーゼとは

　私たちの体にはおよそ3万種類ものタンパク質が存在し，それぞれが独自の働きをして生命活動を支えている。この数のタンパク質がさらに色々な働きを行えるように，細胞内には合成されたタンパク質を（翻訳後に）修飾するという特別なしくみが備わっている。細胞内でアミノ酸が連結されて作られるタンパク質は，その後に切断を受けたり，リン酸や糖鎖など別の分子が付加されたりする修飾により働き方が変わる場合がある。こうした様々な修飾の中に，タンパク質が接着されるという反応があり，細胞内外でのタンパク質機能の獲得や喪失に貢献している。

　中でも同種または異種のタンパク質の間を共有結合，つまり不可逆な結合で結び付ける反応を触媒する酵素として，タンパク質架橋化酵素・トランスグルタミナーゼ（以下 TGase と表記：E.C. 2.3.2.13）がある。この酵素は動物，植物，微生物と多様な生物に広く存在している[1,2]。哺乳類の場合には8種類の酵素群（アイソザイム）が，それぞれ存在場所を異にして作られて働いている（表1）。酵素の基本的な反応様式としては，作用を受けるタンパク質の中で選ばれたグルタミン残基とリジン残基の間に，アンモニア1分子の遊離を伴ってペプチド結合が生じる（図1）。もちろんこの反応は酵素が存在するだけで進行するわけではなく，一定のカルシウムイオン濃度が必要であったり，酵素自身が不活性な形で存在したりすることで，必要な時に必要なだけの反応が起こるようにコントロールされている。さらには，同酵素が触媒する反応としてグルタミン残基に一級アミンを付加させたり，グルタミン残基をグルタミン酸残基に変換（脱アミド）させたりするなど，異なる修飾も担うことができる。

　表皮の TGase の生理的な意義を紹介する目的で，表1に示された中での主要なアイソザイムについて少し説明を加えたい。

　まず血液凝固に働く酵素として Factor XIII（血液凝固第13因子）がある。血液が凝固する際には，様々な酵素反応（多くはタンパク質分解）を経て，最終的にはフィブリンがポリマーを形

---

*1　Hirofumi Teshima　名古屋大学　大学院創薬科学研究科　博士前期課程2年

*2　Manami Kato　名古屋大学　大学院創薬科学研究科　博士前期課程2年

*3　Hideki Tatsukawa　名古屋大学　大学院創薬科学研究科　助教

*4　Kiyotaka Hitomi　名古屋大学　大学院創薬科学研究科　教授

第5章　皮膚表皮形成を司るタンパク質架橋化酵素・トランスグルタミナーゼ

表1

呼称	存在部位	生理的意義
Factor XIII	血液（血漿）	血液凝固
TG1	上皮組織	表皮の角質化
TG2	全組織	転写因子の不活化・細胞外マトリクスの安定化・細胞死制御
TG3	表皮・毛包	表皮の角質化
TG4	前立腺	交尾栓形成（齧歯類）
TG5	胎盤・子宮・表皮	表皮の角質化
TG6	表皮・神経系	?
TG7	胎盤・腎臓・子宮	?

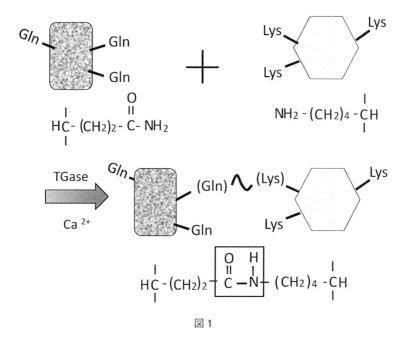

図1

成する[3]。このフィブリン分子の間に Factor XIII が不可逆な架橋結合を形成させて，より不溶化した強固なかさぶたとしての凝固物が完成する。実は Factor XIII も基質であるフィブリンも，本来は役割を果たさない前駆体として血液中に存在するが，ひとたび凝固反応が始まるとトロンビンというプロテアーゼで限定分解されて，タンパク質架橋活性を持った Factor XIII（Factor XIIIa と表記）となる。これは血液凝固の最終段階を担う酵素であり，この酵素に欠陥のある場合には血液凝固不全などの異常から疾患をきたす。

　TG2 と表記される TGase は，生体内のあらゆる組織・細胞に存在するために，組織型 TGase とも称される。これは GTP（グアノシン三リン酸）の存在下で阻害を受け，細胞の種類によっては GTP を結合した G タンパク質としても機能するなど，タンパク質架橋活性以外に幾つもの

食品・バイオにおける最新の酵素応用

生理活性を持つ多機能タンパク質である[4]。生理機能も多彩で，核内で転写因子を架橋して不活化したり，細胞外でマトリックスタンパク質を架橋し安定化を図ったりするなどの役割が知られている。

　今回ここでとりあげる表皮で働くタンパク質架橋化反応では，TG1 および TG3 という 2 種類が主に働いている[5]。また，TG5 や TG6 という別のアイソザイムも表皮細胞の中で作られて架橋活性を発揮することが報告されている。表皮での働きについて特に本稿では詳細に記述するが，架橋する相手としての基質タンパク質は表皮細胞に存在する構造タンパク質群（他の分子に働きかける特別な機能を持たず，細胞内での形の維持に貢献する）である。表皮の分化に伴ってこれらの酵素の触媒活性を制御する因子はまだあまり多く見つかっておらず，今後の解析が待たれる。

2　表皮形成のしくみ

2.1　表皮の構造と形成機構

　我々の体を覆っている皮膚は，上層の表皮と下層に相当する真皮からなっている。上層にある表皮はいくつかの役割があって，外部からの紫外線や分子の透過，水分の蒸散を防ぐ「壁」としての働き，また外部からの微生物の侵入を阻止する分子（抗菌ペプチド）の産生など，物理・化学・生物学的な生理機能で我々の体を保護している。

　表皮は，主にはケラチノサイトと呼ばれる細胞が層状に積み重なった構造をしており，これらは下から上に細胞が常に変化（分化）して新陳代謝を繰り返している[6]。表皮の中にはこれ以外にも，紫外線を遮断するために色素成分を蓄えているメラノサイトや免疫（食作用）を司るランゲルハンス細胞が存在しており，これらが持つ機能は表皮組織のバリア機能をさらに向上させるために欠かせない役割を果たしている（図 2）。

　表皮は真皮の上に位置する多層構造を有するが，これらは全てが一様ではなく，4 層の集団に分けることができる。最も外側の細胞は角化細胞で，これはオルガネラも消失した細胞としてはもはや生きていない状態の集団で，この細胞からなる領域を角化層と呼ぶ。ここでの細胞膜には Cornified envelop（CE）というタンパク質と脂質の複合体が裏打ちした，バリア機能に貢献する構造体がある。角化層の下部にあたる領域には顆粒細胞が存在して顆粒層と呼ばれる領域をつくる。この細胞集団はやがて角化細胞へと移行（分化）する[7]。さらに下部の領域は棘皮層と呼ばれ，中間径フィラメントにより細胞が棘のような形になることから命名された。そして最も下の真皮との境目にあるのが「基底細胞」と呼ばれる最も未分化な細胞である。この細胞は表皮を構成するように運命づけられている幹細胞であり，上の 3 層を構成する細胞群へ押し上げられつつ分化増殖する。表皮としてのバリア機能を発揮するまでに，この分化段階途中において，先に述べた構造タンパク質群が塊となって裏打ち構造が充実していく。

210

第5章 皮膚表皮形成を司るタンパク質架橋化酵素・トランスグルタミナーゼ

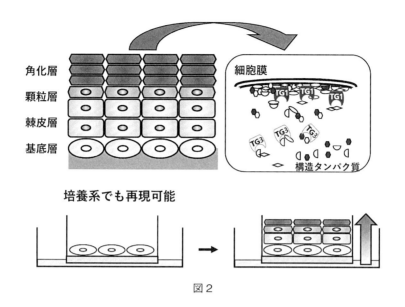

図2

2.2 分化を再現する表皮培養系

　細胞や組織を扱う研究をする上で重要なことは，実際の体で起こっていることをできるだけ正確に再現できることである。細胞を集めただけで組織と同様の挙動を取らせることは難しいが，組織由来の構成細胞を栄養豊富な培地にさらすことで，ある程度増殖させることができる。しかし多くの場合，機能を持つ組織（臓器）にまで再現することは困難である。

　表皮の場合も同様で，最も未分化な状態の細胞である「基底細胞」を培地中で培養しても，増殖はするが表皮組織でみられるような細胞が重層化した状態にはならない。しかし近年，特殊な条件での培養により立体的な表皮様の細胞層の形成が可能になった[8]。図2に示すような二重の容器を用い，支持体の上で基底細胞を適切な培地の中で増殖させ，増殖状態が飽和に達した後で，より高濃度のカルシウムイオンを含んだ培地に置き換える。その後培地を除き，細胞が空気に暴露された状態を作り出す。この時はもちろん細胞の下方から培地が浸透するため，乾燥しない状態が保てる。この状態で培養を1-2週間行うと，表皮同様の細胞層の形成や最外領域の角化層を再現することができる。このような培養系は，TGaseの解析も含めて，多くの表皮形成に関する因子の研究対象として用いられている。

3 TGaseによる表皮の架橋化

3.1 表皮分化におけるTGaseの役割

　このように表皮形成は細胞の分化と共にCEを構成してバリア機能を獲得するが，TGaseはこの過程に必須の因子である。その際には分化成熟に伴って，酵素が必要な時に必要なだけ発現して，触媒活性を発揮し始める。

211

食品・バイオにおける最新の酵素応用

図2では分化段階の表皮細胞において，先述の構造タンパク質群によってCEが作られる過程を示している。まず始めに，エンボプラキン，ペリプラキンという構造タンパク質が棘皮細胞で発現を始め細胞膜に集積する[9]。次の分化段階においては，インボルクリンという主要な構造タンパク質が細胞膜にセラミドと呼ばれる脂質と結合する。このようなプラットフォームとしての集積においてTGase（主にTG1）が働く。その一方で細胞質内において，ロリクリン，SPR（small proline rich protein）をはじめとする多数のタンパク質がTG3により架橋され，その後に細胞膜へ移行する。最後に，これらがインボルクリンと架橋されることによりCEが完成する。この段階では細胞はすでに細胞死に至っていてオルガネラは消失している。

さて，この時にきちんとバリア機能を保つようになるためには適切なTGaseの活性制御が必要になる。酵素は少なくとも未分化な段階で活性を持つことはないが，その制御機構については研究途上で，かつアイソザイム群がどのような役割分担を行っているかを含め in vivo では明らかになっていない。しかしこれまでの我々を含めた研究の結果から次のように推測をしている。表皮細胞の分化に伴ってTG1はカルシウム依存性プロテアーゼのカルパインにより，またTG3はリソソーム酵素であるカテプシン（Cathepsin L および Cathepsin S）で切断を受けて，機能が変換される[10]。TG1はカルパインで限定分解されて，カルシウムイオンの必要濃度が減少，すなわち細胞内濃度において活性を有するようになる。TG3は翻訳された段階では全く活性を持たないが，分化が進行して消失しつつあるリソソームから放出されるカテプシンにより切断を受けて初めて活性を発揮する。また次に述べるようにTG1とTG3の発現段階や活性を発揮する領域を調べてみると，TG1がまず活性を発揮し，その後にTG3活性が現れるような結果を得ている。

3.2 高反応性基質ペプチドによるTGase酵素活性の可視化

我々はこれまで，細胞や組織に存在するTGaseの酵素活性を可視化する方法を独自に確立している。これは本来タンパク質であるはずの基質の代わりとして，わずか12残基のアミノ酸からなるペプチドで，TGaseの基質として働く配列を得たことによる[11, 12]。また，これらのペプチド群はTGaseの各アイソザイム特異的に反応することができる。「基質ペプチド」はグルタミン残基を提供する基質として反応し，リジン残基提供側の基質に取り込まれる。この時，基質として機能するペプチドを蛍光またはビオチンなどであらかじめ標識しておけば，図3に示すように活性を鋭敏にかつ特異的に可視化することができる[13]。

図ではこの方法を用いて，マウスの皮膚表皮と先述した表皮細胞立体培養系での2つを対象にTGaseの活性を可視化した結果を示す。図の右側はTG1に特異的な蛍光標識した基質ペプチド（pepK5）を用いた結果である。さらに我々はTG3に特異的な配列に異なる波長で蛍光標識したペプチドを用いて，TG1とTG3を区別して活性を可視化し，分化に伴って両者の活性分布が異なることも示している。最近，先述した表皮細胞立体培養系であっても活性を可視化することに成功し，分化段階に伴って二つのアイソザイムが段階的に活性を発揮し，TGaseの発現パター

212

第5章 皮膚表皮形成を司るタンパク質架橋化酵素・トランスグルタミナーゼ

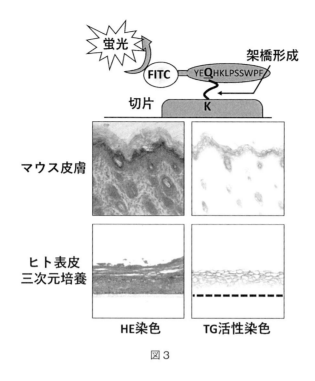

図3

ンが再現されることを明らかにした。

ここでは実際のデータは省略するが，表皮形成異常をもたらす疾患の中にはこれらのTGaseが欠損異常を示す例が報告されている（葉状魚鱗癬）。このような場合の診断には蛍光標識基質ペプチドが有用であることも報告している[14]。

また，これらのペプチドを用いて基質探索を行うことも可能である。この方法は表皮細胞に限らず汎用的な基質同定研究に有用である。CEを形成する因子群の全容解明や分化段階に伴う架橋反応の順番がどのように行われるのか，これらの解析技術から展開することが期待される。

4　モデル生物としてのメダカの表皮におけるTGase

タンパク質架橋反応はあらゆる生物に備わっており，TGaseについても類似する遺伝子が他の生物種で見つかっている。例えばヒトと相同な遺伝子（オルソログ）は哺乳類のみならず他の脊椎動物にも見出される。近年我々は，魚類でのモデル生物として頻用されているメダカ（*Oryzias latipes*）に着目し，ヒトTGaseと相同な遺伝子の存在を確認している[15]。8種類全てではないが，主要なアイソザイムに相当するオルソログは存在しており，表皮形成に関わるTGaseとしては3種類を同定した（OlTGK1～OlTGK3）[15]。

近年発展のめざましいゲノム編集技術はメダカにおいても適用が可能である。我々はこれまで生化学的な解析に加えて，種々のTGase遺伝子を変異欠損させたメダカを確立している。TG1

のオルソログを対象にした変異体も得ており，それがどのような表現型を示すかについて解析を進めてきたが，明確には皮膚表皮に異常は見られなかった。これは魚の場合は鱗（うろこ）があり，皮膚がなくともバリア機能が保たれるためだと考えられる。しかし，仔魚と呼ばれる鱗の未発達な幼生段階では野生型との明らかな違いが見られた。通常，仔魚は食塩（0.9%）を含む浸透圧のやや高い水の中で生育させると，生育ができず数日で死亡する。野生型では3-4日で死亡するのに対し，変異体ではその日数がさらに短くなることを見出した[16]。予測されたように，この変異体メダカにおいては十分な表皮ができていないことを示す結果であるが，これを例えば水質汚染検査や表皮を強化する因子の探索など表皮のバリア機能の評価への活用ができればと考えている。

終わりに

今回は皮膚表皮における TGase に絞ったが，血液凝固や組織の安定化（細胞外マトリクス強化）や遺伝子発現制御，細胞死などこの酵素反応が関わる生命現象は多彩で，それだけに関連疾患も多く，まだ研究は途上にある。一方で，微生物由来の TGase は食品産業に広く利用されている。このユニークな反応を司る酵素の存在を知って頂き，基礎から応用までタンパク質架橋化酵素反応が関わる知見が増えていくことを望む。

文　　献

1) R. Eckert *et al., Physiol. Rev.,* **94**, 383 (2014)
2) K. Hitomi *et al.,* "Transglutaminases", Springer Japan (2015)
3) 一瀬白帝ほか，凝固と炎症，金芳堂 (2015)
4) H. Tatsukawa *et al., Cell Death Dis.,* **7**, e2244 (2016)
5) K. Hitomi, *Eur. J. Dermatol.,* **15**, 313 (2005)
6) 清水宏，あたらしい皮膚科学，中山書店 (2005)
7) E. Candi *et al., Nat. Rev. Mol. Cell Biol.,* **6**, 328 (2005)
8) Y. Poumay & A. Coquette, *Arch. Dematol. Res.,* **298**, 361 (2007)
9) A. E. Kalinin *et al., Bioessays,* **24**, 789 (2002)
10) T. Cheng *et al., J. Biol Chem.* **281**, 15893 (2006)
11) K. Hitomi *et al., Amino Acids,* **36**, 619 (2009)
12) 人見清隆，バイオサイエンスとインダストリー，**70** (6), 442 (2012)
13) Y. Sugimura *et al., FEBS J.,* **275**, 5667 (2008)
14) M. Akiyama *et al., Am. J. Pathol.,* **176** (4), 1592 (2010)
15) A. Kikuta *et al., PLoS One,* **10**, e0144194 (2015)
16) Y. Watanabe *et al., Biosci. Biotechnol. Biochem.,* **82**, 1165 (2018)

第6章 ヒトRabファミリー低分子量Gタンパク質に内在する細胞内膜テザリング活性の試験管内再構成

三間穣治[*]

1 真核細胞の物質輸送を担う仕組み：
細胞内膜交通・小胞輸送（メンブレントラフィック）

　ヒトをはじめとする高等動物，植物，そして出芽酵母などの単細胞の微生物にいたるまで，すべての真核細胞は，小胞体やゴルジ体などの細胞小器官（オルガネラ）を含む多種多様な細胞内膜コンパートメントから構成されている。それぞれの細胞内膜コンパートメントは，その重要で特異的な細胞内での機能を遂行するために，特徴的なサイズ，形状，そして生化学的組成（構成するタンパク質分子や脂質分子など）を有している。これらのことは，細胞生物学分野で「細胞内膜交通・小胞輸送（メンブレントラフィック，membrane traffic）」と総称される，細胞内膜コンパートメント間の生体分子（タンパク質，脂質，核酸，糖，低分子化合物）の精確な物質輸送が，すべての真核細胞において，その生存に必要不可欠な仕組みであることを示している[1]。一般的に，この細胞内膜交通・小胞輸送では，(1)最初に，出発地となる細胞内膜コンパートメント（オルガネラ膜や細胞質膜など）から，選択的に積荷分子が充填された脂質二重膜で囲われた輸送キャリア（輸送小胞，分泌小胞，シナプス小胞など）が形成され，それに続き，(2)輸送キャリアが，モータータンパク質の働きを介してアクチン繊維あるいは微小管などの細胞骨格上を移動し，(3)目的地となる標的の細胞内膜コンパートメントの脂質二重膜表面に選択的かつ可逆的に繋留され，(4)さらに輸送キャリアと標的の膜コンパートメントが安定かつ不可逆的にドッキングし，(5)最終的に，輸送キャリアと標的コンパートメントの脂質二重膜同士が膜融合を引き起こし，輸送キャリアに内包された積荷分子は目的地の細胞内膜コンパートメントへと放出される[1]（図1）。細胞内膜交通・小胞輸送の過程におけるこれらの素反応は，これまでの遺伝学，生化学，そして細胞生物学研究によって同定されてきた様々なタンパク質ファミリー群の働きにより効率的に駆動され，さらには細胞内で時空間的に厳密に制御されている[1]（図1）。例えば，SNARE（Soluble N-ethylmaleimide-sensitive factor Attachment protein REceptor）ファミリータンパク質は，膜交通の最終段階である膜融合反応に最も重要な分子マシナリーであり，融合する二つの脂質二重膜を橋渡しするトランスSNARE複合体を形成することにより膜融合を引き起こす[2]。SNAREシャペロンは，SNAREと物理的に結合し，その機能と構造を制御

　＊　Joji Mima　大阪大学　蛋白質研究所　膜蛋白質化学研究室　准教授

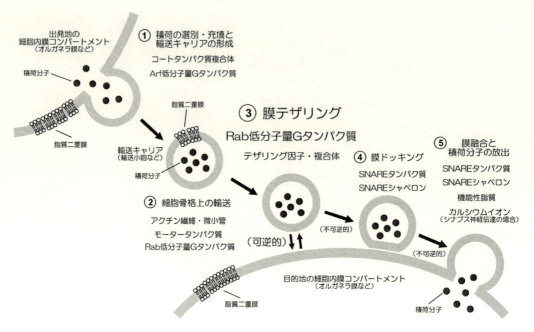

図1 細胞内膜交通・小胞輸送（メンブレントラフィック）を担う主要な素反応
真核細胞における物質輸送に必要不可欠な細胞内インフラである「細胞内膜交通・小胞輸送（メンブレントラフィック）」は，①積荷の選別・充填と輸送キャリアの形成，②細胞骨格上の輸送，③膜テザリング，④膜ドッキング，そして，⑤膜融合と積荷分子の放出，にいたる連続した5つの素反応により達成される。図中には，各素反応の駆動や制御に必須のタンパク質因子も記載している。例えば，ミオシンやキネシンを含むモータータンパク質（細胞骨格上の輸送），Rab低分子量Gタンパク質（細胞骨格上の輸送と膜テザリング），そしてSNAREタンパク質（膜ドッキングと膜融合）などである。本章のトピックである「膜テザリング」は，細胞内膜交通・小胞輸送において2つの異なる膜コンパートメントが，最初に互いを認識して物理的に接触する可逆的な過程であり，膜交通の場所選択性・特異性を決定するうえで最も重要なプロセスである。

する役割を持つ。なかでもSM（Sec1/Munc18）ファミリータンパク質は，上述のトランスSNARE複合体の形成に必須の因子である[3]。そして，本章のトピックであるRab（Ras related in brain）ファミリー低分子量Gタンパク質は，SNARE依存的な膜ドッキング・膜融合過程より前の段階である「膜テザリング」，さらに上流の過程である「細胞骨格上での輸送キャリアの移動」，これら二つの素反応で必須の役割を果たす[4,5]。また，クラスVミオシン，キネシン，ダイニンなどのモータータンパク質は，輸送キャリアを細胞骨格に沿って目的地の標的膜コンパートメント近傍へと移動させる役割をもつが，その多くは輸送キャリア上のRabファミリー低分子量Gタンパク質と特異的に結合することが知られている[6]（図1）。

第6章　ヒトRabファミリー低分子量Gタンパク質に内在する細胞内膜テザリング活性の試験管内再構成

2　どのようにRabファミリー低分子量Gタンパク質は膜テザリング反応に関与し，選択的な細胞内膜交通・小胞輸送に貢献しているのか？

　膜テザリングとは，先述のとおりSNAREファミリータンパク質依存性で不可逆的な反応である膜ドッキング〜膜融合とは独立した段階で，その直前に起こる膜交通の素反応であるが，このとき分泌小胞などの輸送キャリアは，目的地の細胞内膜コンパートメントであるオルガネラ膜や細胞質膜を最初に認識し接触する[7]（図1）。現在まで，Rabファミリー低分子量Gタンパク質と，その多くがRabとも相互作用するテザリングタンパク質群（EEA1などのコイルドコイルテザリングタンパク質やHOPS複合体などのマルチサブユニットテザリング複合体）が，この膜テザリング過程に関与する主要なタンパク質因子であると考えられている[7,8]（図1）。そして，これらRabファミリー低分子量Gタンパク質とテザリングタンパク質群の働きを介して駆動される膜テザリング反応は，輸送キャリアと標的オルガネラ膜などが最初に互いを認識し接触する過程であることから，細胞内膜交通・小胞輸送の場所特異性・選択性の決定において，最終ステップのSNARE依存的な膜融合反応と並ぶ，あるいはそれ以上に重要な過程であることは自明である。一方，「膜テザリング」をその言葉のとおり，「二つの異なる独立した脂質二重膜を物理的に，しかも特異的かつ可逆的に接触させ，安定につなぎ合わせること」と厳密に定義すると，これまで報告されたほとんどの原著論文において，Rabファミリー Gタンパク質やテザリングタンパク質群の膜テザリング活性（つまりは，membrane tetherとしての機能）を実際に立証する実験的証拠が欠落していたのが現状であった[9,10]。そのなか最近，著者ら国内外の研究グループが，精製・純化したタンパク質試料と人工脂質二重膜リポソームのみから構成される化学的に純粋な再構成プロテオリポソーム実験系を用いて，Rabファミリー低分子量Gタンパク質に膜テザリング活性が内在し，Rabタンパク質自身が単独で膜テザリング反応を直接的かつ効率的に駆動しうることを実験的に証明した[11~14]。しかしながら，現在，多くの教科書や総説等では「Rabはテザリングタンパク質群を膜上にリクルートするのを補助する因子で，実際に膜と膜を物理的につなぐ膜テザーはテザリングタンパク質群である」と記載されている。つまり，細胞内膜交通・小胞輸送の研究分野で広く受け入れられているモデルはあくまでも"モデル"であり，著者らの試験管内再構成により見出された新たな発見は，膜交通・小胞輸送の選択性を司る膜テザリング反応の真の仕組みは現在のモデルだけでは説明できないことを明確にした[8~14]。

3　ヒトRabファミリー低分子量Gタンパク質が駆動する膜テザリング反応の試験管内再構成

　Rabファミリー低分子量Gタンパク質は，Ras（<u>Ra</u>t <u>s</u>arcoma）スーパーファミリー（Ras，Rho，Rab，Arf，およびRanファミリー低分子量Gタンパク質を含む）の中では最大のタンパク質ファミリーを構成し，ヒト細胞では60種類以上のアイソフォームが存在する[4,5]。このRab

食品・バイオにおける最新の酵素応用

ファミリーGタンパク質は，その構造的特徴として，N末端に5〜30残基程度の保存性の低い天然変性領域（ヒトRab5aの場合は19残基），つづいてRasスーパーファミリーで高度に保存される160〜170残基の球状のGTPaseドメイン（Gドメイン；ヒトRab5aの場合は162残基），そしてC末端側にHVR（<u>H</u>yper<u>V</u>ariable <u>R</u>egion）ドメインと総称される20〜50残基程度の保存性の低い天然変性領域（ヒトRab5aの場合は34残基）をもち，これら3つの領域・ドメインから構成される比較的小さな単量体タンパク質である[4,5,10]（図2A, 2B）。さらに，Rab低分子量Gタンパク質の細胞内での機能とも深く関わる特徴として，HVRドメインのC末端システイン

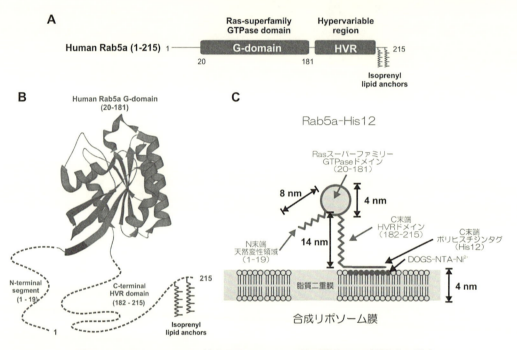

図2　ヒトRabファミリー低分子量Gタンパク質の構造および膜結合の様式
（A）ヒトRab低分子量Gタンパク質のドメイン構造。ヒトRab5aを典型例として示している。全長215アミノ酸残基からなり，N末端より，保存性の低い天然変性領域，保存性が高い球状のRasスーパーファミリーGTPaseドメイン（Gドメイン），そしてそのC末端側には，保存性の低いHVRドメインと総称される天然変性領域が存在する。また，HVRドメインのC末端に位置するシステイン残基への翻訳後修飾により，一つあるいは二つのイソプレニル脂質アンカーが付加される。
（B）ヒトRab5aの構造。これまで，数多くのRabファミリー低分子量Gタンパク質のGドメインの立体構造が，X線結晶構造解析およびNMR構造解析により決定されているが，図中ではヒトRab5aのGドメイン構造を典型例として示している。GドメインのN末端およびC末端の両側に存在する二つの天然変性領域については柔軟な構造を持つと予想され，脂質アンカー部分も含めて，それらの立体構造はほとんどの場合で決定されていない。
（C）再構成Rabプロテオリポソーム実験系におけるヒトRab5a低分子量Gタンパク質の膜結合様式。生細胞中のオルガネラ膜・小胞膜・細胞質膜などへのイソプレニル脂質アンカーを介したRab低分子量Gタンパク質の膜結合様式を，組換えRab-His12タンパク質とDOGS-NTA含有リポソーム膜を利用した再構成リポソーム系で模倣している。

第6章　ヒトRabファミリー低分子量Gタンパク質に内在する細胞内膜テザリング活性の試験管内再構成

残基が，イソプレニル（ゲラニルゲラニル）脂質基により翻訳後修飾される（図2A, 2B）。この
C末端のイソプレニル脂質アンカーが，オルガネラ膜，細胞質膜，小胞膜などの脂質二重膜に挿
入されることにより，Rabタンパク質は安定的に生体膜表面にアンカーされる[4,5,10]（図2A, 2B）。
著者らが世界で初めて構築したヒトRab再構成プロテオリポソーム解析系では，C末端のイソ
プレニル脂質アンカーと両端2つの天然変性領域を含めた全長ネイティブRab低分子量Gタン
パク質の細胞内での脂質膜結合状態を人工的に模倣するため，合成リポソーム膜はNi^{2+}イオン
がキレートされた脂質であるDOGS-NTAを添加して調製し，一方，ヒトRabタンパク質は
DOGS-NTA脂質と特異的な高い親和性を示すポリヒスチジンタグ（His12）がC末端に付加さ
れた組換えタンパク質（Rab-His12）として精製した[12~14]（図2C）。合成リポソーム膜の脂質組
成については，動物細胞などの生体膜を構成する主要な5種類の脂質であるホスファチジルコリ
ン（PC），ホスファチジルエタノールアミン（PE），ホスファチジルイノシトール（PI），ホスファ
チジルセリン（PS），そしてコレステロールの全てを含め（図3A），加えてリポソームの粒子サ
イズを規定することで（今回の解析例では直径400～800 nm）（図3A），様々なオルガネラ膜を
はじめとする生理的な細胞内膜コンパートメントに近似した脂質二重膜の環境を再構築し
た[12~14]（図2C, 3A）。このように調製したRabアンカー型再構成リポソーム膜を実験モデルとし，
ヒトRabファミリーGタンパク質群の内在性膜テザリング活性を，「リポソーム濁度アッセイ」
と「リポソーム膜凝集体の蛍光顕微鏡観察」の2種類の独立した生化学アッセイ法を用いて定量
的に評価した[12~14]（図3B, 3C）。ヒトRabファミリー低分子量Gタンパク質では最初に，初期
エンドソームや細胞質膜に局在しエンドサイトーシス経路に関与するRab5aと，後期エンド
ソームやリソソームに局在しエンドサイトーシス経路およびリソソーム分解経路（オートファ
ジー経路を含む）に関与するRab7a，これら2種類のヒトRabタンパク質が単独で（つまりは
テザリングタンパク質群などの他のタンパク質因子の非存在下で），非常に効率的に膜テザリン
グ反応を駆動することが見出された[12]（図3）。さらには，広範なRab/脂質モル比の検討をはじ
め，再構成Rabリポソーム膜テザリングアッセイの網羅的な展開により，前出のRab5aや
Rab7aと比較すれば低い活性ではあるが，エンドサイトーシス経路および分泌経路に関与する他
のほぼすべてのヒトRabファミリーGタンパク質群も同様に固有の膜テザリング活性を保持す
ることが明らかとなった[13,14]。これら試験管内再構成によるアプローチから得られた実験結果に
よって，「Rabファミリー低分子量Gタンパク質自身が膜と膜を物理的につなぐコアマシナリー
であり，細胞内膜テザリング反応における真の膜テザーである」，という細胞内膜交通・小胞輸
送分野の新たな基本原理が提唱されるに至り[10]，ヒト細胞をはじめ真核細胞内の膜を介した複雑
で精緻な物質輸送の仕組みの理解が大きく前進した。最後に，今回取り上げたヒトRabファミ
リー低分子量Gタンパク質のみならず，一般的に数多くの膜タンパク質が重要な生命現象や様々
な疾患・疾病と深く関わることを考えると，本章でその一端を紹介した試験管内再構成アプロー
チあるいは再構成プロテオリポソーム解析技術は，生命科学の基礎研究，さらには創薬技術シー
ズの創出などの応用研究の発展に，今後ますます大きな貢献を果たしていくことが期待できる。

食品・バイオにおける最新の酵素応用

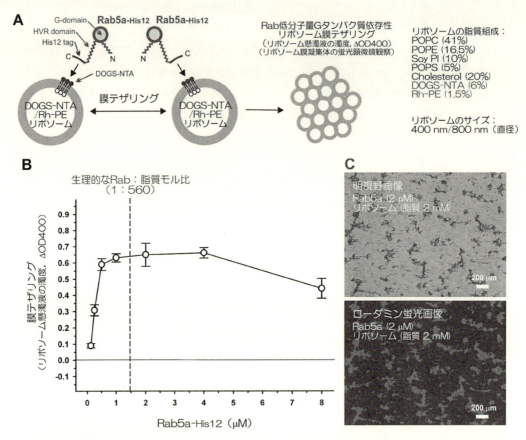

図3　再構成ヒト Rab プロテオリポソーム実験系におけるリポソーム膜テザリング活性の測定
(A) 再構成リポソーム膜テザリング活性測定の概要。C 末端にポリヒスチジンタグ（His12）を付加した組換え Rab5a-His12 タンパク質と DOGS-NTA 含有リポソームを用いて，再構成 Rab アンカー型プロテオリポソームを調製し，それらを用いたリポソーム濁度アッセイおよび蛍光顕微鏡観察により，ヒト Rab 低分子量 G タンパク質に内在する膜テザリング活性を測定する。リポソームの脂質組成には，生体膜を構成する主要なリン脂質（PC, PE, PI, PS）とコレステロールに加えて，DOGS-NTA と蛍光脂質である Rh-PE を含んでいる。また，リポソームのサイズは，細胞内のオルガネラ膜に比較的近い，直径 400 nm あるいは 800 nm を使用している。
(B) リポソーム濁度アッセイ。Rab5a-His12（0.125〜8 μM）をリポソーム（脂質 0.8 mM；リポソームサイズ 400 nm）と混合，インキュベーション（30 分）した後，Rab 依存性膜テザリング活性を光学密度の変化（OD400）により測定した。
(C) 蛍光顕微鏡観察。Rab5a-His12（2 μM）をリポソーム（脂質 2 mM；リポソームサイズ 800 nm）と混合，インキュベーション（30 分）した後，試料の明視野画像とローダミン蛍光画像を取得し，Rab 依存性膜テザリング活性をリポソーム膜凝集体の粒子サイズにより解析した。スケールバー：200 mm。

第6章　ヒトRabファミリー低分子量Gタンパク質に内在する細胞内膜テザリング活性の試験管内再構成

文　　献

1) Bonifacino JS, Glick BS (2004) *Cell,* **116**, 153-166
2) Jahn R, Scheller RH (2006) *Nat Rev Mol Cell Biol*, **7**, 631-643
3) Baker RW, Hughson FM (2016) *Nat Rev Mol Cell Biol*, **17**, 465-479
4) Stenmark H (2009) *Nat Rev Mol Cell Biol*, **10**, 513-525
5) Hutagalung AH, Novick PJ (2011) *Physiol Rev*, **91**, 119-149
6) Akhmanova A, Hammer JA 3rd (2010) *Curr Opin Cell Biol*, **22**, 479-487
7) Waters MG, Pfeffer SR (1999) *Curr Opin Cell Biol*, **11**, 453-459
8) Yu IM, Hughson FM (2010) *Annu Rev Cell Dev Biol*, **26**, 137-156
9) Brunet S, Sacher M (2014) *Traffic*, **15**, 1282-1287
10) Mima J (2018) *Biophys Rev,* **10**, 543-549
11) Lo SY *et al.,* (2012) *Nat Struct Mol Biol*, **19**, 40-47
12) Tamura N, Mima J (2014) *Biol Open*, **3**, 1108-1115
13) Inoshita M, Mima J (2017) *J Biol Chem*, **292**, 18500-18517
14) Segawa K *et al.,* (2019) *J Biol Chem*, **294**, 7722-7739

第7章 薬物排出に関わるヒトP糖タンパク質の輸送基質認識機構―輸送基質の構造とATPase活性および構造活性相関

赤松美紀*

1 はじめに

「食品・バイオにおける最新の酵素利用」に執筆させていただくことになり、何から書き始めようかと考えた。書籍のタイトルとは少し離れるかもしれないが、やはり、筆者のライフワークである構造活性相関を主題にした方が良いと思い、まず、その説明から始め、酵素との関係について続けさせていただくことにしたい。

医農薬の分子設計や作用機構の解明、酵素反応機構の解明に定量的構造活性相関（Quantitative Structure-Activity Relationship：QSAR）の手法が用いられてきた。最初に確立されたQSARの手法はHansch-Fujita法である。QSARは今から半世紀以上前に、米国ポモナ大学のCorwin Hansch先生と京都大学の藤田稔夫先生によって導入された。Hansch先生は、2011年に92才で、藤田先生は2017年に88才で他界されたが、お二人ともその直前までQSARの研究を続けられていた。Hansch-Fujita法は、現在、古典的定量的構造活性相関（classical QSAR）[1~3]として利用されている。この方法は、化合物の生理活性の大きさの変化とその物理化学的な性質の変化とを、多重直線的自由エネルギー関係を適用して解析する手法で、具体的には重回帰分析などの統計的手法を用いて解析式を導く。したがって、分子設計の分野では、解析式から合成前の候補化合物の活性を予測するのに利用されている。また、解析式に用いられるパラメーターはいずれも物理化学的な意味を持っているため、使用されたパラメーターおよびその係数の意味を考えることにより、医農薬や受容体との相互作用、および基質と酵素との結合の解明につなげることが可能である。酵素の基質認識に関するclassical QSAR例は非常に多く、例えば、キモトリプシンのアシル化反応[4]、ジヒドロ葉酸還元酵素の阻害反応[5]などがQSAR解析されている。解析の結果得られたQSARモデルは、その後明らかとなった基質－タンパク質複合体のX線結晶構造と一致していた。

筆者は、これまで、医農薬の作用機構の解明にclassical QSARを用いてきた。近年では、医農薬のヒトにおける吸収、分布、代謝、排泄（Absorption, Distribution, Metabolism, Excretion：ADME）機構の解明にQSARを応用する研究を行っている。この中で「排泄（排出）」に関わるP糖タンパク質（P-glycoprotein：P-gp）はABC（ATP-Binding Cassette）トランス

---

* Miki Akamatsu 京都大学 大学院農学研究科 比較農業論講座 准教授

第7章 薬物排出に関わるヒトP糖タンパク質の輸送基質認識機構

ポーターの1種で，ABCB1あるいはMDR1としても知られており，腫瘍細胞における多剤耐性の原因因子として見出された[6]。1,280のアミノ酸残基からなり，6回の膜貫通ドメインとATP結合領域を含む1個の細胞質ドメインがそれぞれ2回繰り返される構造を持っている。ヒトでは小腸，肝臓，血液脳関門などで発現し，ATPの加水分解エネルギーに依存して異物を細胞内から細胞外に排泄するポンプとして機能している。P-gpは分子量約330〜4,000の多様な化合物を認識するが[7]，排出される化合物，すなわち，輸送基質の認識機構については不明な点が多い。

筆者らはヒトP-gpの輸送基質認識機構について研究を行い，classical QSARおよびドッキングなどの手法を用いて，輸送基質の結合部位および排出機構について仮説を提供した[8]。その後，加藤，植田らはヒトP-gp類似ABCB1-輸送基質複合体のX線結晶構造を解析し，輸送基質排出機構について新たな提案を行った[9]。彼らの提案では，排出機構の詳細が明らかにされていた。筆者らの仮説はもっと概念的ではあったが，彼らの提案と矛盾するものではなく，QSARの有用性が示されたと考えている。詳細について以下に解説する。

2 さまざまな農薬のP-gp-ATPase活性

先述のように，ある化学物質がP-gpの輸送基質として排出されるためには，P-gpのATPaseが作動し，エネルギーが作り出される必要がある。したがって，筆者らはP-gpのATPase活性を指標として，ピレスロイド，ネオニコチノイド，有機塩素化合物，有機リン化合物，ベンゾイルヒドラジン系などの農薬やステロイドホルモン，ビスフェノールAなどの化学物質がP-gpの輸送基質となりうるかどうかを検討した[10]。その結果，一部の有機リン化合物，テブフェノジド（図1）などのベンゾイルヒドラジン系の殺虫剤（昆虫生育制御剤）が高いATPase活性を引き起こすことが明らかとなった。

3 テブフェノジド類縁体の構造とキニジン輸送阻害活性との相関関係

テブフェノジド類縁体がP-gpのATPase活性を引き起こすことはわかったが，このことだけでは実際にP-gpに認識され，輸送されているかどうかの知見は得られない。そこで，筆者らは，

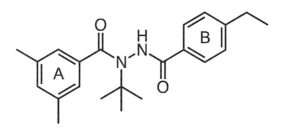

図1 テブフェノジドの構造

ヒト P-gp 発現細胞を用いたテブフェノジドの *in vitro* 輸送試験を行った[11]。P-gp は細胞の頂端膜側に局在するため，細胞の頂端膜側から基底膜側へのテブフェノジド透過性およびその逆向きの透過性を測定し，頂端膜側から基底膜側への透過性の方が有意に小さければ，テブフェノジドは P-gp により能動的に細胞外へ排出されていることになる。どちらの透過性も同じであれば，受動的膜透過のみが起こっていると考えられる。結果として，テブフェノジドの両方向の透過性はほぼ同じであり，P-gp による輸送は検出できなかった。テブフェノジドは高疎水性化合物であり，受動的膜透過性が高いため，仮に P-gp による細胞外への能動輸送が起こっていたとしても，その受動的膜透過に対する割合があまりに小さく，検出できなかったものと思われた。そこで，より高感度に P-gp 輸送を検出可能なラットの脳移行性を指標とした *in vivo* 試験を用いて，テブフェノジドが P-gp により排出されるかどうかについて検討した[11]。その結果，テブフェノジドのラット脳移行性は，2種類の P-gp 阻害剤により有意に上昇した。従って，*in vivo* 動物試験においてテブフェノジドは P-gp の輸送基質であることが明らかになった。また，P-gp 発現細胞を用いて，既知の P-gp 輸送基質の輸送能に対するテブフェノジドの阻害効果について調べた。テブフェノジドは，*in vitro* 輸送試験において，P-gp の輸送基質であるキニジンの輸送を阻害したことから，P-gp の輸送基質あるいは阻害剤であると考えられた[11]。

　そこで，テブフェノジドの A 環側鎖が 3,5-ジメチルあるいは 2-クロロ類縁体である 2 系統の化合物群について，キニジン輸送阻害活性を測定した[8]。得られた阻害活性と類縁体構造との相関関係を classical QSAR 手法を用いて定量的に解析した。ただし，QSAR では自由エネルギーに相当する活性値を用いる必要があるため，(1)式に従って阻害活性（%）をロジット変換した logit A を活性値として用いた。

$$\text{logit } A = \log [\text{阻害活性（%）} / (100 - \text{阻害活性（%）})] \tag{1}$$

　その結果，それぞれの系統について以下の相関式が得られた。

3,5-ジメチル類縁体

$$\text{logit } A = 0.463 \log P - 1.58(4\text{-}F) - 2.12 \tag{2}$$
$$n = 13,\ s = 0.141,\ r^2 = 0.813$$

2-クロロ類縁体

$$\text{logit } A = 0.770 \log P + 0.645(3\text{-}F) + 0.159(2\text{-}L) - 3.36 \tag{3}$$
$$n = 37,\ s = 0.211,\ r^2 = 0.827$$

　ここで，$\log P$ は 1-オクタノール / 水系分配係数 P の対数で，化合物の疎水性を表す[3]。3-F，4-F は B 環 3 位あるいは 4 位置換基の誘起的電子求引性を示すパラメーターであり[12,13]，2-L は 2 位置換基の長さを表す STERIMOL パラメーターである[14]。(2)，(3)式より，いずれの系統にお

第7章 薬物排出に関わるヒトP糖タンパク質の輸送基質認識機構

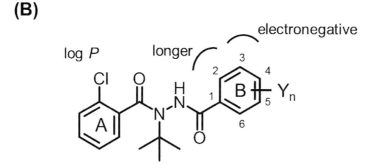

図2 テブフェノジド類縁体のキニジン輸送阻害活性に対するQSARモデル
(A)3,5-ジメチル類縁体 (B) 2-クロロ類縁体
(K. Miyata *et al*., *Bioorg. Med. Chem*., **24**, 3184 (2016), Figure 7を許可を得て転載)

いても活性に最も重要であるパラメーターはlog *P* で，高疎水性の化合物ほど高活性であった。P-gpの基質結合部位は脂質二重膜の中に存在すると言われているため，高いlog *P* を持つ化合物が高阻害活性を示したのは妥当であると考えられた。さらに，(2)式より3,5-ジメチル類縁体においては，B環4位置換基が誘起的に電子求引性であるほど低活性となること，2-クロロ類縁体((3)式) では，B環3位に電子求引性の置換基が結合するほど，また，2位に長い置換基が存在するほど活性が高くなることが明らかになった。これらQSARモデルのまとめを図2に示す。2系統間で得られたQSAR式の置換基効果が異なったことから，異なる系統の類縁体は異なる結合様式でP-gpに結合していることが示唆された。

4 テブフェノジド類縁体とP-gpとのドッキングシミュレーション

テブフェノジド類縁体の結合部位および結合様式について考察するために，ドッキングシミュレーションを行った[8]。P-gpは，ATPの加水分解エネルギーに依存して，輸送基質が結合する内向型から基質が排出される外向型にコンホメーション変化を起こすことが報告されている[7]。ヒトP-gpの結晶構造は明らかになっていないため，内向型のマウスP-gp複合体結晶構造 (PDBID：4Q9I)[15]を鋳型タンパク質としてヒトP-gpのモデルを作成した。作成したP-gpモデ

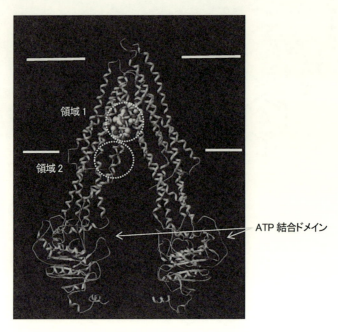

図3 筆者らが作成したヒトP-gpモデル（内向型），
CPKモデルは輸送基質のQz-Ala
2本の水平線の内側が細胞膜（図はSybyl-X 2.1.1を用いて作成）

ルを図3に示す。ドッキングシミュレーションには高い阻害活性を示した数種の類縁体を使用した。リガンド結合部位として2か所の領域を検討した。すなわち，マウスP-gpの複合体結晶構造で輸送基質が結合している領域1（P-gp内部の細胞外に近い高疎水性領域）およびP-gpの細胞質に近いやや親水的な領域2（輸送基質の入口として考えられている領域[15]）である（図3）。どちらの領域においても，ドッキング構造は得られたが，類縁体が領域1に結合した構造では，QSAR式(2), (3)を説明することができなかった。それに対して，領域2に結合した構造はQSAR解析の結果を支持した。すなわち，ドッキング結果より，3,5-ジメチル類縁体B環4位の置換基近傍にP-gpのE243が存在し，電子求引性の置換基では反発が起こって不利であること，2-クロロ類縁体B環3位に存在する電子供与性置換基はR832，K1000のような正電荷を持つ置換基と相互作用すること，2位置換基付近にはある程度の空間が存在することが示された。また，A環置換基が異なることから，3,5-ジメチル類縁体と2-クロロ類縁体は同じ領域2に結合するが，結合様式が少し異なっており，このこともQSAR結果と一致していた。

5 P-gpによる輸送基質の認識機構

Classical QSAR，ドッキングシミュレーションで得られた知見に基づき，以下のようなP-gpによるテブフェノジド類縁体（輸送基質）の認識機構を提案した（図4）[8]。

第7章　薬物排出に関わるヒトP糖タンパク質の輸送基質認識機構

(1) 輸送基質は疎水的相互作用により脂質二重膜へ分配する。
(2) P-gpの細胞質に近いやや親水的な領域（入口）に，電子的相互作用により結合する。
(3) P-gp内の空洞を通り，疎水領域に移動する。
(4) ATPの加水分解によって得られたエネルギーを駆動力としてP-gpのコンホメーションが変化し，排出される。

筆者らの認識機構提案後，加藤，植田らは，ヒトP-gpに類似した単細胞性の紅藻 *Cyanidioschyzon merolae* のABCB1-輸送基質複合体の内向型および外向型X線結晶構造解析を報告した[9]。それらの構造を図5に示す。このABCB1はヒトP-gpとは異なり，6回の膜貫通ドメイン（TM1-6）とATP結合領域を含む1個の細胞質ドメインからなるサブユニット2個のホモ2量体で存在している。以下，一方のサブユニットのTMおよび残基はそのまま，他方のサブユニットのそれらには*マークをつけて区別する。結晶構造から，内向型では，さまざまな大きさや形状の薬などの分子を受け入れることが可能な広い空間が分子内部に存在したが，外向型では，それが収縮して狭く閉じられていることがわかった。これらの結晶構造に基づき，新たな基質排出機構が提案された[9]。すなわち，輸送基質が，内向型に存在する細胞内部から細胞膜の中央付近までの内部空間の，細胞膜入口付近に結合すると，ATPがP-gpのATPaseに結合する。ATP加水分解によって得られたエネルギーにより，内部空間が歯みがきチューブを絞るように徐々に狭められる。それに伴い輸送基質が細胞膜内を細胞外に近い領域（出口）へと移動し，歯みがきのペーストが押し出されるように排出される様子が推定された。*C. merolae* のABCB1においては，内向型では出口がF138, Y358, F384などの芳香族アミノ酸残基のクラスターの疎水性相互作用により閉じられており，輸送基質が移動する際には，逆流しないように，ATPのATPaseへの結合後，ATP結合部位が接近し，結合部位近傍のRE-latchと呼ばれる掛け金がか

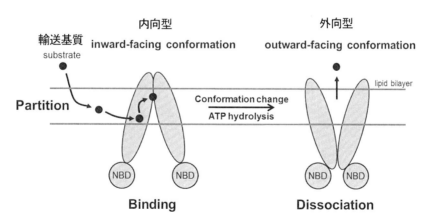

図4　P-gpによるテブフェノジド類縁体（輸送基質）の認識機構（筆者らによる仮説）
NBD：Nucleotide-binding domain（ATP結合ドメイン）
（宮田憲一氏博士論文より転載）

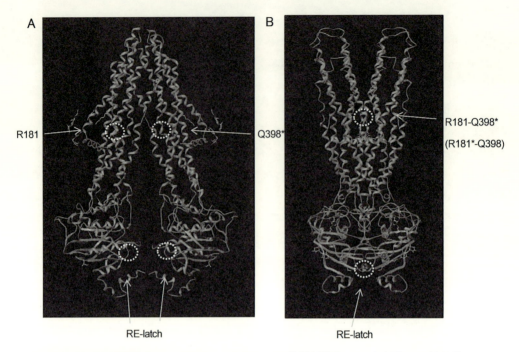

図5 *Cyanidioschyzon merolae* の ABCB1 の X 線結晶構造，A：内向型，B：外向型
（図は小段博士よりいただいた pdb ファイルを元に Sybyl-X 2.1.1 を用いて作成）

かる。RE-latch は，E620 と R644*あるいは E620*と R644 の対となる残基の静電相互作用を表す。また，外向型では TM2 の R181 と TM6*の Q398*，TM2*の R181*と TM6 の Q398 とが接近して水素結合により相互作用し，それ以外にもいくつかの残基が相互作用して輸送基質の逆流を防いでいる。この報告より，異物を逆流させずに排出する装置（内部空間の収縮調節，および入口と出口の2つのゲート）と外向型を安定化する装置（RE-latch, R181-Q398*, R181*-Q398 などの相互作用，図5）が明らかとなった。

　前述の筆者らが提案した輸送基質認識・排出機構では，輸送基質が疎水性相互作用により，P-gp の入口付近から細胞膜内の空洞を通って細胞外に近い領域に移動し，その後で ATP が結合，コンホメーション変化が起こると考えていた。一方，X 線結晶構造解析から推定される機構では，輸送基質の入口への結合後，ATP が結合，その加水分解エネルギーを用いて P-gp のコンホメーション変化が起こり，その変化に伴い輸送基質が細胞外方向へ移動，排出されていた。異なる点はあるものの，QSAR モデルおよびドッキング結果から，輸送基質の入口の存在と位置，および輸送基質の移動が確認されたことには意義があり，QSAR の有用性が示されたと考えている。

6 おわりに

Classical QSAR は低分子化合物と酵素を含むタンパク質との相互作用，および酵素の作用機構の解明に役立つ。本章ではヒト P-gp の輸送基質認識・排出機構解明に対する classical QSAR 手法の適用について述べた。食品中の栄養成分や機能性食品素材には P-gp による排出が関与している場合がある。例えば，coenzyme Q10 と P-gp との相互作用について報告されている[16]。ヒト P-gp の輸送基質認識・排出機構がわかればそのような栄養成分の吸収改善を考える手がかりとなる。

近年，classical QSAR だけではなく，さまざまな新しい QSAR 手法を含有したドラッグデザイン用のソフトウェアが入手可能であり，化合物構造を入力すれば簡単に多数のパラメーターを創出し，QSAR 解析を行うことができるようになってきた。また，最近では，ビッグデータの解析，人工知能 AI の利用も行われており，若手研究者の中には classical QSAR を知らない人が増えてきている。しかし，classical QSAR は QSAR の基礎である。現在，食品，環境，化学物質のレギュレーションなど多様な分野で QSAR が利用されつつあるが，QSAR 研究に興味を持つ若手研究者には，是非，classical QSAR を最初に学んでいただきたい。その後で，新しい手法にチャレンジしていってほしいと筆者は考えている。

謝辞
　京都大学小段篤史博士および中川好秋博士には，それぞれ *C. merolae* の ABCB1 ホモ 2 量体の pdb ファイル，およびテブフェノジド類縁体を供与していただきました。また，京都大学植田和光博士，木村泰久博士には研究に関し，助言をいただきました。本章は宮田憲一博士の京都大学における博士論文の内容に基づいて執筆しました。ここに感謝いたします。

文　　　　献

1）　C. Hansch *et al.*, *Nature*, **194**, 178（1962）
2）　C. Hansch and T. Fujita, *J. Am. Chem. Soc.*, **86**, 1616（1964）
3）　T. Fujita *et al.*, *J. Am. Chem. Soc.*, **86**, 5175（1964）
4）　C. Hansch *et al.*, *J. Med. Chem.*, **20**, 1420（1977）
5）　C. Hansch *et al.*, *J. Med. Chem.*, **27**, 129（1984）
6）　植田和光，ABC 蛋白質，p.135，学会出版センター（2005）
7）　S. G. Aller *et al.*, *Science*, **323**, 1718（2009）
8）　K. Miyata *et al.*, *Bioorg. Med. Chem.*, **24**, 3184（2016）
9）　A. Kodan *et al.*, *Nature Communications*, **10**, 1（2019）
10）　S. Kanaoka *et al.*, *J. Pestic. Sci.*, **38**, 112（2013）

11) K. Miyata *et al.*, *Toxicol. Appl. Pharmacol.*, **298**, 40 (2016)

12) C. G. Swain and E. C. Lupton, *J. Am. Chem. Soc.*, **90**, 4328 (1968)

13) C. Hansch *et al.*, *J. Med. Chem.*, **16**, 1207 (1973)

14) A. Verloop *et al.*, "Drug Design" (E. A. Ariens, Ed.), Vol. 7, p.165, Academic Press, New York (1976)

15) P. Szewczyk *et al.*, *Acta Cryst.*, **D71**, 732 (2015)

16) S. Itagaki *et al.*, *J. Agric. Food Chem.*, **56**, 6923 (2008)

第8章　亜鉛トランスポーターを介したエクト型亜鉛要求性酵素の活性化

神戸大朋[*]

　ヒトゲノムにコードされる全タンパク質の約 10%，すなわち，3000 種を超えるタンパク質に亜鉛結合モチーフが見出される。この中の，約 1000 種が酵素であり，さらにその約半数が活性中心に亜鉛を配位する亜鉛要求性酵素と考えられている。亜鉛要求性酵素は，Oxidoreductase (Class I)，Transferase (Class II)，Hydrolase (Class III)，Lyase (Class IV)，Isomerase (Class V)，Ligase (Class VI) のいずれの分類にも存在しており，このことは亜鉛が極めて多様な生理機能を発揮することを示唆している。実際，亜鉛欠乏では，味覚障害や免疫機能低下，炎症や下痢などが様々な症状があらわれる。本稿では，亜鉛要求性酵素の中から，小胞体で生合成された後，ゴルジ体において修飾され，細胞表面や細胞外で機能するエクト型酵素の活性化機構について紹介する。これらエクト型の亜鉛要求性酵素には，病気の発症や生命活動に関わる重要な酵素がいくつも含まれているため，その活性化機構の解明は，酵素活性化の理解に留まらず，亜鉛の健康機能や様々な病気の発症予防という観点からも重要となる。

1　はじめに

　生体内の亜鉛の機能は，大きく次の3つに分けられる。1つ目はジンクフィンガーや RING フィンガーなどのタンパク質の構造を安定させるために機能する構造因子としての機能，2つ目は酵素の活性中心としての触媒因子の機能，3つ目はカルシウムイオンのようにレドックス反応に関わることなくシグナルを伝達するシグナル因子としての機能である[1~4]。これら亜鉛の機能は，亜鉛が種々のタンパク質と相互作用することで発揮されるが，一体どのように制御されているのであろうか？　これまで，細胞内では，亜鉛はタンパク質との親和力にしたがって相互作用していると考えられてきたが，最近の研究から，動物細胞では，親和力や亜鉛の濃度勾配だけでは説明できない制御機構の存在を示唆する結果がいくつも示されている[1,5,6]。また，様々な細胞内小器官内腔の亜鉛濃度は，それぞれの小器官内で異なることが明らかにされてきており，このような複雑な状況の中で目的タンパク質へ正しく亜鉛を配位させるために，細胞全体で特殊な制御機構が働いている可能性も考えられる。このように，タンパク質への亜鉛の配位に関しては未知の部分が多いが，本章ではエクト型亜鉛要求性酵素を取り上げ，小胞体やゴルジ体といった早

　＊　Taiho Kambe　京都大学　大学院生命科学研究科　生体情報応答学分野　准教授

期分泌経路に局在する亜鉛トランスポーターを介した活性制御機構に関して筆者の研究結果を交えて紹介する。

2 早期分泌経路に局在する ZNT ファミリー亜鉛トランスポーター

　後生動物において，細胞内外及び細胞内小器官内外の亜鉛輸送に関わる亜鉛トランスポーターは，Zn Transporter（ZNT）/Solute Carrier Family 30 A（SLC30A）ファミリー，および Zrt, Irt-related Protein（ZIP）/SLC39A ファミリーに分類される[7〜9]。ZNT ファミリーは細胞質亜鉛の細胞外へ排出，あるいは細胞内小器官内へ輸送する機能を果たしており，もう一方の ZIP ファミリーはその逆の向きに亜鉛を輸送する。これまでのところ，どちらのファミリーの立体構造の詳細については明らかにされていないが，アミノ酸配列から，ZNT ファミリーが 6 回膜貫通型，ZIP ファミリーが 8 回膜貫通型のタンパク質と予想されており，この予想に合致する構造が，原核生物のホモログタンパク質の結晶構造において確認されている[10〜13]（図 1）。ほ乳類では，ZNT が 9 種類（ZNT1〜8，および ZNT10），ZIP が 14 種類（ZIP1〜14）機能することが判明しており，それぞれが組織・細胞や発生段階，種々の刺激に応じて様々な応答を示しながら発現する[3,4]。また，両ファミリーとも，ATP の加水分解エネルギーを使用しない二次能動輸送の様式で亜鉛を輸送する。ZNT の輸送様式についてはプロトンの交換輸送体であることが示されているが，ZIP に関しては，いくつかのモデルが提案されているものの，十分な理解は進んでいない。多数の ZNT 及び ZIP ファミリー分子の中で，早期分泌経路には，ZNT5，ZNT6，ZNT7，及び ZIP7，ZIP9，ZIP13 が局在する（図 2）。この中で，ZNT5，ZNT6，ZNT7 は早期分泌経路内腔

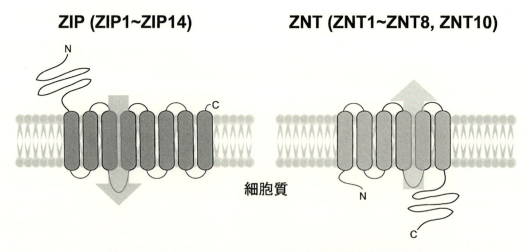

図 1　ZNT と ZIP トランスポーターのモデル図と亜鉛輸送の方向性
　ZNT は，細胞質の亜鉛を減少させる向きに，一方の ZIP は細胞質の亜鉛を上昇させる向きに亜鉛を輸送する。どちらも二量体を形成して機能を発揮する。図はプロトマーのモデル図を示す。

第 8 章　亜鉛トランスポーターを介したエクト型亜鉛要求性酵素の活性化

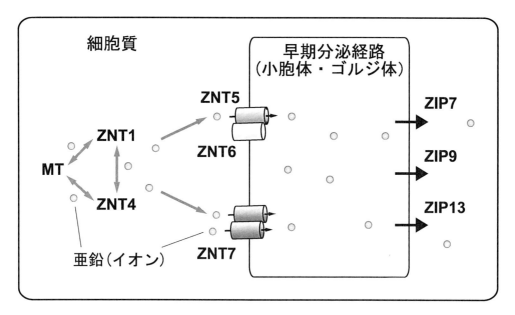

図2　早期分泌経路内腔に亜鉛を輸送するZNT5，ZNT6，ZNT7

小胞体やゴルジ体を含む早期分泌経路において，ZNT5とZNT6はヘテロ二量体を，一方でZNT7はホモ二量体を形成することが亜鉛輸送活性を発揮するために不可欠である．細胞質の亜鉛をZNT5-ZNT6ヘテロ二量体およびZNT7ホモ二量体へ受け渡すメカニズムについては未解明であるが，ZNT1，MT，ZNT4による細胞質内の亜鉛代謝が破綻すると，この受け渡しが滞ることが判明している．

へ亜鉛を輸送する機能を担っており，筆者らの研究によって，早期分泌経路において成熟・活性化するエクト型亜鉛要求性酵素の活性化に重要な役割を果たすことが明らかになってきた（図3）．また，通常，ZNTファミリー分子は，ホモ二量体を形成して機能するが，ZNT5とZNT6はヘテロ二量体を形成するユニークな特徴を有する[14,15]．一方，本章では，詳しく記述しないが，ZIP7，ZIP9，ZIP13は細胞質への亜鉛輸送を制御することで，早期分泌経路の亜鉛恒常性を制御し，結果，早期分泌経路のホメオスタシス維持に機能することが示されている．

3　エクト型亜鉛要求性酵素

活性中心に亜鉛を配位し，亜鉛依存的な活性を示す亜鉛要求性酵素では，核酸の生合成に働くDNAポリメラーゼやRNAポリメラーゼ，アルカリフォスファターゼ（ALP）などが代表的な例となるが，その他にも，アルコールの解毒に働くアルコール脱水素酵素や，血圧調節に関与するするアンギオテンシン転換酵素（ACE），腫瘍との関連で注目を集めるマトリックスメタロプロアーゼ（MMP）なども含まれる[6,16]．この中で，ALP，ACE，MMPは細胞外あるいは細胞膜外葉に結合して存在するエクト型酵素である．これまで，エクト型を含む亜鉛要求性酵素は，亜鉛が配位しないアポ型（不活性型）の状態から亜鉛が配位したホロ型（活性型）の状態に容易に

食品・バイオにおける最新の酵素応用

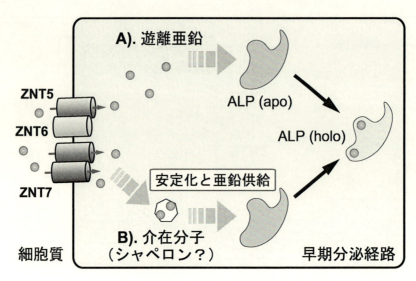

図3 早期分泌経路における ALP の活性化のモデル

早期分泌経路において生合成されたアポ ALP は亜鉛を獲得して活性中心に配位し，ホロ型へ変換させ活性型となる。A)．アポ ALP が，ZNT5-ZNT6 ヘテロ二量体と ZNT7 ホモ二量体によって輸送された遊離亜鉛を受動的に獲得して，ホロ酵素に変換されるというモデル。B)．アポ ALP は，ZNT5-ZNT6 ヘテロ二量体と ZNT7 ホモ二量体によって安定化され，続いて亜鉛を供給され，ホロ ALP に変換されるというモデル。この2段階の制御には，ZNT5 と ZNT7 に存在する PP モチーフが重要な役割を果たすと考えられ（図中省略），亜鉛シャペロンのような何らかの介在分子が機能する可能性が考えられる。

変化すると考えられていた。すなわち，生合成の直後には，亜鉛の配位していないアポ酵素が存在し，その後，受動的に亜鉛を獲得して活性中心に配位し，ホロ酵素に変換されるというモデルが提唱されてきた（図3）。しかしながら，動物細胞や個体レベルの解析では，亜鉛欠乏状態で産生させたエクト型亜鉛要求性のアポ酵素に，生理的条件下で後から過剰な亜鉛を加えても活性は回復しない（ホロ酵素に変換されない）。この結果は，これら酵素が，生合成の場である早期分泌経路内で亜鉛を獲得してアポ酵素からホロ酵素に変換されることが必要であることを示唆している。

4 エクト型亜鉛要求性酵素の活性化

小胞体やゴルジ体といった早期分泌経路の内腔に亜鉛を送り込み，その活性を制御する亜鉛トランスポーターは，ZNT5，ZNT6，ZNT7 である（図2）。これら3つの亜鉛トランスポーターのエクト型亜鉛要求性酵素の活性化に及ぼす影響については，ALP をモデル酵素とした我々のグループによる解析から明らかにされている。ZNT5，ZNT6，ZNT7 という3つの亜鉛トランスポーターを過剰発現させた細胞においても ALP の酵素活性はほとんど影響されないが，一方，3つの ZNT をすべて欠損させると，ALP の活性はほぼ完全に消失する[14,17,18]。また，3つの

第8章　亜鉛トランスポーターを介したエクト型亜鉛要求性酵素の活性化

ZNT は，ZNT5 と ZNT6 がヘテロ二量体を，一方，ZNT7 はホモ二量体を形成して機能する。すなわち，動物細胞の早期分泌経路には，ZNT5-ZNT6 ヘテロ二量体と ZNT7 ホモ二量体という異なる2つの独立した亜鉛供給経路が機能しており，両者が共に欠損すると ALP は，亜鉛を獲得できないため，アポ酵素からホロ酵素に変換されない[19, 20]。3つの ZNT をすべて欠損させた細胞株においては，ALP は活性を消失するだけでなく，タンパク質自体が安定に存在することができず，速やかに分解される。この ALP タンパク質の不安定化は，亜鉛輸送能を消失させた ZNT5 の再発現によっても回避されることから，ZNT トランスポーターには亜鉛を小胞内へと輸送する働きだけでなく，ALP の安定化にも関与していることが予想されている（図3）。すなわち，2つの ZNT 二量体は，何らかの方法でアポ体 ALP タンパク質を安定化し，その後に亜鉛を輸送して配位させてホロ体に変換するという，二段階の機構によって ALP を活性化している（2-step 活性化機構）。興味深いことに，ALP は，ZNT5，ZNT6，ZNT7 により活性化されるが，他の ZNT トランスポーターでは決して活性化されることはない。この要因の一つが，ZNT5 と ZNT7 にのみ保存された2つのプロリン残基（P）が連続したモチーフ（PP モチーフ）であると考えられる。この PP モチーフは，ZNT5 および ZNT7 の初期分泌経路内腔側，つまり，エクト型亜鉛酵素の活性化が起こる側に位置しており，モチーフ内のプロリン残基をアラニン残基に置換すると，亜鉛輸送活性には影響が現れないにも関わらず，ALP の活性化が著しく阻害される[21]。この現象は，PP モチーフが直接 ALP と相互作用すると考えると理解しやすいが，その可能性については，今後のさらなる検討が必要である。

5　エクト型亜鉛要求性酵素の活性化における ZNT5-ZNT6 ヘテロ二量体と ZNT7 ホモ二量体の役割の普遍性

　ALP をモデルとした解析において，ZNT5-ZNT6 ヘテロ二量体と ZNT7 ホモ二量体の重要性が確認されたが，両者は，エクト型亜鉛要求性酵素の活性化にどの程度普遍的に機能するのであろうか？ これまでの解析から，ALP の他，MMP やオートタキシン（Autotaxin, ATX），CD73 の活性に，両二量体が不可欠であることが判明している[19, 20, 22]。これらは，がん細胞の増殖や転移との関連から注目を集める酵素であるため，本活性化機構の理解は，非常に興味深い研究対象となる。一方，炭酸脱水酵素（Carbonic anhydrase IX, CAIX）においては，ZNT5-ZNT6 ヘテロ二量体と ZNT7 ホモ二量体によっても活性化されるが，その他の ZNT トランスポーターからも亜鉛供給されることが判明している[22]。また，Ectonucleotide pyrophosphatase/phosphodiesterase（ENPP）においては，どのような機構で亜鉛を獲得するのか未だ不明である[20]（図4）。このように，全てのエクト型亜鉛要求性酵素の活性化に両二量体が不可欠となるわけではなく，酵素の種類によって亜鉛獲得による活性化，すなわちアポ酵素からホロ酵素への変換の分子機構は異なっている。この分子機序を解明できれば，エクト型亜鉛要求性酵素の活性を自在に制御することや，酵素の活性発現を標的にした医薬品開発などが可能となるため，幅広い応用研究に発展

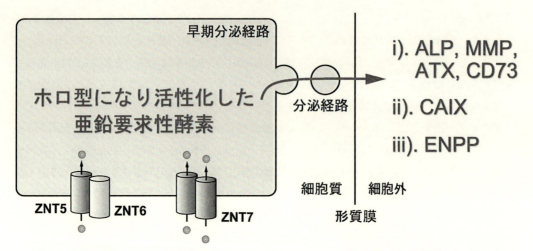

図4 ZNT5-ZNT6ヘテロ二量体とZNT7ホモ二量体によるエクト型亜鉛要求性酵素活性化の選択性
ZNT5-ZNT6複合体とZNT7複合体は，多くのエクト型亜鉛要求性酵素の活性化に関わるが，活性化に関与する酵素には選択性があり，現時点では，3つのグループに分類される。i). ZNT5-ZNT6ヘテロ二量体とZNT7ホモ二量体が活性獲得に不可欠であるエクト型酵素群。ii). ZNT5-ZNT6ヘテロ二量体とZNT7ホモ二量体によっても活性化されるが，その他のZNTトランスポーターからも亜鉛供給されるエクト型酵素。iii). 亜鉛獲得経路が不明であるエクト型酵素。

することが期待される。

6 ZNT5-ZNT6ヘテロ二量体とZNT7ホモ二量体への細胞質亜鉛の受け渡し

エクト型亜鉛要求性酵素は，ZNT5-ZNT6ヘテロ二量体とZNT7ホモ二量体を介して輸送された亜鉛を配位することで活性化するが，細胞質に存在した亜鉛は，どのようにして両二量体に受け渡されるのであろうか？ 細胞質の遊離亜鉛はピコ（10^{-12}）M以下の濃度に厳密に制御されていると考えられており，その制御に，亜鉛結合タンパク質であるメタロチオネイン（Metallothionein; MT）が関与する[23,24]。細胞外に亜鉛を排出するZNT1や，細胞内小器官（TGNやエンドソーム）への亜鉛貯蔵に機能するZNT4，さらにMTの3つ全て欠損させた細胞では細胞質の亜鉛を十分に移動させることができず，細胞質の亜鉛レベルが著しく増加する。一方で，この細胞では両二量体が正常に発現しているにも関わらず，ALP活性は顕著に低下するという面白い表現型を示す。このALPの活性低下は，過剰量の亜鉛を添加することによって回復することから，ZNT1，ZNT4，MTの欠損による細胞質の亜鉛ホメオスタシス制御の破綻によって，細胞質の亜鉛が両二量体に適切に受け渡されなくなっている可能性が考えられる[25]（図2）。したがって，エクト型亜鉛要求性酵素の活性は，(1)細胞外から細胞内（細胞質）への亜鉛の輸送，(2)細胞質からZNT5-ZNT6ヘテロ二量体とZNT7ホモ二量体への亜鉛の受け渡し，(3)両二量体による早期分泌経路内への亜鉛の輸送，という複数の制御が連動して起こることが重要となると考

第 8 章　亜鉛トランスポーターを介したエクト型亜鉛要求性酵素の活性化

えられる。

7　おわりに

　多くのエクト型亜鉛要求性酵素の活性化には，細胞外から取り込まれた亜鉛が酵素の活性中心に正しく配位することが必要であり，そのためには，亜鉛トランスポーターによる時空間的に極めて精巧な制御が不可欠となる。亜鉛の関わる生命現象の総合理解のためには，これまで未だ同定されていない亜鉛シャペロン（タンパク質への亜鉛の配位を促進する）のような新しい機能を持つ分子を想定する必要があるのかもしれない[26]。また，亜鉛の活性制御を正確に理解するには，亜鉛が配位しているホロ酵素と配位していないアポ酵素を正確に区別することが重要であり，そのためには，Zinc-ome（ジンクオーム）解析のような新しい研究分野の確立が必要となるであろう。亜鉛要求性酵素が初めて発見されてから約 80 年が過ぎたが，新しい研究分野と融合することで，さらなる研究の発展が期待される。

文　　　献

1)　W. Maret and Y. Li, *Chem Rev*, **109**, 4682-4707（2009）

2)　T. Fukada and T. Kambe, *Metallomics*, **3**, 662-674（2011）

3)　T. Kambe *et al.*, *Physiol Rev*, **95**, 749-784（2015）

4)　T. Hara *et al.*, *J Physiol Sci*, **67**, 283-301（2017）

5)　T. Kambe, "Encyclopedia of Inorganic and Bioinorganic Chemistry", p301-309, John Wiley & Sons（2013）

6)　T. Kambe *et al.*, *Arch Biochem Biophys*, **611**, 37-42（2016）

7)　R.E. Dempski, *Curr Top Membr*, **69**, 221-245（2012）

8)　J. Jeong and D. J. Eide, *Mol Aspects Med*, **34**, 612-619（2013）

9)　T. Kambe, *Curr Top Membr*, **69**, 199-220（2012）

10)　M. Lu and D. Fu, *Science*, **317**, 1746-1748（2007）

11)　S. Gupta *et al.*, *Nature*, **512**, 101-104（2014）

12)　M.L. Lopez-Redondo *et al.*, *Proc Natl Acad Sci USA*, **115**, 3042-3047（2018）

13)　T. Zhang *et al.*, *Sci Adv*, **3**, e1700344（2017）

14)　T. Suzuki *et al.*, *J Biol Chem*, **280**, 637-643（2005）

15)　A. Fukunaka *et al.*, *J Biol Chem*, **284**, 30798-30806（2009）

16)　T. Kambe *et al.*, *Int J Mol Sci*, **18**, E2179（2017）

17)　T. Suzuki *et al.*, *J Biol Chem*, **280**, 30956-30962（2005）

18)　K. Ishihara *et al.*, *J Biol Chem*, **281**, 17743-17750（2006）

19) A. Fukunaka *et al., J Biol Chem*, **286**, 16363-16373 (2011)

20) T. A. Takeda *et al., Commun Biol*, **1**, 113 (2018)

21) S. Fujimoto *et al., Biochem J*, **473**, 2611-2621 (2016)

22) T. Tsuji *et al., J Biol Chem*, **292**, 2159-2173 (2017)

23) T. Kambe *et al., Cell Mol Life Sci*, **71**, 3281-3295 (2014)

24) T. Kimura and T. Kambe, *Int J Mol Sci*, **17**, 336 (2016)

25) S. Fujimoto *et al., PLoS One*, **8**, e77445 (2013)

26) T. Kambe *et al.*, "Molecular, Genetic, and Nutritional Aspects of Major and Trace Minerals", p283-291, Elsevier (2016)

第9章 ビタミンAの抗癌作用メカニズムと翻訳後修飾反応レチノイル化

高橋典子*

1 ビタミンA

ビタミンAはイソプレノイド型ポリエン構造をもつ微量栄養素で，脂溶性ビタミンのひとつである。生体内で充分な量を合成できないため，食品から摂取される。緑黄野菜に含まれる黄色色素のβ-カロテンおよび動物油，肝油に含まれるレチノール（ROH）やレチニルエステル（RE）の形で，小腸に吸収される。小腸粘膜細胞で最終的にREに変換され，リンパ・循環系を移動して肝臓に運ばれる。肝臓で貯蔵されているREは必要に応じてROHに変換後放出され，血中を循環して各組織に運ばれる。組織の細胞でROHは酸化されレチナール，さらに酸化されレチノイン酸（RA）に代謝される。これら三者を総称してレチノイドと呼ぶ。レチナールの視覚作用はよく知られており，ビタミンA欠乏で夜盲症を引き起こす原因となる。また活性型ビタミンAであるRAは，抗癌，皮膚粘膜形成，成長促進，細胞分化誘導，免疫調節等，多岐に亘る作用を示す。これに対し，ROH自身の作用はほとんど理解されておらず，代謝物RAの作用と考えられている。本稿では，RAおよび最近解明されつつあるROHの抗癌作用，ならびに，RAの新規作用機構として提唱されたRAによる翻訳後タンパク質修飾反応（レチノイル化，レチノイレーション）について述べる。

2 ビタミンAの抗癌作用

癌は死因の上位を占め，副作用の少ない抗癌剤の開発が社会から強く要請されている。癌は無限に増殖する細胞集団であり，遠隔臓器に浸潤・転移して死に至る致命的な疾病である。遺伝要因よりも環境要因が発癌の原因となることから，生活環境・習慣の改善は癌の予防に繋がる。天然物で栄養素のビタミンAは，血液癌である白血病，固形癌および難治癌（有効な治療薬・治療法が乏しく生存率も極めて低い癌）に対して抗癌作用を示す。

2.1 RA

RAは，未分化なヒト前骨髄性白血病（HL60）細胞を，成熟した顆粒球様細胞に分化誘導させる[1]。このようにRAは，癌細胞を正常細胞に誘導・変換することで，癌細胞の増殖を抑制し

---

* Noriko Takahashi 星薬科大学 病態機能制御学研究室 教授

食品・バイオにおける最新の酵素応用

自然死に導く能力をもつ。このRAによる白血病治療は分化誘導療法（Differentiation Therapy）と呼ばれ，現在RAは急性前骨髄球性白血病（APL）の治療薬として臨床で用いられている。分化誘導療法は化学療法とは異なり，RAが癌細胞のみに作用し正常細胞に影響を与えないことから，副作用が少なく治癒率も高い。

　白血病以外の固形癌の細胞増殖において，RAはヒト乳癌（MCF-7）細胞[2]，ヒト前立腺癌（DU-145）細胞[2]，ヒト神経芽腫（NB-39-nu）細胞[3]の増殖を順に強く抑制する。これに対し，RA耐性乳癌（MCF-7/Adr[R]）[2]，ヒト肝癌（HepG2）[2]，ヒト難治癌［膵臓癌（MIA Paca2, JHP-1），胆管癌（HuCCT1），胆嚢癌（NOZ C-1）][4]の細胞において，RAはほとんど増殖抑制活性を示さない。このように，RAは癌の種類によって異なった強度で作用し，肝癌や難治癌に対して耐性を示す。

2.2　ROH

　ROH自身の顕著な作用は長年見出されてこなかったが，近年ROHの難治癌に対する抗癌効果がin vitroおよびin vivoで報告されている[5]。難治癌（NOZ C-1, HuCCT1, JHP-1, MIA Paca2）細胞の増殖に対して，RAがほとんど影響を及ぼさないのに対し，ROHは強い抑制作用を示す[5]。また，ROHは難治癌細胞の接着をRAよりも強く阻害する[5]。よってROHは，RAが効果を示さない癌細胞の増殖，転移，浸潤を強力に阻害し，癌の進行を抑制できる可能性がある。一方，難治癌細胞を移植した担癌マウスの血中ROH濃度は，非担癌マウスと比較して低いことが明らかになっている[6]。また，最も難治な胆嚢癌細胞の担癌マウスの血中ROH濃度を高めることで，癌の進行は有意に抑制され[6]，血中ROH濃度と癌組織重量との間に負の相関が認められている。さらに，ROH濃度を高めた状態で難治癌細胞をマウスに移植し飼育した場合，癌の増殖が抑制されることが明らかとなっている[6]。よって，血中ROH濃度を調節することにより，癌の進行が抑えられたことから，血中ROH濃度を維持することが，癌の予防・治療に有効である可能性が考えられる。

3　ビタミンAによるタンパク質修飾反応

　翻訳後タンパク質修飾は，2000年にゲノム解読が完了して以降，タンパク質機能の多様性（diversity）という観点から注目されている。タンパク質修飾反応は，リガンドとタンパク質との共有結合形成であり，タンパク質の立体構造や物理・化学的特性（安定性，局在性，親和性，酵素活性，相互作用等）をダイナミックに変え，ひとつのタンパク質に幾通りの役目を担わせることを可能にする。

3.1　レチナール

　レチナールによるオプシン修飾は，レチナールの視覚作用の機序であることはよく知られてい

第 9 章　ビタミン A の抗癌作用メカニズムと翻訳後修飾反応レチノイル化

る[7]。オプシンタンパク質のリシンに 11-*cis*-レチナールが共有結合し，生成したロドプシンが一
旦光を吸収すると，11-*trans*-レチナールに異性化し，立体構造が変化する。これを契機に，G
タンパク質であるトランスデューシンの活性化，ホスホジエステラーゼの活性化，cGMP 分子の
加水分解，cGMP 依存性カチオンチャンネルの閉鎖，過分極性の電位発生が連鎖的に起こり，視
神経にシグナルが伝達されて，最終的に視覚作用を示す。

3.2　RA

　RA の作用機構は RA 核内受容体（RAR, RXR）を介すると考えられている[8]。しかしながら，
RA 応答が RAR の変化に比べ非常に速いこと，RAR が DNA と直接作用しない機構で機能する
こと等，RAR では説明できない RA 現象が多数存在する[9~12]。そこで，RAR に加えて別のノン
ジェノミックな作用機構として，RA によるタンパク質修飾反応であるレチノイル化が見出され
ている[13~17]。レチノイル化では，RA がタンパク質上のアミノ酸と共有結合するのに対し（図 1），
RAR は RA と水素結合する。レチノイル化は RA からレチノイル-CoA 中間体の形成とそれに
伴って起こるレチノイル-CoA のタンパク質への転移反応であり，タンパク質中のアミノ酸にレ
チノイル基部分が共有結合している[18, 19]（図 1）。

3.2.1　*in vitro*：RA からレチノイル-CoA の生成

　レチノイル-CoA 生成反応は，放射標識 RA とラットの各臓器画分を用いて，放射標識レチノ
イル-CoA を検出することによって見出されている[18]。RA からレチノイル-CoA の生成反応は
ATP, CoA, $MgCl_2$ の補因子を必要とし，肝臓のミクロソーム画分内に存在する酵素によって
触媒されレチノイル-CoA が生成される。レチノイル-CoA 生成量の比活性は，肝細胞ではミク
ロソーム，細胞膜・核，ミトコンドリア，細胞質画分の順に高く，ミクロソーム画分では肝臓，
精巣，腎臓の順に，粗抽出画分では腎臓，肝臓，精巣の順に高い。よって，腎臓と肝臓・精巣で
はこの反応を触媒する酵素の局在性は異なる。また肝臓では，RA から生成されるレチノイル化
タンパク質量は，レチノイル-CoA 生成量と正の相関を示す。レチノイル-CoA 生成量は，肝臓
ミクロソーム画分量，時間，RA 濃度に依存して増加し，RA に対する Km は 2.4×10^{-8} M,
Vmax は 1.0×10^{-4} mmol/min/mg protein である。本反応は長鎖脂肪酸（パルミチン酸，ミリス
チン酸，アラキドン酸）および，これら脂肪酸-CoA（アシル-CoA）により阻害され，長鎖脂肪
酸-CoA による阻害は短鎖脂肪酸-CoA に比べて大きい。

3.2.2　*in vitro*：レチノイル-CoA からレチノイル化タンパク質の生成

　レチノイル化タンパク質生成反応は，放射標識レチノイル-CoA とラット臓器の粗抽出画分を
用いて検討され，放射標識レチノイル化タンパク質の生成が検出されている[19]。レチノイ
ル-CoA のタンパク質への転移反応は各臓器中の酵素により触媒され，その量は腎臓，肝臓，精
巣の順に多く，レチノイル-CoA 濃度，時間，および，画分量に依存している。また，レチノイ
ル-CoA から生成するレチノイル化タンパク質量は，RA から生成するレチノイル-CoA 量，あ
るいは，レチノイル化タンパク質量と正の相関を示す。さらに，レチノイル化タンパク質上で

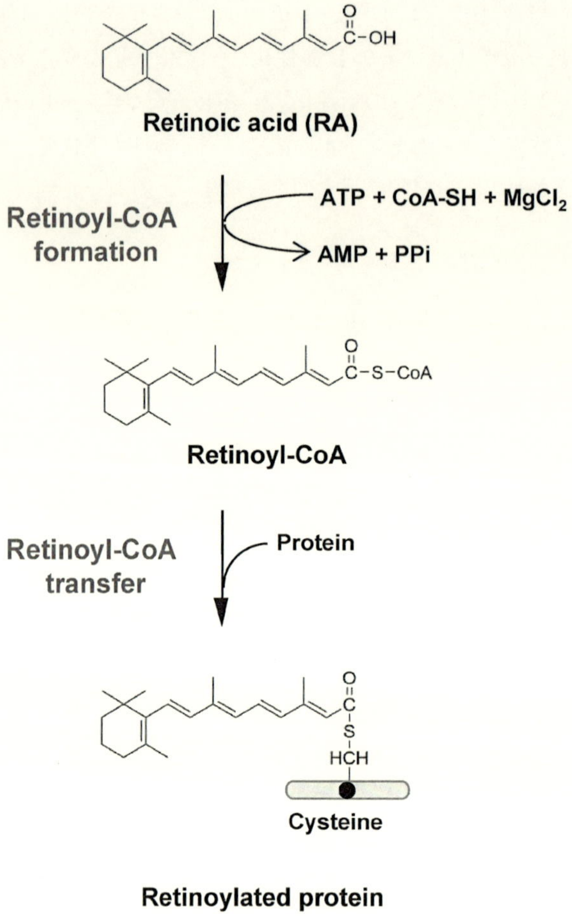

食品・バイオにおける最新の酵素応用

Retinoic acid (RA)

Retinoyl-CoA formation — ATP + CoA-SH + MgCl$_2$ → AMP + PPi

Retinoyl-CoA

Retinoyl-CoA transfer — Protein

Cysteine

Retinoylated protein

図1　レチノイン酸によるタンパク質修飾反応

Retinoic acid (RA) can bind covalently to protein amino acids through a process known as "retinoylation". Retinoylation occurs by the initial formation of a retinoyl-CoA intermediate, with subsequent transfer of the retinoyl moiety to proteins[18, 19]. ATP-dependent generation of retinoyl-CoA in the cells and tissues may play a significant role in the ability of RA to induce cell differentiation.

RAはシステインにチオエステルで結合している。本反応は，脂肪酸よりもアシル-CoAによって顕著に阻害され，また正常ラットよりもビタミンA欠乏ラットの臓器抽出画分を用いた方がより促進される。特記すべきは，他臓器に比べ精巣のタンパク質へのレチノイル-CoAの結合速度は著しく速いが，本反応は短時間，低画分量で完全に停止する。これは精巣画分においてのみ認められ，この原因として反応阻害剤の存在，レチノイル-CoAの急速な枯渇，基質タンパク質の消失等の可能性が考えられる。また，本反応で肝臓画分を用い生成したレチノイル化タンパク質の内，分子量約17 kDaのタンパク質が最も多くレチノイル化されている[18, 19]。

第 9 章　ビタミン A の抗癌作用メカニズムと翻訳後修飾反応レチノイル化

3. 2. 3　*in vivo*：レチノイル化

　生体内でのレチノイル化は，放射標識 RA をビタミン A 欠乏ラットに腹腔内投与し，臓器タンパク質中のレチノイル化タンパク質の量および性質（分子量，等電点）を調べることによって検討されている[20]。レチノイル化は *in vivo* においても起ること，レチノイル化タンパク質量は腎臓，肝臓，肺の順に多く，腎臓と肝臓のレチノイル化タンパク質において RA はタンパク質上のアミノ酸とエステルで結合していることが示されている。また，腎臓，肝臓において，分子量 17 kDa，等電点約 6.0 のタンパク質が主にレチノイル化されている。一方，放射標識 ROH 投与でも，RA と同様に各臓器でタンパク質修飾反応が起こるが，放射標識 ROH により修飾されるタンパク質量は放射標識 RA によるレチノイル化タンパク質量に比べ数分の一と少ないことが明らかになっている。

　以上，臓器画分を用いた *in vivo* と *in vitro* でのレチノイル化の結果は非常に類似している。すなわち，臓器タンパク質あたりのレチノイル化タンパク質量は腎臓，肝臓の順に多く，RA はタンパク質上のアミノ酸とエステルで結合し，17 kDa のタンパク質が主にレチノイル化されている。よって，17 kDa のレチノイル化タンパク質は RA 作用にとって非常に重要なタンパク質であると考えられる。

4　RA により誘導される HL60 細胞分化とレチノイル化タンパク質

　RA は HL60 細胞を顆粒球様細胞に分化誘導させる。HL60 細胞と放射標識 RA あるいは抗 RA 抗体を用いて，RA の分化誘導作用とレチノイル化との関連性が検討されている。そして，RA 処理で HL60 細胞の既存タンパク質がレチノイル化される，レチノイル化タンパク質は核内に存在し DNA と高い親和性を有する，RA のタンパク質への結合は可逆的である，約 20 個のレチノイル化タンパク質が存在する（図 2），こと等が明らかとなっている[15]。また，HL60 細胞において，シグナル伝達で主要な役割を担う cAMP-依存性プロテインキナーゼ（プロテインキナーゼ A, PKA）の調節サブユニット RIIα と RIα[21]，細胞骨格タンパク質のビメンチン[22]，アクチン結合タンパク質のひとつである α-アクチニン[23]，Rho グアニンヌクレオチド解離阻害因子である Rho-GDIβ[24]等がレチノイル化されている。

　PKA は 2 分子の RIIα と 2 分子の触媒サブユニット（Cα）から構成される不活性型ホロ酵素であり，cAMP の RIIα への結合で解離した Cα がタンパク質をリン酸化する。レチノイル化された RIIα とビメンチンは核に存在している。RA 処理後 5 分で RIIα のみがレチノイル化されているが，2 時間で RIIα とビメンチンはほぼ同量レチノイル化され，24 時間で RIIα よりビメンチンのレチノイル化が主となる（図 2）。また，24 時間での，レチノイル化ビメンチンは総量のごく一部であるのに対し，1 mol の RIIα は 1.4 mol の RA と結合していたことから，RIIα と RA のモル数が非常に近似している[25]。よって，レチノイル化 RIIα は初期に，レチノイル化ビメンチンは後期に RA 作用と関わり，特に初期の RA による細胞内 PKA の変化が HL60 細胞分

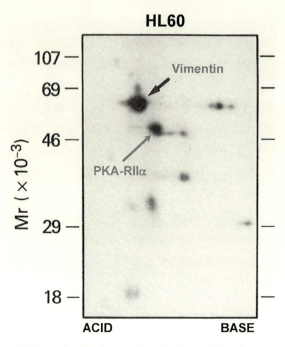

図2　レチノイル化タンパク質の 2D-PAGE パターン
HL60 cells (5 x 10⁶/ml) were grown for 24 h in the presence of 100 nM [³H]-labelled RA. Cells (2 x 10⁶) were harvested, washed, and extracted by the Bligh-Dyer procedure. The resulting extract, containing about 1.4 x 10⁴ cpm, was dissolved in isoelectric focusing buffer and analyzed by 2D-PAGE electrophoresis and fluorography[16]. The photo is the fluorograph of the gel exposed to the film for 118 days. Arrows indicate the positions of retinoylated proteins identified as vimentin and the regulatory subunit of cyclic AMP-dependent protein kinase (PKA-RII α).

化に深く関与する可能性が考えられる[25]。

　RA処理によって，ユビキチン化RIIαレベルが減少することでRIIαは安定化し，核内RIIαとCαの発現量が増加し，核内PKA活性も上昇する[26]。リン酸化タンパク質染色液であるProQ Diamond，あるいは，抗リン酸化-PKA基質抗体を用いた免疫染色法（図3）でPKAによりリン酸化される核内タンパク質を解析したところ，RA処理で核内リン酸化タンパク質は顕著に増加し，PKA阻害剤（Rp-cAMP, Myr. PKI）の前処理で減少している。また，RA処理でPKAによるリン酸化が増加し，且つ，阻害剤で減少した主な4つの核内リン酸化タンパク質（図3, *spot 1*：55 kD, pI 6.1；*spot 2*：42.6 kD, pI 5.8；*spot 3*：32.5 kD, pI 5.5；*spot 4*：25 kD, pI 4.7）を見出している[26]。以上のことから，RA依存的な核内PKAの活性化とこれに伴いリン酸化される核内タンパク質の存在が明らかとなり，RA処理でPKAによる核内タンパク質のリン酸化が促進されることで，HL60細胞の顆粒球様細胞への分化を誘導する可能性が考えられている。

　RA処理で生じるレチノイル化による核内PKAの活性化は，今までRARで説明できなかったRAのプライミング効果をうまく説明する[25]。1日目にcAMP生成促進剤であるプロスタグラ

第9章　ビタミンAの抗癌作用メカニズムと翻訳後修飾反応レチノイル化

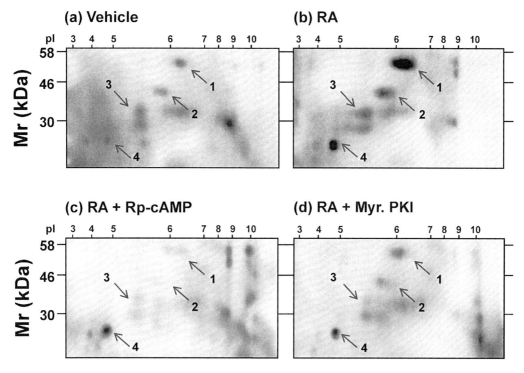

図3　核内リン酸化タンパク質の変化

HL60 cells were treated with vehicle (a), 100 nM RA (b), 100 nM RA+30μM Rp-cAMP (c), and 100 nM RA+50 nM Myr. PKI (d) for 24 h and then fractionated into nuclear extracts[26]. HL60 proteins in the nuclear extracts separated by 2D-PAGE were immunostained with anti-phospho-(Ser/Thr) PKA substrate antibodies. Arrows show specific proteins recognized by antibody. Rp-cAMP: Rp-Cyclic 3′,5′-hydrogen phosphorothioate adenosine (triethylammonium salt), Myr. PKI: PKA Inhibitor 14-22 Amide, Cell-Permeable, Myristoylated.

ンジン E_2（PGE_2）を処理し，2日目にRA処理を行う場合，PGE_2はPKAによるタンパク質のリン酸化を促進するものの，RA単独処理による細胞分化に大きな影響を及ぼさない（図4a）。これに対し，1日目にRA処理，2日目にPGE_2処理を行うと，RA処理で増加した核内PKAのレチノイル化RIIαに，PGE_2処理で大量に生成したcAMPが結合し，核内タンパク質のリン酸化が増大されることで，相乗的に細胞分化が誘導される（図4b）。このように，レチノイル化は核内のPKA量を増加させる，すなわちPKAに核移行シグナルを付加し，RIIαの分解を抑制し安定化させる重要な役目を担うことが考えられる。次に起こるイベントとして，PKAによりリン酸化された核内タンパク質による遺伝子発現調節が予想され，PKAによりリン酸化される核内タンパク質の同定は非常に興味深い。

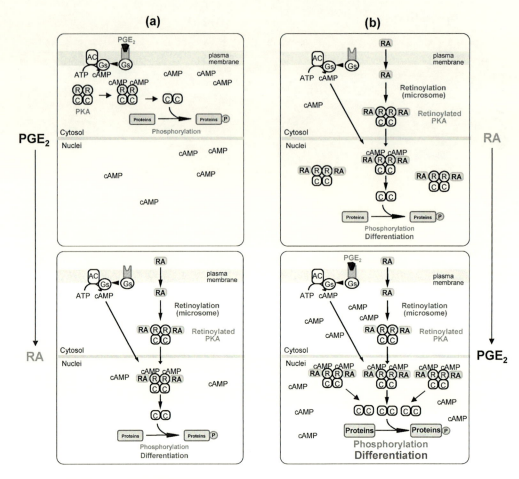

図4 RAのプライミング効果とレチノイル化

HL60 cell differentiation following RA treatment is potentiated by prostaglandin E$_2$ (PGE$_2$), which is known to increase intracellular cAMP levels[25]. (a) When cells were treated with PGE$_2$ for one day, followed by treatment with RA, cAMP produced by PGE$_2$ promoted the phosphorylation of proteins, but PGE$_2$ did not significantly affect cell differentiation by RA. (b) In reverse, when RA treatment was first performed, followed by PGE$_2$ treatment one day later, cAMP binding to retinoylated RIIα of nuclear PKA was increased by RA treatment, which resulted in increased phosphorylation of nuclear proteins and the synergistic induction of differentiation. Retinoylation of RIIα might play an important role in nuclear localization and stabilization of PKA.

5 おわりに

ビタミンAは生体内で多岐にわたる生理活性を示すミラクルな栄養素である。ビタミンA，特に活性型ビタミンAであるRAは細胞の増殖・分化に関わる化合物であるため，癌の発症にも深く関わることは容易に推測できる。ビタミンAの内，ROHとRAは抗癌作用を示すことから，ビタミンA不足を回避し，ビタミンAを含む食品を摂取することは癌の予防に繋がる。

第 9 章　ビタミン A の抗癌作用メカニズムと翻訳後修飾反応レチノイル化

　ビタミン A による翻訳後修飾反応レチノイル化において，レチノイル化タンパク質として酵素や構造タンパク質が同定されている。その中でレチノイル化酵素 PKA が標的とする核内タンパク質に，遺伝子の発現制御を担う様々な因子が考えられる。レチノイル化タンパク質と RAR の両者は RA と高い親和性をもつ点で一致しているが，レチノイル化によってタンパク質の性質（安定性・局在性等）が変わる点は RAR とは異なる。レチノイル化やリン酸化等の修飾反応から成る新しいシグナル伝達経路を明らかにするため，同定された修飾タンパク質のリガンド結合部位，構造変化，および，機能の解明が待たれる。RAR とは異なる RA の新たな標的を見い出し，新規抗癌剤の開発および治療・予防法の確立を目指していく。食品に含まれ多様な機能をもつ栄養素ビタミン A による癌撲滅研究の飛躍的な進展を望んでいる。

文　　献

1)　T. R. Breitman *et al.*, *Blood*, **57**, 1000（1981）
2)　T. Ohba *et al.*, *Bioorg. Med. Chem.*, **15**, 847（2007）
3)　N. Takahashi *et al.*, *Cancer Lett.*, **297**, 252（2010）
4)　M. Imai and N. Takahashi. *Bioorg. Med. Chem.*, **20**, 2520（2012）
5)　C. Li *et al.*, *Biol. Pharm. Bull.*, **39**, 636（2016）
6)　C. Li *et al.*, *Biol. Pharm. Bull.*, **40**, 486（2017）
7)　A. B. Patel *et al.*, *Proc. Natl. Acad. Sci. USA*, **101**, 10048（2004）
8)　P. Kastner *et al.*, *Cell*, **83**, 859（1995）
9)　R. Ruhl *et al.*, *Toxicol. Sci.*, **63**, 82（2001）
10)　I. Kitabayashi *et al.*, *In Vitro Cell Dev. Biol. Anim.*, **30a**, 761（1994）
11)　T. J. Smith *et al.*, *Biochim. Biophys. Acta*, **1199**, 76（1994）
12)　J. Varani *et al.*, *Am. J. Pathol.*, **147**, 718（1995）
13)　N. Takahashi and T. R. Breitman. *J. Biol. Chem.*, **264**, 5159（1989）
14)　N. Takahashi and T. R. Breitman. *J. Biol. Chem.*, **265**, 19158（1990）
15)　N. Takahashi and T. R. Breitman. *Methods Enzymol.*, **189**, 233（1990）
16)　N. Takahashi and T. R. Breitman. *Arch. Biochem. Biophys.*, **285**, 105（1991）
17)　N. Takahashi and T. R. Breitman. *Proc. Natl. Acad. Sci. U.S.A.*, **89**, 10807（1992）
18)　M. Wada *et al.*, *J. Biochem.*, **130**, 457（2001）
19)　Y. Kubo *et al.*, *J. Biochem.*, **138**, 493（2005）
20)　A. M. Myhre *et al.*, *J. Lipid Res.*, **37**, 1971（1996）
21)　N. Takahashi *et al.*, *Arch. Biochem. Biophys.*, **290**, 293（1991）
22)　N. Takahashi and T. R. Breitman. *J. Biol. Chem.*, **269**, 5913（1994）
23)　Y. Kubo *et al.*, *J. Biochem.*, **144**, 349（2008）

24) N. Takahashi *et al., Biochim. Biophys. Acta,* **1861**, 2011 (2016)
25) T. R. Breitman and N. Takahashi. *Biochem. Soc. Trans.,* **24**, 723 (1996)
26) A. Sakai *et al., Biochim. Biophys. Acta Gen. Subj.,* **1861**, 276 (2017)

第10章　3-ヒドロキシ酪酸の発酵生産法の開発，生理的機能および応用

河田悦和[*1]，盤若明日香[*2]，西村　拓[*3]，
松下　功[*4]，坪田　潤[*5]

3-ヒドロキシ酪酸（3HB）は，糖質枯渇時に体内で脂肪から生合成されるケトン体の一つであり，その安全性が再確認されるとともに，ダイエットなどで注目を集め，さらに，運動能力向上や，各種の疾患に対する有効性など様々な生理機能が報告されている化合物である。最近，その効率的な生産方法が確立されたので，その応用とともに報告する。

1　はじめに

昨今，低糖質ダイエットが盛んになり，その作用主体としてケトン体（3HB，アセト酢酸，アセトン）が注目されている。ケトン体は，糖質枯渇時に肝臓で合成され，グルコースの代替エネルギー源として利用されている。2400年以上前，医学の祖として知られるヒポクラテスが，「神聖病」と呼ばれていた「てんかん」を，断食により治療したとの記述をはじめとして，20世紀初頭には，断食によって生じるケトン体による，てんかん発作の改善が確認され，さらに，1990年代にはケトン体を誘導するケトン食（低糖質高脂肪食）の開発，これによる難治性てんかん患者の治療が開始され，現在の低糖質ダイエットブームへとつながっている。一方で，糖尿病患者においてインシュリンが不足した場合や，液糖を多く含んだ清涼飲料の多飲により血液中のケトン体の濃度が上昇し，血液が酸性に傾く病的なケトアシドーシスを生じることも知られている。近年，宗田ら[1)]が，正期産分娩の耐糖能正常の妊婦及びその新生児約60例において，3HBの濃度が，胎盤組織内2235 μmol/L，臍帯779.2 μmol/L，新生児4日目240.4 μmol/L，30日目366.7 μmol/Lと，成人の85 μmol/Lと比べて著しく高く，一方で，妊婦の血糖値は正常レベルに保たれていることを報告しており，健康な状態であれば，新生児や妊婦にとってケトン体（3HB）は

＊1　Yoshikazu Kawata　(国研)産業技術総合研究所　生命工学領域バイオメディカル
　　　　　　　　　　　研究部門　先端ゲノムデザイン研究グループ　主任研究員
＊2　Asuka Hannya　大阪ガス㈱　エネルギー技術研究所　バイオ・ケミカルチーム
＊3　Taku Nishimura　大阪ガス㈱　エネルギー技術研究所　バイオ・ケミカルチーム
＊4　Isao Matsushita　大阪ガス㈱　エネルギー技術研究所　バイオ・ケミカルチーム
＊5　Jun Tsubota　大阪ガス㈱　エネルギー技術研究所　バイオ・ケミカルチーム

食品・バイオにおける最新の酵素応用

安全な化合物と考えられる。我々も，3HB及び3HB生産に用いたハロモナス菌について，ラットを用いた亜急性試験を行い，すべての雌雄投与群で一般状態，体重及び摂餌量に異常はみられず，無毒性量（NOAEL）は，投与最大値2000 mg/kg/日を上回る無毒性と推定された[2]。3HBは脳幹を通過し，神経細胞も含めミトコンドリアを持つ殆どの細胞で，エネルギー源として効率的に利用されている。加えて，近年3HBそのものの生理作用も注目を集め，ヒストンの脱アセチル化阻害，NLRP3インフラマソームの活性を阻害などによる認知症改善，アンチエージング，抗ガン活性などが明らかになりつつある化合物である。現在では，化学合成されたラセミ体の3HB，エステル体が米国等で市販され，その利用が始まっているが，Clareらの線虫の研究[3]で，D体（R体）の3HBのみが寿命を14％延伸する効果が示され，(R)-3HBの発酵生産が期待されていた。我々が実用生産スケールの(R)-3HBの発酵製造に成功したため，その生産の経緯と応用の可能性について概説する。

2　3-ヒドロキシ酪酸の発酵生産

3HBは，バイオプラスチック・Poly 3-hydroxybutyrate（PHB）のモノマーであり，その生産手法について，表1にまとめた[4]。分泌生産の手法には，PHBを生合成しない大腸菌に，合成系の遺伝子，分解系の遺伝子を導入して製造する場合と，バイオプラスチックPHBを合成する微生物からミュータントを取得し，3HBを分泌生産する場合が知られている。いずれの場合も，生産物の濃度が低く，工業的に生産するには制約が多いため，事業化は検討されていない。我々は，独自に取得したハロモナス菌 Halomonas sp.KM-1 株を用い，好気条件でPHB合成したあとで，微好気条件に変更する簡便な手法で，菌体内に蓄積したPHBが分解され，3HBが菌体外の培地に分泌生産できることを発見した（図1)[5]。本菌は，人体に有毒な物質を生産せず，前述のラットの亜急性試験でも無毒性と判断された安全な微生物であり，遺伝子組換えも行っていないため，通常の培養施設で容易に3HB生産を行うことが可能である。

また，この菌の特徴として，余剰バイオマスである木材糖化液，グリセロールなどを利用し，特にC5糖のキシロース，アラビノースを，C6糖のグルコースと同時に利用する。さらに，高塩濃度，高アルカリ環境に生育するため，雑菌の増殖がなく，大量のエネルギーが必要な培地の滅菌が不要で，加えて高濃度の基質を利用できるため，生産物の濃度を向上させることが可能である。3HBの生産のために，好気培養の後に嫌気培養にする手法は，Azohydromonas lata を用いた報告があるが[6]，培地交換の必要などが示され，その後の報告はない。加えて，筆者のグループは3HBの生産が好気条件でも起こることも見出し特許出願している[7]。世嘉良ら[8]も，別種のハロモナス菌を用いて，好気条件での分泌生産を示しているが，好適な培養を維持するためには，極めて多量の酸素供給が必要である。

ハロモナス菌はすでに330株以上が同定され，そのうちゲノム明らかになっているものが140株以上報告されており（https://gold.jgi.doe.gov/index），一部の菌株は，別の種のCobetina属

第 10 章　3-ヒドロキシ酪酸の発酵生産法の開発，生理的機能および応用

表 1　3-ヒドロキシ酪酸発酵生産量の比較

Organism	Carbon source	Procedure	(R)-3-HB (g/L)	Reference
Halomonas sp. KM-1	Glycerol	Wild Strain	15.2	Kawata et al. (2012)
	Glucose	microaerobic condition	40.3	Kawata et al. (2014)
	スギ糖化液		21.1	Kawata et al. (2013)
Halomonas sp. OITC1261 株	Glucose	Wild Strain Aerobic condition?	58	Yokaryo et al. (2017)
Methylobaterium sp. ZP24	lactose	in vivo PHA depolymerization mutant	1.8	Nath et al. (2005)
Escherichia coli	glucose	recombinant (phbAB, ptb, buk)	12	Gao et al. (2002)
Escherichia coli	glucose	recombinant (phaCAB, phaZ)	9.9	Lee et al. (2003)
Escherichia coli	glucose	recombinant (phbAB, tesB)	12.2	Liu et al. (2007)
Escherichia coli	glucose	recombinant (phbAB, YciA)	14.3	Monica et al. (2019)
Methylobaterium rhodesianum MB 126	methanol	mutant (3HB dehydrogenase null, lipoic acid synthase null)	2.8	Hölscher et al. (2010)
Ralstonia eutropha	fructose	mutant (3HB dehydrogenase null)	3.1	Shiraki et al. (2006)
Azohydromonas lata	glucose	mutant (UV)	6.5	Ugwu et al. (2011)
Burkholderia cepacia	Wood extract hydrosate	Wild strain	16.8	Wang et al. (2014)

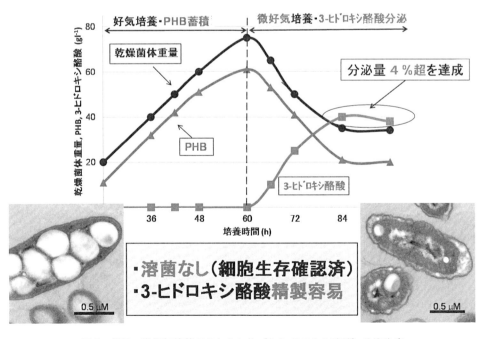

図 1　好気，微好気培養でのケトン体（3-ヒドロキシ酪酸）分泌生産

の可能性も示唆されている[9]。また，従来は PHB 合成系に関わる PHB polymerase（PhaB）が，NADPH 依存と考えられていたが，*Halomonas bluephagenesis* では NADH 依存であることが，Ling らによって明らかにされており[10]，PhaB の補酵素が NADH タイプなのか，NADPH タイプなのか，それによる PHB の合成系への影響も興味が持たれる。

3　3HB をエネルギー源として利用する利点，ヒトでの応用について

3HB などのケトン体を肝臓で産生する低糖質ダイエットには，全く食事を取らない絶食療法，疾病者用のケトン産生食，糖質の摂取量の制限，特に夕食の糖質を制限するアスリート食などの区分がある。医療の分野では，1 日の糖質摂取量を 50 g 以下に制限する低糖質高脂肪食は，ケトン産生食として，難治性てんかん[11]やパーキンソン病[12]の治療にすでに広く用いられている。

最近，オックスフォード大学のグループが，低糖質食事制限を行うことなく血中の 3HB 体濃度を上昇させる 3HB サプリメントを開発し，アスリートの持久力で，その効果を検証した[13]。彼らは（R）-3-hydroxybutyl-（R）-3-hydroxybytyrate ketone ester（3HB の重合体エステル）を作製し，これをアスリート 6 名に摂取させ，45 分間の自転車走行を①高強度（最大酸素摂取量の 75％）②中強度（最大酸素摂取量の 40％）③走行なしの 3 段階強度設定の試験を，1 週間の間隔をあけて相互に実施した。結果，運動が高強度になるほど 3HB がより利用されることが確認された。通常，運動強度が高くなると，糖質が脂質より優先して利用されるが，このサプリメントでは，運動強度にかかわらず 3HB を利用する割合は変わらなかった。次に，この 3HB サプリメント 40％，ブドウ糖を 60％含む 3HB ドリンクと，同等のエネルギーのブドウ糖 40％，果糖 40％，マルトデキストリン 20％を含む糖質ドリンクを，それぞれアスリート 7 名に飲用させ，高強度自転車走行を 2 時間，相互に実施した。その結果，3HB ドリンクの方が，運動前後で筋肉内中性脂肪が減少し，筋肉内グリコーゲン含有量は高く保たれていた。さらに，アスリート 8 名に，この 3HB ドリンクまたは糖質ドリンク摂取後，高強度の自転車走行 60 分間実施し，その後 30 分間最大限の自転車走行を相互に行い，その 30 分間の走行距離を測定した。8 名中 7 名で 3HB ドリンク摂取後の方が，30 分間に走行した距離が平均で約 400 m（2％）延びた。高強度の運動におけるカーボローディングの有効性には疑問が示されてきたが[14]，高強度の運動下において，3HB ドリンクを摂取することにより，食事制限によらず，中性脂肪の利用が促進され，同時に運動のパフォーマンスの向上が確認されたことにより，今後，高強度の長時間の運動（長距離走，自転車，テニス，サッカー等）やダイエットの分野での詳細な検討，利用が期待される。

4　3HB の機能に注目した将来の可能性について

3HB の機能については，近年注目の発表が相次いでいる。Youm らは，3HB に NLRP3 を直接阻害する作用があることを，炎症性疾患モデルマウス，ヒト単球で明らかにした[15]。NLRP3 は

第 10 章　3-ヒドロキシ酪酸の発酵生産法の開発，生理的機能および応用

免疫系タンパク質の 1 つで，インフラマソームと呼ばれるタンパク質複合体の構成成分である。インフラマソームは自己免疫疾患，2 型糖尿病，アルツハイマー病，アテローム性動脈硬化症，自己炎症性疾患などの複数の病気に関わり，カスパーゼ-1 タンパク分解酵素の活性化を経て，IL1-β 前駆体の分解，ミクログリア外へ炎症性サイトカイン IL1-β の分泌し，炎症応答を促進する。実験では，3HB をナノリポゲル粒子に封入後，炎症性疾患のマウスモデルに投与し，炎症の軽減を確認しており，これはケトン産生食を摂取した場合と同様の結果であった。また，この実験の場合には，3HB の光学異性体による効果の差は確認されておらず，前述の寿命延伸の効果[3]とは，異なるメカニズムであることが示唆される。

　精神疾患に対しては，鳥取大学の山梨らが，上記のメカニズムに注目し，3HB に抗うつ作用があることを明らかにした[16]。通常，うつ病の治療には，モノアミン仮説にもとづき脳内のモノアミン濃度を高める薬剤が用いられるが，一部の患者には十分な効果が得られない。以前より，脳内の炎症性物質がうつ病の病態に関与していること示唆されており，脳内の炎症を抑える物質の候補として 3HB が検討された。実験では，慢性ストレスによる「うつ病モデルラット」に繰り返し 3HB を投与し，行動を評価したところ，3HB を投与したラットは抑うつ的な行動の減弱が見られ，さらに，急性のストレスにより増える脳内海馬の IL-1β の増加を，3HB を事前投与することで抑制した。これらの結果により，従来の抗うつ薬で改善を認めない患者に対し，3HB による抗うつ治療の可能性が示唆された。また，Ari らは，ケトンエステル（1,3-butanediol-acetoacetatediester）を経口投与することで，ラットの不安行動が抑制されること報告しており，これも上記の作用と同様のものと推定される[17]。

　また，Sleiman らは，運動により肝臓で生産された 3HB が，脳の海馬に移行し，ヒストン脱アセチル化酵素 HDAC2，HDAC3 を阻害することにより，BDNF のプロモーターを亢進し，BDNF の生産を増加させることを明らかにした[18]。BDNF は「脳由来神経栄養因子」と呼ばれるタンパク質で，うつ病をはじめとした様々な精神疾患に関与し，神経の作成・発達・成長・増殖・結合，さらに，神経をダメージから保護する働きを持つ。アルツハイマーなど神経耗弱性疾患の患者の脳の BDNF 濃度は，通常よりも低いことが知られており[19]，今後，これらのうつ病，アルツハイマーなど広範な精神疾患に対する有効な治療法として，3HB の利用が期待される。

　さらに，3HB などのケトン体はアルツハイマー病などの神経耗弱性疾患の神経細胞に対し，前述の抗炎症作用[15]に加えて，ケトン体自体がエネルギー源となって神経細胞におけるエネルギー産生を増やす働き，ミトコンドリアにおける活性酸素の産生を減らし酸化障害を軽減する働き[20]，アポトーシスの過程の阻害により神経細胞死を抑制する働き[20]などが知られており，加えて，アルツハイマー病の発症機序として有力視されている「アミロイド仮説」では，数十年かけて，脳内にアミロイドβタンパク質が沈着，微小なシミを形成し，神経原繊維変化と呼ばれる神経細胞変化を誘発するが，アルツハイマーモデルのげっ歯類において，3HB などのケトン体は，この神経細胞へのアミロイドβ42 タンパク質の吸着を阻害し，同時に吸着量を減少させ，学習，記憶機能を向上させたことが報告されている[21]。ヒトに対しても，米国では，ケトン体の産生を

促す中鎖脂肪酸トリグリセリドのカプリル酸トリグリセリドがアルツハイマー病の治療に有効な医療食として認可されており，今後，3HBなどのケトン体の経口投与は，アルツハイマー病などの神経耗弱性疾患の患者に対し，より直接的に，様々なアプローチから症状改善効果が期待できる。

　ガンについては，その細胞組成の研究が進み，固体ガンは，ガン幹細胞と成熟ガン細胞からなり，それぞれの代謝の違いが明らかになっている。成熟ガン細胞は生育が早く，酸素が十分に利用できる状況でもミトコンドリアでの酸素呼吸が抑制され，グルコースの取込みと解糖系が亢進し，乳酸を分泌する呼吸（ワールブルク効果）を行うことが，1930年代に発見された。一方で，ガン幹細胞は，生育は遅いが，通常の細胞と同じく，解糖系と酸素呼吸を実施し，グルコースだけでなく，アミノ酸，脂肪酸，ケトン体，乳酸などを呼吸に用いる。Poffらは，この呼吸の特性に注目し，マウスの転移性ガンを対象として，ケトン体を通常の餌に加えて与えることで，ガンの増殖を抑制した[22]。さらに，ケトン食，ケトンエステル，加えて高圧酸素を与えた環境，すなわち食事とケトン体サプリメント，さらに過剰に酸素供給を行うことで，マウスの転移性ガンはほぼ消滅した[23]。一方，AIZAWAらは，がん抑制遺伝子TSC2の異常により腎臓に腫瘍を形成するモデルラットにケトン食を与えた場合，通常は体内では主に，ケトン体の3HBが優先して生合成されるが，本ラットではアセト酢酸を過剰に生合成し，これが発がんを促進していること

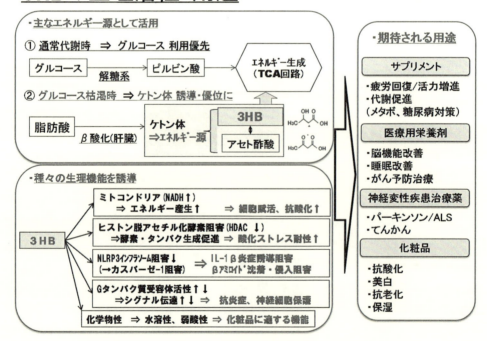

図2　3HBの生理活性・用途

第10章　3-ヒドロキシ酪酸の発酵生産法の開発，生理的機能および応用

を示している[24]。ガンに対するケトン体の効果は，これらだけでは説明できない要素もあるが，ケトン体と，ガンとの関連が示唆され，今後の研究の発展が待たれる。

　現在確認されている，3HBの生理活性，用途について図2にまとめた。

5　将来

　Veechらは，すでに2001年にケトン体の治療応用への可能性を論じている[25]。その中で，アルツハイマー，パーキンソン症状に対し，実際には不可能なもののバイオプラスチックPHBを直接摂取して，体内で3HBに分解する可能性を示しており，現在の3HB生産の手法を仄めかしているようである。国立精神・神経医療研究センター神経研究所の太田らは，3HBやアセト酢酸などのケトン体を体内で誘導する中鎖脂肪酸を用いて，加齢により糖利用が低下した高齢者に対し，中鎖脂肪酸を含むケトン食摂取することで，ケトン体の3HBやアセト酢酸の血液中の濃度が上昇し，さらに認知機能テストの総合成績が向上することを報告しており[26]，軽度の認知機能障害に対しても3HBの投与は有望である。最近では，糖尿病薬として注目を集めるSGLT2阻害薬によるケトン産生亢進が臓器保護効果を持つのではないかという仮説が示されており[27]，非食性ケトン体産生も含めて，そのポテンシャルに注目が集まっており，寿命の延伸効果についても，老化と分子炎症抑制の観点からも興味が持たれる。

　我々は，安定的に，ほぼ光学純度100％R体の3HBの実用生産に成功している。3HBは各種の研究報告が相次ぐなど[28]，身体・精神の両面で多くの疾病の治療・予防に利用できる可能性が示されており，今後，国内外の研究機関と協力して，3HBの可能性の顕在化，利用・発展に努めたい。

文　　　　献

1)　T. Muneta *et al.*, *Glycative Stress Res.*, **3**, 133-140 (2016)
2)　平成26年度環境研究総合推進費補助金研究事業総合研究報告書，
　　https://www.env.go.jp/policy/kenkyu/suishin/kadai/syuryo_report/h26/pdf/3K123009.pdf
3)　C. Edwards *et al.*, *Aging*, **6**, 621-644 (2014)
4)　Y. Kawata *et al.*, *Lett. Appl. Microbiol.*, **61**, 397-402 (2015)
5)　Y. Kawata *et al.*, *Appli. Microbiol. Biotechnol.*, **96**, 913-920 (2012)
6)　S. Y. Lee *et al.*, *Biotechnol. Bioeng.*, **65**, 363-368 (1999)
7)　河田ほか，ハロモナス菌を用いた3-ヒドロキシ酪酸の製造方法，特開2016-059292 (2016)
8)　世嘉良ほか，3-ヒドロキシ酪酸又はその塩の好気的生産方法，特開2017-12117 (2017)

9) L. A. Romanenko *et al.*, Int. J. Syst. Evol. Microbiol., **63**, 288-297 (2013)

10) C. Ling *et al.*, Metab. Eng., **49**, 275-286 (2018)

11) L. Tapia-Arancibia *et al. Brain Res. Rev.*, **59**, 201-220 (2008)

12) T. B. Vanitallie *et al. Neurology*, **64**, 728-30 (2005)

13) P. J. Cox *et al.*, *Cell Metab.*, **24**, 256-268 (2016)

14) J. S. Volek *et al.*, *Metabolism.*, **65**, 100-10 (2016)

15) Y. H. Youm *et al.*, *Nat. Med.*, **21**, 263-269 (2015)

16) T. Yamanashi *et al.*, *Sci. Rep.*, **7**, 7677 (2017)

17) C. Ari *et al.*, *Front Mol. Neurosci.*. **9**, 137 (2016)

18) S. F. Sleiman *et al.*, *Elife*, **5**, 1-21 (2016)

19) L. Tapia-Arancibia *et al.*, *Brain Res. Rev.*, **59**, 201-220 (2008)

20) J Zhang *et al.*, *Biomaterials*, **34**, 7552-7562 (2013)

21) J. X. Yin *et al.*, *Neurobiol. Aging*, **39**, 25-37 (2016)

22) A. M. Poff *et al.*, *Int. J. Cancer*, **135**, 1711-1720 (2014)

23) A. M. Poff *et al.*, *PLoS One*, **10**, 21-21 (2015)

24) Y. Aizawa *et al.*, *Arch. Biochem. Biophys.*, **590**, 48-55 (2016)

25) R. L. Veech *et al.*, *IUBMB Life*, **51**, 241-247 (2001)

26) M. Ota *et al.*, *Psychopharmacology* (Berl), **233**, 3797-3802 (2016)

27) E. Ferrannini *et al.*, *Diabetes Care*, **39**, 1108-1114 (2016)

28) P. Puchalska and P. A. *Cell Metab.*, **7**, 262-284 (2017)

第11章　ホスホリパーゼの構造，作用および応用

杉森大助[*]

1　はじめに

　リン脂質は，単なる生体膜成分としての役割だけでなく，細胞内ではシグナル分子としての機能を持っている。近年，さまざまな生理作用を持つこともわかりはじめ，各種疾患や病態との関連性が明らかにされつつある。リン脂質はグリセリンを骨格とするグリセロリン脂質と，スフィンゴシンを骨格とするスフィンゴリン脂質の2つに大別できる。本稿では，グリセロリン脂質（以下，リン脂質と略す）に焦点を絞り，リン脂質の加水分解を触媒する酵素ホスホリパーゼの構造，作用，応用について述べることにする。まず，主要なリン脂質について紹介する。リン脂質のうち，最も自然界に存在量が多いのがジアシル型である。ジアシル型リン脂質の極性頭部（ヘッドグループ）のうち生物が最もよく利用しているのがコリン型であり，そのほか5種類のヘッドグループが主に利用されている（図1）。リン脂質には，アシル基が1つのリゾ型，sn-1位にアルキルエーテル鎖を持つアルキル型，同じくアルケニル（ビニル）エーテル鎖を持つアルケニルエーテル型が存在し，それぞれ物性や生物学的役割が異なっている。さらに，リン脂質に結合しているアシル基には炭素数，二重結合の数と位置，幾何異性の違いがあるため，リン脂質は多様性に富んだ生体分子といえる。

　産業面でリン脂質に関する興味深い例を紹介すると，ある業界ではリン脂質は厄介者として除去すべき対象であるが，別の業界では有用物質・高付加価値物質になるという二面性を持っている。例えば，植物油製造においてリン脂質はガム質と呼ばれる不純物として除去されるが，その主成分であるレシチンはアルツハイマー型認知症や動脈硬化の予防などサプリメントとして販売されている。また，ホスホリパーゼD（PLD）の転移活性を利用してレシチンのヘッドグループであるコリンをセリンに交換したホスファチジルセリン（PS）がボケ防止サプリメントとして販売されている。そのほか，近年ではリン脂質の2本のアシル基が取れたグリセロホスホコリンは海外ではビタミン類の一つとして取り扱われており，粉ミルクに配合させることが義務づけられている国さえある。リン脂質は多くの分野に関係する重要な物質になっており，その分野は食品，化粧品，サプリメント，医療まで多岐にわたっている。本稿では，ホスホリパーゼの応用例とともに，ホスホリパーゼの触媒機能と構造学的特徴について紹介する。

---

[*]　Daisuke Sugimori　福島大学　理工学群　共生システム理工学類　教授

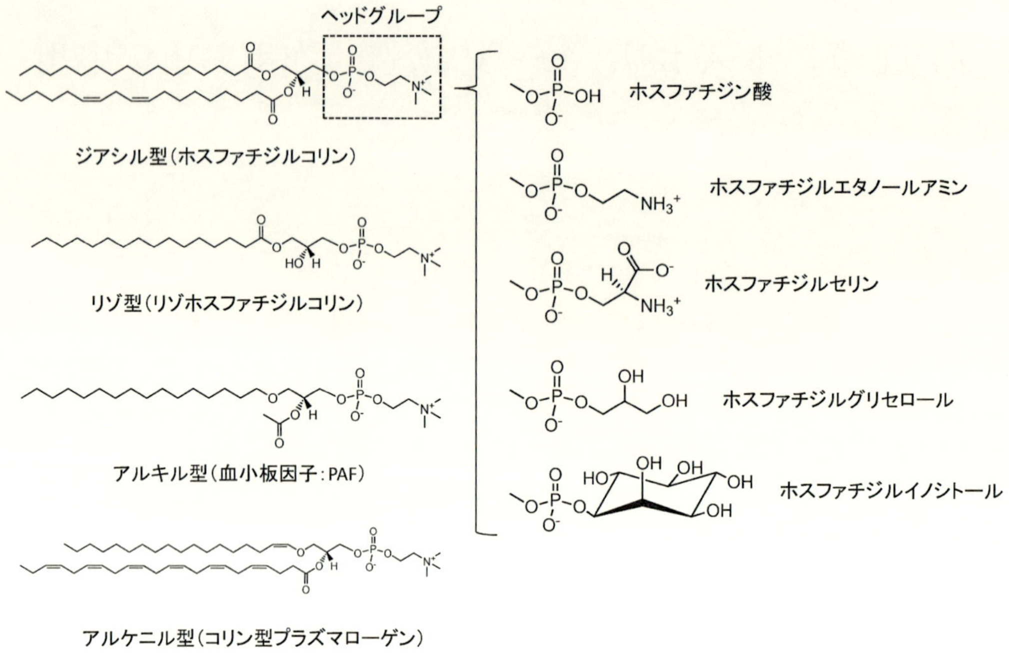

食品・バイオにおける最新の酵素応用

図1　リン脂質の基本構造
リゾ型はジアシル型と同様のヘッドグループを持つものが存在する。アルキル型と
アルケニル型には *sn*-2 位が水酸基のリゾ型が存在する。アルキル型およびアルケニ
ル型のヘッドグループはコリンとエタノールアミンが存在する。

2　ホスホリパーゼの構造と触媒機能

　リン脂質に作用する酵素のうち産業利用されている酵素として，加水分解酵素であるホスホ
リパーゼ A_1（PLA$_1$），A_2（PLA$_2$），B（PLB）[1]，C（PLC），D（PLD）の5種類が知られており
（図2），これまでに実用化されたホスホリパーゼとしては，黄麹カビ *Aspergillus oryzae* 由来
PLA$_1$[2,3]，ブタ膵臓由来 PLA$_2$[4,5]，組換え酵母生産 PLC[6]，放線菌由来 PLD[7]などがあり，すで
に食品加工や油脂精製，体外臨床診断薬用酵素などに利用されている（表1）[5,7~9]。

2.1　ホスホリパーゼ A$_1$

　リン脂質に PLA$_1$（EC 3.1.1.32）を作用させると *sn*-1 位の脂肪酸が遊離した 2-アシル-1-リゾ
リン脂質になり，PLA$_2$ を作用させると *sn*-2 位の脂肪酸が遊離した 1-アシル-2-リゾリン脂質に
なる。どちらのリゾリン脂質も親水性が高く，乳化力に優れているため，安定な o/w 型エマル
ションを形成する。そのため，アイスクリーム，生クリーム，マーガリン，コーヒーホワイト
ナー，パン，ケーキ，麺，飼料，塗料など，さまざまな製品・分野で乳化剤，分散安定化剤や品
質改良剤として利用されている[10,11]。

　1971 年にはじめて PLA$_1$ に関する論文が発表され[12]，2019 年 4 月現在，酵素データベース

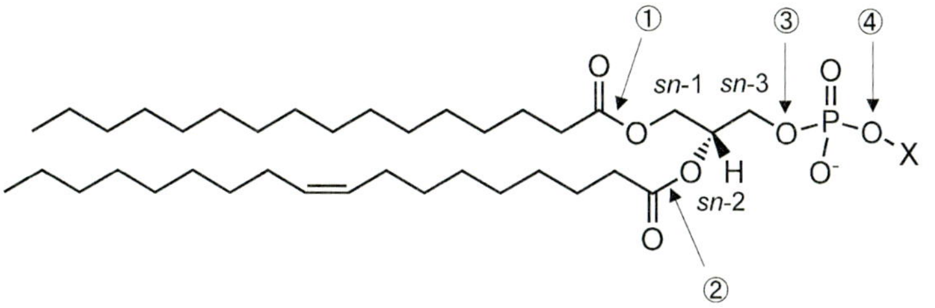

第 11 章　ホスホリパーゼの構造，作用および応用

図2　各ホスホリパーゼの加水分解作用部位
① PLA$_1$，② PLA$_2$，③ PLC，④ PLD，①と② PLB

表1　食品分野で利用されているホスホリパーゼ

Name (brand)	Producer	Enzyme (enzyme origin/producer organism)	Application	Reference
Lecitase 10 L	Novozymes A/S	PLA$_2$ (porcine pancreas/*Aspergillus niger*)	Oil degumming	(Dijkstra 2018; Yang et al. 2006)
Lecitase novo	Novozymes A/S	PLA$_1$ (*Fusarium oxysporum/Aspergillus oryzae*)	Oil degumming	(Yang et al. 2006)
Lecitase ultra	Novozymes A/S	PLA$_1$ (hybrid lipase *Thermomyces lanuginosus* and *Fusarium oxysporum/Aspergillus oryzae*)	Oil degumming	(Clausen 2001)
Quara	Novozymes A/S	PLA$_1$ (*Talaromyces leycettanus/Aspergillus niger*)	Oil degumming	(Borch et al. 2013)
Rohalase PL-XTRA	AB Enzymes GmbH	PLA$_2$ (*Aspergillus fumigatus/NS**)	Oil degumming	(Dijkstra 2018)
Purifine	DSM	PC-PLC (*Bacillus sp./Pichia pastoris*)	Oil degumming	(Ciofalo et al. 2006; Dijkstra 2018)
Purifine 2G	DSM	PC-PLC (NS) PLA$_2$ (NS)	Oil degumming	(Dijkstra 2018)
Purifine 3G	DSM	PC-PLC (NS) PI-PLC (NS) PLA$_2$ (NS)	Oil degumming	(Dijkstra 2018)
CakeZyme®	DSM	PLA$_2$ (porcine pancreas/*Aspergillus niger*)	Baking	(Mastenbroek et al. 2007)
BakeZyme® PH 800	DSM	PLA$_2$ (microbial NS)	Baking	(Casado et al. 2012)
Maxapal A2	DSM	non-animal derived phospholipase A2 (NS)	Egg processing	https://www.dsm.com/markets/foodandbeverages/en_US/products/enzymes/egg-processing/maxapal.html
Lysomax	Danisco A/S	GCAT enzyme (*Aeromonas salmonicida /Bacillus licheniformis*)	Oil degumming, Baking	(Soe et al. 2011)
Lipopan F	Novozymes A/S	Lipase showing both lipase and phospholipase activity (*Fusarium oxysporum/Aspergillus oryzae*)	Baking	(Rittig 2004)
Lipopan Xtra	Novozymes A/S	PLA$_1$ (hybrid lipase *Thermomyces lanuginosus* and *Fusarium oxysporum/Aspergillus oryzae*)	Baking	(De Maria et al. 2007)
YieldMax	Novozymes A/S/Christian Hansen A/S	PLA$_1$ (*Fusarium venenatum/Aspergillus oryzae*)	Cheese production	https://www.chr-hansen.com/es/food-cultures-and-enzymes/cheese/.../yieldmax
DENAZYME PLA2, PLA2 Nagase	Nagase ChemteX Corporation Japan	PLA$_2$ (*Streptomyces violaceoruber/Streptomyces violaceoruber*)	Egg processing, emulsions, baking, lecithin processing	http://nagaseamerica.com/product/phospholipase-a2/
Phospholipase A1	Mitsubishi Chemical Foods Co. Ltd.	PLA$_1$ (*Aspergillus oryzae/NS*)	Lysolecithin production, oil degumming, baking	http://www.mfc.co.jp/english/enzyme/enzyme_001.htm
ROHALASE® F	AB Enzymes GmbH	PLB (NS)	Starch processing	https://www.abenzymes.com/en/your-industry/grain-and-oilseed-processing/glucose-syrup-filtration/rohalase-f/
Lipomod™ 699L	Biocatalysts Inc.	PLA$_2$ (porcine pancreas/porcine pancreas)	Egg processing	https://www.biocatalysts.com/enzyme-products/

NS not specified

転載元：*Appl. Microbiol. Biotechnol.,* **103**: 2571-2582（2019）

BRENDA には76生物種の PLA$_1$，属レベルでは49種類が収載されている。このうち，産業利用されている PLA$_1$ は国内では麹菌 *Aspergillus oryzae* 由来（以下 AoPLA$_1$，三菱ケミカルフーズ㈱）のみである[5]。海外ではレシターゼ™ ウルトラ（Novozymes 社）が油脂精製における脱ガム工程[8, 13]に利用されているが，遊離脂肪酸が混入するため脱臭工程が必要になる点が課題となっており[11]，近年では後述する PLC を用いた脱ガムの導入が進んでいるようである。レシターゼ™ ウルトラは，研究用試薬として Sigma-Aldrich から販売されている。本酵素は PLA$_1$ 活性を示す好熱性糸状菌 *Thermomyces lanuginosus*（*Humicola lanuginosa*）由来リパーゼ（TlLP）と同定されており，*A. oryzae* により組換え生産されたものである[14]。

　立体構造解析済として BRENDA に収載されている PLA$_1$ は13種類，うち大腸菌由来 PLA$_1$ が7種，ヒト由来が4種，サルモネラで1種，放線菌 *Streptomyces albidoflavus*（以下 SaPLA$_1$）[15]で

259

1種である。本書の趣旨から食品加工など産業利用されている，あるいはその可能性がある PLA₁ の立体構造について述べる。図3は筆者らが X 線結晶構造解析に成功した SaPLA₁ の立体構造［Protein data bank（PDB）ID: 4hyq］のリボンモデルであり，沈殿剤に用いたポリエチレングリコール分解物の結合の様子から基質リン脂質の結合様式を推定したものである[16]。リン脂質は2本のアシル鎖を90°開くように SaPLA₁ の疎水性アミノ酸によって形成されたポケットとクレフトに結合すると考えられる。また，このポケットとクレフトの形状とサイズがリン脂質のアシル鎖の収容に関わっており，基質特異性を決定する一因になっていると考えられる[17]。図3, c に示すように，Arg28 の側鎖グアニジノ基のプラス電荷が基質リン酸基酸素原子のマイナス電荷を中和・安定化していると推察されるが，コリンやエタノールアミンなどのアルコール部分の認識メカニズムについては本酵素を含め多くのホスホリパーゼに関して完全に解明されていない。ここで基質アシル鎖の収容と基質特異性に密接な関係があることを示した例を紹介する。市販試薬を含め入手可能な PLA₁ と PLA₂，筆者らが見出した SaPLA₁ と PLB[1]) を用いてコリン型およびエタノールアミン型プラズマローゲン（PlsCho，PlsEtn）の sn-2 位アシルエステル結合の加水分解能を調べた結果，唯一 SaPLA₁ が両プラズマローゲン（Pls）に対して加水分解活性を示すことがわかった[17, 18]。さらに興味深いことに PLA₁ でありながら Pls の sn-2 位アシルエステルを加水分解したのである。本来であれば PLA₁ による Pls の sn-2 位アシルエステル加水分

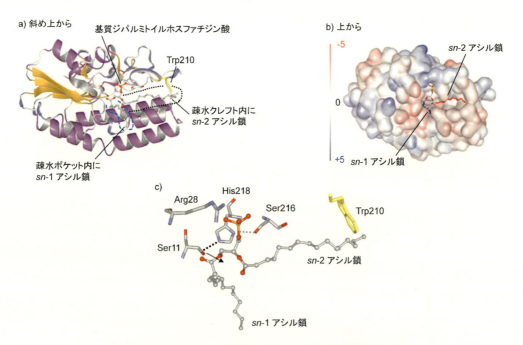

図3 *Streptomyces albidoflavus* 由来PLA₁（SaPLA₁）の立体構造（PDB ID: 4hyq）
　　a) 基質結合予測モデル，b) SaPLA₁分子表面の静電ポテンシャル，
　　c) SaPLA₁の活性中心（Trp210がクレフトの末端に存在している）

第 11 章　ホスホリパーゼの構造，作用および応用

解は起こらないはずである。ところが，Pls 分子が反転することにより，その sn-1 位アルケニルエーテル鎖と sn-2 位アシル鎖が本来とは逆に SaPLA$_1$ の疎水ポケットとクレフトに結合したため，sn-2 位アシルエステルを加水分解できたようである[17,19]。さらに，筆者らは生成物であるリゾ型 Pls（LysPls）のリン酸エステル結合を加水分解し，コリンあるいはエタノールアミンを遊離する LysPls 特異的ホスホリパーゼ D[20]とともにエタノールアミンを酸化して過酸化水素を生成するアミンオキシダーゼ[21,22]を見出すことにより，市販ペルオキシダーゼと発色試薬（トリンダー試薬と 4-アミノアンチピリン）を組み合わせた PlsEtn の選択的定量法を完成させた[17,23,24]。ここで，アミンオキシダーゼとしてコリンオキシダーゼを利用すれば，PlsCho の選択的定量も可能である。従来，Pls の定量には放射性ヨウ素[125]I を利用した HPLC 分析[25]か GC-MS あるいは LC-MS 分析が用いられてきたが，これら分析法は簡便とは言えず，多検体迅速分析も困難であった。近年，認知症の前段階である軽度認知障害（MCI: Mild Cognitive Impairment）では，血中 PlsEtn レベル（濃度）が低下することがわかり，その血中濃度を測定することによって MCI を早期発見できることが期待されている。このほかにも，PlsEtn はアルツハイマー病やダウン症候群，多発性硬化症などで脳内レベルの特異的な減少が報告されている[26]。また，Pls は生活習慣病（動脈硬化症，高脂血症，糖尿病，高血圧症，中心性肥満症）[27,28]や心疾患[29]のバイオマーカーとして検討されており，今後 Pls の簡易測定の需要が増加すると予想されている。筆者らが開発した Pls 定量法は PlsEtn と PlsCho を簡便に分別定量可能なうえ，自動分析機による多検体一斉分析も可能なことからハイスループット分析法として期待されている[24,25]。

　ここで，国内において食品加工などで産業利用されている AoPLA$_1$ の構造に関して話を戻すことにする。AoPLA$_1$ の立体構造解析は行われておらず，アミノ酸配列も公共データベースに公開されていない。そこで特許文献情報からアミノ酸配列を入手し，さまざまな公共データベースを利用し，その配列と立体構造の特徴を調べてみた。まず，Pfam データベース（https://pfam.xfam.org/）では PLA$_1$ は GDSL-like lipase/acylhydrolase ファミリーとして登録されている。AoPLA$_1$ のアミノ酸配列を Pfam サイト内のシーケンスサーチを用いてサーチすると，Alpha/Beta hydrolase fold clan に含まれる 70 種類のファミリーのうち Lipase3_N（Pfam ID: PF03893）ファミリーおよび Lipase 3（Pfam ID: PF01764）ファミリーに属することがわかる。また，Lipase 3 ファミリーは class 3 lipase とも呼ばれ，Triglyceride lipase（EC 3.1.1.3）と帰属されている。さらに，本ファミリーの説明内にリンクが張られている PROSITE（https://prosite.expasy.org/）にアクセスすると，ID: PDOC00110 として活性セリンを持つリパーゼとして登録されている。その共通配列パターンはリパーゼ／エステラーゼ共通配列である Gly-Xaa-Ser-Xaa-Gly を含む [LIV]-{KG}-[LIVFY]-[LIVMST]-G-[HYWV]-S-{YAG}-G- [GSTAC][脚注]であることがわかる。さらに，AoPLA$_1$ のアミノ酸配列を Uniprot（https://www.uniprot.org/）

＊脚注　[LIV]：L, I, V のいずれか，{KG}：K と G 以外のアミノ酸，Xaa または x: 20 種類のアミノ酸のいずれか

で BLAST サーチし，類似酵素（ホモログ）とのマルチプルシークエンスアライメント（MSA）と分子系統樹解析を行うと，*Aspergillus* 属や *Penicillium* 属などの糸状菌リパーゼや PLA$_1$ と高い相同性があることがわかる．特に，リパーゼ／エステラーゼ共通配列 GxSxG は高度に保存され，AoPLA$_1$ のアミノ酸配列中にも共通配列 [143]GHSYG[147] を見出すことができる．次に，AoPLA$_1$ の立体構造モデル予測を行った．モデル予測に用いるテンプレートとなるタンパク質の立体構造は HHpred サーチ（https://toolkit.tuebingen.mpg.de/#/）により入手し，立体構造モデルの作成には Modeller を利用した．HHpred サーチの結果，AoPLA$_1$ の立体構造モデル予測の鋳型として最も信頼性が高い候補は先述の TlLP であった．TlLP の立体構造は 2000 年 2 月に PDB ID: 1ein として登録されている[30]．TlPLA$_1$ と AoPLA$_1$ 間におけるアミノ酸配列相同性は 49%，TlPLA$_1$ を鋳型にした立体構造予測結果の信頼度は 100% であった．AoPLA$_1$ の予測立体構造を図 4 に示す．TlLP の触媒残基は Ser168-Asp223-His280 であり，活性セリン Ser168 はリパーゼ／エステラーゼ共通配列 [166]GHSLG[170] 中に存在する．この情報を参考にすると AoPLA$_1$ の触媒残基は Ser172-Asp227-His284 と推定することができる．先述の SaPLA$_1$ の立体構造と

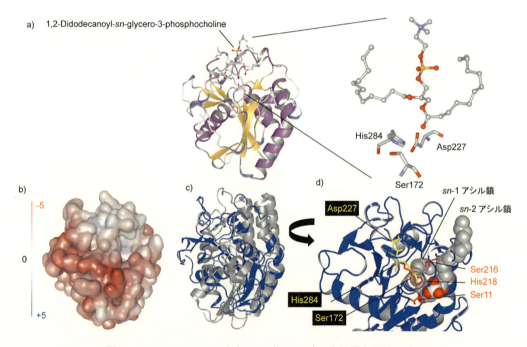

図 4　*Aspergillus oryzae* 由来 PLA$_1$（AoPLA$_1$）の立体構造予測モデル

a）*Thermomyces lanuginosus*（*Humicola lanuginosa*）由来リパーゼ（TlLP）の立体構造モデル（PDB ID: 1ein）を鋳型として予測した AoPLA$_1$ の立体構造予測モデル（基質 PC 分子は TlLP の構造情報を参考に配置），b）AoPLA$_1$ 分子表面の静電ポテンシャル，c）AoPLA$_1$（青色リボンモデル）と *Streptomyces albidoflavus* 由来 PLA$_1$（SaPLA$_1$）の立体構造（PDB ID: 4hyq）（銀色リボンモデル）のスーパーインポーズ，d）AoPLA$_1$（青色リボンモデル，予想触媒残基を黄色スティックで表示）と SaPLA$_1$ のスーパーインポーズ［触媒残基（赤スティック）と基質ホスファチジン酸のみ表示］

第 11 章　ホスホリパーゼの構造，作用および応用

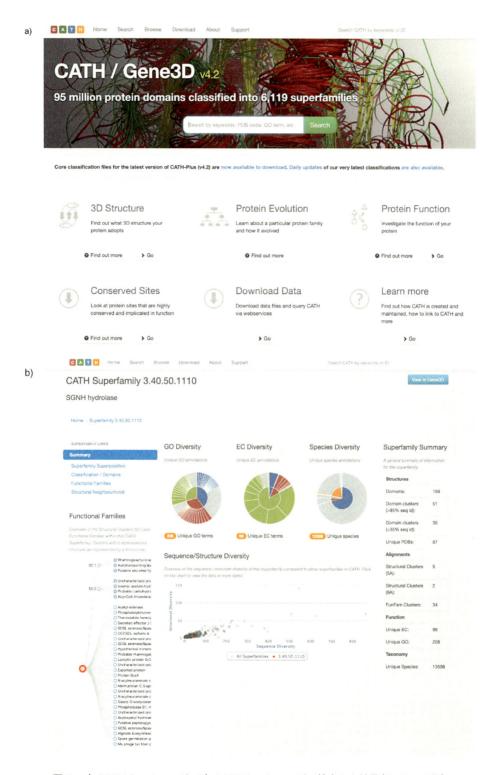

図 5　a) CATHホームページ，b) CATHホームページで検索した結果（SaPLA₁の例）

AoPLA$_1$ の立体構造予測モデルを重ね合わせた結果，両者の立体構造の類似度はかなり高いことがわかる（図4, c）。そこで SaPLA$_1$ を例に，その構造学的分類について紹介する。SaPLA$_1$ の立体構造情報（PDB ID: 4hyq）が入手できる PDB サイトには，そのタンパク質に関わるさまざまな情報をさらに調べることができるデータベースへのリンクが張られている。そのうち，CATH（http://www.cathdb.info/）について紹介する。CATH はタンパク質の立体構造にウェイトを置いて階層分類しているデータベースという特徴があり，注目しているタンパク質およびドメインの分子進化情報とともに現存生物種における分布状況や機能分類ファミリー，構造類似度 vs 配列類似度プロットや，あるスーパーファミリーにおける注目タンパク質やフォールドが占める割合など，統合的に情報検索および俯瞰理解できる点で強力なツールとなり得る。CATHには 2019 年 4 月現在で 6,119 種類のスーパーファミリーに分類された 9,500 万種類のタンパク質ドメインが登録されている（図5）。その CATH では，SaPLA$_1$ は superfamily 1.20.90.10, Domain 4hyqA00 として分類され，さらに CATH code 3.40.50.1110 が付されている。CATH code の 4 つの数字は Class - Architecture - Topology - Homologous superfamily の 4 階層を表しており，SaPLA$_1$ の CATH code 3.40.50.1110 は Alpha Beta-3-Layer(aba)Sandwich- Rossmann fold-SGNH hydrolase を表している。

2.2　ホスホリパーゼ A$_2$

リン脂質に PLA$_2$（EC 3.1.1.4）を作用させると *sn*-2 位の脂肪酸が遊離した 1-アシル-2-リゾリン脂質になる。先述したように，リゾリン脂質は親水性，乳化力に優れているため，リン脂質を含む食品加工に応用されている。例えば，PLA$_2$ はマヨネーズ製造における卵黄レシチンの処理に用いられている。レシチンに PLA$_2$ を作用させて作ったリゾレシチンは，国内では「酵素分解レシチン」として食品利用が認められている。レシチンは大豆，小麦，米，卵黄中に多く含まれているため，これらを含む食品の改質に PLA$_2$ がすでに利用されている。海外では DSM 社製 CakeZyme® や BakeZyme® がケーキ，クッキー，パンなどの加工に利用されている[8, 11]。

PLA$_2$ も PLA$_1$ の発見と同年の 1971 年にはじめて報告された[31]。2019 年 4 月時点で BRENDA には 194 生物種，属レベルでは 90 種類の PLA$_2$ が収載されている。このうち，産業利用されている PLA$_2$ は放線菌由来では *Streptomyces avermitilis*（以下 SavPLA$_2$, ナガセケムテックス㈱）と *Streptomyces violaceoruber*（以下 SvPLA$_2$, 旭化成ファーマ㈱），ブタ膵臓由来 LIPOMOD 699L（Biocatalyst Ltd.）である[5]。そのほか，研究用試薬として Sigma-Aldrich からブタ膵臓，ウシ膵臓，セイヨウミツバチのハチ毒，ミナミガラガラヘビのヘビ毒由来 PLA$_2$ が販売されている。PLA$_2$ も PLA$_1$ 同様，油脂精製における脱ガム工程に利用されている（表1）。

世界で初めて立体構造が解読された PLA$_2$ はウシ（*Bos taurus cattle*）由来 PLA$_2$ であり，1981 年に PDB に 1bp2 として登録されている[32]。また，2019 年 4 月現在で PDB に登録されている PLA$_2$ は計 787 あるが，そのうちヒト由来が 461，ウシ，ブタ，ウサギ，ネズミ，ヘビ由来合わせて 122，イネ由来が 3，微生物由来については大腸菌由来が 7，*Pseudomonas fluorescens*

第 11 章　ホスホリパーゼの構造，作用および応用

と *Pseudomonas aeruginosa* 由来で 2, 放線菌 *S. violaceoruber* 由来で 5 つある。*S. violaceoruber* 由来 PLA$_2$（SvPLA$_2$）の立体構造は日本人研究者（的場，杉山ら）によって解明され，2000 年に PDB に登録（ID: 1faz）された[33]。PDB サイトにリンクが張られている Pfam にアクセスすると Prokaryotic phospholipase A$_2$ ドメインを持つ Phospholip_A$_2$_3（PF09056）ファミリーとして登録されていることがわかる。しかしながら，モチーフに関する情報リンクは存在しない。そこで SvPLA$_2$ のアミノ酸配列をクエリーとして MOTIF（GenomeNet 内検索エンジン https://www.genome.jp/tools/motif/）および PROSITE にてサーチすると，前者からは Pfam と同様の情報のみが得られ，後者ではモチーフが検出されない。そこで PLA$_2$ でキーワード検索すると 7 つのドメインが照会でき，そのうち最も関連性が高いと思われる PROSITE documentation PDOC00109 には，2 つのモチーフ配列として PA2_ASP（ID: PS00119）；Phospholipase A$_2$ aspartic acid active site（[LIVMA]-C-{LIVMFYWPCST}-C-D-{GS}-{G}-{N}-x-{QS}-C）と PA2_HIS（ID: PS00118）；Phospholipase A$_2$ histidine active site（CC-{P}-x-H-{LGY}-x-C）が登録されている。しかしながら，SvPLA$_2$ には両モチーフ配列ならびに類似配列は見出されない。一方，真核生物の分泌性 PLA$_2$（sPLA$_2$）は Ca^{2+} バインディングループ xCGxGG と触媒部位モチーフ DxCCxxHD が共通配列として見出されると報告されている[34]。原核生物 PLA$_2$ にはこのようなモチーフは見出されておらず，SvPLA$_2$ 中には sPLA$_2$ に類似する配列として ^{61}CAR<u>HD</u>F^{66} 以外に明確なモチーフは見当たらない。

　SvPLA$_2$ は 118 個のアミノ酸からなる比較的小さなタンパク質であり，α ヘリックスのみで構成されている（図 6）。CATH では superfamily 1.20.90.10（Many Alpha/Up-down Bundle/Phospholipase A$_2$/Phospholipase A$_2$ domain, Domain 1lwbA00 として分類されている。また，プロテアーゼに代表される加水分解酵素の多くは Ser-His-Asp からなる触媒トライアッドにより Ser の OH 基を活性化するのに対し，SvPLA$_2$ はその変形型として His64, Asp85 が水分子あるいはヒドロキシイオンを活性化して *sn-2* 位脂肪酸エステル結合のカルボニル炭素を求核攻撃する点でも興味深い。多くの PLA$_1$ では活性セリンが触媒残基として *sn-1* 位エステルのカルボニル炭素を求核攻撃する一方で，触媒残基として活性セリンを利用しない SvPLA$_2$ では PLA$_1$ のアミノ酸配列中に存在するリパーゼ／エステラーゼ共通配列 GxSxG が存在しない点も SvPLA$_2$ の特徴である。的場，杉山らは，部位特異的変異解析や NMR 解析により，触媒残基（His64, Asp85），基質極性頭部コリンの収容ポケット（Arg69, Lys72），疎水チャネル（Ile120-Phe121），リン脂質界面結合残基（Phe53, Trp112），疎水ポケット（Cys45, Pro49, Cys61, Phe88, Met92, Tyr114, Ala117, Val118, Ile120, Phe121）などを推定している（図6）[33]。SvPLA$_2$ とリガンドの共結晶構造解析は行われていないため，基質認識メカニズムについては構造類似度が比較的高い PLA$_2$ の立体構造の考察から類推するしかない。そこで HHpred サーチにより SvPLA$_2$ の立体構造（ID: 1faz）と類似度が高く，リガンド結合情報を有するものを検索すると，*Apis mellifera*（Honeybee）毒由来 PLA$_2$（AmPLA$_2$）の立体構造（PDB ID: 1poc）[35] が第 4 位としてヒットする。その信頼度は 95.26%, E-value は 0.0036 であり，考察する材料として問題

265

食品・バイオにおける最新の酵素応用

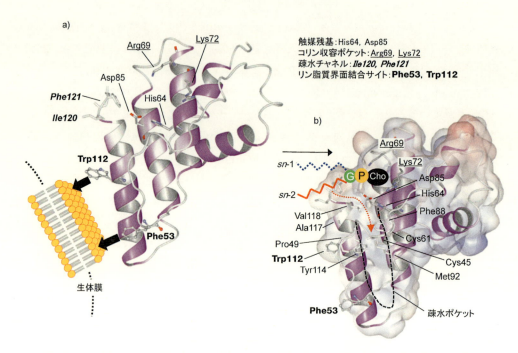

図6 ホスホリパーゼA$_2$(SvPLA$_2$)の立体構造
a) *Streptomyces violaceoruber* 由来 PLA$_2$(SvPLA$_2$)の立体構造(PDB ID: 1faz),
b) SvPLA$_2$ 分子表面の静電ポテンシャル(疎水ポケット領域を中心にした断面図)

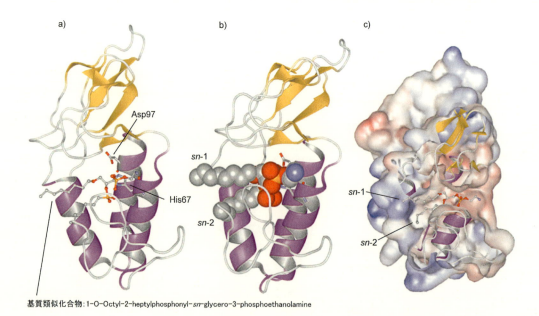

図7 ホスホリパーゼA$_2$(AmPLA$_2$)の立体構造
a, b) *Apis mellifera*(Honeybee)毒由来 PLA$_2$(AmPLA$_2$)と基質類似化合物の複合体モデル
(PDB ID: 1poc), c) AmPLA$_2$ 分子表面の静電ポテンシャル(基質結合トンネル付近の断面図)

第11章　ホスホリパーゼの構造，作用および応用

ない範囲と判断できる。AmPLA$_2$の立体構造情報（PDB ID: 1poc）には1-O-Octyl-2-heptylphosphonyl-*sn*-glycero-3-phosphoethanolamine（OHPE）との複合体構造の情報が含まれている（図7）。図7に示すように，基質OHPE分子はAmPLA$_2$分子の直交方向から疎水性トンネルに入り，極性頭部エタノールアミンが両触媒残基近傍に位置するように結合する。その際，両アシル鎖は疎水性トンネルの壁面に沿うような位置に結合していることがわかる。この複合体構造から推察すると，この後*sn*-2位アシル鎖は近傍・下部にある*α*ヘリックスとループが形成する疎水性ポケットに入り込むものと思われる。

2.3　ホスホリパーゼC

　リン脂質にPLC（EC 3.1.4.3）を作用させると*sn*-3位に結合するリン酸あるいはリン酸モノエステル（コリンなど）が遊離し，ジアシルグリセロールになるPLCの食品加工分野における有用性として，パンの冷凍保存生地焼成時に，その表面で発生する老化，梨肌を緩和する効果[36]や畜肉加工製品の硬さ，しなやかさなどの食感を劣化させることなく，保存時の離水を抑制する効果[37]，食用油精製工程（脱ガム効率）の改善が特許文献に記載されている。大豆・ナタネなどから食用油を製造する際には，着色あるいは食味の劣化の原因となるため，レシチンは除去されるべき物質である。この目的のために，従来PLA$_1$, PLA$_2$を用いてレシチンを部分的に加水分解し，リゾレシチンとすることで水溶性にして除去する方法が採用されてきた。しかし，ここでPLCを用いてレシチンをジアシルグリセロールとすることにより，トリアシルグリセロールとともに油の一成分にすることができる。つまり，食用油の製造工程において歩留まりを向上させる効果が期待される[36,38]。現在，脱ガム工程に利用されているPLCは米Verenium社が開発したPurifine®（現在DSM社が製造販売）のみで，本酵素はPLA$_1$, PLA$_2$に代わる脱ガム用酵素として近年海外を中心に注目されている。しかしながら，環境中から抽出したメタゲノムDNAから遺伝子クローニングし，酵母*Pichia pastoris*を宿主として組換え生産された酵素[6]のため日本国内では使用されていない。本遺伝子は*Bacillus cereus*（セレウス菌）由来PLC（BcPLC）と類似性が高いことから，クローニングした酵素はBcPLC類似酵素と考えられている。既知PLCの多くがホスファチジン酸（PA），ホスファチジルエタノールアミン（PE）に作用しにくいという特徴を持っていたが[11]，Purifine®はPC，PEを加水分解し，開発当初（第一世代）PA，ホスファチジルイノシトノール（PI）に作用しにくいという課題があったが，その後PLA$_2$を加えた第2世代としてPurifine 2G®，さらにPI特異的PLC（PI-PLC）を加えた第3世代Purifine 3G®を開発し[8]，現在では全リン脂質に対応可能になっているようである（https://www.dsm.com/markets/foodandbeverages/en_US/products/enzymes/oils-fats/purifine.html）。

　体外臨床診断薬用酵素として旭化成ファーマ㈱から*B. cereus*由来PLC（BcPLC）が販売されている。そのほか，研究用試薬としてSigma-Aldrichからバクテリア由来PLCとして*Clostridium perfringens*（ウェルシュ菌）とBcPLCが販売されているが，いずれも病原菌由来である。

PLCの最初の報告は1964年 *P. aeruginosa* 由来ヘモリシン（溶血素）であり[39]，2019年4月時点でBRENDAには102生物種，種レベルの重複を除いた属レベルでは49種類のPLCが収載されている。カビ由来では *Aspergillus tamarii*, *Aspergillus niger*, *Aspergillus saitoi*, *A. oryzae* が知られている[36]。酵母由来PLCとしては，例えば *Candida albicans*[40], *Saccharomyces cerevisiae*[41] が知られている。細菌由来PLCとしては，例えば *Pseudomonas schuylkilliensis*[42,43], *P. fluorescens*[44], *Bulkholderia pseudomallei*[45,46], *B. cereus*[16], *Staphylococcus aureus*[47] および *C. perfringens*[48,49] などが生産するPLCが知られている。放線菌由来では *Streptomyces hachijoensis* が分泌生産するPLCが報告されている[50,51]。

　世界で初めて立体構造が解読されたPLCはBcPLCであり，1997年にPDBに1ah7として登録されている[52]。また，2019年4月現在でPDBに登録されているPLCは計74種あるが，そのうちヒト由来が2種，ウシ2，ネズミ，ハエなど合わせて6種のPLCが登録されている。微生物由来PLCについては，BcPLCと *Bacillus thuringiensis*, *S. aureus*, *C. perfringens*, *Pseudomonas* sp., *Streptomyces antibioticus* 由来PLCが登録されている。放線菌由来PLC以

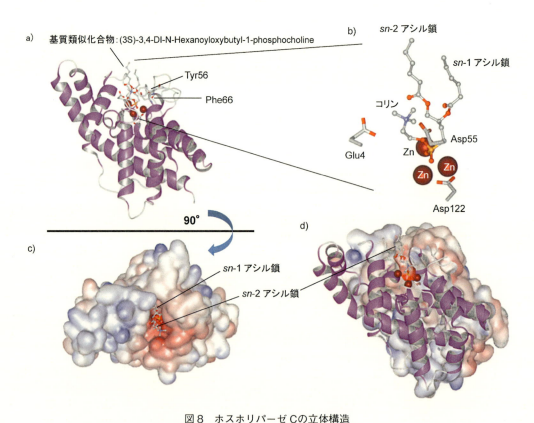

図8　ホスホリパーゼCの立体構造
a) *Bacillus cereus* 由来PLC（BcPLC）と基質類似化合物の複合体モデル（PDB ID: 1p6d），
b) 活性中心モデル，c) BcPLC分子表面の静電ポテンシャル，d) 活性中心付近の断面図

第 11 章 ホスホリパーゼの構造，作用および応用

外の病原菌由来 PLC は細胞膜にダメージを与え，溶血（ヘモリシン）活性を示す α-toxin として知られている。BcPLC は bacterial PLC ファミリーに属し，zinc-dependent PLC として Pfam には Zn_dep_PLPC（PF00882）ファミリーとして登録されている。そのアミノ酸配列を MOTIF サーチすると，共通配列 H-Y-x-[GT]-D-[LIVMAF]-[DNSH]-x-P-x-H-[PA]-x-N を含む Prosite ID: PROKAR_ZN_DEPEND_PLPC_1 であることがわかる。図8は BcPLC と基質類似化合物との複合体構造（PDB ID: 1p6d）であり，α ヘリックスのみで形成されている点が特徴といえる。CATH データベースでは superfamily 1.10.575.10（Many Alpha/Orthogonal Bundle/P1 Nuclease/P1 Nuclease domain, Domain 1p6dA00）として分類されている。また，Asp55 と Asp122 が触媒残基となっており，Asp122 は基質結合サイトにもなっている。多く加水分解酵素に見られる典型的な触媒トライアッド Ser-His-Asp を利用していない点で興味深い。一方，病原性を示さない PLC の立体構造は *S. antibioticus* 由来 PLC（SaPLC）の X 線結晶構造解析が世界で初めてであり，2009 年に PDB に登録（ID: 3h4w）された（図9）。SaPLC は Ca^{2+}- 要求性の PI-PLC であり，339 アミノ酸からなり CATH には superfamily

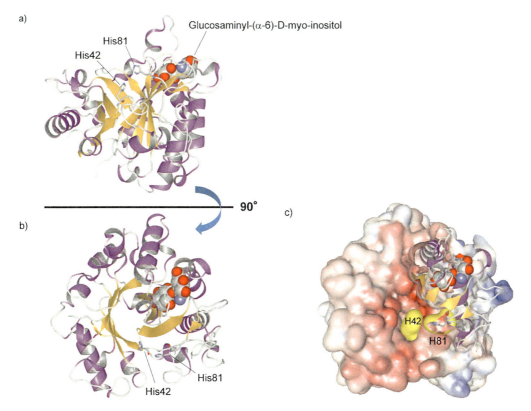

図 9 *Streptomyces antibioticus* 由来 PI-PLC（SaPLC）の立体構造（PDB ID: 3h4w）
基質類似化合物は *Bacillus cereus* 由来 PI-BcPLC（PDB ID: 1gym）の酵素基質複合体の構造情報（図9）を参考に配置．c）SaPLC 分子表面の静電ポテンシャル

3.20.20.190, Domain 3h4hwA00（Alpha Beta/Alpha-Beta Barrel/TIM Barrel/Phosphatidylinositol（PI）phosphodiesterase）として分類されている。本酵素はα/βヒドロラーゼの1種で，αヘリックスとβシートが各8つずつからなる$(\alpha/\beta)_8$-barell fold（TIMバレルとも呼ばれる）を持つのが特徴的である。InterProにはHomologous Superfamily PLC-like phosphodiesterase, TIM beta/alpha-barrel domain superfamily（IPR017946）として登録されている。また，BcPLCの触媒残基がAsp55とAsp122であるのに対し，SaPLCの触媒残基はHis42, His81であり[53]（文献53ではシグナル配列26アミノ酸を除いてアミノ酸残基数をカウントしているためHis16とHis55となっている），同様の基質特異性を示すPI-PLCでありながら立体構造も触媒残基も異なる点が大変興味深い（表2）。SaPLCと同様に*B. cereus*由来PI-PLC（PI-BcPLC, 図10）もHis63（catalytic base）とHis113（catalytic acid）（文献54ではシグナル配列31アミノ酸を除いてアミノ酸残基数をカウントしているためHis32, His82）が触媒残基となっており[54]，これは後述するPLDの触媒残基とも共通している点で興味深いといえる。

　SaPLCは基質や基質類似化合物との複合体構造が解かれていないため，複合体構造情報を持つBcPLCとPI-BcPLCに関して基質結合様式，基質認識メカニズムについて紹介することにする。BcPLCについては，基質類似化合物（3S）-3,4-Di-N-Hexanoyloxybutyl-1-phosphocholine

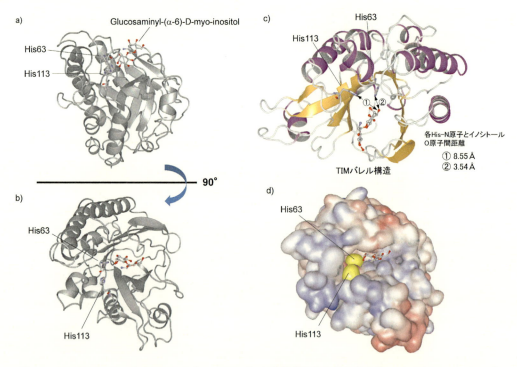

図10　*Bacillus cereus*由来PI-PLC（PI-BcPLC）と基質類似化合物の複合体モデル（PDB ID: 1gym）
　　　c）TIMバレル構造と各His-N原子とイノシトールO原子間距離，
　　　d）PI-BcPLC分子表面の静電ポテンシャル

第11章 ホスホリパーゼの構造, 作用および応用

表2 ホスホリパーゼの構造に基づく分類

ホスホリパーゼタイプ	Class or Superfamily	Architecture	Topology	触媒残基
A_1	α/β hydrolase	Layer（aba）Sandwich	Rossmann fold	Ser
A_2	All α hydrolase	Up-down Bundle	−	His, Asp
C	All α hydrolase（BcPLC）	Orthogonal Bundle	P1 Nuclease	Asp×2
	α/β hydrolase（PI-PLC）	Alpha-Beta Barrel	TIM Barrel	His×2
D	α/β hydrolase	2-Layer Sandwich	Endonuclease; Chain A	His×2
LyPls-PLD, GDPD	α/β hydrolase	Alpha-Beta Barrel	TIM Barrel	His×2

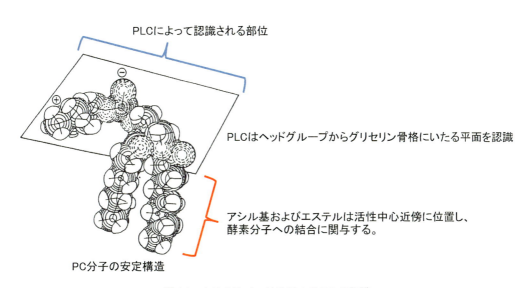

図11 ホスホリパーゼCによるPCの認識

との共結晶構造（PDB ID: 1p6d）の解析から基質結合様式が推定されている。Martinらは, コリンのN^+から3.9Å離れたところにGlu4のカルボキシル基（COO^-）が配置し, Tyr56とPhe66の芳香環がコリンのメチル基から各々4.7, 4.2Å離れたところにセントロイド（三角形重心）配置してPCを固定していると報告している[55]。その際, 活性中心にある3つのZn^{2+}が約2Å離れたところからホスホコリンのリン酸基O^-を安定化している。この時, 水分子, Glu4, Asp55, Asp56, Glu146が電荷および水素結合ネットワークによって間接的にZn^{2+}-PO_4^-間の安定化に寄与していると述べている[56]。El-SayedらはBcPLCによる基質分子の認識について脂肪酸エステル鎖の認識および結合は厳格ではなく, むしろヘッドグループとグリセリン骨格からなる平面を認識していると報告している（図11）[49,57]。GriffithとRyanはPI-BcPLCによる基質結合および触媒作用メカニズムについて, 次のように述べている[54]。PI-BcPLC（PDB ID: 1gym）はリン脂質界面に結合した後, PIの極性頭部まで界面上を横方向にスライド（scooting）し,

食品・バイオにおける最新の酵素応用

Arg163 と Asp198 の各側鎖が PI の極性頭部にあるイノシトールの 2 つの水酸基と水素結合によって結合した後, 触媒作用を行う。

2.4 ホスホリパーゼ D

PLD (EC3.1.4.4) は細菌, 酵母, 動植物, ウイルスなど, さまざまな生物種に分布しており, キャベツ, にんじん, ほうれん草, セロリ, エンドウなどの植物組織に広く分布することが古くから知られていた[7]。PLD はグリセロリン脂質の sn-3 位リン酸ジエステル結合の加水分解を触媒し, ホスファチジン酸とコリンなどのアルコール（水酸化物）を遊離する加水分解酵素である。また, PLD はホスファチジル基転移活性を有するため, 反応系にヒドロキシル基を有する化合物が高濃度で存在するとヒドロキシル基にホスファチジル基を転移する。この転移活性を利用して, 安価なレシチンから PS が合成されている[58]。PS は脳機能低下抑制（ぼけ防止, 記憶力向上）機能を謳うサプリメントや化粧品素材として利用されている。PLD を利用した PS 製造の国内主要メーカーとして, 名糖産業㈱（*Actinomadura* sp. 由来 PLD）, 太陽化学㈱（*Streptomyces antibioticus* 由来 PLD[59]）, 日油㈱（*Streptomyces* またはキャベツ由来 PLD[60]）がある。近年では, 室伏らは PLA$_2$ と PLD を利用した化粧品素材として有用な環状ホスファチジン酸：cyclic phosphatidic acid（cPA）とよばれる特殊なリン脂質の合成について報告している[61]。また, 岩崎らは *S. antibioticus* 由来 PLD（SaPLD）のミュータントを作成し, その転移活性の基質特異性を改変することで PI[62] やホスファチジルトレオニン[63] の合成に成功している。そのほか, 体外臨床診断薬用酵素として旭化成ファーマ㈱から *Streptomyces chromofuscus*, *Streptomyces* sp. 由来 PLD が販売されている。そのほか, 研究用試薬として Sigma-Aldrich からキャベツ, ラッカセイ, *S. chromofuscus*, *Streptomyces* sp. 由来 PLD が販売されている。このほか, *Micronospora* 属, *Nocardiopsis* 属, *Actinomadura* 属に属する放線菌により製造する方法が知られている[7]。

PLD はキャベツ（*Brassica oleracea var. capitata*）中に存在することが 1969 年に世界ではじめて報告された[60]。2019 年 4 月時点で BRENDA には 203 生物種, 種レベルの重複を除いた属レベルでは 91 種類の PLD が収載されている。世界で初めて立体構造が解読された PLD は *Streptomyces* sp. PMF 株由来 PLD（PLD$_{PMF}$）[64] であり, 2004 年に PDB に 1v0u として登録されている。そのほか, 2019 年 4 月現在で PDB に登録されている PLD は *Streptomyces* 属由来が 2 種, グラム陰性細菌 2 種, クモ 2 種, ネズミ 1 種が登録されている。PLD$_{PMF}$ は 506 個のアミノ酸からなる金属イオン非要求性の単量体酵素であるが, 分子の中心に点対称軸を持ち α_2（ホモ 2 量体）のような扇子状構造を持つのが特徴的である（図 12, 13）。活性中心として N 末端領域と C 末端領域にそれぞれ HKD モチーフを一つずつ持つものが多く, 多くの PLD において触媒残基として 2 つの His を利用しているという共通点がある。PLD$_{PMF}$ は Pfam には PLD-like ドメインを持つ PLDc_2（PF13091）ファミリーとして登録されている。また, MOTIF サーチすると, N 末端領域にある HKD モチーフは Pfam ID: PLDc（PF00614）の phospholipase D active site

第11章 ホスホリパーゼの構造,作用および応用

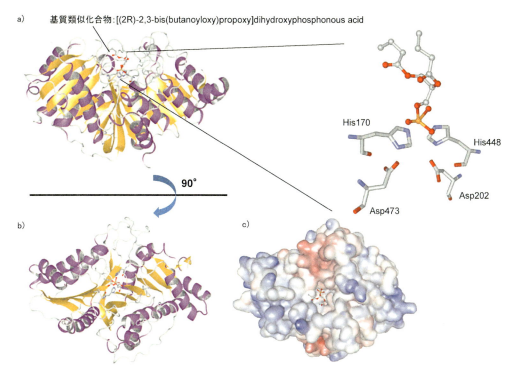

図12 ホスホリパーゼDの立体構造
a,b) *Streptomyces* sp. PMF 株由来 PLD (PLD$_{PMF}$) と基質類似化合物の複合体モデル (PDB ID: 1v0u), c) PLD$_{PMF}$ 分子表面の静電ポテンシャル

motif (hHqKivivDdrvafvGgaN:大文字は共通性が高いアミノ酸) と, C 末端領域にある HKD モチーフとして phospholipase D phosphodiesterase active site profile (Prosite ID: PS50035) の共通配列 YxxVHHSKLMIVDDEYAYIGSANLBDRH (B: 塩基性アミノ酸) が見出される典型的な PLD であることがわかる。CATH では superfamily 3.30.870.10, Domain 1v0uA01 (Alpha Beta/ 2-Layer Sandwich/ Endonuclease; Chain A / Endonuclease; Chain A) として分類されている。本酵素は $α/β$ ヒドロラーゼの 1 種であり 2-Layer Sandwich 構造を持つ Endonuclease Chain A スーパーファミリーに属している。Endonuclease Chain A スーパーファミリーに占める PLD の割合は 8.1% (2019 年 4 月時点で CATH に登録されたデータ) であり,多くの PLD がこのスーパーファミリーに属する。PLD$_{PMF}$ の触媒残基に関しては,His167 が求核剤として,His440 がプロトンドナー/アクセプターとして働くと考えられている[64]。J. Damnjanović と岩崎らは,SaPLD の部位特異的変異体 H168A と基質類似化合物〔(2R)-3-(Phosphonooxy) propane-1,2-Diyl diheptanoate〕との複合体について X 線結晶構造解析 (PDB ID: 2ze9) を行うなど,SaPLD の触媒作用メカニズムについて詳細に考察,報告している[65]。彼らは,図13に示すように基質のヘッドグループが活性中心に向けて酵素に結合した後,His による触媒作用を受け,生じたホスファチジル基は一時的に触媒 His と複合体を形成することで安定化される。そ

273

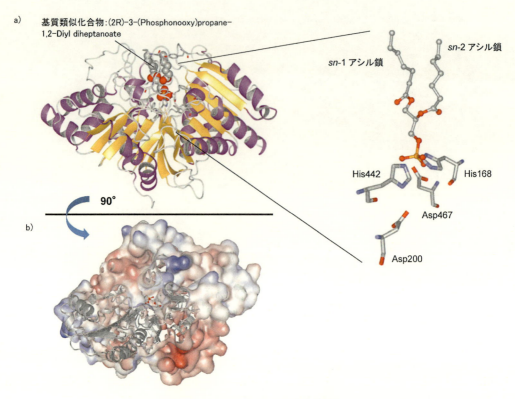

図13 ホスホリパーゼDの立体構造
a) *Streptomyces antibioticus* 株由来 PLD（SaPLD）H168A 変異体と基質類似化合物の複合体モデル（PDB ID: 2ze9），b) SaPLD 分子表面の静電ポテンシャル（基質結合ポケット上部の一部をクリッピング）

の後，水分子の攻撃によってホスファチジン酸となって遊離するという ping-pong 機構によって触媒作用が完了すると述べている[65〜67]。

　古くからよく知られている PLD とは，さまざまな特徴が異なる PLD として近年筆者らが見出したリゾ型プラズマローゲンに特異的に作用する PLD（LyPls-PLD）について紹介する。本酵素は，リン脂質の加水分解位置および2つの His が触媒残基（His46 と His88）である点は PLD と同じであるものの，1次構造も立体構造も全く異なっている（図14）[20]。アミノ酸配列および立体構造は glycerophosphodiester phosphodiesterase（GDPD）に類似しており，GDPD は GDPD family（PF03009）ファミリーとして Pfam に登録されている。また，InterPro には GDPD domain（IPR030395）TIM beta/alpha-barrel domain superfamily（IPR017946, PLC-like phosphodiesterase, TIM beta/alpha-barrel domain superfamily（IPR017946）として登録されている。LyPls-PLD のアミノ酸配列を CATH データーベースサーチすると，PI-PLC と同一 superfamily 3.20.20.190（Alpha Beta/Alpha-Beta Barrel/TIM Barrel/Phosphatidylinositol（PI）phosphodiesterase, Domain 2pz0B00 として分類されていることがわかる。LyPls-PLD の

第11章 ホスホリパーゼの構造,作用および応用

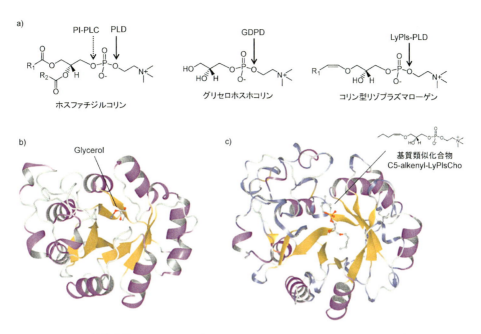

図14 触媒残基として His を用いる PLC, PLD, GDPD, LyPls-PLD の基質と
触媒作用部位 (a), および立体構造比較 (b, c)
b) *Caldanaerobacter subterraneus* subsp. *tengcongensis* 株由来 GDPD (ttGDPD)/基質類似化合物の複合体モデル, (PDB ID: 2pz0), c) LyPls-PLD と基質類似化合物の結合予測モデル

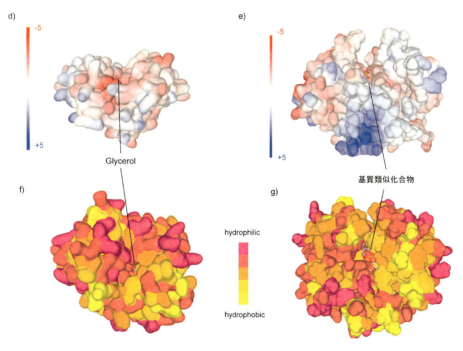

図14 酵素分子表面の静電ポテンシャル (d, e) と疎水度 (f, g)
d, f) ttGDPD, e, g) LyPls-PLD.

275

立体構造は未解明のため，HHpred サーチおよび Modeller を利用して立体構造モデルを描画した（図 14, c）。その結果，先述の PI-PLC である SaPLC，PI-BcPLC と同様な α ヘリックスと β シートが各 8 つずつからなる $(\alpha/\beta)_8$-barell fold（TIM バレル）を持つと推定され，触媒作用部位が異なる PLC と PLD に TIM バレル構造が分布している点は構造学的にも分子進化的にも極めて興味深い。また，立体構造モデル予測の鋳型にもなった *Caldanaerobacter subterraneus* subsp. *tengcongensis*（旧 *Thermoanaerobacter tengcongensis*）由来 GDPD[68]（遺伝子名 UgpQ, PDB ID: 2pz0）とは構造が酷似しており，触媒残基として 2 つの His の採用（表 2）や TIM バレル中心付近にある β シート末端にある Trp が基質結合に関与する点（図 15）など，多くの共通点が見られる。その一方で，両者の間で活性中心金属イオンの種類，基質特異性が全く異なる点は興味深い。つまり，GDPD は Mg^{2+} イオン要求性でアシル基を有する PC や LPC には全く作用せず，グリセロホスホコリンのみに作用し，PLD と同様にコリンを遊離する（図 14, a）。一方，LyPls-PLD はコリンを遊離する点では GDPD と同じ PLD 型酵素であるが，Ca^{2+} イオン要求性で LPC や LyPls のようなリゾ型に作用する点が GDPD とは異なる。以上のように，LyPls-PLD，PLD，GDPD，PI-PLC では触媒残基として 2 つの His を利用している点で共通性がある一方（表 2），PLD 以外は HKD モチーフを持たず立体構造も大きく異なっている点は酵素の分子進化および酵素による基質分子認識の妙といえるだろう。また，表 2 に示すように，ホスホリパーゼの多くは α-β barell fold を利用しているという共通性があり，さらに PI-PLC と LyPls-PLD，GDPD は TIM バレル構造を持つ非常によく似た構造をしていることがわかる。この構造共通性も図 16 から良く理解できる。つまり，PI-PLC である SaPLC，PI-BcPLC の立体構造を元にして PLD と LyPls-PLD，GDPD になるように機能重視で進化してきた結果と考えら

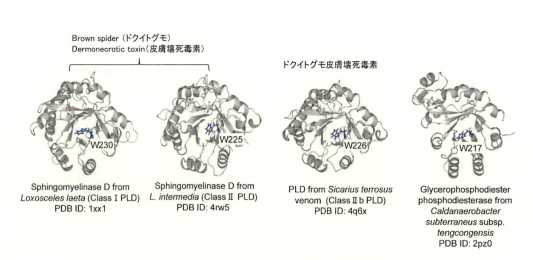

図 15　TIM-barrel 構造を持つ様々なクラスの PLD と GDPD の立体構造
　　　基質結合に関与する Trp（青スティックで表示）が高度に保存されている。

第11章　ホスホリパーゼの構造，作用および応用

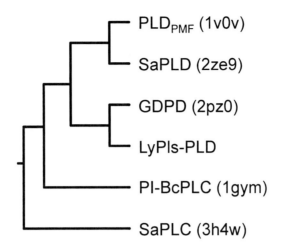

図16　TIM-barrel 構造を持つ PLC，PLD，GDPD のアミノ酸配列に基づく UPGMA による進化系統解析結果
ClustalW にて作成，カッコ内は PDB ID

れる。要は目的の機能（基質特異性や触媒活性など）を発揮させることを目指して，PI-PLC の遺伝子（＝アミノ酸配列）を利用して変化（進化）させた結果，アミノ酸配列（1次構造）以上に立体構造には共通点が生じたものと考えられる。

文　　献

1) Matsumoto Y. *et al., FEBS J.*, **280**, 3780 (2013)
2) 特開平 6-62850，三共㈱
3) Watanabe I. *et al., Biosci., Biotechnol., Biochem.*, **63**, 820 (1999)
4) Menashe M. *et al., J. Biol. Chem.*, **261**, 5328 (1986)
5) 椎原美沙，"ホスホリパーゼと機能性リン脂質"，産業酵素の応用技術と最新動向，井上國世，p. 299，シーエムシー出版 (2009)
6) Ciofalo V. *et al., Regul. Toxicol. Pharmacol.*, **45**, 1 (2006)
7) 菰田衛，"レシチン—その基礎と応用"，㈱幸書房 (1991)
8) Cerminati S. *et al., Appl. Microbiol. Biotechnol.*, **103**, 2571 (2019)
9) Borrelli G. M., D. Trono, *Int. J. Mol. Sci.*, **16**, 20774 (2015)
10) 杉森大助，"ホスホリパーゼを用いたリゾレシチンの製造"，酵素利用技術体系，小宮山眞，p. 760，NTS Inc. (2010)
11) Cowan D., "Lipases for the production of food components", Enzymes in Food Technology, Whitehurst R. J., Oort M. v., p. 332, John Wiley & Sons, Inc. (2009)

12) Scandella C. J., A. Kornberg, *Biochem.*, **10**, 4447 (1971)

13) 鈴木初男, 生物工学, **90**, 488 (2012)

14) Skjold-Jørgensen J. *et al.*, *Biochim. Biophys. Acta*, **1865**, 20 (2017)

15) Sugimori D. *et al.*, *FEBS Open Bio*, **2**, 318 (2012)

16) Murayama K. *et al.*, *J. Struct. Biol.*, **182**, 192 (2013)

17) Sakasegawa S. I. *et al.*, *Biotechnol. Lett.*, **38**, 109 (2016)

18) 特許第 5926801 号, 旭化成ファーマ㈱, 福島大学

19) 杉森大助, オレオサイエンス, **13**, 477 (2013)

20) Matsumoto Y. *et al.*, *FEBS Open Bio*, **6**, 1113 (2016)

21) Hirano Y. *et al.*, *Appl. Microbiol. Biotechnol.*, **100**, 3999 (2015)

22) 特許第 6144967 号, 旭化成ファーマ㈱, 福島大学

23) Maeba R. *et al.*, *Adv. Clin. Chem.*, **70**, 31 (2015)

24) 特許第 6185466 号, 帝京大学, 東京都健康長寿医療センター, 北海道大学, 旭化成ファーマ㈱, 福島大学

25) Maeba R. *et al.*, *Ann. Clin. Biochem.*, **49**, 86 (2012)

26) Lessig J., B. Fuchs, *Curr. Med. Chem.*, **16**, (2009)

27) 特許第 4176749 号, 帝京大学

28) 特許第 5662060 号, 帝京大学, 北海道大学, ㈱ＡＤＥＫＡ

29) Nishimukai M. *et al.*, *Clin. Chim. Acta*, **437**, 147 (2014)

30) Brzozowski A. M. *et al.*, *Biochem.*, **39**, 15071 (2000)

31) Hanahan D. J., "Phospholipases", The Enzymes, Boyer PD, 3rd edn, p. 71 (1971)

32) Dijkstra B. W. *et al.*, *J. Mol. Biol.*, **147**, 97 (1981)

33) Matoba Y. *et al.*, *J. Biol. Chem.*, **277**, 20059 (2002)

34) Burke J. E., E. A. Dennis, *Cardiovasc. Drugs Ther.*, **23**, 49 (2009)

35) Scott D. L. *et al.*, *Science*, **250**, 1536 (1990)

36) 特開 2010-252815, 三菱化学フーズ㈱

37) 特願 2009-136392, 味の素㈱

38) Bora L., *Appl. Biochem. Biotechnol.*, **49**, 555 (2013)

39) Berk R. S., *J. Bacteriol.*, **88**, 559 (1964)

40) Andaluz E. *et al.*, *Yeast*, **18**, 711 (2001)

41) Payne W. E., M. Fitzgerald-Hayes, *Mol. Cell. Biol.*, **13**, 4351 (1993)

42) Arai M. *et al.*, *Nippon Nogeikagaku Kaishi (in Japanese)*, **48**, 409 (1974)

43) 特開昭 50-1017183, 天野製薬㈱

44) Ivanov A. *et al.*, *Microbiologica*, **19**, 113 (1996)

45) Korbsrisate S. *et al.*, *J. Clin. Microbiol.*, **37**, 3742 (1999)

46) Tan C. A. *et al.*, *Protein Expr. Purif.*, **10**, 365 (1997)

47) Daugherty S., M. G. Low, *Infect. Immun.*, **61**, 5078 (1993)

48) Titball R. W. *et al.*, *Infect. Immun.*, **57**, 367 (1989)

49) Titball R. W., *Microbiol. Rev.*, **57**, 347 (1993)

50) Okawa Y., T. Yamaguchi, *J. Biochem.*, **78**, 537 (1975)

51) 特許 0922044 号，東洋醸造㈱
52) Hough E. *et al., Nature*, **338**, 357（1989）
53) Bai C. *et al., J. Am. Chem. Soc.*, **132**, 1210（2010）
54) Griffith O. H., M. Ryan, *Biochim. Biophys. Acta*, **1441**, 237（1999）
55) Martin S. F. *et al., Biochem.*, **39**, 3410（2000）
56) Antikainen N. M. *et al., Arch. Biochem. Biophys.*, **417**, 81（2003）
57) El-Sayed M. Y. *et al., Biochim. Biophys. Acta*, **837**, 325（1985）
58) 山根恒夫，岩崎雄吾，油化学，**44**, 875（1995）
59) 特許第 4266644 号，太陽化学㈱
60) Yang S. F., *Methods Enzymol.*, **14**, 208（1969）
61) 小林哲幸，室伏きみ子，蛋白質 核酸 酵素，**44**, 188（1999）
62) Damnjanović J. *et al., Biotechnol. Bioeng.*, **111**, 674（2014）
63) Damnjanović J. *et al., Eur. J. Lipid Sci. Technol.*, **120**, 1800089（2018）
64) Leiros I. *et al., J. Mol. Biol.*, **339**, 805（2004）
65) Damnjanović J., Y. Iwasaki, *J. Biosci. Bioeng.*, **116**, 271（2013）
66) Leiros I. *et al., J. Mol. Biol.*, **339**, 805（2004）
67) Uesugi Y., T. Hatanaka, *Biochim. Biophys. Acta, Mol. Cell Biol. Lipids*, **1791**, 962（2009）
68) Shi L. *et al., Proteins: Struct., Funct., Bioinf.*, **72**, 280（2008）

第12章　フルクトシルペプチドオキシダーゼを用いた糖尿病診断法の進展

五味恵子[*]

　糖尿病患者数の増大傾向は世界共通のトレンドであり，大きな社会問題として捉えられている。国際糖尿病連合（IDF）の報告によると，患者数は2017年の時点で4億人を突破し，2045年には7億人に達するとも予想されている。糖尿病は，初期の段階では痛みなどの目立った症状は特に現れないため，健康診断などの適切な検査により発見されない限り見逃されてしまう。見逃された高血糖状態がそのまま続くと，過剰な糖による体内の「糖化」が引き起こされる。その結果，生体内の組織がダメージを受け，網膜症，腎症，神経障害，血管障害などの重篤な合併症を引き起こす心配がある。重篤な合併症の行き着く先である失明，人工透析，血管障害による下肢切断といった段階まで症状が進んでしまうと，患者のQOL（生活の質）は急激に悪化してしまう。そういった状況に陥ると，QOLだけでなく高額の医療費負担という視点の問題も発生する。そのため，糖尿病の発症や合併症を未然に防ぐことが，患者自身だけでなく，社会にとっても非常に重要である。また，近年，アルツハイマー病や歯周病など，広範にわたる病態と糖尿病との関連性が報告されるようになり，糖尿病がさまざまな病気の温床となっている可能性が示唆されている[1,2]。これらより，糖尿病に関する検査をタイミング良く行うことは，からだの不調を防ぐために非常に重要であるといえる。

　血糖値は，文字通り，血液中のグルコース濃度である。昨今，食後高血糖という言葉が取りざたされるように，直前の食事などに強く影響されるのに対し，血液中のヘモグロビンタンパク質のβ鎖N末端のバリン残基にグルコースが結合した糖化ヘモグロビン（HbA1c）は過去1～2ヶ月の平均血糖値を反映する。つまり，HbA1cを測定することにより，生体内の血糖状態および血糖による糖化ダメージを把握可能であり，糖尿病の診断および病態の把握や血糖コントロールに適切な指標として受け入れられている。日本糖尿病学会による糖尿病診断基準が2010年7月に改定され，HbA1cをより積極的に診断に取り入れることが糖尿病診断基準に定められた[3]。

　このようにHbA1c測定の需要が高まる中，我々は，酵素を利用した正確・迅速・簡便なHbA1c測定方法の開発に取り組み，新規酵素フルクトシルペプチドオキシダーゼ（FPOX）を使用することによりHbA1c量を測定できることを見出した。本稿では，FPOXの発見とそれを用いたHbA1c測定法の開発および今後の展開可能性について紹介する。

---

　[*]　Keiko Gomi　キッコーマン㈱　研究開発本部　研究開発推進部　部長

第12章　フルクトシルペプチドオキシダーゼを用いた糖尿病診断法の進展

1 HbA1c 測定法

　我々が酵素による HbA1c 測定法を開発する以前は，HbA1c は主に HPLC 法，免疫法により測定されていた。HPLC 法は高精度な測定が可能であるため，信頼される測定法として評価される一方で，専用のカラムと測定機が必要であることや，測定速度が大規模検査には十分ではないことが指摘されていた。また，検査センターや大規模検査室で多数の検体を効率よく検査することを目的として，ラテックス凝集法を原理とする免疫法による自動測定装置対応の臨床検査用キットが多くのキットメーカーから販売されていた。ラテックス凝集法はその原理上，測定キット成分のコンタミを防ぐため測定セルの洗浄操作を念入りに行う必要があり，処理検体数のさらなる向上には課題が残るとされていた。そのため，大型自動測定装置のような多種の検査項目を測定する装置では，より多くの検体を迅速に測定するために，より簡便に取り扱い可能であり，多くの検体を効率よく安価に測定できる酵素測定法の開発が待ち望まれていた。

　HbA1c 酵素測定法を開発するに当たり，基質となる HbA1c に直接働き，発色系に持ち込める既存酵素が存在しなかったことから，プロテアーゼ消化により生じる断片を基質とする酵素を探索することにした。当時すでに社内で見出していたフルクトシルアミノ酸オキシダーゼ（FAOX）による測定を試みたが，この酵素の基質となりうる HbA1c の N 末端であるフルクト

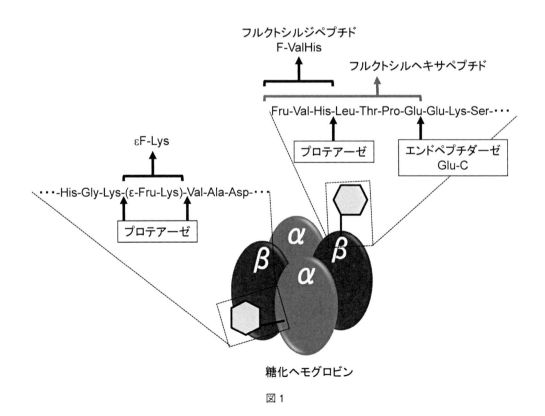

図1

シルバリン（F-Val）を遊離させるプロテアーゼが見つからなかった。ところが，一部のプロテアーゼでは糖化ジペプチド（F-ValHis：フルクトシルバリルヒスチジン；図1）までは分解可能であることが，マススペクトルなどの各種機器分析の結果明らかになった。すなわち糖化ジペプチド F-ValHis に強く働き，発色などの検出系に持ち込める酵素さえあれば，酵素による HbA1c 測定系が構築可能となることが強く示唆され，酵素スクリーニングへと研究を進めた。

2 FPOX の探索

　酵素の探索は，土壌から新たに分離した微生物や保存菌株コレクションに対し，F-ValHis に働き，発色系で検出可能な酵素の生産能という観点からスクリーニングを行った。約 12,000 株の微生物から F-ValHis に対してオキシダーゼ活性をもつ 19 株の糸状菌が選抜された。

　スクリーニングの結果得られた糸状菌について，産生する酵素の性状の評価を行ったところ，いずれも菌体破砕液に F-ValHis を基質とするオキシダーゼ活性が再確認された。中でも F-ValHis に対するオキシダーゼ活性の生産量が高いものとして *Coniochaeta sp.* NISL9330 が選抜された[4,5]。また，HbA1c 測定では，上述のとおり，ヘモグロビンをプロテアーゼ消化することにより，β 鎖 N 末端バリンに由来する F-ValHis が遊離してくる。ところが，それと同時に，反応条件によってはリジンの ε 位のアミノ基が糖化された ε フルクトシルリジン（ε F-Lys）が遊離してくることが示唆されていた（図1）。*Eupenicillium* 属に属する菌が産生する酵素は，F-ValHis に働くが ε F-Lys への反応性が低いことが窺えたため，F-ValHis への基質特異性が優れたものとして ε F-Lys への反応性が一番低い *Eupenicillium terrenum* ATCC 18547 が選抜された。

3 FPOX のクローニング

　産生される酵素の性状を確かめるために，スクリーニングで選抜された菌株より酵素単離を行った。二つの菌株を酵素生産培地で培養して得られた菌体の菌体破砕上清から各種分画操作を経て，SDS-PAGE 上でほぼ単一となるまで精製することに成功した[4,5]。得られた酵素は，いずれも SDS-PAGE 上で 50kDa ほどの大きさのモノマーであり，菌体破砕液で検出した基質特異性をほぼ再現することを確認できた。

　酵素生産株から精製した酵素は，当時の定法であった N 末アミノ酸配列およびプロテアーゼ消化内部アミノ酸配列の解析，RT-PCR による部分 cDNA 配列の取得，3' RACE，5' RACE などのクローニング手法により全長の cDNA を得た。得られた cDNA 配列から予想された一次アミノ酸配列について Blast 検索を行うと，*Penicillium* や *Aspergillus* 由来フルクトシルアミノ酸オキシダーゼが上位に選択され，相同性は 75% 程度であった。また，今回クローニングした二つの由来の異なる糸状菌より得られた cDNA から予想された一次アミノ酸配列は，配列全体に

第 12 章　フルクトシルペプチドオキシダーゼを用いた糖尿病診断法の進展

わたって相同性が高かったことから，これらは同じグループに含まれる一群の酵素であると考えられた。

　次にこれら両酵素の大腸菌による異種発現を試み，活性を持った形で発現に成功した。大腸菌で発現された酵素は，両者とも求める F-ValHis を基質とするオキシダーゼ活性を持っていることが確認された。本酵素活性は，これまでに報告がない新規な酵素活性であったため，フルクトシルペプチドオキシダーゼ（FPOX）と名づけた（図 2）[4, 6]。さらに，FPOX はフルクトシルヘキサペプチド（図 1）のプロテアーゼ消化物を基質として過酸化水素を産生することから，HbA1c 酵素測定法に用いる酵素として使用可能であることが示唆された。

　表 1 に二つの組換え酵素の性状を示した。酵素の各種性質を比較すると，FPOX-CE と FPOX-EE はおおよそ同じであると言えるが，両者の大きな違いは，スクリーニングの項で記述したように，基質特異性の違いにあるといえる。アミノ酸配列を比較すると，前述のとおり，全体にわたって相同性が高いにも関わらず，ε F-Lys への反応性において大きく異なることが分かった。

　Coniochaeta 由来 FPOX-CE，Eupenicillium 由来 FPOX-EE はそれぞれ弊社オリジナルのファージ系大腸菌生産システム「スリーパーベクターシステム」にて大量発現に成功した。「スリーパーベクターシステム」は，IPTG のような化学物質ではなく，熱誘導により酵素生産を行

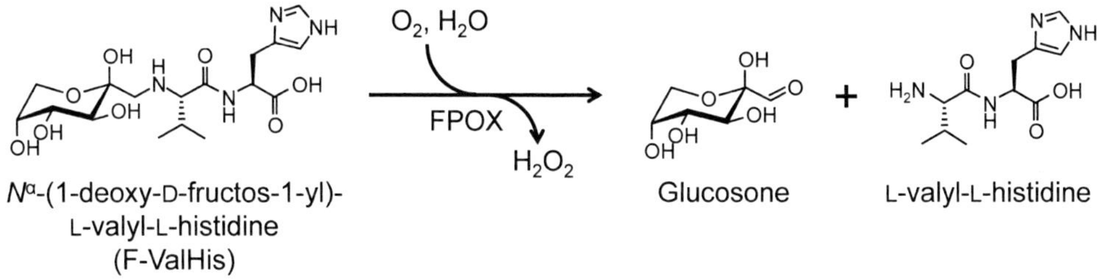

図 2

表1　基質特異性は F-ValHis への反応を 100％としたときの相対値

	FPOX-CE	FPOX-EE
由来	Coniochaeta sp.	Eupenicillium terrenum
Km（F-ValHis）	3.4 mM	2.8 mM
基質特異性　F-ValHis	100％	100％
ε F-Lys	84％	わずかに働く
温度安定性	45℃以下	40℃以下
至適温度	35 − 42℃	30 − 45℃
pH安定性	6.0 − 9.5	5.5 − 9.0
至適pH	7.5 − 8.0	7.0 − 8.0

（キッコーマンバイオケミファ株式会社 酵素カタログより改変）

うことを特徴とする[7]。組換え大腸菌の培養最適化，大量発現した酵素を用いた種々の精製スキーム検討を経て，工業スケールでの酵素生産に成功した。このようにして十分な量の酵素が得られるようになったことから，HbA1c測定キット開発に向けた事業化がスピードアップすることとなった。

4　FPOXを用いたHbA1c測定法の確立

大量に組換え発現したFPOXを用いたHbA1c測定法の確立のため，プロテアーゼを組み合わせた反応を確認することにした。まずはモデル系としてフルクトシルヘキサペプチドに対しプロテアーゼ各種を反応させた後，FPOXおよび発色試薬による検出を試みたところ，フルクトシルアミノ酸のみに働くFAOXでは全く発色しないのに対し，フルクトシルジペプチドに働くFPOXでは顕著に発色が観察されたことから，麹菌や酵母，バチルスなどから産生されるプロテアーゼが効率的にF-ValHisを遊離させることを確認した[8]。

さらに，HbA1cを基質としてプロテアーゼ反応を行った後，同様にFPOXおよびパーオキシダーゼによる発色反応を行った結果，HbA1c濃度にしたがって発色が増大したことから，新たに発見したFPOXを用いてHbA1cが測定できることが確認された。このようにして確立したFPOXを用いた酵素測定法の概略を図3に示した。

5　FPOXの安定性向上

FPOX-CEEの組換え発現に成功したことで，FPOX-CEEの安定供給が可能となったことに加え，変異導入によるFPOX-CEの改良も行えるようになった。ここでは，バイオセンサ用途に関連するFPOX-CEの改良事例について紹介する。

同じく糖尿病診断マーカーである血中グルコース濃度測定においては，自分自身で測定する使い捨てセンサ型の自己血中グルコース濃度測定（SMBG）装置が便利に使われている。これは酵

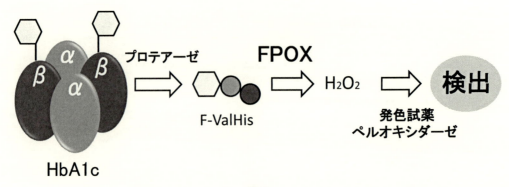

図3

第 12 章　フルクトシルペプチドオキシダーゼを用いた糖尿病診断法の進展

素を利用して電気化学的に測定するものであり，当初グルコースオキシダーゼが良く使われてきた。グルコースオキシダーゼは，グルコースへの基質特異性が非常に高いため SMBG センサに広く使われてきたが，GOD が非常に安定な酵素であることも，魅力のひとつであり，次世代SMBG 向け酵素として開発が進められたグルコースデヒドロゲナーゼにおいても，安定型酵素を各社競って開発したという経緯がある。FPOX を利用したバイオセンサの開発を目指した場合には，FPOX の安定性向上が課題の一つであると考える。

　FPOX の安定性向上を目指して，分子進化工学，すなわち FPOX-CE 遺伝子を鋳型に *in vivo* での遺伝子へのランダム変異導入とメンブレンアッセイとを組み合わせたスクリーニングを繰り返すことによって得られた耐熱性向上型酵素の取得について紹介する。

　変異導入スクリーニングの結果得られた変異候補株について，変異箇所の解析を行ったところ，R94K，G184D，F265L，N272D，H302R，H388Y が熱安定性向上に効果をもたらす変異として同定された。変異箇所の多重化および組合せ最適化により，野生型酵素では 5% 以下の残存活性となる条件の熱処理（50℃，60 分）でもまったく活性を失わない，熱安定性が向上した変異体を作製することができた[9, 10]。FPOX の耐熱性向上の課題には継続的に取り組んでおり，その後，60℃ で 30 分処理しても酵素活性の 80% 以上が残存する改変型酵素の開発にも成功している[11]。

6　FPOX のデヒドロゲナーゼ化

　一方，FPOX-CE の改良を効率よく進めるために，FPOX-CE の立体構造情報を入手することにした。京都大学との共同研究により，耐熱型 FPOX-CE の結晶化に着手し[12]，その立体構造を決定した（図 4）。耐熱型 FPOX-CE の結晶構造を解明したことにより，その活性中心を構成するアミノ酸も同定でき，それらをターゲットにした部位特異的変異導入により FPOX-CE の機能を理論的に改変するアプローチが採れるようになった。

　電気化学式バイオセンサでは，酵素およびメディエータを仲介して，測定対象化合物から電極まで電子を伝達させ，そのシグナルを検出する手法が用いられる。この手法に基づいて FPOX による HbA1c 測定を行う場合，F-ValHis の酸化により生じた電子は FPOX を経由してメディエータに渡ることになる。この活性を F-ValHis に対する「デヒドロゲナーゼ活性」と表す。しかしながら，我々が見出した FPOX-CE は，F-ValHis の酸化により生じた電子を酸素に受け渡す「オキシダーゼ活性」が高く，F-ValHis 由来の電子をサンプル中の溶存酸素に優先して受け渡してしまうことが懸念された。

　そこで，耐熱型 FPOX-CE の結晶構造を参考にして，その活性中心に変異を導入することで，デヒドロゲナーゼ活性を保持しつつオキシダーゼ活性を約 1/200 に減少させた改変型 FPOX-CE を取得することに成功した[13]。

285

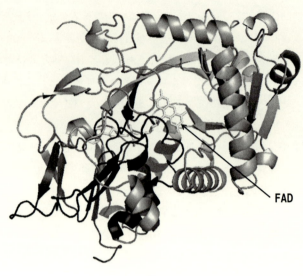

図4

おわりに

　我々が発見した新規酵素 FPOX により，HbA1c 酵素測定法の開発を達成したが，より便利により簡便に測定するために，種々の酵素改良を実施した。タンパク質立体構造の解析情報により理論設計による改良が進められるようになり，プロテアーゼ不要な酵素など，これまでにない性質を併せ持つ酵素の開発に成功している。今後，改変型 FPOX を搭載した HbA1c センサの開発が進み，実用化されることを期待している。

文　　献

1) E. C. McIntosh *et al.*, *Diabetes Care* dc181399., (2019)
2) S. Grossi *et al.*, *Journal of periodontology*, **68**(8), 713-719 (1997)
3) 清野 裕ほか，糖尿病，**53**, 450-467 (2010)
4) U. Kobold *et al.*, *Clin. Chem.*, **43**, 1994-1951 (1997)
5) 黒澤恵子ほか，特許第 4231668 号
6) K. Hirokawa *et al.*, *Arch. Microbiol.*, **180**, 227-231 (2003)
7) K. Hirokawa *et al.*, *Biochem. Biophys. Res. Commun.*, **311**, 104-111 (2003)
8) 中野衛一：蛋白質核酸酵素，**32**, 1133-1140 (1987)
9) K. Hirokawa *et al.*, *Biotechnol. Lett.*, **27**, 963-968 (2005)
10) 廣川浩三，一柳敦：特許第 5074386 号

第 12 章　フルクトシルペプチドオキシダーゼを用いた糖尿病診断法の進展

11)　一柳敦ほか，WO2013/100006 (2013)
12)　A. Ichiyanagi *et al., Acta Crystallogr. Sect. F. Struct. Biol. Cryst. Commun.,* **69**, 130-133 (2013)
13)　一柳敦ほか，WO2016/063984 (2016)

第13章　イオン液体と微生物・酵素の利用技術の開発

倉田淳志[*1]，岸本憲明[*2]

1　はじめに

　イオン液体（IL）は常温で液体の有機塩である（図1）。アニオンとカチオンの組み合わせによって，多様な親水性・疎水性ILを調製できる[1]。親水性ILには高極性の化合物を，疎水性ILには低極性の化合物をそれぞれ溶解できる。さらにILは不燃性・不揮発性を示し，リサイクル系の構築が容易である。これらILの特徴はグリーンケミストリーの実現に寄与できる。現在，ILは既存の水系・有機系溶媒に換わる新たな溶媒として注目されており，ILを溶媒として化学製品群，医薬品などの生産技術が開発されつつある[2〜4]。一方で，親水性ILは微生物の生育を阻害し，酵素を変性させて失活させるため[5]，生体触媒を用いた有用物質変換系への活用には問題がある。さらに環境への流出リスクを考慮して，ILが微生物に与える影響やILの分解性について検討する必要がある。本章では，ILに対する耐性細菌の応答，耐性酵素の特徴，ILの分解，ILを溶媒に用いた酵素合成について紹介した。

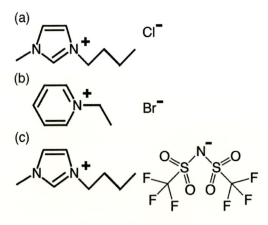

図1　イオン液体の構造
イオン液体は，様々なカチオンとアニオンを組み合わせて構成される。(a)親水性イオン液体[BMIM]Cl，(b)親水性イオン液体[EtPy]Br，(c)疎水性イオン液体[BMIM]NTf$_2$。

---

*1　Atsushi Kurata　近畿大学　農学部　応用生命化学科　応用微生物学研究室　准教授
*2　Noriaki Kishimoto　近畿大学　大学院農学研究科　前教授

第13章　イオン液体と微生物・酵素の利用技術の開発

2　IL耐性菌の探索

20%以上の高塩濃度環境は，通常の微生物には殺菌的な環境であり，塩湖や深海底の熱水噴出孔などに認められる。耐塩性細菌はこのような特殊な環境で生育する。ILは有機塩であるため，筆者らは高塩濃度環境に注目して，IL存在下で良好な生育を示す細菌を探索した。60種類の海水や土壌，塩分を含む食品を単離源として，代表的なILである1-ブチル3-メチルイミダゾリウムクロリド（［BMIM］Cl，図1a）を添加した培地を用いた。その結果，10%（v/v）［BMIM］Cl存在下で生育する *Bacillus amyloliquefaciens* CMW1（図2）を京都味噌から見いだした[6]。1%（v/v）［BMIM］Cl存在下では *Escherichia coli* や *Bacillus subtilis* は生育しなかった。これまで親水性IL 1-エチル-3-メチルイミダゾリウム クロリド（［EMIM］Cl）耐性細菌として *Enterobacter lignolyticus* SCF1が報告されており，この菌株は10%［EMIM］Cl存在下で良好に生育した[5]。以上から，*B. amyloliquefaciens* CMW1は［BMIM］Cl耐性細菌であると考えられた。

3　IL耐性プロテアーゼの特徴

10%（v/v）［BMIM］Cl添加培地で *B. amyloliquefaciens* CMW1を培養したところ，この培養液上清中にプロテアーゼ（BapIL, Genbank Accession No. AB983213.1）活性を検出できた[6]。

10%（v/v）IL（親水性IL；1-ブチル3-メチルイミダゾリウム テトラフルオロホウ酸（［BMIM］BF$_4$），［BMIM］Cl，1-ブチル3-メチルイミダゾリウム トリフルオロメタンスルホン酸（［BMIM］CF$_3$SO$_3$），1-エチル3-メチルイミダゾリウム トリフルオロメタンスルホン酸（［EMIM］CF$_3$SO$_3$），疎水性IL；1-ブチル3-メチルイミダゾリウムヘキサフルオロリン酸

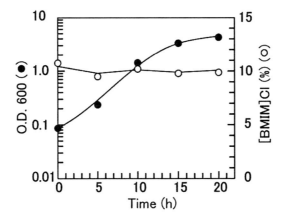

図2　［BMIM］［Cl］添加培地での *B. amyloliquefaciens* CMW1の生育
CMW1株の生育（●），培地中の［BMIM］Cl濃度（○）。1%［BMIM］Cl存在下では *E. coli* や *B. subtilis* の生育を確認できなかった。

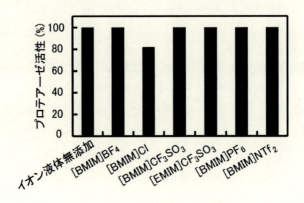

図3 BapILのイオン液体耐性
80%各種イオン液体中で酵素を静置して，残存活性を測定した。

（[BMIM]PF$_6$），1-ブチル 3-メチルイミダゾリウム ビス（トリフルオロメタンスルホニル）イミド（[BMIM]NTf$_2$，図1c））をそれぞれ酵素反応液に添加したところ，BapILは40%以上の活性を示した。本酵素の安定性を検討したところ，80%各種IL存在下ではほとんど失活しなかった（図3）。IL耐性酵素として，好熱性細菌 *Thermoanaerobacter tengcongensis* MB4由来エンドグルカナーゼCel5A（16%（v/v）[BMIM]Cl存在下で54%の活性を示す），*B. amyloliquefaciens* 由来α-アミラーゼ（10%（v/v）[BMIM]Cl存在下で70%の活性を示す）が報告されている[7,8]。BapILは15%（v/v）[BMIM]Cl存在下で35%の活性を示すIL耐性プロテアーゼであった。

ILは，極性と非極性の官能基を持つ有機塩であることから，BapILの耐塩性とpH安定性，有機溶媒耐性について検討した。BapILは23.4%（w/v）NaCl存在下で失活せず，17.5%（w/v）NaCl存在下で32%の活性を示した。BapILはpH4.0～12.5で80%以上の活性を示した。さらにBapILは50%（v/v）有機溶媒（ホルムアミド，アセトニトリル，エタノールなど）の存在下で17%以上の活性を示した。一方，50%（v/v）疎水性有機溶媒（酢酸エチル，クロロホルム，ヘキサンなど）の存在下で49%以上の活性を示した。BapILはIL耐性，耐塩性，有機溶媒耐性を示し，pH安定性に優れたプロテアーゼであった。

4 細菌のIL耐性

ILを用いた草本系バイオマスの前処理では，ILによるリグニンの除去とセルロースの結晶化度の減少について検討されている[9,10]。続く工程では *E. coli* や *B. subtilis* などの宿主細菌に糖化酵素を発現させて，IL処理したバイオマスから，バイオ燃料やファインケミカルに変換可能な単糖やオリゴ糖を得る。しかし，これらの宿主細菌の生育は，前処理後に残存する少量のILで阻害されるため，新たな宿主細菌の開発が必須である。細菌のIL耐性機構はほとんど不明であ

第13章　イオン液体と微生物・酵素の利用技術の開発

るため，IL 耐性宿主細菌の開発を目的として *B. amyloliquefaciens* CMW1 の［BMIM］Cl 耐性機構の解明を試みた。

　まず本菌株の全ゲノム DNA を解読したところ，染色体 DNA（3,847,203 bp）とプラスミド DNA（61,368 bp）の塩基配列を決定できた。これらの DNA から，タンパク質をコードする遺伝子 9,175 個を見いだすことができた[11]。次に，10%（v/v）［BMIM］Cl 添加・無添加条件下で本菌株を培養して，［BMIM］Cl 添加によって転写量が変化した遺伝子を探索した。その結果，［BMIM］Cl 添加によって発現量が 2 倍以上増加した遺伝子 418 個を見いだした。特にアミノ酸の代謝や輸送に関与する遺伝子の転写量の増加を確認できた。

　高塩濃度条件では，浸透圧によって細菌細胞内の水分が溶出して，細胞容積が減少する。細胞内の膨圧を適正な値に近づけるため，*B. subtilis* は細胞内で補償溶質（グリシンベタイン，プロリン）の生合成を活性化して，細胞外に存在するプロリン，グルタミン酸を細胞内に積極的に取り込む[12]。グルタミン酸は細胞内でプロリンに変換される。そこでタンパク質源としてスキムミルクを用いて，本菌株の［BMIM］Cl 耐性を検討した。その結果，10%（v/v）［BMIM］Cl 添加改変培地に 1%（w/v）スキムミルクを加えたところ本菌株は生育したが，スキムミルク無添加条件では生育しなかった。その結果，本菌株の［BMIM］Cl 耐性機構として，①細胞外で BapIL によりタンパク質を分解して，②得られたプロリン，グルタミン酸を細胞内に取り込み，③［BMIM］Cl による浸透圧ストレスに応答していることが考えられた。

5　IL の分解性

　IL は不揮発性と不燃性を示す極性溶媒であり，リサイクル系の構築が容易であるため，揮発性有機溶媒と代替可能な優れた特性を示す。環境への流出リスクを考慮して，筆者らは IL の分解性を検討した。［BMIM］Cl（図 1a）と 1-エチルピリジニウムブロミド（［EtPy］Br，図 1b）を用いて，［BMIM］$^+$カチオンや［EtPy］$^+$カチオンの分解について，微生物による生分解と UV/H_2O_2 による酸化・光分解を比較した[13]。27 種類の活性汚泥や土壌，海水の微生物を用いて，0.0001-0.5%（v/v）［BMIM］Cl や［EtPy］Br を培地に添加して，好気的に 2-4 週間，振盪培養を行い，得られた培養液上清を ESI-MS を用いて分析した。その結果，［BMIM］$^+$ カチオンや［EtPy］$^+$ カチオンの減少は検出できなかった。一方，UVC ランプ（254 nm）を用いて，1 mM ［BMIM］Cl と 1 mM ［EtPy］Br に UV 照射を 16 h 行い，ESI-MS を用いてカチオンの検出を試みた。その結果，1 mM ［EtPy］$^+$カチオンは経時的に減少して，16 h 後には検出できなかった。一方，1 mM ［BMIM］$^+$カチオンの分解には，16 h の UV 照射に加えて 0.2%（w/v）H_2O_2 の添加が必要であった。

　これまで 1-オクチル-3-メチルイミダゾリウム　クロリドと 1-ブチル-3-メチルピリジニウム　ブロミドの分解が検討され，アルキル鎖部分の生分解が報告されている[14, 15]。しかし IL のイミダゾリウム環やピリジニウム環の分解については不明であった。［BMIM］Cl のイミダゾリウ

食品・バイオにおける最新の酵素応用

ム環や［EtPy］Br のピリジニウム環について筆者らが検討した結果，微生物による分解は困難であり，UV/H$_2$O$_2$ による酸化・光分解で分解されることが示唆された。

6 IL を溶媒に用いた酵素合成

6.1 はじめに

　IL はカチオンとアニオンの種類，組み合わせを変えることにより，多様な分子設計が可能な新規溶媒，触媒として注目されている。また，IL は電界中で分極しやすいことと低揮発性，難燃性，高温域でも安定であることから，マイクロ波で急速加熱することが可能で Diels-Alder 反応[16]，Heck 反応[17]，エポキシ化反応[18]など多くのマイクロ波加熱反応の溶媒に IL が用いられている。さらに，酸性を有する官能基を IL のカチオン骨格に結合した IL，酸性を示すアニオンを導入した酸性 IL は化学反応の触媒としても用いられている[19]。

　IL は酵素反応の溶媒としても注目されている。多くの酵素は水溶液中で化学反応を触媒するが，リパーゼなど一部の酵素はヘキサンやトルエンなど疎水性有機溶媒中でも反応を触媒する。しかし，いずれの酵素もアルコールなど親水性有機溶媒中では失活することが多い。その原因は，酵素の立体構造の維持や反応の場ともなる酵素タンパク表層を薄く覆っている水を親水性有機溶媒が奪うためと考えられている。しかし，植物などには水や疎水性有機溶媒に不溶で，アルコールに易溶な物質が多く存在する。このような物質を酵素変換するためには，水や有機溶媒に替わる新たな溶媒が必要である。

　リパーゼが IL 中でも触媒活性を発現することが報告されている[2~4]。Itoh らは IL 中でリパーゼが高いエナンチオ選択性で不斉アシル化反応を進行させることを，またエーテルで未反応のアルコールと生成物を抽出した後，新たな基質を加えてアシル化反応を繰り返し進行させることに成功した[3]。さらに IL を用いて酵素の安定化と活性化を高めるなど，IL を活用した酵素変換を報告している[2]。

　筆者らは親水性有機溶媒に易溶な物質を IL に溶解してリパーゼで変換できれば，酵素変換反応に用いる基質の種類を広げることができると考え，4-および 5-カフェオイルキナ酸メチルエステル（4-CQA-Me，5-CQA-Me）からカフェ酸エステル類とジカフェオイルキナ酸メチルエステル（DCQA-Me）を酵素合成したので紹介する[20~22]。

6.2　5-CQA-Me からカフェ酸エステル類の酵素合成

　未熟なコーヒー生豆や形状のいびつな等級外の豆にはクロロゲン酸類（カフェオイルキナ酸類，CQAs）が 5~10%（w/w）含まれており有望な CQAs 資源である。CQAs は抗酸化活性が高くコーヒーポリフェノールとも呼ばれている。

　コーヒー生豆のアルコール抽出物から単離した 5-CQA をクロロゲン酸エステラーゼとリパーゼを用いて，IL 中でカフェ酸シクロヘキシルエステル類に変換した（モル変換率 94%，

292

第13章　イオン液体と微生物・酵素の利用技術の開発

図4)[20~22]。カフェ酸シクロヘキシルプロピルエステルはプロポリスに多く含まれており，抗腫瘍や抗インフルエンザウイルス活性が報告されている[23]。

図4の反応ではILの極性よりもILを構成するアニオンの種類と安定性，カチオンの構造，ILのHB値がリパーゼ活性に影響を与えることを見いだした。ILの極性を評価する方法の一つにソルバトクロミック色素をILに溶解して，その極大波長から溶媒パラメーター$E_T(30)$値を算出する方法がある[24]。$E_T(30)$値は極大波長の光がもつエネルギーをkcal/molで表示したもので，溶媒の極性が高いほど値も大きくなる。まず，アニオンをNTf_2に固定し5種類のカチオン（$E_T(30)$値；48.30～52.56）で構成されたILと *Candida antarctica* 由来のリパーゼ type B (Novozym 435) を用いて，カフェ酸メチルエステルをカフェ酸シクロヘキシルプロピルエステルへ変換した。その結果，変換率は$E_T(30)$値よりカチオンの構造と相関していた（図5）。つまり，左右対称構造のカチオン（1,3-ジアリルイミダゾリウム（[DAIM]）よりも非対称なカチ

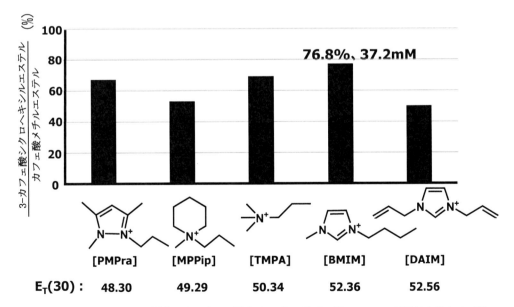

図4　5-CQAから3-カフェ酸シクロヘキシルプロピルエステルへの酵素変換

図5　アニオンをNTf_2に固定しカチオンの異なるIL中でリパーゼNovozym 435によるカフェ酸メチルエステルから3-カフェ酸シクロヘキシルプロピルエステルへの変換活性

オン（1-プロピル-2,3,5-トリメチルピラゾリウム（[PMPra]），N-メチル-N-プロピルピロリジニウム（[MPPip]），[BMIM]）で，また短い側鎖（[PMPra], [MPPip], [DAIM]）よりも長い側鎖（[BMIM]）で，さらに二重結合のない環（[MPPip]）よりもある環（[PMPra], [BMIM]）をもつカチオンで構成されたILで，より高い変換率が得られた。

次に，カチオンを[BMIM]に固定しアニオンの異なるIL中で同じ反応を行った。この反応でも変換率は$E_T(30)$値ではなく，ILの水素結合塩基度（Hydrogen bond basicity，HB値）と高い相関性を示し，HB値の小さなIL中で高い変換率が得られた（図6）。HB値は酵素タンパクのポリペプチド鎖とILが水素結合する強さを表す値で，HB値の大きなILほどポリペプチド鎖と強く結合して酵素の立体構造を壊し変性させることが報告されている[25,26]。しかし，検討したILではNTf_2より小さなHB値をもつPF_6で変換率が低下した。この低下はPF_6から遊離したフッ化水素（HF）が原因と推察した。PF_6は不安定で時間の経過とともにHFが遊離してIL中に蓄積し，溶媒のpHを低下させることが報告されている[27]。

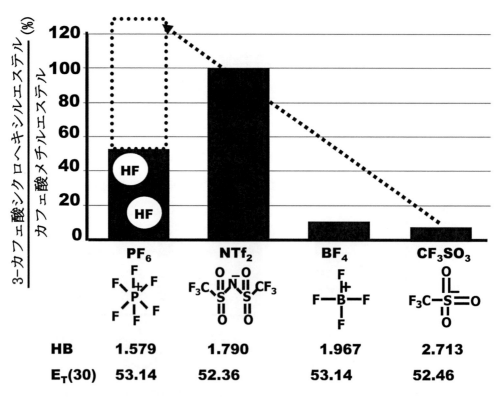

図6 カチオンを[BMIM]に固定しアニオンの異なるIL中でリパーゼNovozym 435によるカフェ酸メチルエステルから3-カフェ酸シクロヘキシルプロピルエステルへの変換活性

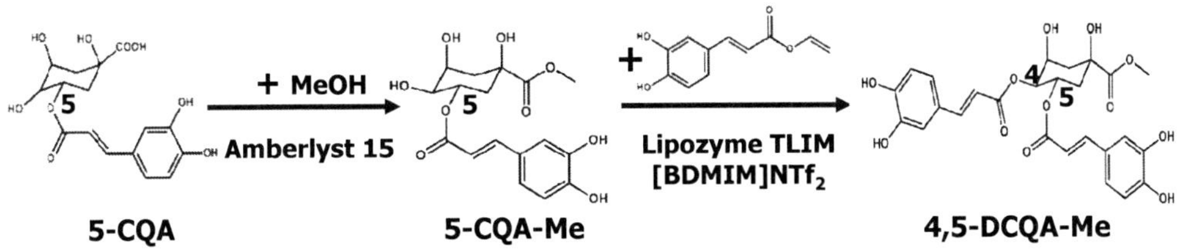

第 13 章　イオン液体と微生物・酵素の利用技術の開発

図 7　5-CQA-Me から 4,5-DCQA-Me への酵素変換

6.3　リパーゼを用いた 4-および 5-CQA-Me とカフェ酸ビニルエステル（VC）から 3,4-および 4,5-DCQA-Me への変換

　CQA-Me を DCQA-Me に変換できるリパーゼと IL をスクリーニングした。ジカフェオイルキナ酸（DCQA）はコーヒー生豆やサツマイモに微量含まれ，肝臓保護作用や胃潰瘍の防御，ヒト免疫不全ウイルスのインテグラーゼ阻害活性など多様な生理活性が報告されている[28, 29]。DCQA には 3 種類の異性体（3,4-，3,5-，4,5-DCQA）が存在するが，天然物から異性体を分離するには多段階の工程が必要で，量的確保が難しい。そこで，異性体の酵素合成を試みた。

　5-CQA はアルコールに易溶だが，アルコールに類似した $E_T(30)$ 値をもつ [BMIM]NTf$_2$ には溶解せず，検討したリパーゼも [BMIM]NTf$_2$ 中の 5-CQA を DCQA へ変換できなかった。しかし，5-CQA のキナ酸部位のカルボキシ基をアンバーリスト 15 でメチルエステル化（モル変換率 93%）すると，[BMIM]NTf$_2$ に溶解した。そこで，5-CQA-Me と VC から DCQA-Me を生成するリパーゼを探索して *Thermomyces lanuginosus* 由来のリポザイム TLIM を選抜した。さらに，リポザイム TLIM と 5-CQA-Me，VC を用いて DCQA-Me 生成量の高い IL を探索して 1-ブチル-2,3-ジメチルイミダゾリウムビス（トリフルオロメタンスルホニル）イミド（[BDMIM]NTf$_2$）を選抜した。得られた DCQA-Me は 4,5-DCQA-Me で（モル変換率 38%；図 7），3,5-DCQA-Me は生成しなかった。同様の方法で，*C. antarctica* 由来のリパーゼ type A（CalA）が [BDMIM]NTf$_2$ 中で 4-CQA-Me と VC から 3,4-DCQA-Me を生成することを見いだした（モル変換率 15%）。これらのリパーゼは 2M2B や DMSO などの有機溶媒や [BMIM]PF$_6$，[BMIM]BF$_4$，[BMIM]CF$_3$SO$_3$ などの IL 中では活性を発現せず，[BDMIM]NTf$_2$ 中で高い活性を示した。

7　おわりに

　Anderson らは IL の二極性（Dipolarity）と HB 値から，17 種類の IL を四つのグループに分類した（図 8）[30]。今回供試した IL のうち 4 種類がグループ A と C に該当した。供試したリパーゼと CQA エステラーゼは，グループ A の 2 種類の IL（[BMIM]NTf$_2$ と [BMIM]PF$_6$；二極性 1.7，HB 値 2 付近）中で触媒活性を発現し，グループ C の [BMIM]Cl（二極性 2.0，HB 値 5.2

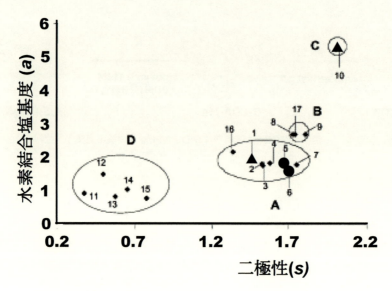

図8 二極性と水素結合塩基度に基づく17種類のILのグループ化
1, [BMIM]BF$_4$；2, [C$_8$m$_4$im]NTf$_2$；3, [BMPY]NTf$_2$；4, [C$_6$m$_4$im]NTf$_2$；5, [BMIM]NTf$_2$；
6, [BMIM]PF$_6$；7, [Bm$_2$im]NTf$_2$；8, [BMIM]TfO；9, [BMIM]SbF$_6$；10, [BMIM]Cl；
11, [NH$_2$m$_2$]PA；12, [NHb$_3$]PA；13, [NHb$_3$]OHPA；14, [NHe$_3$]PA；15, [NHb$_3$]Ac；
16, [NHb$_3$]CHCA；17, [NHb$_3$]SA.
出典：J. L. Anderson *et al.*, *J. Am. Chem. Soc.*, **124**, 14253 (2002) を一部加工した.
● : 酵素活性検出, ▲ : 酵素活性不検出

付近) とグループAの [BMIM]BF$_4$ (二極性1.4～1.5, HB値2付近) 中では活性を示さなかった. 本章では, アルコールに易溶な物質を酵素変換する溶媒としてILが利用できることと, この反応ではILの二極性とHB値, カチオンの構造などが酵素活性に影響を与えることを明らかにした. 今後の研究の進展が期待される.

文　　献

1) R. D. Rogers *et al.*, *Science*, **302**, 792 (2003)
2) T. Itoh, *Chem. Rev.*, **117**, 10567 (2017)
3) T. Itoh *et al.*, *Chem. Lett.*, **30**, 262 (2001)
4) M. Sureshkumar *et al.*, *J. Mol. Catal. B: Enzym.*, **60**, 1 (2009)
5) J. I. Khudyakov *et al.*, *Proc. Natl. Acad. Sci.*, **109**, E2173 (2012)
6) A. Kurata *et al.*, *Extremophiles*, **20**, 415 (2016)
7) B. Dabirmanesh *et al.*, *Int. J. Biol. Macromol.*, **48**, 93 (2011)
8) C. Liang *et al.*, *Appl. Microbiol. Biot.*, **89**, 315 (2011)

第13章　イオン液体と微生物・酵素の利用技術の開発

9) N. Sun *et al., Green Chem.,* **11**, 646 (2009)

10) T. Yokoo *et al., J. Wood. Sci.,* **60**, 339 (2014)

11) A. Kurata *et al., Genome Announc.,* **2**, e01051 (2014)

12) T. Hoffmann *et al.,* "Stress and environmental regulation of gene expression and adaptation in bacteria", p.657, John Wiley & Sons (2016)

13) A. Kurata *et al., Biotechnol. Biotec. Eq.,* **31**, 1 (2017)

14) T. P. T. Pham *et al., Environ. Sci. Technol.,* **43**, 516 (2008)

15) S. Stolte *et al., Green Chem.,* **10**, 214 (2008)

16) I.-H. Chen *et al., Tetrahedron,* **60**, 11903 (2004)

17) K. S. Vallin *et al., J. Org. Chem.,* **67**, 6243 (2002)

18) S. Berardi *et al., J. Org. Chem.,* **72**, 8954 (2007)

19) Q. Bao *et al., Catal. Commun.,* **9**, 1383 (2008)

20) A. Kurata *et al., J. Mol. Catal. B: Enzym.,* **69**, 161 (2011)

21) N. Kishimoto *et al., Biocontrol Sci.,* **10**, 155 (2005)

22) N. Kishimoto *et al., Appl. Microbiol. Biot.,* **68**, 198 (2005)

23) A. Kurata *et al., J. Biotechnol.,* **148**, 133 (2010)

24) K. A. Fletcher *et al., Green Chem.,* **3**, 210 (2001)

25) J. Pleiss *et al., Chem. Phys. Lipids,* **93**, 67 (1998)

26) J. L. Kaar *et al., J. Am. Chem. Soc.,* **125**, 4125 (2003)

27) F. J. Hernández-Fernández *et al., J. Chem. Technol. Biot.,* **82**, 882 (2007)

28) K. Zhu *et al., J. Viol.,* **73**, 3309 (1999)

29) P. Basnet *et al., Biol. Pharm. Bull.,* **19**, 1479 (1996)

30) J. L. Anderson *et al., J. Am. Chem. Soc.,* **124**, 14247 (2002)

食品・バイオにおける最新の酵素応用

2019 年 7 月 19 日　第 1 刷発行

監　　修	井上國世	(T1107)
発 行 者	辻　賢司	
発 行 所	株式会社シーエムシー出版	
	東京都千代田区神田錦町 1 − 17 − 1	
	電話 03(3293)7066	
	大阪市中央区内平野町 1 − 3 − 12	
	電話 06(4794)8234	
	https://www.cmcbooks.co.jp/	
編集担当	吉倉広志／古川みどり／山本悠之介	

〔印刷　倉敷印刷株式会社〕　　　　　　　　　　　　　　　© K. Inouye, 2019

本書は高額につき，買切商品です。返品はお断りいたします。
落丁・乱丁本はお取替えいたします。

本書の内容の一部あるいは全部を無断で複写(コピー)することは，
法律で認められた場合を除き，著作者および出版社の権利の侵害
になります。

ISBN978-4-7813-1426-6　C3045　¥69000E